病毒学高等教育系列教材（丛书主编：王健伟）

医学病毒学

彭宜红　谢幼华　陈利玉　主编

科学出版社
北　京

内 容 简 介

本教材属于“病毒学高等教育系列教材”之一，教材包括绪论及两篇19章。绪论主要介绍病毒的概念及其与人类的关系，以及病毒学发展简史。第一篇专注于医学病毒学基础，主要涵盖了医学病毒的生物学特性、致病性与免疫性、微生物学检测及防治原则中的共性及规律性内容，体现学科内及学科间知识内容的共性与特性、整合与交叉等内在逻辑。第二篇专注于致病性病毒，介绍了包括呼吸道病毒、肠道病毒、急性胃肠炎病毒、肝炎病毒、出血热病毒、虫媒病毒、逆转录病毒、狂犬病病毒、疱疹病毒、人乳头瘤病毒、痘病毒、细小病毒和朊粒在内的各类病毒或致病因子。本教材各章配有本章要点、小结、复习思考题，还纳入了大量的病毒电镜图及结构示意图、表格等。此外，本教材配有教材知识图谱，并以二维码的形式纳入了核心示范课（视频微课）、重点实践项目，以及拓展与思政育人内容等丰富的数字资源。教材图文并茂、纸数融合、内容丰富，充分体现了新形态教材传承与创新的有机结合，也发挥了有效服务于学习者的优势。

本教材可作为高等院校临床医学、基础医学、预防医学、药学、护理学及生物医学等专业本科生“医学微生物学”和“医学病毒学”课程的教材，也可供相关专业的研究生教学使用。

图书在版编目（CIP）数据

医学病毒学 / 彭宜红, 谢幼华, 陈利玉主编. -- 北京 : 科学出版社, 2024. 9. -- ISBN 978-7-03-079375-1

Ⅰ. Q939.4

中国国家版本馆 CIP 数据核字第 2024QK4227 号

责任编辑：刘　丹　刘　畅　韩书云 / 责任校对：严　娜

责任印制：赵　博 / 封面设计：图阅盛世

科学出版社出版

北京东黄城根北街 16 号

邮政编码：100717

http:// www.sciencep.com

三河市春园印刷有限公司印刷

科学出版社发行　各地新华书店经销

*

2024 年 9 月第　一　版　开本：787×1092　1/16

2025 年 1 月第二次印刷　印张：18 1/2

字数：438 000

定价：69.80 元

（如有印装质量问题，我社负责调换）

《医学病毒学》编委会

主　编

彭宜红　北京大学医学部

谢幼华　复旦大学上海医学院

陈利玉　中南大学湘雅医学院

编　委（以姓氏笔画为序）

王月丹　北京大学医学部

王国庆　吉林大学白求恩医学部

王培刚　首都医科大学

卢　春　南京医科大学

朱　帆　武汉大学医学部

吴兴安　中国人民解放军空军军医大学

邹清华　北京大学医学部

陈利玉　中南大学湘雅医学院

钟照华　哈尔滨医科大学

梁冠翔　清华大学基础医学院

彭宜红　北京大学医学部

韩　俭　兰州大学医学部

谢幼华　复旦大学上海医学院

潘冬立　浙江大学医学院

魏　伟　吉林大学第一医院

秘　书

邓　娟　北京大学医学部

丛 书 序

在浩瀚的自然界中，病毒，这一微小而强大的生命形态，以其独特的存在方式，深刻地影响着从微观世界到宏观生态系统的每一个角落。它们既是生命的挑战者，也是生物进化的重要推手。在生命科学这片广袤的天地里，病毒学作为一门交叉融合、日新月异的学科，不仅揭示了病毒的内在奥秘，更为医学、动物学、植物学、昆虫学及微生物学等多个领域带来了革命性的进展与应用。新冠、非洲猪瘟、禽流感等疫情的肆虐，更进一步强调了发展病毒学科、加强病毒学人才培养的迫切性。

面对全球健康挑战与生命科学的快速发展，我国病毒学领域的高等教育亟需一套系统全面、紧跟时代步伐的教材。为积极响应党的二十大精神，深入学习贯彻习近平总书记关于教育的重要指示，落实立德树人根本任务，我们携手国内近 70 所高校及科研院所，共同编纂了这套旨在满足新时代病毒学专业人才培养需求的高质量系列教材。

本套病毒学系列教材全面覆盖病毒学总论、医学病毒学、动物病毒学、植物病毒学、昆虫病毒学、微生物病毒学及病毒学实验技术七大核心知识领域。以“病毒学领域教学资源共享平台”知识图谱为基础，构建教材知识框架，将基础知识与最新的科研成果和学术热点相结合，有利于学生系统、多维、立体地完善自身病毒学知识体系，激发他们对病毒学领域的兴趣，并培养他们的创新思维。

为满足信息时代教学和人才培养的需要，全套教材采用纸质教材与数字教材（资源）相结合的形式，极大地丰富了教学方式，提升了学习体验。知识图谱、视频、音频、彩图和虚拟仿真实验等数字资源的引入，不仅提高了教学效率，还增强了学习的互动性和趣味性，有助于学生在实践中深化对理论知识的理解。

作为病毒学领域的专业核心教材，本套教材汇聚了国内顶尖专家学者的智慧与心血，确保了内容的权威性、准确性和指导性，不仅适用于本科生的“微生物学”和“病毒学”课程，也为研究生及未来从事病毒学、微生物学、医学、兽医、农业科技等领域工作的专业人才提供了宝贵的知识储备。

我们相信，本套病毒学系列教材的出版，将有力推动我国病毒学教育事业的发展，助力提升我国高等教育人才自主培养质量，为战略性新兴领域产业人才培养提供有力支撑。

王健伟

北京协和医学院

2024年9月

前　言

《医学病毒学》是"病毒学高等教育系列教材"之一，是面向高等院校临床医学、基础医学、预防医学、药学、护理学及生物医学等专业本科生"医学微生物学"和"医学病毒学"课程的教材，也可供相关专业的研究生教学使用。

本教材在编写过程中以"守正创新，打造精品"为宗旨，针对医学及生物学相关专业本科生和研究生教学的特点，结合医学病毒学专业内容，参考国内外相关教材的特色，制定了本教材的建设方案。内容以绪论、第一篇医学病毒学基础、第二篇致病性病毒顺序编排，与配套的《医学病毒学》教材知识图谱、数字资源等呼应，共同构成了本教材。

为了适应国家高质量人才自主培养的需要，教材内容兼顾了知识的基础性与先进性，深度和难度总体与目前医学病毒学领域的发展及教材定位相适应。具体表现在：①通过教材框架结构，体现学科内及学科间知识内容的共性与特性、整合与交叉等内在逻辑，把医学病毒中生物学的共性和规律性内容独立成第一篇医学病毒学基础，第二篇针对常见的致病性病毒特点，对接临床医学、预防医学、药学及生物医学等学科及领域的重要理论、知识及实践，加强了本教材与相关学科的联系，为医学生构建了合理的知识体系。②突出病毒学及医学病毒学中的新概念和知识点、原理及其应用，使得教材内容尽可能体现本学科重要的研究进展。③从宏观视角介绍病毒与人类健康和疾病的关系，体现了现代医学大健康的理念。④注重理论联系实践，强调知识与其原创工作的联系，教材内容在启迪科学思维、培养创新意识方面有所体现，并融入了思政育人元素，引导学生树立正确的人生观和科学观。

本教材是全国高等医学院校交流与合作的结晶，得到了科学出版社的大力支持，编者团队老、中、青结合，覆盖面广，同时也得到了本领域前辈、同行的热心指导和帮助。此外，李冬青、陈思佳、林乐勋、王燕、王芳、盛子洋、辛卓远、李慧丽、严沁、李婉、易娟对部分章节的编写做出了贡献，在此一并致以衷心的感谢！

尽管编者尽了最大努力，但由于水平有限，以及学科快速发展带来的知识更新，书中难免存在疏漏之处，恳请广大师生及读者批评指正。

彭宜红

2024 年 7 月

《医学病毒学》知识图谱

目　录

第一篇　医学病毒学基础

第二篇　致病性病毒

绪　论

本章要点

1. 病毒的分布、概念、特性及其与人类的关系是深入了解病毒的切入点。
2. 学习和了解医学病毒学发展历史中的重要事件，对增长专业知识和启迪人生具有重要意义。

病毒——“virus”一词源自拉丁语，其字面意思是“黏稠的液体，毒素”。在发现病毒前，virus 与 germ（细菌）和 poison（毒素）是可以互换的词汇。19 世纪末之前，人们只知道传染病均由细菌引起。直到 1898 年，贝耶林克（Martinus Beijerinck，1851—1931）将这类能够通过除菌滤器的“滤过性病原体”用拉丁语“*contagium vivum fluidum*”（传染性活流质）来命名，后被 virus（病毒）取代并沿用至今。

由病毒感染导致的疾病称为病毒性传染病（简称病毒病），人类的文字或图像记载中很早就有关于病毒感染的描述。狂犬病可能是最早有文字记载的动物病毒病，公元前 2300 年的古代美索不达米亚地区（Mesopotamia，两河流域）的《巴比伦埃什努纳法典》中，首次描述了该传染病。最早关于人类病毒病的记载可以追溯到公元前 1500 年～前 1300 年的一幅古埃及石刻浮雕，上面刻有一位手拄拐杖、单腿萎缩成马蹄足姿势站立的祭司画像，根据画像判断他疑似患有小儿麻痹症后遗症（脊髓灰质炎后遗症），提示 3000 多年前就有脊髓灰质炎在人群中流行。

在人类与病毒病抗争早期的漫长岁月中，虽然人类尚未认识到这类疾病的病原为病毒，但却为病毒的发现奠定了重要基础。病毒的发现及人们对病毒认识的不断深入，并由此构建的病毒学知识体系，主要是从研究引起人类及具重要经济价值的动植物的病毒病开始的。

第一节　病毒的概念及其与人类的关系

一、病毒的分布

病毒在自然界中分布非常广泛，在陆地和水生生态系统中都有分布，病毒种类繁多、数量庞大、无处不在，是生物圈中不可或缺的重要成员。病毒在推动物质循环、构成生物生态环境、生物的繁衍、物种间遗传物质的转移及物种进化，甚至气候变化等方面都起着重要的调控作用。病毒可以侵染地球上的一切细胞生命，甚至一些大的病毒也可以被病毒侵染。因此，病毒对生物圈的持续平衡发展发挥着无可替代的重要作用。

病毒可在细菌、古菌、真菌、植物、动物和人体中寄居并引起感染。依据感染的宿主可将病毒分为：①感染真核细胞的病毒，包括人类病毒（human virus）、动物病毒（animal virus）、植物病毒（plant virus），以及真核细胞微生物病毒（eukaryotic cell microbial virus），后者包括真菌病毒（mycovirus）[或称真菌噬菌体（mycophage）]、原虫病毒及蠕虫病毒等；②感染原核细胞的病毒，包括感染细菌的病毒，即噬菌体（bacteriophage，phage），以及感染古菌的病毒，即古菌病毒（archaeal virus）或古菌噬菌体（archaeophage）。此外，如图 0-1 所示，微生物病毒（microbial virus）是指以各种微生物作为宿主的病毒，包括细菌病毒、古菌病毒、真菌病毒，以及最近发现的感染巨型病毒（giant virus）[如拟菌病毒（mimivirus）] 的病毒，即噬病毒体（virophage）。

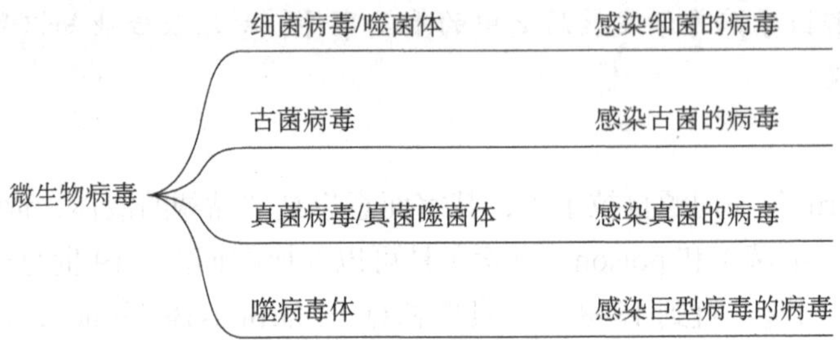

图 0-1　微生物病毒的分类

二、病毒的起源、概念及特性

1977 年，美国微生物学家卡尔·乌斯（Carl Woese，1928—2012）在分析及研究大量 16S 和 18S rRNA 基因序列的基础上，将细胞生物划分为三个域，即细菌域（Bacteria）、古菌域（Archaea）和真核生物域（Eukaryota）。根据细胞基本结构、细胞器不完整、细胞核分化程度低等共同特点，细菌和古菌又被称为原核细胞型微生物（prokaryotic microorganism），后者不是分类学名称。细菌具有细胞壁（支原体除外），与人类健康密切相关，少数对人有致病性。部分细菌的生物学性状比较特殊，分别被命名为放线菌、螺旋体、支原体、衣原体和立克次体。古菌不能合成肽聚糖，具有独特的代谢方式，可在高温、高盐或低温等极端环境中生存，在人体内也有分布，但尚未发现对人类有致病性。真核生物中的真核细胞型微生物（eukaryotic microorganism）有典型的细胞结构，细胞器完整，细胞核分化程度高，有核膜和核仁，遗传物质为 DNA。真菌（fungus）属于该类微生物。

与对细菌、真菌、植物、动物等细胞生物的认知相比，我们对非细胞结构的病毒认知非常有限。科学界对病毒的起源及其生物学地位仍存在争议。鉴于病毒能够在适宜的生态范围（宿主细胞）内复制与增殖，具有生命最重要的属性——新陈代谢、遗传与进化，目前主流观点认为病毒是一类有生命的生物。但是，迄今尚不能把无细胞结构的病毒归属于生物界

（细胞生物）的第四个域。病毒似乎不是来源于一个共同的祖先，而是多起源的。病毒或起源于细胞之前，可能是微生物细胞的前身；病毒也可能是在细胞形成之后产生的。

目前认为，病毒（virus）是一类形体微小，结构简单，基因组仅含有一种核酸（DNA 或 RNA），具有严格细胞内寄生性，以自我复制的方式增殖，一般需要在电子显微镜下才能观察到的非细胞型微生物。病毒体（virion）是指完整成熟的、有感染性的单个病毒颗粒（viral particle），或称为毒粒。

病毒的本质是一类含有 DNA 或 RNA 的分子水平寄生生命体，以其结构简单、特殊方式增殖及严格细胞内寄生等特性，显著区别于其他生物。病毒的独特性状包括：①非细胞型、纳米级的超微结构，可通过除菌滤器（sterilization filter）；②严格细胞内寄生，具有增殖等生命特征；③在细胞外如同化学大分子，无产能酶系统及合成生物大分子的细胞器，呈非生命状态，但对活细胞具有感染性；④基因组（genome）只含有一种类型的核酸（DNA 或 RNA），在细胞内以复制的方式进行自我增殖；⑤在增殖过程中对干扰素敏感，对常用抗生素不敏感。

自然界中还存在着一类比病毒还小，结构更简单的微生物，称为亚病毒因子（subviral agent），包括类病毒（viroid）、卫星病毒（satellite virus）和朊粒（prion）。亚病毒因子不属于严格意义上的分类学名称。

一般而言，病毒需应用电子显微镜将其放大数千至数万倍才能看见，但巨型病毒的直径为 0.2～1.5μm，所以其经适当染色后可用光学显微镜观察。巨型病毒主要感染变形虫等原生动物，尚未发现可对动物和人类致病。此外，还发现了可以感染巨型病毒的噬病毒体。

微课视频
0-1
病毒的定义

亚病毒因子、巨型病毒和噬病毒体的发现不仅丰富了人们对病毒多样性的认识，也对病毒学的基本理论提出了新的挑战和思考。

三、病毒与人类的关系

在人类长期进化中，病毒与人们建立了密切的联系。重要的是，病毒在人体或动物体内存在并不等同于疾病，只有少数病毒会导致人类或动物患病。健康人体内寄生着大量病毒，包括感染人体细胞的病毒、感染人体微生物的病毒，以及人体基因组中的内源性逆转录病毒，统称为人体病毒组（human virome）。人体病毒组的基因组多样性丰富，大多数是双链 DNA，也包括其他类型的基因组。尽管人体病毒组仍有许多未知之处，但已知其在胎盘发育、维持生理平衡、调节免疫系统等方面发挥着重要的生理功能。

病毒与人类传染病的关系非常紧密，大约 75%的人类传染病是由病毒引起的。历史上，病毒对人类健康造成了巨大的危害。例如，20 世纪天花导致的死亡人数超过 3 亿。通过疫苗接种等防控措施，人们已经消除了天花，并有效控制了一些病毒性传染病，如脊髓灰质炎、麻疹和狂犬病等。然而，人们仍面临着新发病毒性传染病的挑战，包括埃博拉病毒病、艾滋病、严重急性呼吸综合征、中东呼吸综合征、2019 冠状病毒病等。随着社会经济的发展和生态环境的变化，新发病毒性传染病的出现是不可避免的。

研究表明，人体病毒组的组成结构在免疫性疾病、代谢性疾病、心脑血管疾病等情况下会发生变化，可通过多种机制影响人体健康。病毒可以感染人类细胞、触发免疫反应，有时

微课视频
0–2
病毒与人类的关系

还会引发疾病。噬菌体可通过调节细菌的组成和适应性间接影响宿主，也可能直接与人体细胞相互作用，触发免疫反应。此外，噬菌体还可用于治疗抗生素耐药细菌引起的严重感染。尽管人体病毒组在疾病状态下的具体作用机制尚不完全清楚，但通过不断加深对病毒及人体病毒组的认识，并采取主动的防控措施，可以减少病毒对人类的危害，并利用其在生物圈平衡发展和生命过程中的积极作用，为人类服务。

四、病毒学与医学病毒学

病毒学（virology）是研究病毒的生物学特性、生命周期、引起宿主的感染、致病及免疫应答、检测与防治的科学。此外，病毒学还研究病毒的起源、遗传、进化、分类，以及病毒在生态系统中的作用等。病毒学推动了基础科学的发展，并对人类健康、农业、环境保护和生物技术等领域具有深远的影响。

医学病毒学（medical virology）是病毒学的一个重要分支，是研究病毒与人类疾病关系的一门学科，主要研究病毒的生物学特性、致病性及其与宿主的相互关系、感染后诊断及防治等，目的在于预防和控制病毒性疾病，保障人类健康。

第二节　病毒学发展简史

20 世纪之前，人们只知道传染病均由细菌引起。然而，对烟草花叶病的研究，开启了人类发现病毒的历程。病毒学的形成和发展大致经历了以下时期。

一、传染病病原学的确立阶段

（一）微生物的发现

首先观察到细菌的是荷兰人列文虎克（Antony van Leeuwenhoek，1632—1723）。他于 1676 年用自己改良的一架能放大 266 倍的原始显微镜观察牙垢、雨水、井水和植物浸液等，发现其中有许多活的“微小动物”，并用文字和图画科学地记载了这些“微小动物”的不同形态（球状、杆状和螺旋状）。列文虎克的发现为证明微生物的存在提供了科学依据，同时也为人类打开了认识微生物世界的大门。但在其后的近 200 年里，微生物学的研究始终停留在形态描述和分门别类阶段。

（二）细菌病原学研究阶段

这一阶段为 19 世纪 40 年代～20 世纪 20 年代。

细菌致病论或病原菌学说（germ theory of disease）的早期倡导者是德国解剖学家亨勒（Jakob Henle，1809—1885）。他在 1840 年提出特定的疾病是由小到用肉眼无法观察到的传染性因子引起的假说。因为缺乏实验数据的支持，该观点并没有被世人普遍接受。后来，法国微生物学家巴斯德（Louis Pasteur，1822—1895）和亨勒的学生德国细菌学家科赫（Robert Koch，1843—1910）分别通过实验研究印证了亨勒的猜想，为“细菌致病论”提供了科学的依据，也为传染病病原学的确立奠定了重要基础。

19世纪60年代，酿酒和蚕丝业在欧洲一些国家占有重要的经济地位，酒类变质和蚕病危害促进了人们对微生物的研究。巴斯德早期在化学领域研究中做出了重要贡献，为了解决葡萄酒变质的问题，他转向了微生物学研究。巴斯德的成就包括：①有机物的发酵与腐败现象是由微生物引起的。1862年，他通过著名的“S”形曲颈瓶实验，证实有机物的发酵是由微生物即酵母引起的，而不是因为发酵或腐败产生了微生物。巴斯德用实验研究推翻了当时盛行的“生物自然发生学说”，这也开启了生命起源的科学研究。②建立了巴氏消毒法（pasteurization）。为了防止酒类变质，巴斯德将待发酵的基质液预先用62℃加热处理30min，杀死导致酒类腐败的有害杂菌，再加入酵母发酵酿酒，成功地解决了“酒味变酸”的难题，建立了适用于酒类和乳品的消毒法。③开启了细菌生理学研究阶段。巴斯德发现乳酸、乙酸和丁酸发酵是由不同细菌引起的，并认识到不同形态的微生物代谢产物有所不同，相关工作为微生物的生理、生化研究奠定了重要基础。④对当时流行的蚕病、鸡霍乱、炭疽及狂犬病等的病原进行了研究，并通过传代减毒等手段建立了一套减毒活疫苗的研制方法，成功研制了鸡霍乱疫苗、炭疽疫苗、狂犬病疫苗，并通过接种疫苗开创了科学预防传染病的新领域。由此确立了巴斯德作为微生物学和免疫学奠基人的地位，他推动了医学微生物学成为一门独立的学科。

德国医生科赫是另一位重要的微生物学奠基人，其在传染病病原学确立及其鉴定标准方面做出了卓越贡献。他发明了固体培养基，实现了对分离到的特定细菌进行深入研究的目的。同时，他建立的染色方法和实验动物感染模型，为分离和鉴定各种传染病的细菌病原建立了有效的实验方法。科赫先后分离和鉴定了引起炭疽、结核和霍乱的病原菌，即炭疽芽孢杆菌（1876年）、结核分枝杆菌（1882年）和霍乱弧菌（1883年）。1884年，他根据成功分离和鉴定上述病原菌采用的研究方案，提出了验证某一种细菌是引起特定传染病病原的科学标准，即著名的科赫假说或称为科赫法则（Koch’s postulates），具体包括：①在可疑病例中发现并分离出同一种可疑细菌；②可疑细菌能在体外获得纯培养并能传代；③将这种细菌纯培养物接种到易感动物能引起相同疾病；④从实验感染动物体内能重新分离出同种细菌。科赫因在结核分枝杆菌研究中的贡献，获得了1905年诺贝尔生理学或医学奖。

科赫法则的提出，对传染病病原学的确立起到了重要的指导作用。19世纪70年代至20世纪20年代，是发现病原菌的“黄金时代”，其间发现了许多重要病原菌，促进了医学细菌学的快速发展。然而，随着认识的深入发现，鉴定一些病原体（如病毒）作为传染病病原时不能完全满足科赫法则的所有条件。科赫法则有待不断完善，但其基本原则仍然是鉴定传染病病原学的核心科学依据。

（三）病毒病的病原学研究阶段

1. 古代的病毒感染及抗病毒经验阶段　病毒性疾病自古以来就伴随着人类而存在。最早的记录显示，狂犬病是已知最古老的人兽共患传染病之一，其在公元前2300年的古代美索不达米亚地区的《巴比伦埃什努纳法典》中首次被描述。此外，古代中国、希腊、罗马和印度的学者也对狂犬病的临床症状和体征有所记载。

在对抗病毒性传染病的斗争中，人类不断探索和实践。据古书记载，中国在北宋年间（公元 10 世纪）就发明了用种“人痘”的方法预防天花。到了 11 世纪，这种接种技术在中国和古印度变得普及。这项技术在明隆庆年间（1567—1572）通过丝绸之路传播到中东，并迅速扩展至欧洲。

18 世纪 90 年代，英国医生詹纳（Edward Jenner，1749—1823）受到挤奶工很少得天花的启发，发明了接种“牛痘”预防天花的方法。这种方法因简便、低廉且有效，逐渐取代了“人痘”接种法，并在全球被广泛推广。1980 年 5 月，世界卫生组织（World Health Organization，WHO）宣布天花被成功消灭，天花成为人类历史上第一个被消灭的传染病。1885 年，巴斯德发明了世界上第一个人用减毒的病毒病活疫苗——狂犬病疫苗，开启了预防医学的新时代。

2. 病毒的发现时期

微课视频
0-3
病毒发现史

（1）第一个病毒的发现　20世纪之前，人们普遍认为传染病都是由细菌引起的。然而，随着对烟草花叶病的研究，人类开始踏上了发现病毒的旅程。

1884 年，巴斯德的助手尚贝兰（Charles Chamberland，1851—1908）发明了一种陶瓷滤器，这种滤器可以阻滞细菌通过，最初用于为实验室制备无菌水。1885 年，巴斯德在研究狂犬病病原体时，发现该病原体能够通过这种滤器，但他并未深入探究。

1879 年起，德国农业化学家迈尔（Adolf Mayer，1843—1942）对当时重要的经济作物烟草的病害进行了实验研究，并于 1882 年将这种在烟草叶片上形成深色和浅色斑点的疾病命名为“烟草花叶病”（tobacco mosaic disease，TMD）。他通过实验确定了该植物病害具有传染性，并推测病因可能是一种“可溶性的、类似酶的传染物”。

1892 年，俄国科学家伊万诺夫斯基（Dmitri Iwanowski，1864—1920）重复了迈尔的实验，并增加了过滤除菌这一重要步骤，发现过滤后的汁液仍具有传染性。但受限于当时盛行的“病原菌学说”和“科赫法则”的影响，他认为通过滤器的致病因子仍然是细菌或细菌毒素，未能实现病原学概念上的突破。

1898 年，荷兰土壤微生物学家贝耶林克（Martinus Beijerinck，1851—1931）在确认伊万诺夫斯基实验的基础上，提出滤液中的致病因子能够繁殖（因此它不是毒素），但只能在活组织中，而不是在植物的无细胞汁液中繁殖，故称这种致病因子为“contagium vivum fluidum”（传染性活流质）。贝耶林克的发现引发了关于这类新型致病因子到底是液体状还是颗粒状的争议。直到鲁斯卡（Helmut Ruska）等于 1938 年拍摄到小鼠痘病毒（ectromelia virus）和痘苗病毒（vaccinia virus），1939 年又拍摄到烟草花叶病毒粒子（颗粒状形态）的电子显微镜图像，这一争议才得到了答案。总之，迈尔、伊万诺夫斯基和贝耶林克三位科学家都对“病毒”这个新概念的产生做出了贡献，特别是伊万诺夫斯基和贝耶林克对发现烟草花叶病毒做出了创造性贡献（图 0-2），后两者被学界认为是病毒的发现者。

（2）第一个动物病毒的发现　1898 年，德国科学家勒夫勒（Friedrich Loeffler，1852—1915）和弗罗施（Paul Frosch，1860—1928）发现引起牛口蹄疫的病原体也可以通过除菌滤器，从而再次证明了伊万诺夫斯基和贝耶林克的重大发现，口蹄疫病毒也成为第一个被发现的动物病毒。

图 0-2　烟草花叶病毒的发现者

A. 伊万诺夫斯基（Dmitri Iwanowski）；B. 贝耶林克（Martinus Beijerinck）

（3）第一个人类病毒的发现　据记载，自 15 世纪起黄热病便在古巴等南美热带地区肆虐，其以高死亡率著称，但其病原体一直未能确定。1881 年，古巴医生芬莱（Carlos Finlay，1833—1915）提出，黄热病可能通过蚊子叮咬传播给人类。1901 年，美国军医里德（Walter Reed）等确认了埃及伊蚊（*Aedes aegypti*）是黄热病的主要传播媒介，并在此基础上进一步发现了黄热病的病原体为滤过性病毒。黄热病毒是第一个被发现可引起人类疾病的病毒，也是第一个被证实的由蚊虫媒介传播的病毒。

（4）噬菌体的发现　1915 年，英国病理学家特沃特（Frederick Twort，1877—1950）在研究痘苗病毒时意外发现，琼脂培养基中的细菌菌落出现了“玻璃样转化”的现象，且导致这种“转化”现象的因子经过高度稀释仍能杀灭细菌，故提出了细菌病毒的概念。1917 年，法裔加拿大微生物学家德埃雷勒（Félix d’Hérelle，1873—1949）在分离痢疾志贺菌时发现，在长满细菌的琼脂平板上偶尔会出现清晰的没有细菌生长的圆形斑点，并把这种可以杀死痢疾志贺菌的滤过性因子称为噬菌体（bacteriophage，phage）。

烟草花叶病毒（tobacco mosaic virus，TMV）的发现对病毒学的发展具有里程碑意义，标志着微生物学从细菌学拓展到病毒学新领域。自 1973 年以来，新发现的病毒主要有轮状病毒（rotavirus），人类免疫缺陷病毒（human immunodeficiency virus，HIV），人疱疹病毒（human herpes virus，HHV）6、7 和 8 型，丙型肝炎病毒（hepatitis C virus，HCV）、丁型肝炎病毒（hepatitis D virus，HDV）、戊型肝炎病毒（hepatitis E virus，HEV），汉坦病毒（Hantavirus），大别班达病毒（Dabie bandavirus，DBV）（原名称为发热伴血小板减少综合征病毒），西尼罗病毒（West Nile virus，WNV），尼帕病毒（Nipah virus），严重急性呼吸综合征冠状病毒（severe acute respiratory syndrome coronavirus，SARS-CoV），中东呼吸综合征冠状病毒（Middle East respiratory syndrome coronavirus，MERS-CoV），SARS 冠状病毒 2（SARS-CoV-2，或称为新型冠状病毒）等。人类面临着新发（emerge）和再发（re-emerge）传染病的威胁，其中病毒感染引起的传染病可导致较大规模的流行，甚至世界性大流行，严重危害人类健康，凸显了医学病毒学的重要性。

二、病毒的化学和结构研究阶段

20 世纪三四十年代，科学家开始探索病毒的化学组成，并利用新兴的蛋白质纯化技术来研究病毒，即病毒的化学和结构研究阶段。

（一）确定病毒的化学组成

1931 年，美国科学家文森（Carl Vinson）等首次从患病植物汁液中沉淀出具有传染性的 TMV，并证明了 TMV 可以在电场中移动，具有蛋白质特性。此外，比尔（Helen Purdy Beale）发现，用自制的抗 TMV 抗体可中和 TMV 的传染性，其研究结果支持 TMV 具有蛋白质的特性。

1932～1934 年，匈牙利科学家施莱辛格（Max Schlesinger，1904—1937）测量了纯化噬菌体的大小及质量，并首次提出病毒是由核蛋白组成的。1935 年，美国生物化学家斯坦利（Wendell Stanley，1904—1971）从患病的烟叶汁中纯化出 TMV 并得到了其结晶。这项工作不仅揭示了病毒的分子生物学特性，也为后来的蛋白质结构研究奠定了重要基础。由于这项开创性的贡献，斯坦利荣获了 1946 年的诺贝尔化学奖。

但斯坦利未注意到 TMV 中的其他组分。1936 年，英国病毒学家鲍登（Frederick Bawden，1908—1972）和皮里（Norman Pirie，1907—1997）在纯化的 TMV 中发现了含磷和糖类的组分，这些组分以核糖核酸（RNA）的形式存在。同年，施拉姆（Gustav Schramm）等发现，当 T 噬菌体感染细菌时，其 DNA 会进入细菌细胞内，而蛋白质外壳则留在细胞外，证明核酸是病毒复制的关键物质。后续研究还表明病毒可能含有脂类和碳水化合物。

（二）观察到病毒的形态及结构

电子显微镜的问世为病毒的形态、结构及其在细胞内的形态发生学研究提供了有效手段。1938～1939 年，德国科学家鲁斯卡（Helmut Ruska）等使用电子显微术证实了病毒为颗粒状结构，开启了对病毒形态和结构更深入的研究。1941 年，英国物理学家伯纳尔（John Desmond Bernal，1901—1971）和美国学者范库肯（Isidol Fankuchen，1904—1964）首次拍摄到了 TMV 的 X 射线衍射准晶体照片，表明 TMV 的衣壳由重复的亚单位构成。1955 年，英国物理化学家富兰克林（Rosalind Elsie Franklin，1920—1958）通过分析 TMV 的衍射照片，完成了 TMV 的模型构建，揭示了 TMV 的结构。

揭示 TMV 的化学性质及结构是对病毒学和生命科学的巨大贡献，引导人们从分子水平去认识生命的本质，为后续的分子病毒学和分子生物学奠定了坚实的基础。

三、病毒的细胞水平研究阶段

病毒的本质特征在于其必须依赖宿主细胞进行增殖。早期病毒研究主要基于动物模型研究病毒对人或动物的致病作用。随着组织和细胞培养系统的不断发展，病毒复制机制的研究取得了实质性的进展，进一步推动了病毒学的深入发展。故 20 世纪 40～60 年代是病毒的细胞水平研究发展的重要时期。

（一）病毒的组织培养技术

1943 年，我国学者黄祯祥（1910—1987）率先尝试利用鸡胚组织块在体外进行西方马脑炎病毒的传代、定量滴定及中和实验，并取得了显著的成功。这一研究成果标志着病毒在试管内繁殖成为现实，从而突破了以往仅依赖动物或鸡胚培养病毒的局限。1949 年，美国学者恩德斯（John Enders，1897—1985）等利用单层细胞成功培养和扩增出了脊髓灰质炎病毒，并由此获得了 1954 年的诺贝尔生理学或医学奖。病毒的组织培养技术开创了病毒学研究的黄金时期：①加速了新病毒的发现。20 世纪五六十年代，利用组织培养技术成功分离和鉴定了上百种对动物模型不敏感的新病毒，如腺病毒、副流感病毒、鼻病毒、多瘤病毒等，从而大大扩展了病毒学的研究范围。②促进了病毒学研究方法的革新。1952 年，杜尔贝科（Renato Dulbecco，1914—2012）首次采用蚀斑形成试验在单层细胞上精确测定了脊髓灰质炎病毒的滴度，此后该技术被广泛应用于病毒的复制、克隆与纯化等方面的研究及应用。③为病毒疫苗的研究提供了有力支持。1953 年，索尔克（Jonas Salk，1914—1995）利用细胞培养技术研制出脊髓灰质炎灭活疫苗（inactivated poliovirus vaccine，IPV），这是首个用细胞培养生产的疫苗。组织培养技术已被广泛应用于未知病毒的分离及鉴定、病毒病的诊断、疫苗生产，以及病毒感染和复制机制及抗病毒药物开发的基础研究中。

（二）噬菌体与宿主菌的相互作用研究

噬菌体的发现及其与宿主菌的相互作用研究，极大地推进了病毒学的发展。1940 年，德尔布吕克（Max Delbrück，1906—1981）通过对噬菌体的定量研究，揭示了噬菌体的复制周期。1950 年，利沃夫（André Lwoff，1902—1994）阐明了溶原性噬菌体的诱导机制。1952 年，美国细菌学家赫尔希（Alfred Day Hershey，1908—1997）和美国生物学家蔡斯（Martha Chase，1927—2003）利用噬菌体感染实验，证实了 DNA 是噬菌体的遗传物质。同年，津德（Norton David Zinder，1928—2012）等发现了噬菌体的转导现象，沃尔曼（Elie Wollman，1917—2008）等发现了溶原性噬菌体的存在。其中赫尔希、德尔布吕克和卢里亚（Salvador Luria，1912—1991）通过噬菌体研究发现了病毒复制机制，因此获得了 1969 年的诺贝尔生理学或医学奖。1961 年，雅各布（Francois Jacob，1920—2013）和莫诺（Jacques Monod，1910—1976）基于 λ 噬菌体溶原性的研究，建立了基因表达调控的操纵子理论，为理解病毒复制机制和基因调控奠定了基础，因此他们与利沃夫共同获得了 1965 年的诺贝尔生理学或医学奖。有关噬菌体的研究工作为整个病毒学领域提供了重要的理论和实验基础。

四、病毒的分子水平研究阶段

1953 年，美国生物化学家沃森（James Watson，1928—）和英国物理学家克里克（Francis Crick，1916—2004）共同揭示了 DNA 双螺旋结构，这一发现对现代分子生物学的发展产生了深远的影响，他们因此获得了 1962 年的诺贝尔生理学或医学奖。1958 年，克里克在 DNA 双螺旋结构的基础上提出了生物的中心法则（central dogma），即遗传信息的流动是从 DNA 到 RNA，再到蛋白质。同时，分子生物学的快速发展推动了分子病毒学（molecular virology）

的兴起，病毒学研究进入一个崭新的发展阶段，即病毒的分子水平研究阶段（20 世纪 60 ～ 90 年代）。

（一）病毒学与免疫学

病毒学与免疫学的紧密联系促进了病毒性疾病诊疗技术的进步。20 世纪 60 年代后，建立了一系列敏感、快速和准确的病毒成分检测方法，如放射免疫法、免疫荧光法、酶联免疫吸附试验、免疫共沉淀及蛋白质印迹等技术，极大地推动了病毒学研究及病毒性疾病诊断技术的发展。免疫球蛋白基因的发现推动了基因工程抗体的发展；T 细胞和 B 细胞受体、主要组织相容性复合体（MHC）分子及细胞因子的研究进展，为进一步揭示病毒免疫应答机制、病毒性疾病的分子免疫治疗提供了理论基础。

（二）病毒学与分子生物学

1. 分子生物学的发展极大地推动了分子病毒学的发展　20 世纪 60 年代，DNA 和 RNA 病毒复制机制的阐明、朊粒的发现、病毒基因组序列的测定、病毒癌基因的发现，以及病毒基因结构与功能关系的研究，都标志着分子病毒学的显著进步。这些进展不仅为病毒性疾病的防治带来了突破，还促进了第三代病毒疫苗——重组病毒疫苗的开发。目前，新的分子生物学研究方法层出不穷，体外蛋白质合成和表达技术的应用，核酸与蛋白质、蛋白质与蛋白质之间相互作用的研究，生物芯片的应用及人类疾病蛋白质组学的兴起等，为分子病毒学的深入发展提供了广阔的空间。

2. 病毒学对分子生物学发展的贡献

（1）*发现病毒逆转录酶*　1970 年，美国学者特明（Howard M. Temin，1934—1994）和巴尔的摩（David Baltimore，1938— ）分别在逆转录病毒中发现了逆转录酶（reverse transcriptase），这个重要发现丰富了经典的中心法则内容，同时也使 RNA 在试管内逆转录成 cDNA 成为可能，大大加快了功能基因 cDNA 的克隆及研究。两位学者因发现逆转录酶于 1975 年获得诺贝尔生理学或医学奖。

（2）*发现病毒 mRNA 剪接现象*　20 世纪 70 年代末到 80 年代初，夏普（Phillip Sharp，1944— ）等在研究腺病毒基因表达时发现了 mRNA 剪接现象，该发现对理解真核生物的基因表达调控具有重要意义，对现代分子生物学和遗传学的发展产生了深远的影响。

（3）*病毒载体的贡献*　多种病毒转基因载体的出现，为研究真核细胞基因表达及疾病的基因治疗提供了重要手段。

3. 病毒学与基因工程

（1）*限制性内切酶等微生物工具酶的发现*　从细菌中获得的限制性内切酶，结合 T4 噬菌体的 DNA 聚合酶和连接酶、多核苷酸激酶，以及来自禽成髓细胞性白血病病毒的逆转录酶，已成为分子生物学和基因工程在基础研究与应用开发方面不可或缺的工具酶。

（2）*基因工程的诞生*　1972 年，伯格（Paul Berg，1926—2023）实现了 DNA 重组技术的首次突破，他利用限制性内切酶和 DNA 连接酶，将 λ 噬菌体与 SV40 病毒 DNA 在体外进行重组，创造了第一个人工重组 DNA 分子，因此获得了 1980 年的诺贝尔化学奖。1973

年，傅耶（Herbert Boyer，1936—）和科恩（Stanley Cohen，1922—2020）通过将大肠埃希菌质粒与带有抗生素抗性基因的质粒连接，制造出嵌合质粒，并成功转染大肠埃希菌，使其能在含抗生素的培养基中生长，表现出新抗性。

这两个关键实验证明了基因可在不同物种间转移和表达，宣告了基因工程的诞生，开启了分子生物学及分子生物技术的新篇章。

（3）*基因工程彻底改变了病毒学研究* 基因工程技术使得病毒蛋白基因得以克隆和表达，促成了亚单位疫苗的开发。1986 年，首支基因工程疫苗——乙型肝炎表面抗原（HBsAg）亚单位疫苗，即乙型肝炎疫苗成功上市。同时，基因工程技术也用于大量生产具有治疗作用的细胞因子，如干扰素 IFN-α2a 和 IFN-α2b。

五、病毒组学及后组学阶段

自 20 世纪 90 年代以来，医学病毒学研究进入了组学时代，它以高通量测序技术和生物信息学为核心，结合传统的病毒学研究方法，极大地促进了人们对病毒的认识。1990 年，人巨细胞病毒全基因组测序与功能注释的完成，代表了当时完成的最长连续完整核酸序列测序，标志着核酸测序分析领域和病毒基因组学研究的重大突破。迄今，几乎所有已知病毒的基因组序列都已被测定。近年兴起的病毒宏基因组研究更是发现了大量以前未知的病毒。组学技术也促进了人体微生物组及人体病毒组的研究，为理解病毒群体在人类健康和疾病中的角色提供了新的视角。这些研究不仅有助于发现微生物诊断和分类、分型的分子靶标，也为临床药物筛选和疫苗开发提供了科学依据。

后基因组学要解决的核心问题是如何破译病毒基因组所编码产物的功能。基因组学、表观遗传组学、转录组学、蛋白质组学和代谢组学等组学技术的发展，使得科学家能够全面分析病毒的基因表达和复制，以及病毒与宿主之间的相互作用，揭示其复杂的调控模式，从而认识病毒的感染、传播、致病和进化的规律。这些研究为病毒诊断、抗病毒药物筛选和疫苗开发提供了分子靶标。医学病毒学研究尽管取得了巨大成就，但距离有效控制和消灭人类重大病毒性疾病的目标任重而道远。未来的医学病毒学研究将整合多组学、人工智能、大数据和合成生物学的研究，更深入、更系统地揭示病原病毒的生物学特性和致病机制，发展新型的病毒学检查法、特效抗病毒药物和疫苗，并从宏观和整体的视角优化公共卫生体系，为人类预防和战胜重大病毒性疾病，以及利用病毒造福人类做出重要贡献。

病毒学发展中的重要事件及有关的诺贝尔奖见表 0-1。

表 0-1 病毒学发展中的重要事件及有关的诺贝尔奖

时间	重大事件	诺贝尔奖
1796 年	Edward Jenner 首次通过接种牛痘疫苗预防天花	
1862 年	Louis Pasteur 采用曲颈瓶实验证明有机物发酵与腐败由微生物引起，推翻了“生物自然发生学说”	

续表

时间	重大事件	诺贝尔奖
1882 年	Robert Koch 分离并鉴定了结核分枝杆菌，明确其为结核病的病原	1905 年获得诺贝尔生理学或医学奖
1884 年	Robert Koch 发表了科赫法则	
1885 年	Louis Pasteur 研制了狂犬病减毒活疫苗	
1890 年	Emil von Behring 建立了免疫血清疗法	1901 年获得首届诺贝尔生理学或医学奖
1892 年	Dmitri Iwanowski 提供了烟草花叶病是由滤过性病原体引起的证据	
1898 年	Martinus Beijerinck 提出“病毒”的概念，并与 Dmitri Iwanowski 等共同发现了第一个植物病毒，即烟草花叶病毒	
19 世纪末	Paul Ehrlich 提出了体液免疫学说，Elie Metchnikoff 提出了细胞免疫学说	1908 年获得诺贝尔生理学或医学奖
1911 年	Francis P. Rous 发现鸡肉瘤病毒，证明微生物可致肿瘤	1966 年获得诺贝尔生理学或医学奖
1915 年，1917 年	Frederick Twort 和 Félix d’Hérelle 分别发现了细菌病毒，即噬菌体	
1918～1920 年	H1N1 流感全球大流行，即“西班牙大流感”，死亡人数约 5000 万	
1935 年	Wendell M. Stanley 成功制备了烟草花叶病毒蛋白结晶	1946 年获得诺贝尔化学奖
1930～1937 年	Max Theiler 将黄热病毒经 176 代鼠胚传代，再经鸡胚传代成功制备黄热病疫苗	1951 年获得诺贝尔生理学或医学奖
1940～1952 年	Alfred D. Hershey、Max Delbruck 和 Salvador Luria 通过噬菌体研究发现了病毒复制机制	1969 年获得诺贝尔生理学或医学奖
1943 年	黄祯祥创立了病毒体外细胞培养技术	
1949 年	John F. Enders、Frederick H. Robbins 和 Thomas H. Weller 利用体外细胞培养技术成功培养了脊髓灰质炎病毒	1954 年获得诺贝尔生理学或医学奖
1950 年	André Lwoff 在溶原性噬菌体的研究中做出了突出贡献	1965 年获得诺贝尔生理学或医学奖
1952 年	Renato Dulbecco 建立病毒蚀斑形成试验(plaque formation assay)，在 RNA 肿瘤病毒研究中做出了贡献	1975 年获得诺贝尔生理学或医学奖
1953 年	James Watson 和 Francis Crick 共同揭示了 DNA 双螺旋结构，这是生物学和分子生物学领域的一个里程碑式的发现	1962 年获得诺贝尔生理学或医学奖
1957 年	Daniel C. Gajdusek 提出库鲁病和克-雅病是由一种“非常规病毒”引起的	1976 年获得诺贝尔生理学或医学奖
1961 年	Francois Jacob 和 Jacques Monod 基于对 λ 噬菌体溶原性的研究，建立了基因表达调控的操纵子理论	1965 年获得诺贝尔生理学或医学奖
1963 年	Baruch Blumberg 发现“澳抗”(即 HBsAg)	1976 年获得诺贝尔生理学或医学奖

续表

时间	重大事件	诺贝尔奖
1970～1972 年	Howard M. Temin 和 David Baltimore 在 RNA 肿瘤病毒中发现逆转录酶，证明遗传信息可从 RNA 流向 DNA	1975 年获得诺贝尔生理学或医学奖
1972 年	Paul Berg 在基因工程领域做了开创性工作：创造了第一个人工重组 DNA 分子	1980 年获得诺贝尔化学奖
1973 年	Ruth Bishop 发现了可引起婴儿腹泻的轮状病毒(rotavirus)，WHO 将其作为新发传染病的标志性病原	
1976 年	John M. Bishop 和 Harold E. Varmus 提出存在于动物和人类细胞的原癌基因（proto-oncogene）的概念	1989 年获得诺贝尔生理学或医学奖
	Ho Wang Lee 从韩国疫区黑线姬鼠中发现了可引起肾综合征出血热的汉滩病毒（Hantaan virus）	
1977 年	Carl Woese 提出古菌是不同于细菌和真核生物的特殊类群，提出了生物的三域分类系统	1980 年获得诺贝尔化学奖
	Frederick Sanger 发明了“双脱氧链终止法”基因测序技术，并首次完成 Φ ×174 噬菌体基因组 DNA 序列测定	
1980 年	世界卫生组织第 33 届大会正式宣布人类已经消灭了天花	
1982 年	Stanley Prusiner 证明朊粒（prion）是羊瘙痒病的病因	1997 年获得诺贝尔生理学或医学奖
1983 年	Barre-Sinoussi 和 Luc Montagnier 发现了人类免疫缺陷病毒（HIV）	2008 年获得诺贝尔生理学或医学奖
1983～1984 年	Harald zur Hausen 发现人某些型别的人乳头瘤病毒与宫颈癌发生密切相关	2008 年获得诺贝尔生理学或医学奖
1983～1989 年	Mikhail S. Balagan 等在志愿受试者粪便中用免疫电镜观察到病毒样颗粒；1989 年，Gregory R. Reyes 等获得该病毒基因克隆，并将其命名为戊型肝炎病毒（HEV）	
1989 年	Michael Houghton 采用分子生物学技术发现丙型肝炎病毒（HCV）	与 Harvey J. Alter 和 Charles Rice 共享了 2020 年诺贝尔生理学或医学奖
1996 年	David Ho（何大一）发明了鸡尾酒疗法治疗艾滋病(AIDS)	
2002～2003 年	全球暴发严重急性呼吸综合征 (severe acute respiratory syndrome , SARS)	
2003 年	Bernard La Scola 等发现巨型病毒，即拟菌病毒（mimivirus）	
2004～2006 年	全球暴发人感染 H5N1 禽流感 (avian influenza)	
2012～2014 年	中东呼吸综合征冠状病毒（MERS-CoV）引起的传染病在沙特阿拉伯出现，随后波及中东、亚洲和欧洲等地区	
2015 年	由寨卡病毒（Zika virus）感染引起的传染病在世界多地流行	

续表

时间	重大事件	诺贝尔奖
2019 年	2019 年底开始，全球暴发由 SARS-CoV-2（新型冠状病毒）引起的 COVID-19 疫情	
2020 年	新型 mRNA 疫苗（COVID-19 mRNA 疫苗）首次用于人类传染病防控	
2022 年～	由猴痘病毒（monkeypox virus，MPXV）引起的人 mpox（原名猴痘，monkeypox）再现，在世界多地流行	
2023 年	Katalin Kariko 和 Drew Weissman 在核苷碱基修饰方面做出了突出贡献。该工作为针对 COVID-19 的 mRNA 疫苗的开发和应用奠定了重要基础	2023 年获得诺贝尔生理学或医学奖

小　结

病毒是一类形体微小、结构简单的微生物，仅含有 DNA 或 RNA，必须在细胞内寄生并依赖自我复制进行增殖。病毒的本质是分子水平的寄生生命体，其独特特性包括严格的细胞内寄生性、对干扰素敏感及对常用抗生素不敏感。病毒在自然界分布极为广泛，根据宿主类型，可将其分为不同种类，如噬菌体、植物病毒、动物病毒等。人体病毒组（human virome）包含感染人体细胞的病毒、人体基因组中的病毒基因元件及感染人体共生微生物的病毒。

病毒与人类的关系密切，尽管仅有少数病毒与人类疾病相关，但人类传染病中约 75% 由病毒引起。医学病毒学专注于研究病毒与人类疾病的关系，包括病毒的生物学特性、致病性、宿主相互作用、诊断及防治措施，旨在预防和控制病毒性疾病，保障人类健康。

复习思考题

1. 总结与病毒学发展重大进展相关的诺贝尔奖及有关工作，你能从中得到哪些收获？

2. 烟草花叶病毒的发现对经典的科赫法则提出了哪些挑战？请思考发现病毒的求证过程，你能从中得到哪些收获？

（彭宜红　梁冠翔）

第一篇　医学病毒学基础

医学病毒学基础主要涵盖了医学病毒的生物学特性、致病性与免疫性、微生物学检测及防治原则中的共性及规律性内容，体现学科内及学科间知识内容的共性与特性、整合与交叉等内在逻辑。

第一章　病毒的基本性状

本章要点

1. 病毒大小、形态、结构及其化学组成是其重要的生物学基础。
2. 病毒在活细胞内的自我复制及其遗传变异体现了病毒的生命特征。
3. 目前依据国际病毒分类委员会发布的 15 个层级的病毒分类系统进行病毒的分类。

病毒的形态结构、复制、遗传与变异等基本性状是理解其生命特性的关键，构成了认识病毒的感染与免疫、传播途径及防治策略的生物学基础。这些基本性状不仅揭示了病毒的生物学特征，而且对医学、人类健康、生物工程、药物研发和公共卫生安全等领域产生了广泛而深远的影响。

第一节　病毒的形态与结构

对病毒大小、形态及结构的描述，一般是对病毒体或病毒颗粒而言的，病毒大小的测量单位为纳米（nanometer，nm）。

一、病毒的大小与形态

（一）病毒的大小

拓展阅读 1-1 病毒的大小

病毒体大小悬殊，最大的长度可达 1μm 以上，最小的病毒仅十几纳米。感染人类及动物的病毒大小一般为 20～300nm，大多数病毒小于 150nm。球形病毒的大小用其直径表示，其他形状的病毒则以长度×宽度等表示。

一般而言，病毒必须应用电子显微镜将其放大数千至数万倍才能看见。但大病毒如痘病毒、巨型病毒经适当染色后可用光学显微镜观察。人类病毒的大小与形态比较见图 1-1。

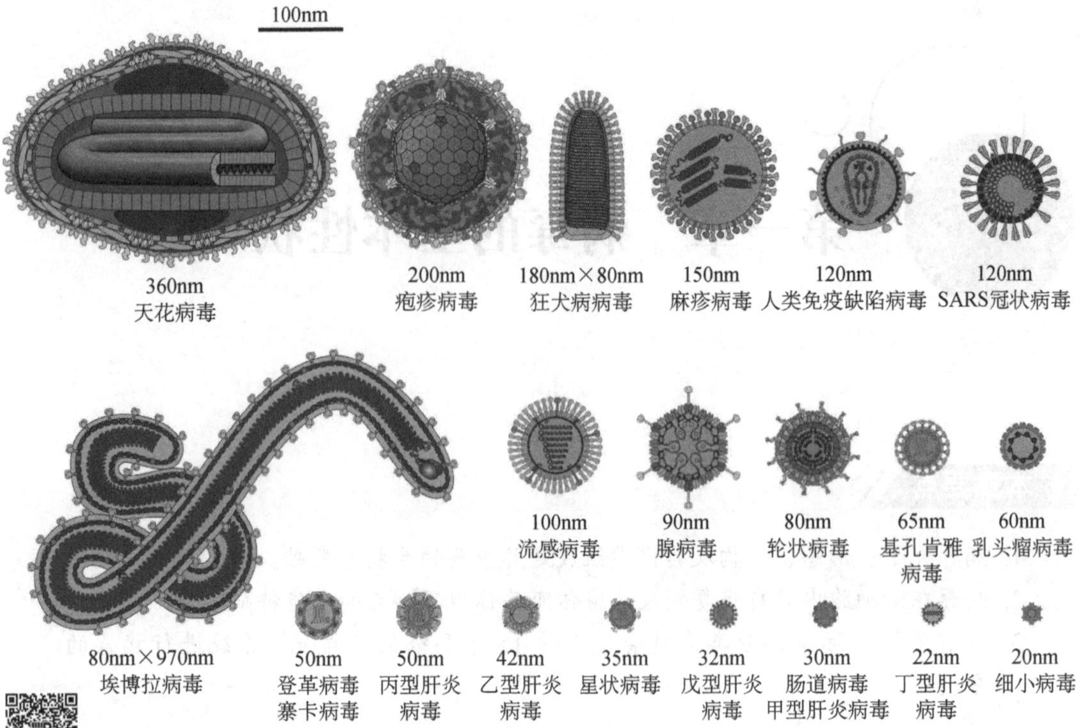

图 1-1　人类病毒的大小与形态比较

（二）病毒的形态

病毒体一般具有较为固定的形态，大致可分为以下 5 类（图 1-2）。

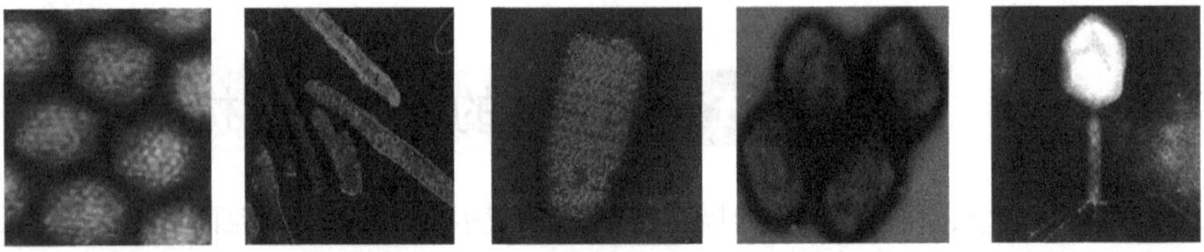

图 1-2　病毒的形态示意图

1. 球形（spheroid）　大多数感染人和动物的病毒，以及球状噬菌体为此形态，如脊髓灰质炎病毒（poliovirus）、冠状病毒（coronavirus）、人类免疫缺陷病毒（human immunodeficiency virus，HIV）、流感病毒（流行性感冒病毒，influenza virus）等。

2. 丝状（filament）　呈丝状或杆状。大多数为植物病毒，核衣壳外一般无包膜，如烟草花叶病毒（TMV）；丝状病毒中仅有少数为感染人类和动物的病毒，但其核衣壳外均有包膜，如丝状病毒科（*Filoviridae*）中的埃博拉病毒（Ebola virus）和马尔堡病毒（Marburg virus），初次分离的流感病毒和麻疹病毒（measles virus）也可呈丝状。

3. 弹状（bullet shape）　如弹状病毒科（*Rhabdoviridae*）中的狂犬病病毒（rabies virus）和水疱性口炎病毒（vesicular stomatitis virus，VSV）等。

4. 砖状（brick shape，ellipsoid） 如天花病毒和痘苗病毒。

5. 蝌蚪状（tadpole shape） 大多数噬菌体外形呈蝌蚪状，如大肠埃希菌 T2 噬菌体（T2 phage）。

此外，有些病毒可具有多形性，如流感病毒、呼吸道合胞病毒可呈球形、丝状等多种形态。

二、病毒的结构

（一）核衣壳

病毒体的基本结构是由核心（core）和衣壳（capsid）构成的核衣壳（nucleocapsid）。有些病毒在核衣壳外有包膜（envelope）及包膜蛋白，后者如刺突（spike）。无包膜的病毒也称为裸露病毒（naked virus），核衣壳是裸露病毒完整的病毒体（图 1-3A）。有包膜的病毒称为包膜病毒（enveloped virus）（图 1-3B）。

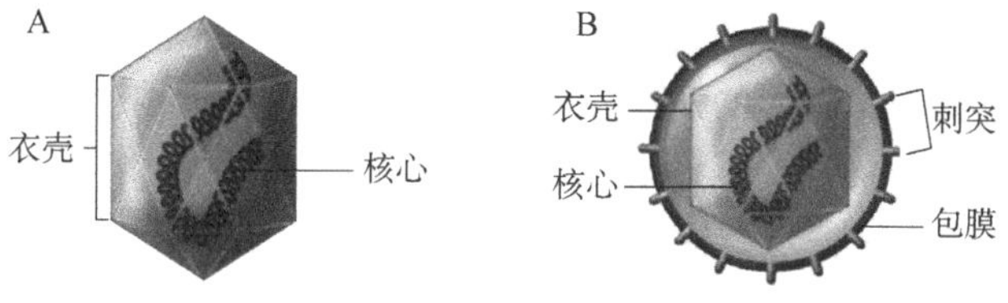

图 1-3 病毒体结构示意图（彭宜红和郭德银，2024）

A. 裸露病毒；B. 包膜病毒

1. 核心 位于病毒体的最内部，主要化学成分为核酸，由一种类型的核酸（DNA 或 RNA）组成，构成病毒基因组。此外，有些病毒体的核心含有少量蛋白质，多为病毒体携带的酶类，如流感病毒、副流感病毒、弹状病毒等负单链 RNA 病毒，逆转录病毒，以及嗜肝 DNA 病毒等。

核心是病毒执行生命活动的物质基础。病毒基因组是其遗传信息的载体和复制模板，而核心中的蛋白质在保障某些病毒的复制或基因表达中具有不可或缺的作用。

2. 衣壳 由病毒基因组编码的包围在病毒核心外面的蛋白质外壳。

从化学构成角度，病毒的衣壳由数量不等的一种或少数几种多肽分子按一定规律自我组装（self-assembly）形成。其中每个多肽分子均是构成衣壳形态和结构最基本的化学成分，称为衣壳的化学亚单位（chemical subunit）或蛋白亚基（protein subunit）。

从形态角度，用电子显微镜观察，病毒的衣壳是由许多看上去大致相似的壳粒（capsomere）聚集而成的，壳粒是衣壳的形态亚单位（morphological subunit），是由一种或几种多肽分子按一定规律共价结合形成的多聚体。烟草花叶病毒的壳粒如图 1-4A 所示。

从结构角度，衣壳是由一定数量的重复的结构单位（structure unit）拼接组装而成的，通常被称为原聚体（protomer）。每个原聚体由一种或少数几种不同的蛋白亚基以非共价键方式组成。螺旋对称的衣壳壳粒就是其原聚体（图 1-4A），但二十面体立体对称的衣壳壳粒与其原聚体的蛋白亚基组成不同，如图 1-4B 所示脊髓灰质炎病毒的原聚体。

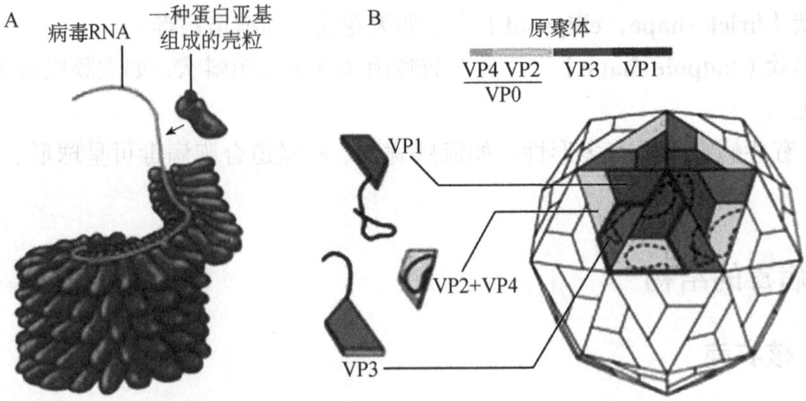

图 1-4　病毒衣壳对称结构示意图（彭宜红和郭德银，2024）

A. 螺旋对称的衣壳结构（烟草花叶病毒）；B. 二十面体立体对称的衣壳结构（脊髓灰质炎病毒）

病毒衣壳结构遵循对称性规律，根据所含壳粒数目和排列方式，病毒衣壳可分为三种不同的对称型，并由此决定了病毒的形状。

1）螺旋对称型（helical symmetry）：此衣壳结构简单，壳粒由一种化学亚单位组成，壳粒就是原聚体。壳粒沿着螺旋形的病毒核酸链对称排列，结构相对松散，基因组容量较小（图 1-4A）。

大多数植物杆状病毒衣壳呈螺旋对称型，无包膜，如烟草花叶病毒。感染人和动物的螺旋对称型病毒，其核衣壳外多有包膜，一般为负链 RNA 病毒，如埃博拉病毒、马尔堡病毒、流感病毒、副流感病毒、麻疹病毒和狂犬病病毒等。冠状病毒等部分正链 RNA 病毒的衣壳也为螺旋对称型。

2）二十面体立体对称型（icosahedral symmetry）：衣壳的壳粒排列成二十面体立体对称型，结构较复杂，但更坚固、内部容量较大；其壳粒（形态亚单位）与原聚体（结构单位）不同。大部分动物病毒，包括球形 DNA 病毒和多数正链 RNA 病毒，其衣壳属于此对称型（图 1-4B）。

3）复合对称型（complex symmetry）：结构复杂的病毒体为此对称结构。大肠埃希菌 T 偶数有尾噬菌体，如 T2 噬菌体，其壳粒排列包括螺旋对称型和二十面体立体对称型；呼肠病毒（reovirus）拥有 2 个或 3 个同轴心的正二十面体复合衣壳，也属于复杂的立体对称型；痘病毒呈砖状，其衣壳为更复杂的复合对称结构。

衣壳的主要作用为保护病毒核酸、参与感染过程、具有免疫原性，是病毒鉴别和分类的重要依据。

（二）包膜

部分病毒在核衣壳外围绕着一层镶嵌有多糖蛋白的脂双层膜结构，称为病毒的包膜（envelope）（图 1-3B），也称为囊膜。

包膜是病毒在增殖成熟过程中，核衣壳穿过宿主细胞膜，或细胞质内高尔基体膜、内质网膜和核膜等，以出芽方式向细胞外释放时获得的。脂双层成分主要来源于宿主细胞，包括磷脂、胆固醇及少量的甘油三酯等脂类物质。逆转录病毒科（*Retroviridae*）和披膜病毒科（*Togaviridae*）病毒的包膜来源于细胞膜；正黏病毒科（*Orthomyxoviridae*）、副黏病毒科（*Paramyxoviridae*）、冠状病毒科（*Coronaviridae*）、黄病毒科（*Flaviviridae*）、弹状病毒科（*Rhabdoviridae*）及嗜肝 DNA 病毒科（*Hepadnaviridae*）病毒的包膜来源于内质网和（或）高尔基体，而疱疹病毒的包膜则来源于细胞核膜。

包膜多糖分子来自宿主细胞，包膜蛋白是病毒基因编码的，二者共同构成包膜糖蛋白（glycoprotein，gp）。

病毒包膜的主要作用为保护核衣壳，与病毒对易感细胞的亲嗜性（tropism）和增殖有关，构成病毒的表面抗原，参与机体免疫应答过程，具有病毒种、型特异性，是病毒鉴定和分型的依据之一。此外，包膜对干燥、热、酸和脂溶剂敏感，乙醚能破坏包膜脂质而灭活病毒，也常被用来鉴定病毒有无包膜。

（三）其他结构

1）基质蛋白（matrix protein）：某些包膜病毒在病毒包膜内层与衣壳外层之间有一层非糖基化蛋白结构，称为包膜相关蛋白（envelope associated protein），而裸露病毒无此蛋白质。其作用主要是介导病毒包装、释放，连接包膜与核衣壳，介导病毒核酸的复制等。在不同的病毒中，该结构有不同的名称。例如，在正黏病毒和副黏病毒中称为基质蛋白，在人类免疫缺陷病毒中称为内膜蛋白 p17，在疱疹病毒中称为被膜蛋白或被膜（tegument）等。

2）触须（antennae）：例如，腺病毒（adenovirus）表面呈特殊的“大头针状”结构，即在核衣壳 12 个顶角壳粒上各有 1 根细长的纤突和顶端的顶球，其通常帮助病毒与宿主细胞表面结合，并介导病毒粒子进入易感的宿主细胞内部。

三、病毒的化学组成及功能

（一）病毒核酸

病毒核酸位于病毒体核心，只含有一种核酸（DNA 或 RNA），构成病毒体基因组，携带病毒所有遗传信息，是病毒感染、增殖、遗传和变异的物质基础。

1. 基因组大小　一般而言，同一科属的病毒基因组碱基（b）或碱基对（bp）构成相近，不同科属的病毒基因组差异较大。嗜肝 DNA 病毒的基因组为 3.2kb，冠状病毒的基因组为 26.0～32.0kb。病毒基因组核酸的分子质量一般为 10^3～10^5 千道尔顿（kDa）。病毒核酸分子质量的大小反映了基因组结构和功能的差异。

2. 基因组多样性　病毒基因组的多样性是病毒分类的重要分子基础。病毒基因组核酸的形式有线性（linear）与环状（circular）、单链（single-stranded，ss）与双链（double-stranded，ds）、分节段（segmented）与不分节段（non-segmented）之分。此外，逆转录病毒有两拷贝（copy）完全相同的 RNA 基因组。感染人及动物的病毒，大多数 DNA 病毒的基因组为线性双链、不分节段，大多数 RNA 病毒的基因组为线性单链、不分节段。

3. 基因组功能区 病毒基因组可分为编码区（coding region）和非编码区（noncoding region，NCR）[或称为非翻译区（untranslated region，UTR）]两部分。其中大部分是编码区序列，称为开放阅读框（open reading frame，ORF）或可读框。病毒基因组相对较小，为了使基因效率最大化，通过 ORF 中重叠基因（overlapping gene）和不连续基因，病毒可编码更多的蛋白质。病毒通过遵循遗传经济（genetic economy）的原则，以较小的基因组满足病毒增殖和执行不同功能的需要。

4. 病毒核酸决定病毒的主要特性 病毒核酸携带着病毒的全部遗传信息，决定子代病毒的形态结构、致病性、抗原性、增殖、遗传和变异等生物学特性。某些正单链 RNA（+ssRNA）病毒，如小 RNA 病毒、冠状病毒、黄病毒及披膜病毒等，其裸露的基因组进入易感细胞后能够直接作为 mRNA 翻译蛋白质，故具有感染性，称为感染性核酸（infectious nucleic acid），也称为感染性 RNA。缺乏衣壳和包膜保护的感染性核酸易被降解，但进入细胞不受相应病毒受体的限制，与病毒体相比，其感染的宿主范围更广，但感染效率较低。

（二）病毒蛋白

病毒蛋白约占病毒体总质量的 70%，由病毒基因组编码，可分为结构蛋白（structural protein）和非结构蛋白（non-structural protein）两大类。

1. 结构蛋白 即病毒体有形成分的蛋白质，主要有衣壳蛋白、包膜糖蛋白和基质蛋白。其主要功能包括：①保护病毒核酸免受外界因素破坏；②决定病毒对称结构，维持其特定形状；③决定病毒对易感细胞的亲嗜性和易感宿主范围，如包膜蛋白、衣壳蛋白中与宿主细胞特异性受体结合的病毒吸附蛋白（viral attachment protein，VAP）；④具有良好的抗原性，可用于病毒感染特异性诊断，可激发机体免疫反应；⑤血凝作用（hemagglutination），如包膜病毒的血凝素、裸露病毒腺病毒的具有凝集红细胞能力的触须，在病毒致病性及诊断中具有重要意义。

2. 非结构蛋白 在病毒体中不作为重要的有形成分，包括某些病毒体携带的酶分子、病毒核酸结合蛋白等。

3. 非病毒体蛋白 病毒基因组复制过程中也可表达一些功能性蛋白，不参与病毒体组成，其仅存在于病毒感染的细胞或机体内，为病毒的非病毒体蛋白。例如，脊髓灰质炎病毒进入细胞后表达的病毒 2A 蛋白（蛋白酶）和 3D 蛋白，即依赖于 RNA 的 RNA 聚合酶（RNA-dependent RNA polymerase，RdRp）；嵌合在受染细胞膜上形成离子通道的病毒小跨膜蛋白，如脊髓灰质炎病毒的 2B 蛋白、HIV-1 Vpu（p16）蛋白；乙型肝炎病毒（hepatitis B virus，HBV）基因组编码的乙型肝炎 e 抗原（HBeAg）也不是病毒体成分，但在感染者血液中可检测到。

此外，有的病毒体也携带有宿主细胞编码的蛋白质，如 EB 病毒基质中含有细胞肌动蛋白、微管蛋白和热休克蛋白等。

（三）病毒脂类和糖类

二者主要来源于宿主细胞。脂类以磷脂和胆固醇为主，占结构成分的 20%～35%；糖类主要存在于包膜糖蛋白或衣壳（裸露病毒）表面。蛋白糖基化修饰在病毒发病机制的揭示，以及疫苗、药物及检测试剂的研发中有重要意义。

第二节 病毒的增殖

病毒结构简单，缺少独立完成增殖所需的酶系统、能量和原料，故必须在易感的活细胞内才能增殖。能支持某种病毒完成正常增殖的宿主细胞，称为病毒的允许细胞（permissive cell）；不能为病毒提供必要条件而导致病毒无法正常增殖的宿主细胞，称为病毒的非允许细胞（non-permissive cell）。宿主细胞对病毒的易感性决定了其感染途径和致病性。例如，流感病毒可入侵呼吸道上皮细胞，在其中增殖并导致感染；而轮状病毒则在消化道上皮细胞中增殖，并引起消化道症状。

一、病毒的复制周期

病毒的增殖（viral replication/multiplication/reproduction）是指从病毒进入细胞至释放出子代病毒这一连续的过程，包括吸附、穿入、脱壳、生物合成、组装、成熟及释放 6 个阶段，该过程称为病毒的一个复制周期（replication cycle）或生命周期（life cycle）。病毒以基因组核酸分子为模板，按照自我复制（self-replication）方式进行增殖。

病毒复制周期的 6 个阶段如下所述。

（一）吸附

吸附（absorption/attachment）是指病毒体与细胞接触及识别的过程，一般持续数分钟到数十分钟。首先，病毒颗粒通过布朗运动到达细胞表面；然后，由于静电作用，病毒进一步结合到细胞膜表面，病毒的这两步结合是非特异和可逆的；最后，病毒通过其包膜或衣壳表面的病毒吸附蛋白，与细胞的病毒受体特异性结合，这一过程是不可逆的。细胞的病毒受体（virus receptor）是指能特异性地与病毒结合、介导病毒侵入并促进病毒感染的宿主细胞膜或膜结构组分。其化学本质是糖蛋白或糖脂，一般分布于细胞表面，但有的病毒还同时具有细胞内受体。

细胞的病毒受体按其功能可分为两类：①黏附受体（adhesion receptor）或附着因子（attachment factor），以可逆的方式将病毒附着到靶细胞或器官上，介导的黏附作用单独不会触发病毒的进入，但有益于病毒集聚在病毒受体附近，可显著增强病毒的感染性。②进入受体（entry receptor），通过某些方式启动内吞作用，或以膜融合等方式，使病毒不可逆地进入宿主细胞，该受体除主受体（major receptor）外，还可能存在共受体（co-receptor），也称为辅助受体（helper receptor）。病毒与其受体之间的相互作用涉及多种分子机制，病毒可具有一个或多个特异性受体。目前病毒受体的名称尚未统一，存在不同的称呼。

拓展阅读 1-2

部分病毒吸附蛋白（VAP）及其受体分子

（二）穿入

穿入（penetration）是指病毒体吸附于易感细胞后穿过细胞膜进入细胞的过程。穿入与吸附不同，是耗能过程。只有生长良好、代谢旺盛的细胞才能使病毒完成穿入过程。病毒体可通过一种或多种方式穿入细胞，主要的穿入方式如下。

1. 胞吞（endocytosis） 为无包膜病毒或包膜病毒常见的穿入方式。病毒入胞时，在病毒受体介导下，病毒体被细胞膜包裹形成脂质囊泡，随后被带入细胞质中。

2. 膜融合（membrane fusion） 为包膜病毒的主要穿入方式，在病毒吸附蛋白、病毒受体及病毒包膜特异性融合蛋白参与下，病毒包膜与细胞膜或细胞质囊泡融合，核衣壳进入细胞质，如SARS-CoV-2 S2亚单位、流感病毒血凝素HA2亚单位和HIV gp41包膜融合蛋白介导的膜融合。

3. 直接穿入（direct penetration） 无包膜病毒与细胞结合后，通过某种机制使病毒基因组直接穿过细胞膜进入细胞内，此过程也可由非受体介导完成。例如，小RNA病毒衣壳相关的孔形成肽（pore-forming peptide）可导致宿主细胞膜形成孔隙，病毒基因组直接穿过细胞膜进入细胞质。此外，有尾噬菌体通过尾丝插入及衣壳收缩，将其基因组注入细胞质，该机制也涉及宿主细胞膜中的孔隙形成。

4. 细胞间扩散（cell to cell transport） 为裸露的病毒基因组从感染细胞直接进入到未感染细胞的方式。例如，某些包膜病毒（麻疹病毒、呼吸道合胞病毒、人巨细胞病毒、人类免疫缺陷病毒等）感染过程中，病毒可通过其包膜融合蛋白与邻近未感染的细胞通过细胞膜融合，形成多核巨细胞，即合胞体（syncytium）。合胞体的形成可能增加了病毒复制和传播的效率，但也可能导致宿主细胞的功能障碍和死亡。合胞体可以作为判断病毒感染的指标之一。

（三）脱壳

脱壳（uncoating）是指病毒进入易感细胞后，必须脱去蛋白质衣壳，释放出病毒核心，使基因组能进一步复制和表达的过程。多数病毒穿入时已在细胞溶酶体酶的作用下脱去衣壳并释放出病毒核酸。少数病毒（如痘病毒）的脱壳过程复杂，溶酶体酶可脱去部分衣壳，尚需病毒特有的脱壳酶参与使病毒核酸完全释放。

（四）生物合成

病毒基因组一旦释放到细胞中，即开始病毒的生物合成（biosynthesis）。人和动物DNA病毒的基因组绝大多数为双链DNA（double-stranded DNA，dsDNA），其基因组复制和mRNA转录在细胞核内进行。但是，痘病毒本身具有相对独立的复制酶系统，其生物大分子合成是在细胞质中进行的；乙型肝炎病毒（hepatitis B virus，HBV）的基因组是不完全闭环dsDNA，其转录在细胞核中进行，基因组逆转录复制在细胞质中进行。另外，人和动物RNA病毒的基因组多为单链RNA（single-stranded RNA，ssRNA）。例如，脊髓灰质炎病毒的基因组为正单链RNA（+ssRNA），流感病毒的基因组为负单链RNA（−ssRNA），绝大多数RNA病毒都在细胞质中进行生物合成。但也有例外，如正黏病毒的基因组复制和mRNA转录是在细胞核内完成的。

病毒的生物合成包含基因组复制和基因表达两部分。病毒基因组复制是指子代病毒遗传物质的合成；病毒基因表达包括转录和翻译过程，最终合成病毒的蛋白质。病毒基因组复制、转录和翻译过程密不可分，相互间可有交叉。病毒基因组类型的多样性决定了其基因组复制的复杂性，也决定了 mRNA 转录和蛋白质合成的不同方式。1970 年，美国科学家巴尔的摩（David Baltimore）按病毒核酸类型及其 mRNA 转录方式的差异提出了一种病毒分类系统，目前该分类系统将病毒分为Ⅰ～Ⅶ共 7 种类型（图 1-5）。

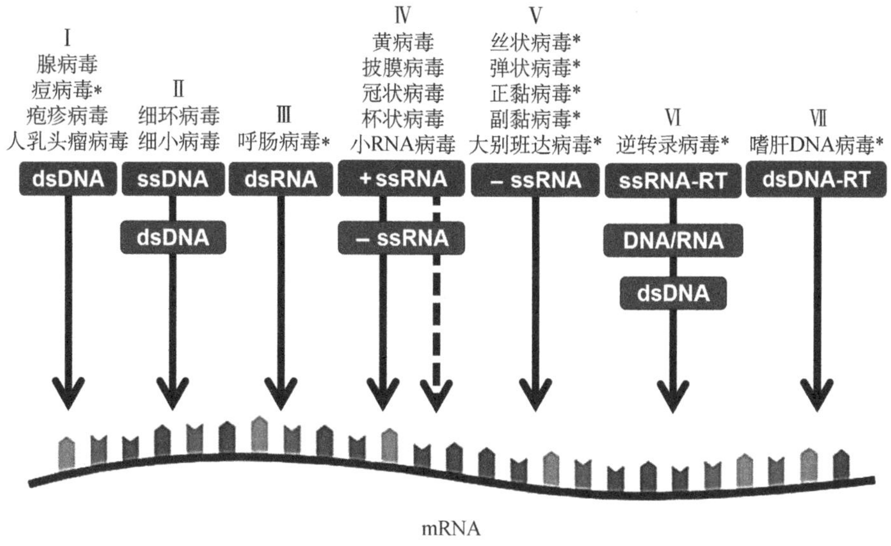

图 1-5　病毒基因组核酸类型及其 mRNA 的转录方式

*表示病毒体携带核酸聚合酶；RT. 逆转录酶，是一种 RNA 依赖的 DNA 聚合酶

病毒复制方式、生物合成过程及场所因病毒而异，以下按巴尔的摩分类系统将不同类型病毒的生物合成方式及相关过程用图 1-6 简要进行介绍。

病毒有其独特的复制和生物合成策略，这些策略决定了它们在宿主细胞内的生命周期，以及病毒与宿主的相互作用，了解这些过程对研究和开发抗病毒药物与疫苗也具有重要作用。

（五）组装

组装（assembly）是指将合成的病毒蛋白和核酸及其他病毒组分组装成核衣壳的过程。病毒组装的机制依据病毒种类的不同而异。多数 DNA 病毒的核衣壳在细胞核内组装，多数 RNA 病毒在细胞质内组装。病毒的组装过程非常复杂，当合成的病毒蛋白和核酸浓度很高时，即可启动病毒的组装。

（六）成熟及释放

病毒核衣壳装配好后，发育成为具有感染性的病毒体，即病毒的成熟（maturation）阶段。病毒成熟涉及衣壳蛋白及其内部基因组的结构变化，多需要蛋白酶对一些病毒的前体多蛋白（polyprotein）进行切割加工。病毒成熟的标准是：①形态结构完整；②具有成熟颗粒的免疫原性和免疫反应性；③具有感染性。

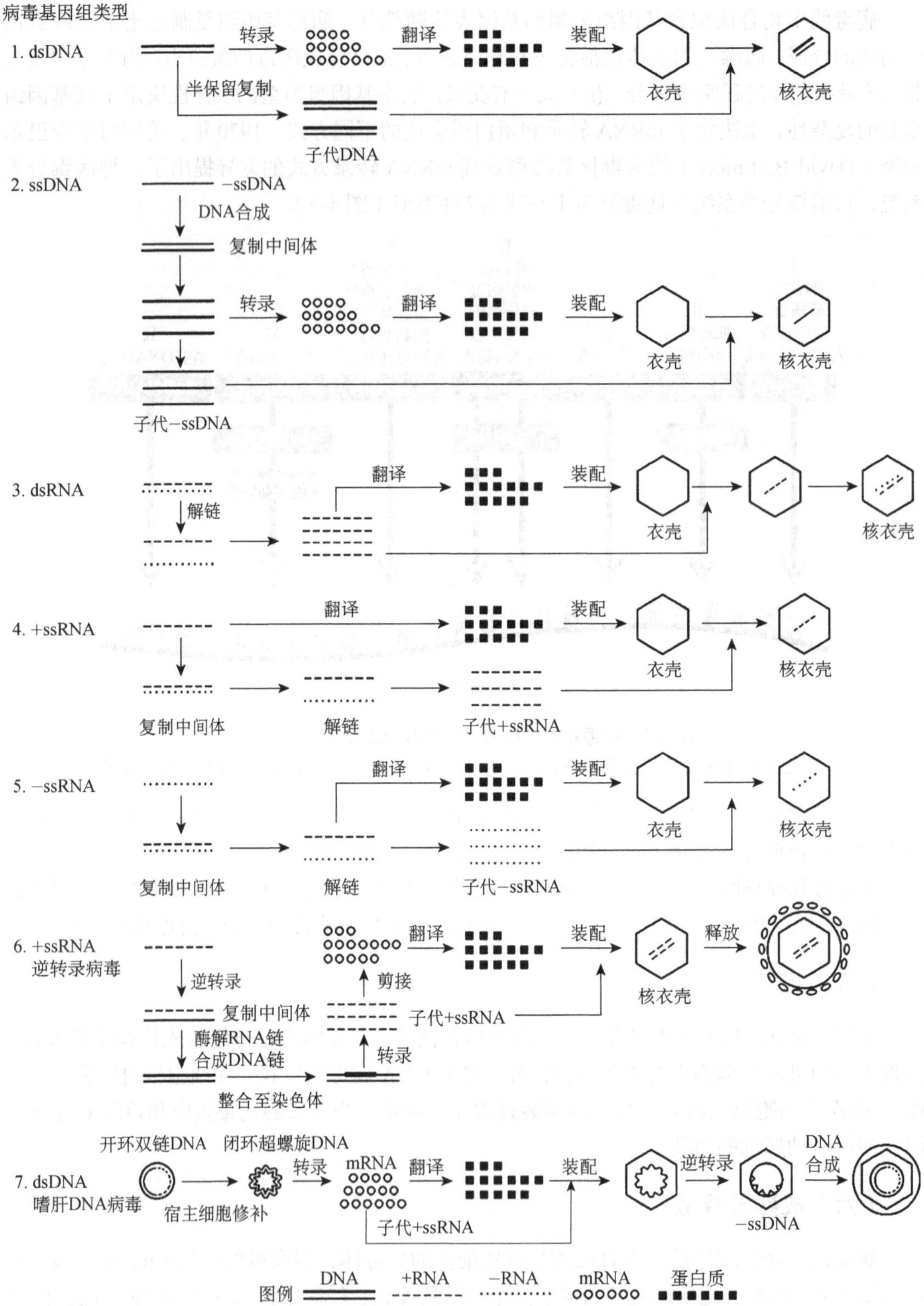

图 1-6　不同核酸类型的病毒生物合成过程简介

病毒的组装成熟和释放是连续的过程。成熟病毒以不同方式离开宿主细胞的过程称为释放（release）。裸露病毒多通过溶解细胞的方式释放，病毒在组装及释放出大量子代病毒的过程中可严重影响和破坏细胞，故这类病毒可称为溶/杀细胞病毒（cytolytic virus），其复制周期即溶细胞周期（cytolytic cycle），如脊髓灰质炎病毒和腺病毒。包膜病毒通过出芽（budding）或胞吐（exocytosis）作用，核衣壳从细胞膜系统中获得包膜而释放。包膜病毒出芽释放一般不直接引起细胞死亡，细胞膜在出芽后可以部分修复。在大多数情况下，包膜病毒的核衣壳可通过感染细胞膜上的病毒糖蛋白介导，从一个感染细胞直接转移到相邻未感染细胞中，或细胞融合形成多核巨细胞（即合胞体），以此逃避宿主的抗病毒防御机制。呼吸道合胞病毒、副黏病毒、疱疹病毒及 HIV 等都可诱导细胞形成合胞体。

二、病毒的异常增殖和干扰现象

病毒进入细胞并在胞内复制的实质是病毒和细胞相互作用的过程，并非所有进入胞内的病毒均能产生完整的子代病毒，病毒因不能完成复制从而导致异常增殖。此外，若两种或两种以上的病毒感染同一细胞时，病毒间发生相互影响而产生异常增殖和干扰现象。

（一）病毒的异常增殖

1. 顿挫性感染（abortive infection） 是指病毒进入非允许细胞的感染过程，因细胞不能提供病毒复制的必要条件，故不能产生完整的病毒体，也称为流产感染。例如，人腺病毒可在人胚肾细胞（允许细胞）中正常增殖，但在猴肾细胞（非允许细胞）中不能正常增殖，导致顿挫性感染。

2. 缺损性干扰颗粒（defective interfering particle，DIP） 是指病毒复制时，其基因组核酸片段缺失，导致形成有缺陷的病毒基因组，但具有正常病毒形态的病毒颗粒。DIP 因基因组较短，在复制时更具竞争优势，可干扰具有完整基因组的感染性病毒颗粒的增殖，但 DIP 本身因基因组缺失而不能完成正常的复制周期。在实验室保存病毒时，应以高倍稀释度的病毒株传代，避免出现大量的 DIP。

3. 假病毒体（pseudovirion） 是指病毒衣壳包裹一段宿主细胞的 DNA 形成的病毒颗粒，其因无病毒遗传物质，故感染宿主细胞后不能产生子代病毒。

此外，目前研究中采用的人工制备的假病毒，是一种在结构和特性上很类似于病毒，但没有复制能力的人工合成的病毒粒子，其可向原核或真核细胞中导入遗传物质，已成为病毒学及分子生物学研究的一种重要工具。

拓展阅读
1-3
人工假病毒的用途

（二）病毒的干扰现象

干扰（interference）现象是指两种病毒感染同一细胞时，一种病毒的增殖可抑制另一种病毒增殖的现象。其多发生于不同种属病毒之间，同种病毒不同型、不同株之间也可发生干扰现象。其机制有多个方面，主要是病毒作用于宿主细胞后，诱导后者产生抑制病毒复制的蛋白质，如干扰素（interferon，IFN），并导致后续抗病毒复制的效应。此外，先感染的病毒破坏了宿主细胞表面受体或改变了宿主细胞代谢途径，可影响另一种病毒的复制过程。干扰现象可发生在两种成熟病毒体之间，也可以发生在成熟病毒和缺陷病毒之间。在使用疫苗预防病毒性疾病时，应注意合理使用，避免病毒疫苗株之间发生干扰现象，以影响疫苗效果。

第三节 病毒的遗传与变异

病毒的遗传与变异，既有一般生物的共同规律，又有其特点。病毒遗传是指病毒在复制增殖过程中，其子代保持与亲代性状相对稳定的特性。病毒变异是指病毒在增殖过程中，其子代病毒出现某些性状的改变。病毒遗传是相对的，变异才是绝对的。

一、病毒的变异现象

（一）毒力变异（virulence variation）

病毒毒力对于易感动物而言可用半数致死量（50% lethal dose，LD_{50}）表示，针对易感细胞用半数组织感染量（50% tissue culture infective dose，$TCID_{50}$）表示。自然界中同一种病毒可有不同毒力的毒株。病毒毒力变异也可用人工方法获得。巴斯德将狂犬病病毒野生型毒株（wild virus）或街毒株（street virus）在兔脑内连续传代后，筛选到对犬及人致病性明显下降的减毒株（固定毒株，fixed virus），作为预防人及动物狂犬病的疫苗。毒力变异常伴随其他性状变异，如温度敏感性突变株（temperature-sensitive mutant，ts 株）、DIP 同时可表现为毒力变异。

（二）抗原变异（antigenic variation）

自然界中，有些病毒的抗原性稳定，如天花（痘苗）病毒、麻疹病毒等。但也有一些病毒的抗原性处在不断演变的过程中，如甲型流感病毒、HIV 等，而多数病毒介于两者之间。病毒的抗原变异直接影响病毒感染的转归与防治，对病毒疫苗的筛选具有重要影响。一般而言，抗原变异越频繁的病毒，其疫苗研制难度越大。

（三）条件致死突变（conditional lethal mutation）

病毒突变后在特定条件下能增殖，但在原来条件下不能增殖，这种变异称为条件致死突变。典型代表如温度敏感性突变株，其在 28～35℃条件下能增殖，在 37～40℃条件下则不能增殖，但野生型毒株在两种温度下均能增殖。其机制是病毒基因组中单点或多点突变而导致病毒蛋白（酶）结构及功能发生变化，这种蛋白质在允许温度内功能正常，而当温度升高时功能受限而使突变株不能增殖。大多数 ts 株常毒力减低而保持其免疫原性。

（四）宿主适应突变株（host-adapted mutant）

某些病毒初次接种时不能形成明显的生长现象或病理变化，但经过连续传代后可逐渐适应在宿主中增殖并引起宿主病理变化，称为宿主适应突变株。例如，新分离的病毒开始时不能在某些细胞中生长，通过传代后逐渐适应。某种病毒野生型毒株开始时不易在动物体内建立稳定的病毒感染，但将病毒在体内连续传代后，有可能筛选到宿主适应突变株。

（五）耐药突变（resistance mutation）

病毒酶基因突变常会导致药物对靶酶的亲和力降低或失去作用。例如，HIV、HBV 等在抗病毒治疗中常出现耐药突变。

二、病毒变异的机制

（一）突变

病毒基因突变（mutation）是由于核酸复制过程中发生差错而导致其序列的改变。从分子水平上看，突变是由病毒基因组中碱基组成和顺序的变化导致的遗传型变异。相对于其亲代或“野生型”病毒株，突变产物叫突变株（mutant）或变异株（variant）。由于病毒变异，同一宿主体内某种病毒在基因组序列上存在着微小的异质性（heterogeneity），将这种基因组异质性的病毒群体（population）称为准种（quasispecies）。因为核酸序列具有相当程度的可塑性，如果病毒的突变仅限于遗传物质的改变，并未使编码的氨基酸改变，从而不出现表型的变化，则称为沉默突变（silent mutation）。

病毒突变根据形成的原因可分为自发突变（spontaneous mutation）和诱发突变（induced mutation）两种。①自发突变，在自然条件下，每种生物的突变都以一定的频率产生，每复制一次所发生突变的频率称为突变率。RNA 病毒的突变率比 DNA 病毒高得多。因为细胞中的 RNA 不是作为基因存在的，细胞不具备对 RNA 复制错误的“校对”系统（proof reading system），而 RNA 病毒本身也缺乏这一功能，因此复制时产生的差错易保存下来而导致变异。②诱发突变，是指应用各种物理和化学方法处理病毒或感染性核酸而发生的突变，如亚硝酸盐、羟胺等化学药物，温度及射线等物理因素都有诱发病毒突变的作用。

（二）病毒遗传物质（基因）间的相互作用

当两个不同的病毒感染同一细胞时，在各自新合成的核酸分子之间可发生遗传物质（基因）间的相互作用。

基因重组（gene recombination）是指两种不同病毒感染同一细胞时发生的核酸片段的互换，从而导致病毒的变异。基因重组通常发生在亲缘关系较密切的病毒之间，分为分子内重组（图 1-7A）和分子间重排（图 1-7B）两类。

不同病毒的基因组节段（分子间）互换重配简称为基因重排（gene reassortment），多见于基因组分节段的 RNA 病毒之间。当两种相关病毒在同一受染细胞中复制时，同源性基因组片段可随机分配而发生互换产生子代重排株（reassortant），如流感病毒、呼肠病毒等常以这种方式产生变异株。分子间重排可自然发生，其频率远高于分子内重组，这是基因组分节段的 RNA 病毒易产生遗传性变异的重要原因之一。目前认为甲型流感病毒新亚型的出现，可能是人与动物（禽、马、猪）间的流感病毒通过基因重排而产生的。

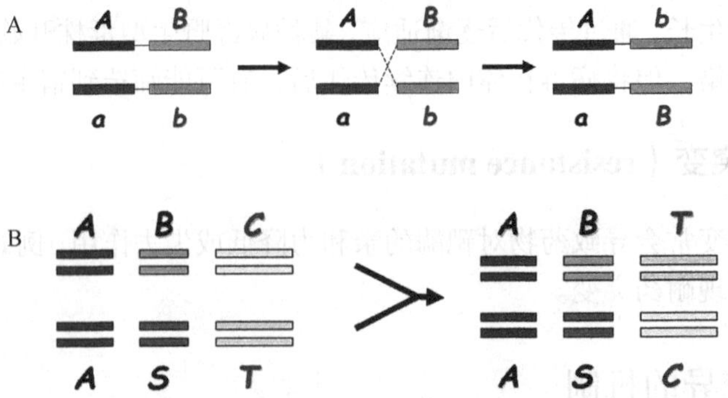

图 1-7 病毒的基因重组与基因重排

A. 病毒基因分子内重组；B. 病毒基因分子间重排

基因重组可导致两种类型的基因复活（genetic reactivation）：①交叉复活（cross reactivation），是由于一种活病毒和另一种与其基因组既有联系又有区别的灭活病毒之间发生的基因重组；②多重复活（multiplicity reactivation），是两个或多个灭活病毒间由于基因重组而产生的具有各自亲代病毒不同特性的活病毒颗粒。此外，病毒还可以经人为方法进行人工基因重组。病毒基因重组的方式有病毒基因间、灭活病毒基因间，以及活病毒与灭活病毒基因间的相互作用。

（三）病毒基因产物间的相互作用

当两种或两种以上的病毒混合感染时，病毒的相互作用还包括表型混合（phenotypic mixing）、基因型混合（genotypic mixing）、互补作用（complementation）等基因产物（蛋白质）间的相互作用，这也可导致子代病毒的表型变异，但这种变异不涉及基因重组，不能遗传。

1. 表型混合 当两种病毒混合感染时，产生的子代病毒有时含有双方或另一方亲代病毒的外壳或包膜蛋白，但其基因组仍未改变，只表现出抗原性及对宿主亲嗜性的改变，这种变异不稳定，传代后产生的子代病毒表型与其基因型一致，这称为表型混合（图 1-8）。例如，肠道病毒中脊髓灰质炎病毒与柯萨奇病毒之间子代的衣壳形成的表型混合。

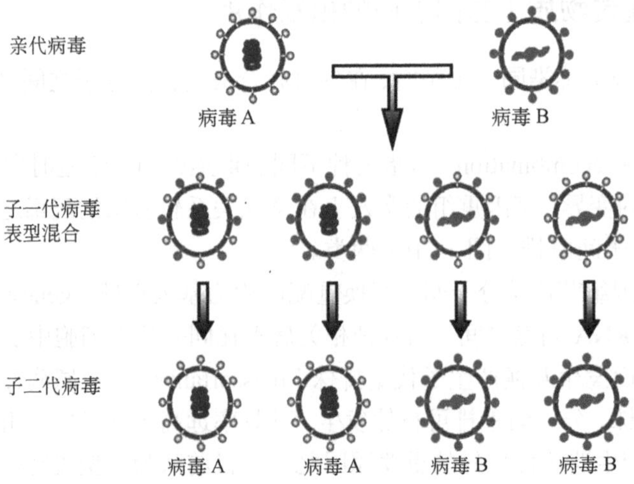

图 1-8 病毒体表型混合示意图

2. 基因型混合　两种病毒的核酸或核衣壳偶尔合装在同一病毒的衣壳或包膜内，但两者的核酸都未重组，传代后产生与各自亲代病毒完全相同的子代病毒，这种现象称为基因型混合。在有包膜的病毒如副黏病毒中常可发现有多个核衣壳的病毒颗粒。

3. 互补作用　两种病毒混合感染时，病毒基因产物间的相互作用使一种不能增殖的病毒增殖，或两种病毒的增殖均有所增加的现象称为互补作用。这种作用可发生在辅助病毒（helper virus）与缺陷病毒（defective virus）之间。例如，丁型肝炎病毒（缺陷病毒，也属于卫星病毒）必须与乙型肝炎病毒（辅助病毒）混合感染时才可增殖，乙型肝炎病毒可提供包膜蛋白，辅助丁型肝炎病毒完成其增殖周期而产生子代病毒，并且子代丁型肝炎病毒仍为缺陷型。

拓展阅读
1-4
病毒遗传变异在生物医学中的应用

病毒的遗传变异有着极其重要的生物学意义。

第四节　病毒的抵抗力

病毒体受到外界环境物理、化学因素的影响而失去感染性，称为灭活（inactivation）。不同病毒对理化因素的敏感性存在差异，病毒灭活的机制是：①破坏包膜病毒的包膜（冻融或脂溶剂）；②使病毒蛋白变性（酸、碱、温度等）；③损伤病毒核酸（变性剂、射线等）。灭活病毒仍可保留免疫原性、抗原性、红细胞吸附、血凝及细胞融合等特性。了解理化因素对病毒活性的影响，在分离病毒、制备疫苗和预防病毒感染等方面具有重要意义。

一、物理因素

（一）温度

多数病毒耐冷不耐热，病毒标本应尽快低温冷冻保存。在干冰（−78.5℃）、超低温冰箱（−86℃）和液氮（−196℃）温度环境下，病毒感染性可保持数月至数年。多数病毒在 50～60℃　30min、100℃数秒可被灭活。少数病毒如乙型肝炎病毒需 100℃加热 10min 才能被灭活。包膜病毒比裸露病毒更不耐热，37℃以上可迅速灭活。反复冻融也能使病毒灭活。有些病毒（正黏病毒、疱疹病毒、小 RNA 病毒）在有 Mg^{2+}、Ca^{2+}等盐类存在时，能提高病毒对热的抵抗力。例如，用 1mol/L $MgSO_4$ 保存这类病毒，其可在 50℃存活 1h。

（二）射线

X 射线、γ 射线和紫外线均可灭活病毒。射线可以使病毒核酸链发生断裂；而紫外线则使病毒基因组中核苷（酸）结构形式发生变化或形成胸苷-胸苷二聚体，影响核酸复制。日光中的紫外线波长为 287～400nm，人工紫外灯的紫外线波长为 250～280nm，这些波长的紫外线均可灭活病毒；但有些病毒经紫外线灭活后，再遇到可见光照射，其修复酶可被激活，经光修复作用使灭活的病毒复活。因此，不能用紫外线来制备灭活疫苗。

二、化学因素

（一）pH

多数病毒在 pH5.0～9.0 内稳定，强酸或强碱条件下可被灭活。但有些病毒如肠道病毒在 pH2.0 时感染性可保持 24h，包膜病毒在 pH8.0 时也可保持稳定。可利用对 pH 的稳定性来鉴别病毒，也可利用酸性、碱性消毒剂消杀污染器具及环境中的病毒。

（二）脂溶剂

乙醚、氯仿、去氧胆酸盐、阴离子去污剂等脂溶剂能使病毒包膜溶解损坏，使包膜病毒失去吸附能力而灭活。脂溶剂对无包膜病毒（如肠道病毒）几乎无作用，故常用乙醚灭活试验鉴别病毒有无包膜。

（三）化学消毒剂

强酸和强碱消毒剂、酚类、氧化剂、卤素类、醇类等对病毒均有灭活作用，常用 1%～5%苯酚、75%乙醇、碘及碘化物、次氯酸钙（漂白粉溶液）等灭活病毒。

第五节 病毒的分类与命名

病毒分类学是从整体上对病毒起源、进化、共性及特性等进行系统的归纳研究，旨在更好地：①了解病毒进化关系，揭示生命的多样性及其起源；②规范病毒分类和命名原则，揭示病毒遗传性状及致病特点；③为开发利用病毒资源，对病毒性疾病的诊断、治疗、预防提供依据。

一、病毒分类机构及其病毒分类系统

国际病毒分类委员会（International Committee on Taxonomy of Viruses，ICTV）是对病毒进行分类和命名的权威学术机构，负责制定病毒分类标准及病毒分类层级（rank）或阶元（taxa），并不断修订和维护病毒分类体系，发布病毒分类报告和决议（ICTV Report），以便学术界能够在相同的标准下清晰地了解和交流有关病毒的信息。

目前，ICTV 采用了 2019 年颁布的 15 个层级的新版病毒分类系统（图 1-9），包括 8 个主要层级（principal rank）——境（realm）、界（kingdom）、门（phylum）、纲（class）、目（order）、科（family）、属（genus）、种（species），7 个次生层级（derivative rank）——从亚界到亚种。截至 2023 年 8 月底，ICTV 在线资源共有 11 273 个病毒种（species），归属于 6 境、10 界、17 门、40 纲、72 目、264 科、2818 属。15 个不同分类等级（阶元）

的病毒命名或名称，以病毒名后特定的词尾区别。此外，目前尚有大量病毒未纳入上述分类系统。

病毒分类系统结构 15级阶元	举例 等级，后缀(...suffix)	DNA病毒(DNA virus)	RNA病毒(RNA virus)
11 273	种，species irregular	*Human alphaherpesvirus 1/2*	*Severe acute respiratory syndrome related coronavirus(SARSr-CoV)*
84	亚属，subgenus ...*virus*		*Sarbecovirus*
2 818	属，genus ...*virus*	*Simplexvirus*	*Betacoronavirus*
182	亚科，subfamily ...*virinae*	*Alphaherpesvirinae*	*Orthocoronavirinae*
264	科，family ...*viridae*	*Herpetoviridae*	*Coronaviridae*
8	亚目，suborder ...*virineae*		*Cornidovirineae*
72	目，order ...*virales*	*Herpesvirales*	*Nidovirales*
	亚纲，subclass ...*viricetidae*		
40	纲，class ...*viricetes*	*Herviviricetes*	*Pisoniviricetes*
2	亚门，subphylum ...*viricotina*		
17	门，phylum ...*viricota*	*Peploviricota*	*Pisuviricota*
	亚界，subkingdom ...*virites*		
10	界，kingdom ...*virae*	*Heunggongvirae*	*Orthornavirae*
	亚境，subrealm ...*vira*		
6	境，realm ...*viria*	*Duplodnaviria*	*Riboviria*

图 1-9　15 个层级的病毒分类系统及结构图（熊芮等，2024）

图中内容截至 2023 年 8 月底

境（realm）的中文译名学术界尚未统一认可。病毒与细胞生物的起源不同，将病毒最高分类等级“realm”译为“境”，以便与细胞生物分类的最高等级“域”（domain）相区别。

二、病毒的分类和命名原则

ICTV 早期制定的病毒分类原则主要考虑病毒的生物学性状，包括：①宿主种类；②基因组核酸类型及序列相似性；③病毒形态与大小；④核衣壳的对称型；⑤有无病毒包膜及对乙醚等脂溶剂的敏感性；⑥抗原性；⑦病毒在宿主细胞中的增殖部位、复制策略及生长特性；⑧人类病毒还应考虑传播方式、传播媒介的种类、流行病学及病理学特征等因素。从 20 世纪 90 年代开始，病毒基因组序列和系统发育关系逐步成为病毒分类的主要依据。

拓展阅读 1-5
常见的医学病毒分类

病毒从其“境”名到“种”名由 ICTV 确定，适用于所有病毒。名称一律为斜体，首字母大写；种名的首字母大写，其他词（除专有名词和序号词外）一律小写。ICTV 不统一规定病毒种以下的分类和命名，种以下的血清型、基因型和病毒分离株名称由研究者或研究团队确定，名称不用斜体，首词第一个字母不用大写。由病毒等病原微生物引起的人类疾病则由世界卫生组织统一命名。

近年来，随着大量新病毒的不断发现，ICTV 对病毒的分类系统和命名不断地进行更新。在实际工作中或发表文章时，除了标注正式的病毒分类名称，仍在沿用传统的病毒名称（俗名）。病毒名称的英文书写方式在不表示科、属、种等分类学地位时，均使用小写和正体，代表国际通用的病毒俗名，如疱疹病毒写为 herpesvirus，冠状病毒写为 coronavirus。

三、亚病毒因子

ICTV 将一类比常规病毒更小，结构、化学组成及复制过程不同于常规典型的真病毒（euvirus）的传染因子，统称为亚病毒因子（subviral agent），包括类病毒（viroid）、卫星病毒（satellite virus）和朊粒（prion）。亚病毒因子不是严格意义上的病毒分类学名称。

（一）类病毒

类病毒是具有感染性的小 RNA 分子。其特点是：①仅由 200～400 个核苷酸组成，具有棒状二级结构的单链环状 RNA 分子；②其 RNA 在细胞核内复制，主要依赖宿主细胞 RNA 聚合酶Ⅱ合成 RNA，不需要辅助病毒参与；③类病毒不含蛋白质，也不编码蛋白质；④目前均是在植物中发现的，仅有部分类病毒可引起植物疾病。

（二）卫星病毒

卫星病毒是一类需要特异性辅助病毒协助，才能在细胞内完成增殖的病毒。卫星病毒的特点是：①具有完整的病毒体结构，包括 DNA 病毒和 RNA 病毒；②某些卫星病毒的基因组可编码自身的蛋白质衣壳（如丁型肝炎病毒），但也有一些卫星病毒的基因组依赖辅助病毒提供蛋白质衣壳；③复制必须依靠辅助病毒，但对辅助病毒的复制不是必需的，复制地点与辅助病毒完全相同；④与辅助病毒之间无或很少有同源序列；⑤常干扰辅助病毒的增殖。卫星病毒多数属于植物病毒，少数为动物病毒的卫星病毒和噬病毒体，如腺相关卫星病毒（adenovirus-associated satellite virus）和拟菌病毒相关卫星病毒（mimivirus-associated satellite virus）。ICTV 已将卫星病毒从亚病毒因子中移出，将其纳入到新的病毒分类系统中进行分类。

（三）朊粒

朊粒又称为朊病毒，是一种只由细胞基因编码的具有传染性的异构型蛋白质颗粒。哺乳动物和人类中枢神经系统慢性进行性传染病（朊粒病）与朊粒感染有关。朊粒不属于病毒分类学名称。

小　结

病毒学研究的核心内容之一是揭示病毒的基本特性，包括大小与形态、结构、遗传与变异和分类等方面。病毒的形态多样，通常分为球形、杆状或丝状、弹状、砖状和蝌蚪状。病毒由蛋白质外壳（衣壳）和内部遗传物质（DNA 或 RNA）构成。由于缺乏独立的代谢能力，病毒必须侵入宿主细胞才能复制。某些病毒在衣壳外有来自宿主细胞的脂双层膜（包膜），包膜上的病毒蛋白有助于病毒进入宿主细胞。

病毒的变异性是其重要的生物学特性。RNA 病毒由于缺乏复制错误校正机制，在复制过程中容易发生错误，导致遗传信息的改变。这种高变异性使 RNA 病毒能快速适应环境变化，但也增加了疫苗开发和疾病控制的难度。病毒的分类基于基因组序列相似性，有助于准确地识别和区分不同的病毒种类，为疾病防控提供科学依据。

复习思考题

1. 你认为病毒是一种生命形式吗？请提供依据阐明。
2. 总结本章的重要概念和重点内容。
3. 简述烟草花叶病毒的发现过程，其与烟草花叶病之间是否符合经典的科赫法则？
4. 以 SARS-CoV-2 的分类为例，简要介绍 ICTV 的 15 级病毒分类系统。

（彭宜红　邹清华）

第二章 病毒感染的免疫防御机制

本章要点

1. 免疫系统主要包括固有免疫和适应性免疫两种类型。固有免疫是个体与生俱来的免疫防御机制，与接触抗原无关，是机体抗病毒感染作用的“第一道防线”。适应性免疫主要在病毒感染后期发挥抗感染作用，具有免疫记忆性，是接种疫苗预防病毒感染的生理学基础。
2. 病毒能够通过多种机制逃逸宿主免疫系统的识别和清除，可导致感染及疾病。

病毒能够侵入宿主细胞，并在其中进行增殖，与宿主相互作用，造成局部组织细胞或者全身发生一系列的病理变化，形成病毒感染（viral infection）。病毒感染会引起宿主免疫系统产生应答，从而发挥防御、抵抗和清除病毒感染的作用，这个过程称为抗病毒免疫(antiviral immunity)。宿主的抗病毒免疫应答与入侵病毒的数量及毒力之间的相互较量，最终决定了病毒感染的发生、发展、转归和结局。

根据应答是否具有抗原特异性，可以将抗病毒免疫分为固有免疫（innate immunity）和适应性免疫（adaptive immunity）两大类（表 2-1）。其中，固有免疫一般在病毒感染早期发挥抗病毒感染的作用，而适应性免疫主要在感染后期发挥抗感染作用。适应性免疫还具有免疫记忆性，从而可以在再次接触病毒时，发挥更加迅速、更加特异和更加有效的再次免疫应答作用。在抗病毒免疫中，适应性免疫和固有免疫之间往往会相互协同，共同发挥抗病毒免疫效应，从而保护宿主的健康。

病毒具有容易发生基因突变的特性，能够通过多种机制逃逸宿主免疫系统的识别和清除，在宿主细胞内存活、潜伏和增殖，形成病毒的免疫逃逸现象，甚至引发宿主的疾病。

表 2-1 抗病毒免疫的主要机制

免疫类型	免疫因素	主要免疫机制
固有免疫	物理、化学和微生物屏障	机械性阻挡、存在抗病毒物质及正常微生态群体的制衡作用
	固有免疫分子	补体系统、防御素、干扰素等固有免疫分子介导的抗病毒效应

续表

免疫类型	免疫因素	主要免疫机制
固有免疫	固有免疫细胞	中性粒细胞、单核/巨噬细胞、树突状细胞（DC）、自然杀伤细胞（natural killer cell，NK 细胞）、NK T 细胞和 γδT 细胞等固有免疫细胞介导的抗病毒的免疫保护作用
适应性免疫	体液免疫	抗体介导的抗病毒体液免疫，免疫效应包括中和作用、激活补体、调理作用、抗体依赖细胞介导的细胞毒作用等杀伤病毒感染细胞及清除病毒感染
	细胞免疫	细胞毒性 T 细胞介导的细胞毒作用直接杀伤病毒感染细胞；辅助性 T 细胞（helper T cell，Th）Th1、Th17 辅助和介导的抗病毒的细胞免疫应答

第一节　固有免疫

固有免疫是指机体出生后就具有的、与是否接触抗原无关的一种与生俱来的免疫功能，也称为先天免疫、天然免疫或非特异性免疫。固有免疫系统执行的固有免疫功能，主要通过免疫屏障和固有免疫应答作用来完成。

一、免疫屏障对病毒感染的防御作用

免疫屏障是机体防御体系的一部分，由皮肤黏膜屏障和体内免疫屏障组成，能保护机体免受病原体的侵袭。皮肤黏膜屏障是指人体的体表皮肤和消化道、呼吸道、泌尿/生殖道等与外界相通腔道的黏膜组成的免疫屏障，具有天然抵抗病原体感染的作用。体内免疫屏障由体内器官或特定部位具有隔离功能的屏障组成，如血脑屏障、血胎屏障和血睾屏障等，其能保护机体免受病毒等病原体的感染，同时具有避免过度的免疫应答和炎症反应导致的免疫病理损伤作用。体内免疫屏障对病毒等抗原性物质和免疫应答效应产物的运输有严格的限制，并且免疫细胞也难以通过。

（一）皮肤黏膜屏障

体表的皮肤和黏膜是人体抵抗病毒感染最重要的防御屏障，是免疫系统与外来入侵异物最早进行接触的部位，能够在与病毒等病原体接触的瞬间就发挥阻挡和防御功能，是人体抗病毒免疫的第一道防线。皮肤黏膜屏障可以通过物理、化学和生物学的作用来发挥抗病毒感染的屏障功能。此外，皮肤和黏膜还具有保持人体内的营养物质和水分等不丧失的功能，从而能够使机体内环境维持稳定，保障人体正常生理功能的运行。呼吸道、消化道和泌尿/生殖道等腔道表面由黏膜覆盖，其中黏膜上皮细胞具有纤毛结构，能够通过纤毛的运动对黏膜表面进行物理性清洁。

拓展阅读 2-1

免疫屏障的类型

集合淋巴小结（aggregate lymphatic nodule）是肠相关黏膜组织的关键结

构，也被称作 派尔斑（Peyer's patch，PP）等。PP 主要由 T、B 细胞构成的淋巴滤泡组成，顶部覆盖着特化的微皱褶细胞（microfold cell，M 细胞）。M 细胞负责识别并运输消化道中的抗原，将细菌和病毒等异物吞入并转运至 PP 滤泡中，供 B 细胞识别、活化，以及经过树突状细胞加工处理和提呈给 T 细胞。PP 中的 T 细胞主要是 $CD4^+$的 T 细胞，能够活化并通过淋巴细胞再循环和归巢的作用，回归到肠道黏膜的固有层，与 B 细胞分化产生的以产生分泌型免疫球蛋白 A（secretory immunoglobulin A，sIgA）为主的浆细胞一起，共同参与肠道黏膜的局部免疫应答和对病毒的免疫防御。

此外，宿主细胞及肠道微生物产生的防御素（defensin）不仅是一种主要的抗菌肽，还可以破坏包膜病毒，参与抗病毒免疫。这些都是黏膜抗病毒感染的重要化学屏障机制。

肠道菌群是人体生物屏障的重要组成部分。在正常情况下，它们释放的膜囊泡能够通过肠道黏膜，进行血液循环，并将细菌 DNA 输送到宿主细胞内，激活细胞内的环鸟苷酸-腺苷酸合酶（cyclic GMP-AMP synthase，cGAS）-干扰素基因刺激因子（stimulator of interferon gene，STING）-Ⅰ 型干扰素（interferon-Ⅰ，IFN-Ⅰ）通路（简称 cGAS-STING-IFN-Ⅰ 通路），从而提高宿主的抗病毒免疫作用。

（二）体内免疫屏障

1. 血脑屏障　是人体中至关重要的体内屏障，发挥着保护神经系统的核心——大脑和脊髓的重要作用。血脑屏障由多层结构组成，包括软脑膜、脉络丛的毛细血管壁上皮细胞，以及环绕这些血管的星形胶质细胞形成的胶质膜。该屏障极为致密，没有外周血管壁上的空隙，能有效阻止病原体和大分子物质进入脑脊液，同时限制血液中的免疫细胞、抗体和补体等免疫分子通过，从而可有效保护中枢神经系统不受感染。T、B 细胞及抗体等免疫分子可借助黏附分子或者受体（如新生儿 Fc 受体，简称 FcRn 分子等）的作用，选择性地通过血脑屏障，进入脑部或者脑脊液中。因此，脑内免疫成分的含量远低于血液，且其免疫功能和方式与外周组织存在差异。

在婴幼儿时期，血脑屏障的发育尚未成熟，其防御机制相对薄弱，使得这一时期儿童更易受到病毒等病原体对中枢神经系统的感染，且一旦感染，病情往往较为严重。例如，麻疹病毒在 2 岁以下儿童中可引起麻疹脑炎，其后果可能非常严重。

2. 血胎屏障　是母体与胎儿间的关键免疫屏障，由母体子宫基蜕膜和胎儿绒毛膜滋养层细胞共同构成。胎儿在子宫内发育过程中抵抗病毒感染的能力较弱，且胎儿与母体间存在抗原性差异，可能引发母体免疫系统的排斥反应，影响胎儿发育，甚至导致死胎或流产。

血胎屏障的主要功能是保护胎儿免受病原体感染，同时避免母体免疫系统对胎儿产生免疫排斥。胎盘细胞表达的新生儿 Fc 受体能够选择性地结合母体的 IgG 抗体，并向胎儿体内转运，为胎儿提供抗感染的免疫保护，这种保护作用可持续至新生儿出生后的 3～6 个月内。

妊娠早期血胎屏障尚未完全发育，此时胚胎正处于关键的器官分化和发育阶段。某些病毒如风疹病毒、寨卡病毒、巨细胞病毒等，能够穿越尚未发育完善的血胎屏障，直接感染胚胎，损伤组织细胞，影响发育，可能导致多种先天性疾病，甚至畸形、死胎、早产或流产。因此，孕妇在妊娠早期应尽可能避免病毒感染，以免导致不良后果。

值得注意的是，胎儿在晚期能够自行合成 IgM 抗体，而母体的 IgM 抗体则无法通过血胎屏障进入胎儿。因此，新生儿脐带血中若检测到抗病毒的 IgM 抗体，通常表明胎儿已发生宫内病毒感染。

3. 其他免疫屏障　在人体内睾丸及眼睛的晶状体和玻璃体等部位也存在着免疫屏障，可以保护这些重要器官或结构不发生病毒感染。但某些病毒可以突破这些屏障而导致相应部位的感染。例如，流行性腮腺炎病毒感染可以引起病毒性睾丸炎等。

二、抗病毒的固有免疫应答

有些情况下，病毒能够利用免疫屏障的损伤或者漏洞，越过免疫屏障，进入人体。此时机体的固有免疫应答可以通过固有免疫细胞和固有免疫分子，对入侵的病毒发挥抵抗、杀伤及清除作用。

（一）抗病毒免疫的模式识别

拓展阅读 2-2

模式识别受体在抗病毒免疫中的作用

固有免疫细胞能够通过识别病毒等病原体特有的成分，如脂多糖等细胞壁成分及病毒双链 RNA 分子等，抑制和清除病毒等病原体的感染，这种识别方式称为模式识别。模式识别没有抗原特异性，也不能引起免疫记忆，但能够有效地识别出病原体并对其进行应答和清除。模式识别的主要对象是病原体具有的病原体相关分子模式（pathogen-associated molecular pattern，PAMP），机体中能够识别病毒等病原体信号的受体称为模式识别受体（pattern recognition receptor，PRR）。

（二）固有免疫细胞介导的抗病毒免疫

拓展阅读 2-3

B1 细胞

人体内有多种固有免疫细胞，如单核/巨噬细胞、树突状细胞、粒细胞、肥大细胞、NK 细胞、NK T 细胞、B1 细胞，以及固有淋巴样细胞（innate lymphoid cell，ILC）等，均参与抗感染免疫防御，其中 NK 细胞和巨噬细胞是人体执行抗病毒免疫功能最重要的固有免疫细胞。

拓展阅读 2-4

NK 细胞

1. NK 细胞　NK 细胞具有非特异性识别并杀伤、清除病毒感染细胞的功能，是早期抗病毒感染的主要免疫效应细胞。其机制包括：①主要组织相容性复合体（major histocompatibility complex，MHC）Ⅰ类分子的调节作用。MHC Ⅰ类分子作为 NK 细胞抑制型受体的配体，其表达水平在病毒感染时可能降低，导致 NK 细胞失去抑制信号，从而激活 NK 细胞。此外，病毒感染可抑制 MHC Ⅰ类分子的表达以逃避 $CD8^+$ T 细胞的识别，但这一行为同时解除了 NK 细胞的抑制，使其能够识别并攻击感染细胞。②固有免疫感受器的激活。病毒感染导致的细胞病理变化，如 DNA 损伤和 TLR 激活，可以促进 NK 细胞活化型受体的配体表达，进一步激活 NK 细胞。③抗体依赖细胞介导的细胞毒作用（antibody-dependent cell-mediated cytotoxicity，ADCC）。NK 细胞通过其 IgG Fc 受体（FcγRⅢ/CD16）结合病毒感染细胞表面的 IgG 抗体，通过抗体依赖细胞介导的细胞毒作用杀伤感染细胞。④炎症因子的分泌。NK 细胞分泌多种炎症促进因子，增强早期免疫反应，对抗病毒感染。

2. 巨噬细胞 是介导人体抗病毒免疫防御的重要固有免疫细胞。其能够吞噬被病毒感染损伤或者被 NK 细胞杀伤的病毒感染细胞或者其碎片，还可以吞噬被抗病毒抗体中和病毒颗粒以后形成的抗原-抗体复合物，从而把病毒成分从体内彻底清除。另外，巨噬细胞还可以通过其 Fc 受体（FcR）的介导，通过调理吞噬或者 ADCC 的方式杀伤和清除被抗病毒抗原特异性抗体结合的病毒感染靶细胞。同时，巨噬细胞和树突状细胞等固有免疫细胞还能够对其摄取的病毒抗原进行加工、处理并提呈给病毒特异性 T 细胞，从而启动抗病毒感染的适应性免疫应答。

3. 其他固有免疫细胞 人体中的其他一些固有免疫细胞，如树突状细胞、NK T 细胞和 γδ T 细胞等固有样淋巴细胞（innate-like lymphocyte，ILL）及固有淋巴样细胞等，也参与了人体抗病毒固有免疫应答的过程，发挥着重要的抗病毒免疫防御功能。

（三）固有免疫分子介导的抗病毒免疫

1. 干扰素（interferon，IFN） 是人体最重要的抗病毒免疫分子。在发生病毒感染时，宿主细胞（包括巨噬细胞、淋巴细胞和组织细胞）会在病毒刺激下，激活宿主细胞 IFN 编码基因，从而产生干扰素。干扰素并不能直接杀灭病毒，而是通过与邻近细胞表面的干扰素受体结合，经受体介导的信号转导效应引发一系列生化反应，诱导细胞合成多种抗病毒蛋白——抗病毒效应分子（如干扰素基因刺激因子）而发挥抗病毒感染的作用。目前已发现 400 多种 ISG，其通过抑制病毒感染进入［如黏病毒抗性蛋白（Mxs）、IFN 介导的跨膜蛋白（IFITM）和胆固醇-2′,5′-羟化酶（CH25H）］、病毒复制［如锌指蛋白（ZAP）、TRIM22 和干扰素刺激基因 15（interferon-stimulated gene 15，ISG15）等］、病毒分泌（如干扰素诱导内质网关联病毒抑制蛋白 Viperin 和 ISG15 等）等方式发挥重要的抗病毒免疫功能（图 2-1）。

干扰素有 3 种类型，包括Ⅰ型、Ⅱ型和Ⅲ型干扰素。Ⅰ型干扰素的成员包括 IFN-α（可分为 13 个亚型）、IFN-β、IFN-κ、IFN-ε、IFN-σ 和 IFN-δ 等，是人体执行抗病毒免疫功能最重要的细胞因子。Ⅰ型干扰素主要通过各种组织细胞表达的干扰素受体介导的干扰素刺激基因 15（ISG15）、寡腺苷酸合成酶（oligoadenylate synthetase，OAS）和蛋白激酶 B（protein kinase B，PKB）途径而发挥抗病毒效应功能。Ⅱ型干扰素只包括 IFN-γ 这一个成员，主要通过由两个 IFN-γR1 和两个 IFN-γR2 共同组成的四聚体 IFN-γ 受体而发挥功能。IFN-γ 不仅有很强的抗病毒感染作用（但相对于Ⅰ型干扰素弱），还是非常重要的免疫调节因子，能够调节多种免疫细胞的应答与效应过程，因此也被称为免疫干扰素。Ⅲ型干扰素，也被称为 IFN-λ，包括 IL-28A、IL-28B 和 IL-29 三个成员。Ⅲ型干扰素的受体是由表达在浆细胞样树突状细胞（pDC）、巨噬细胞、B 细胞和肝细胞表面的 IL-28Rα 和 IL-10R2 所组成的复合体。Ⅲ型干扰素通过与Ⅰ型干扰素类似的机制而发挥抗病毒效应。

拓展阅读
2-5
固有免疫分子

2. 固有免疫分子 在人体内还有补体系统、急性期蛋白、防御素、组织蛋白酶抑制素（cathelicidin）多肽及组胺素等固有免疫分子可参与和介导抗病毒等病原体的固有免疫反应。而且，除了干扰素，白细胞介素、肿瘤坏死因子、粒细胞-巨噬细胞集落刺激因子（granulocyte-macrophage colony-stimulating factor，GM-CSF）及多种趋化因子等细胞因子也参与抗病毒免疫应答的效应或者调节过程，发挥着重要的抗病毒免疫作用。

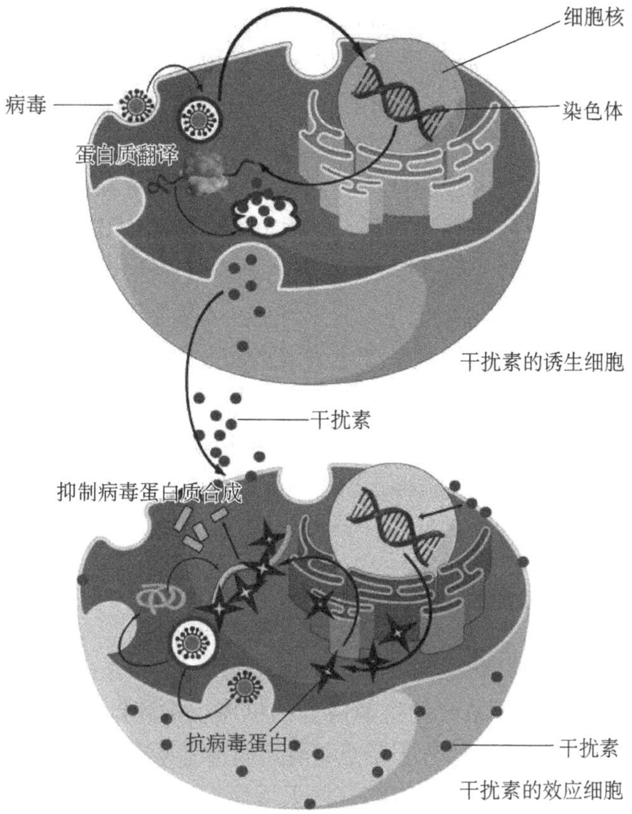

图 2-1 IFN 的诱生及其抗病毒作用机制

第二节 适应性免疫

适应性免疫是指免疫系统在受到外来侵入机体的特定抗原刺激后，发生针对该抗原的特异性的免疫应答及产生效应产物（抗体或者致敏的淋巴细胞），并通过免疫应答效应产物将抗原从体内清除的过程，也称为获得性免疫或特异性免疫。根据免疫应答效应的不同，适应性免疫可以分为体液免疫和细胞免疫两大类。

一、抗体介导的抗病毒体液免疫应答

病毒主要在宿主细胞内定居和复制繁殖。抗体介导的免疫保护主要是针对细胞外游离的病毒颗粒，即病毒进入细胞前和释放后，抗体通过识别并中和病毒，防止病毒的感染及扩散传播。

（一）抗病毒抗体的产生及其作用

多数情况下，初始 B 细胞能够识别病毒感染细胞表面的病毒成分或者游离病毒颗粒的抗原成分，并在Th2细胞的辅助下，活化、分化为浆细胞并产生抗体，从而发挥抗病毒感染的体液免疫功能。抗体抗病毒感染的机制主要包括：中和抗体的中和作用、激活补体系统、ADCC及调理吞噬作用，从而防止病毒的感染及播散，发挥抗病毒感染的体液免疫功能。

在各种黏膜组织中还存在着大量的抗体分泌细胞，可以产生和分泌抗体，并通过这些抗体的介导而发挥局部适应性免疫应答的作用。在黏膜局部发挥主要作用的抗体是IgA，特别是分泌到黏膜表面的分泌型IgA（sIgA）。在黏膜的集合淋巴小结和固有层淋巴组织中存在着大量的能够产生IL-5的Th2细胞和IgA分泌细胞。当黏膜局部的B细胞受到抗原刺激后，就会在IL-5的作用下分化为浆细胞并产生大量的sIgA。这些sIgA通过黏膜上皮细胞的运输和加工，进而分泌到黏膜表面，发挥黏膜局部的特异性免疫防御作用，这也是机体黏膜局部抵御病毒感染的主要机制之一。例如，存在于呼吸道黏膜局部的特异性抗病毒的sIgA可不需要补体的参与，就能中和流感病毒，使其不能吸附在呼吸道黏膜上皮细胞上，从而发挥抗病毒感染的保护作用。

（二）中和抗体在抗病毒免疫中的作用

一般来说，中和抗体是针对病毒包膜蛋白（包膜病毒）、衣壳蛋白（裸露病毒）等能够与宿主细胞上相应病毒受体分子结合的抗原成分的抗体。中和抗体与细胞外游离的病毒结合后，可直接封闭病毒与细胞结合的分子位点，消除病毒感染宿主细胞的能力，使其不能进入易感染的宿主细胞。中和抗体虽然不能够直接灭活病毒，但其可以抑制病毒血症、限制病毒扩散及抵抗病毒的再感染。在产生中和抗体的同时，人体也会产生一些与阻止病毒吸附和进入细胞无关的抗体，称为非中和抗体。在非中和抗体中，有些抗体可与病毒形成抗原-抗体复合物，使病毒易于被吞噬细胞吞噬、降解和清除，这些抗体也可以通过补体或者其他免疫细胞介导，从而杀伤病毒感染的宿主细胞。

在少数情况下，某些病毒（如水疱性口炎病毒）表面具有高度重复的能够被B细胞直接识别的非胸腺依赖性抗原（thymus independent antigen，TI抗原）。这些病毒不需要T细胞的辅助就能直接激活B细胞应答，产生抗体，从而快速地清除感染的病毒。由于这种TI抗原诱导的抗病毒抗体的产生不需要T、B细胞之间的相互协同，应答更加迅速，可以在病毒感染早期即发挥有效的抗病毒免疫作用，从而能够减少病毒在体内的传播与扩散感染。

（三）抗体在病毒性疾病诊治与预防中的应用

人体被病毒感染后，能够产生多种类型的抗病毒抗原成分的抗体，如IgM、IgG和IgE等。其中，IgM是病毒感染后最早产生的抗体，且持续时间较长，可以作为病毒正在或者新近感染的标志，用于病毒性疾病的诊断。例如，可以通过检测孕妇血清中的抗风疹病毒的IgM来判断其是否发生了风疹病毒的感染。IgG是维持抗病毒体液免疫应答的主要保护性分子，可以在体内维持数月至数年之久，而且IgG能通过胎盘保护胎儿和新生儿不受病毒的感染和伤害。在人体黏膜表面的IgA，主要为二聚体形式存在的sIgA，能够中和黏膜表面的病毒，使其无法黏附和感染黏膜上皮细胞，从而阻断病毒对人体的感染过程。人乳头瘤病毒（human papillomavirus，HPV）和轮状病毒等疫苗可通过诱发人体产生全身或者黏膜局部的 IgG/sIgA 抗体而预防相应病毒性疾病的发生。

二、T 细胞介导的抗病毒免疫应答

在抗病毒免疫过程中，T 细胞及其介导的免疫应答发挥着十分重要的抗病毒免疫效应。首先，进入机体的病毒颗粒或其抗原成分可以被树突状细胞（dendritic cell，DC）通过胞吞等方式摄取，并加工处理，然后通过病毒抗原肽-MHCⅡ类分子复合物的形式提呈给 $CD4^+$ T 细胞。这些 $CD4^+$ T 细胞中不仅存在着能够辅助 B 细胞分化、发育成熟为浆细胞并产生病毒抗体的 Th2 细胞，也存在着可以分泌 IL-2 活化初始 $CD8^+$细胞毒性 T 细胞（cytotoxic T lymphocyte，CTL）的 Th1 细胞。

（一）Th1 细胞在抗病毒免疫中的作用

体液免疫能通过抗体介导的抗病毒免疫机制发挥特异性抗病毒作用，但对细胞内部感染的病毒则无能为力。Th1 细胞在抗病毒细胞免疫中扮演着至关重要的角色。激活状态下的 Th1 细胞能释放多种细胞因子，包括 γ 干扰素、肿瘤坏死因子-α（tumor necrosis factor-α，TNF-α）和白细胞介素-2，这些细胞因子能够促进巨噬细胞、NK 细胞和 CTL 的活化，增强宿主的抗病毒防御能力，有效清除病毒感染的细胞。

（二）Th17 细胞在抗病毒免疫中的作用

辅助性 T 细胞 17（Th17）是不同于 Th1 及 Th2 的一群主要分泌 IL-17 的 $CD4^+$ T 细胞的亚群。Th17 细胞在抗病毒感染性疾病中具有非常重要的作用。在呼吸道合胞病毒（respiratory syncytial virus，RSV）及乙型肝炎病毒（HBV）等感染的患者中，Th17 细胞的比例及其分泌的 IL-17 水平明显增加，可刺激单核细胞及肝星形细胞等细胞表达单核细胞趋化因子，趋化单核细胞等固有免疫细胞在组织中的聚集，并促进 IL-6 和 TNF 等炎症因子的产生，还可增加 Th2 细胞相关因子的产生，通过炎症反应参与抗病毒免疫过程。但这种免疫炎症病理过程也可参与病毒性疾病中呼吸系统炎症损伤及慢性乙肝急性肝衰竭、肝纤维化和肝硬化的发生。

（三）CTL 在抗病毒免疫中的作用

病毒特异性 CTL 能够通过其表面的抗原识别受体特异性识别被病毒感染的靶细胞表面病毒抗原肽-MHC Ⅰ类分子复合物，之后分泌穿孔素和颗粒酶等免疫效应分子或者表达 Fas 配体（Fas ligand，FasL）及 TNF 和 IFN 等诱导凋亡受体配体，裂解和杀伤病毒感染细胞或者促进病毒感染细胞凋亡。CTL 的杀伤效率比较高，而且可以连续杀伤多个病毒感染的靶细胞，是抗病毒感染的主要细胞免疫效应细胞。

第三节 病毒感染的免疫逃逸

病毒的基因组很小，其复制和传播的速度较快，往往能在宿主产生有效的适应性免疫应答之前就建立感染并进行传播。有些病毒还可以通过多种机制逃避人体抗病毒免疫的防御机制，从而感染人体导致其患病毒性疾病。

一、病毒逃逸人体免疫的机制

病毒可以通过多种机制逃避人体的抗病毒免疫防御机制，从而造成人体的病毒感染，甚至引发病毒性疾病。这些机制主要包括潜伏、消除抗病毒状态、干扰免疫效应分子功能、影响免疫细胞功能及诱导细胞凋亡等。

（一）逃避免疫系统的识别

1. 病毒在细胞内潜伏 某些病毒感染人体后，可以特定的方式长期潜伏于宿主细胞内，这是病毒逃避宿主免疫系统的重要方式。潜伏的病毒在一段时间内没有感染性，但是在特定条件下可被再次激活变为具有感染性的状态。通常情况下，宿主免疫系统的功能减弱时，容易导致潜伏的病毒被激活。水痘-带状疱疹病毒（varicella-zoster virus，VZV）和单纯疱疹病毒（herpes simplex virus，HSV）的 DNA 基因组能与宿主细胞核小体蛋白形成复合物，从而阻止感染性基因的转录而实现在细胞中的潜伏状态。EB 病毒（Epstein-Barr virus，EBV）和卡波西肉瘤相关疱疹病毒（Kaposi’s sarcoma-associated herpes virus，KSHV）感染也存在着类似单纯疱疹病毒的潜伏机制。有些病毒的潜伏状态与宿主体内肿瘤的发展密切相关。例如，EBV 感染与淋巴瘤和鼻咽癌发病有关，而 KSHV 感染则与艾滋病相关的卡波西肉瘤（Kaposi’s sarcoma，KS）有关。

2. 病毒基因组整合于宿主细胞 病毒可通过将其基因组整合到宿主细胞基因组中，从而逃避免疫系统的识别。例如，HIV 通过将其 RNA 基因组逆转录为 cDNA，然后以前病毒（provirus）DNA 的形式整合到宿主细胞的基因组中，并限制其病毒基因的转录，实现病毒的免疫逃逸作用。

3. 病毒抗原的变异 病毒抗原的不断变异是病毒逃避宿主免疫系统的常见方式，这种抗原的变异可以连续在多代病毒中持续发生，从而使宿主体内已经存在的记忆性免疫细胞或其产生的抗体无法识别这些新出现的变异蛋白质，使病毒能够逃避机体免疫系统的识别和清除。在无潜伏能力的病毒感染中，抗原变异是这些病毒逃避免疫攻击的重要手段。当然，在那些具有潜伏能力的病毒感染中，抗原变异也常常发挥着重要的作用。例如，流感病毒和 HIV 等都存在着病毒抗原快速变异的现象。

拓展阅读
2-6
DC 相关的抗病毒免疫逃逸

（二）抑制细胞免疫功能

1. 抑制病毒抗原的加工与提呈 有些病毒能够感染 DC 等抗原提呈细胞，从而导致 T 细胞应答的启动障碍或者异常。

2. 干扰 MHC分子的表达及其介导的 NK细胞抗病毒免疫 NK 细胞是人体最重要的抗病毒免疫细胞之一。有些病毒可以通过扰乱 NK 细胞的杀伤活化与抑制信号的方式，逃脱 NK 细胞的识别与清除。例如，人巨细胞病毒可表达 MHC Ⅰ类分子的类似物，利用该类似物结合 NK 细胞表面的抑制性受体，使 NK 细胞不被活化而杀伤病毒感染细胞；而西尼罗病毒可以通过快速复制的方式上调被其感染的宿主细胞表达 MHC Ⅰ类分子水平，以抑制 NK 细胞的识别、活化与杀伤。

3. 干扰或者损伤免疫细胞及其功能 多种病毒可以通过复制的机制干扰和消除人体的抗病毒状态。例如，EBV 能表达生长因子的可溶性受体，抑制巨噬细胞分泌干扰素，导致干扰素的减少，使机体无法获得和维持有效的抗病毒状态。而 HSV 则可以产生一种能够逆转病毒蛋白合成受阻状态的蛋白质，从而克服宿主通过干扰素应答所造成的抗病毒免疫状态，使病毒能够恢复复制和增殖。丙型肝炎病毒和痘病毒也可以合成能够破坏抗病毒免疫状态代谢和酶活性的蛋白质，从而干扰人体的抗病毒免疫状态。腺病毒和 KSHV 还能表达可以妨碍宿主细胞转录因子活性或者具备宿主转录因子相似活性的蛋白质，干扰宿主抗病毒免疫细胞的转录因子活性，从而使宿主的抗病毒细胞免疫状态被破坏。

4. 抑制被感染细胞的凋亡 病毒感染宿主细胞后，宿主细胞可发生凋亡，从而使病毒无法利用宿主细胞进行复制和繁殖。由 CTL 及凋亡诱导信号［如 Fas-FasL、TNF 与肿瘤坏死因子受体（TNFR）］介导的感染细胞凋亡是人体很重要的抗病毒免疫机制。病毒能够通过很多方式对凋亡通路中的多个环节进行调控，从而避免细胞凋亡。例如，腺病毒能合成一种可内化 Fas 和 TNFR 的多蛋白质复合物，清除细胞表面的死亡受体，抑制 FasL 或 TNF 诱导的细胞凋亡。

（三）干扰免疫效应分子功能

1. 干扰抗体的抗病毒作用 一些病毒能够直接干扰抗病毒抗体的产生及其发挥的抗病毒免疫效应。例如，麻疹病毒可表达一种抑制 B 细胞活化的蛋白质，而 HSV-1 能使其感染的宿主细胞表达一种病毒来源的 FcγR，并与和病毒蛋白形成复合物的 IgG 分子结合，使这些抗体的 Fc 段被封闭，从而阻止 ADCC 和补体依赖的细胞毒性（CDC）的效应。

2. 干扰补体和细胞因子介导的抗病毒作用 与其他病原体一样，病毒也可以通过抑制补体的功能而逃避补体介导或者细胞因子介导的抗病毒免疫。

拓展阅读 2-7
病毒逃逸补体和细胞因子介导的抗病毒免疫

（四）抗体依赖性增强作用

抗体依赖性增强作用（antibody-dependent enhancement，ADE）是指某些病毒（如登革病毒）可以借助人体在感染该病毒后产生特异性病毒抗体（通常是非中和抗体）的结合作用，再利用这些抗体的 Fc 段与具有 Fc 受体的细胞（如粒细胞、单核/巨噬细胞等免疫细胞）的相互作用，帮助病毒进入这些宿主细胞，增强病毒的感染作用。不仅如此，与增强型抗体结合的病毒形成的免疫复合物，还能与补体结合，通过补体受体介导的作用感染宿主细胞，增强病毒在体内的复制，引起严重的机体病理反应。

二、影响病毒感染及其免疫状态与持续时间的因素

不同病毒感染人体的方式和范围存在着一定的差异，引起的免疫状态及持续时间也各有不同。

有些病毒进入机体后，播散感染的范围比较大，可以引起病毒血症而导致全身性病毒感染，如流行性腮腺炎病毒、麻疹病毒、脊髓灰质炎病毒、甲型肝炎病毒等。而有些病毒的感染仅局限于黏膜局部或表面，不形成病毒血症，如鼻病毒、某些冠状病毒及人乳头瘤病毒等。

一般来说，能够引起病毒血症的病毒，往往与人体免疫系统的接触比较全面，免疫应答强度比较大，感染后建立的免疫比较稳定、持续时间比较长，而局部感染无病毒血症的病毒则会引起短暂而不牢固的免疫保护，可能会发生多次反复感染。

单一血清型的病毒如麻疹病毒、乙型脑炎病毒，在感染后可以使人体获得比较牢固的长期免疫保护。而容易发生抗原变异或者血清型较多的病毒如甲型流感病毒、鼻病毒等，则容易因为病毒的抗原变化或者感染不同血清型的病毒而发生反复感染。

小　结

免疫系统可通过固有免疫和适应性免疫抵抗病毒感染。固有免疫作为“第一道防线”，通过免疫屏障和固有免疫细胞或分子的介导来阻止病毒感染，干扰素及补体系统等固有免疫分子也参与其中。适应性免疫由抗体或致敏的淋巴细胞介导，具有特异性和免疫记忆性，使得再次接触相同病毒时，能更加迅速、更加特异和更加有效地发挥作用。这是疫苗预防病毒感染的基础。病毒可以通过基因突变等机制逃逸免疫系统的识别和清除，从而在人体内存活、潜伏和增殖，导致人体感染和疾病。

复习思考题

1. 简述免疫屏障在抗病毒免疫中的作用机制及其意义。
2. 简述机体的固有免疫及适应性免疫在抗病毒感染中的作用机制。
3. 简述病毒逃逸机体免疫监视的作用及其机制。

（王月丹）

第三章　病毒感染与致病机制

本章要点

1. 病毒感染的途径与方式对感染的发生和发展起着关键作用，感染类型与疾病转归密切相关。
2. 病毒的致病性是病毒与宿主相互作用的结果。此外，自然因素和社会因素也会显著影响病毒的感染力和致病性。
3. 病毒可以通过直接损伤宿主细胞及引起宿主的免疫病理损伤来引发疾病。

病毒感染（viral infection）是指病毒通过多种途径侵入宿主，在宿主细胞中增殖，与宿主发生相互作用，从而引起局部或全身的一系列生理及病理变化。其致病作用主要是通过侵入易感细胞、损伤或改变组织细胞的功能与结构来实现的。病毒感染的发生与发展涉及传染源、传播方式与途径、易感人群三个方面，其最终结果主要取决于病毒致病性与宿主免疫防御能力的相互作用。宿主因素包括遗传背景、免疫状态、年龄及个体的一般健康状况；病毒因素则涉及病毒株、感染量和感染途径等。此外，自然及社会因素等也会影响病毒感染的发生、发展与结局。因此，即使是同一种病毒，不同个体的感染及其抗感染结局也可各不相同，甚至同一个体不同时期感染同一种病毒，感染结局也可各异。

微课视频 3-1
病毒感染与致病机制

第一节　病毒感染的传播方式与途径

病毒入侵机体的方式和途径决定感染的发生与发展。病毒感染的传播方式与途径和病毒的入侵部位与排出途径有关。病毒的入侵部位与发病机制有密切关系，入侵部位适当，才能引起疾病。机体与外界相通的部位如皮肤和黏膜，以及与外界相通的腔道等均是病毒入侵机体的门户。

一、病毒的传染源

根据病毒来源，感染可分为外源性感染（exogenous infection）和内源性感染（endogenous

infection）。病毒感染主要为外源性感染。

（一）外源性感染的传染源

外源性感染是指来自宿主体外的病毒引起的感染。病毒从一个宿主传播至另一个宿主并引起感染的过程称为传染。其传染源包括以下三种。

1. 患者 大多数患者自疾病潜伏期到恢复期，都有可能将体内的病毒传播给他人，如麻疹、2019 冠状病毒病（coronavirus disease 19，COVID-19）、甲型肝炎等患者。

2. 病毒携带者 病毒携带者可持续或间断地向体外排病毒，故是重要的传染源，如乙型肝炎病毒携带者等。此类人群因无明显的临床症状，易被忽视。

3. 感染动物 包括患病及携带病毒的动物。有些病毒主要在自然界脊椎动物之间循环和感染，然后通过多种途径传播给人类，如人类接触带有病毒的污染物、被动物咬伤或被昆虫叮咬等，导致的疾病称为人兽共患病（zoonosis）。携带狂犬病病毒的犬及狐狸等，携带流行性乙型脑炎病毒、寨卡病毒的蚊媒等属于此类。

（二）内源性感染的传染源

内源性感染是指病原体来自宿主体内或体表的感染，也称自身感染（self-infection）。病毒的内源性感染比较少见，少数以潜伏状态存在于体内的病毒，当机体免疫功能受损或出现其他诱因时，可引起病毒内源性感染。例如，水痘-带状疱疹的再发感染是由潜伏在体内的水痘-带状疱疹病毒所致。

二、病毒的传播方式

病毒的传播方式（transmission pattern）是指病毒从传染源到达另一个感染机体的方式，病毒的传播方式分为水平传播和垂直传播两种。

（一）水平传播

水平传播（horizontal transmission）是指病毒在外环境中通过空气、水、食物、直接接触、昆虫媒介或土壤等方式，在人群中不同个体间传播，如人-人和动物-人之间的传播，也包括昆虫媒介的传播。

（二）垂直传播

垂直传播（vertical transmission）是指病毒从宿主亲代向子代的传播方式。人类的垂直传播主要发生在妊娠期、分娩过程和出生后特定时期内（一般认为是出生后 28 天内的新生儿期）。其中，从孕 28 周到产后 7 天这段时期由母亲传播给子代的病毒感染，称为围产（生）期感染（perinatal infection）。垂直传播可导致流产、早产、死胎，或先天畸形等，子代也可无任何症状或成为病毒携带者。发生垂直传播的病毒包括风疹病毒、人巨细胞病毒、乙型肝炎病毒、人类免疫缺陷病毒、寨卡病毒等。其中风疹病毒、人巨细胞病毒和寨卡病毒是引起先天畸形的常见病毒。围产（生）期感染是导致胎儿先天性感染和出生后持续感染的重要因素。婴儿出生前发生的垂直感染称为先天性感染（congenital infection）。

三、病毒的传播途径

传播途径（route of transmission）或感染途径是指病毒入侵机体到达靶器官或组织的途径。一种病毒可通过一种或多种途径感染机体，而不同病毒也可经相同的途径侵入机体，但每种病毒通常都有相对固定的感染途径，这与其生物学特性和侵入部位的特性及其微环境有关。了解病毒的感染途径，在鉴别诊断、指导临床用药和疾病预防方面具有重要意义。病毒的传播途径主要如图 3-1 和表 3-1 所示。

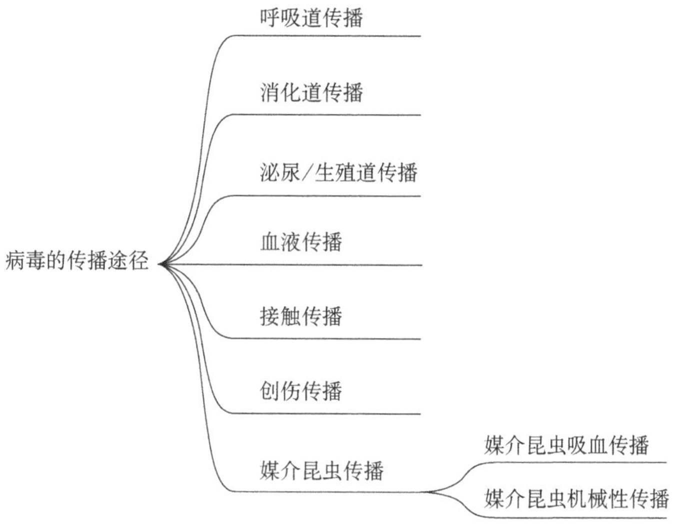

图 3-1　病毒的传播途径

表 3-1　病毒的主要传播方式与途径

传播方式	途径	传播与媒介	主要病毒
水平传播	呼吸道传播	气溶胶、飞沫、痰等的吸入	流感病毒、冠状病毒、麻疹病毒、流行性腮腺炎病毒、风疹病毒、鼻病毒、肺病毒、腺病毒等
	消化道传播	污染的水或食物	肠道病毒、甲型肝炎病毒、戊型肝炎病毒、轮状病毒、诺如病毒、人肠道腺病毒等
	泌尿/生殖道传播	性接触	人类免疫缺陷病毒、人乳头瘤病毒、单纯疱疹病毒 2 型、猴痘病毒
	血液传播	输血、静脉注射、器官移植等	人类免疫缺陷病毒、乙型肝炎病毒、丙型肝炎病毒、人巨细胞病毒等
	接触传播	眼、黏膜等	肠道病毒 D70、腺病毒、埃博拉病毒、汉坦病毒、猴痘病毒等
	创伤传播	动物咬伤、皮肤黏膜损伤等	狂犬病病毒、人乳头瘤病毒等
	媒介昆虫传播	吸血昆虫	登革病毒、乙型脑炎病毒、寨卡病毒等
垂直传播	母婴传播	宫内、分娩产道、哺乳	风疹病毒、寨卡病毒、人类免疫缺陷病毒、人巨细胞病毒、单纯疱疹病毒 2 型等

1）呼吸道传播：病毒通过呼吸道侵入并大量增殖，从而导致疾病。根据发病部位可分为上呼吸道感染和下呼吸道感染，其中病毒上呼吸道感染较为常见，如流感病毒、冠状病毒、鼻病毒引起的感染等。

2）消化道传播：通常与不当饮食或接触携带病毒的用具等因素有关，如甲型肝炎病毒（hepatitis A virus，HAV）、肠道病毒（enterovirus）等。

3）泌尿/生殖道传播：以性接触为主要传播方式，其引起的疾病称为性传播疾病（sexually transmitted disease，STD），如 HIV、HSV-2 等。

4）血液传播：主要通过输血及血制品、静脉注射、器官移植等进行传播，如 HBV、HCV、HIV 等。

5）接触传播：主要通过直接接触或者间接接触进行传播，如埃博拉病毒、汉坦病毒、腺病毒、肠道病毒 D70 等。

6）创伤传播：主要通过动物咬伤、伤口感染等进行传播，如狂犬病病毒、HPV 等。

7）媒介昆虫传播：主要通过蚊子、蚤、蜱等节肢动物传播，引起虫媒传播疾病（insect-borne disease），如乙型脑炎病毒等。

四、病毒的播散

病毒播散（viral spread）是指病毒从入侵或感染的部位向机体远处的靶器官、组织或者全身转移扩散的方式，包括以下两种。

1. 局部播散 有些病毒仅在入侵部位感染局部皮肤及黏膜组织细胞并引起疾病，也称为局部感染（local infection）或表面感染（superficial infection），如人乳头瘤病毒、鼻病毒、流感病毒等。

2. 全身播散 有血液播散和神经系统播散两种方式。

（1）*血液播散* 病毒进入血液后，或在感染了吞噬细胞或淋巴细胞后，通过血液播散至全身引起疾病，如人类免疫缺陷病毒。病毒进入血液称为病毒血症（viremia）。有些病毒在靶细胞内增殖后再次进入血流，可引起第二次病毒血症，如麻疹病毒。

（2）*神经系统播散* 病毒与感染部位的神经元接触后，可沿神经轴突向远离入侵的部位或全身播散，如狂犬病病毒的神经系统播散。

五、病毒的感染类型

病毒感染是病毒将其基因组引入宿主细胞的过程。如果病毒能够完成其复制周期并产生新的病毒，这种感染称为生产性感染（productive infection）；如果不产生子代病毒则称为流产感染或顿挫性感染（abortive infection）。如果病毒感染细胞后，大部分时间潜伏在特定组织或细胞内，不产生感染性的子代病毒，但通过称为再激活的过程保持在以后某个时间点产生子代病毒的能力，则为潜伏感染（latent infection）。

病毒感染后，少数机体可能长期携带病毒，不表现出明显的临床症状，机体免疫力无法彻底清除病毒，病毒可在体内增殖并向外界传播，这些个体称为病毒携带者（virus carrier），如乙型肝炎病毒、丙型肝炎病毒慢性携带者，其在流行病学上具有重要的作用。

病毒感染根据是否出现临床症状，可以分为隐性感染和显性感染（图 3-2）。

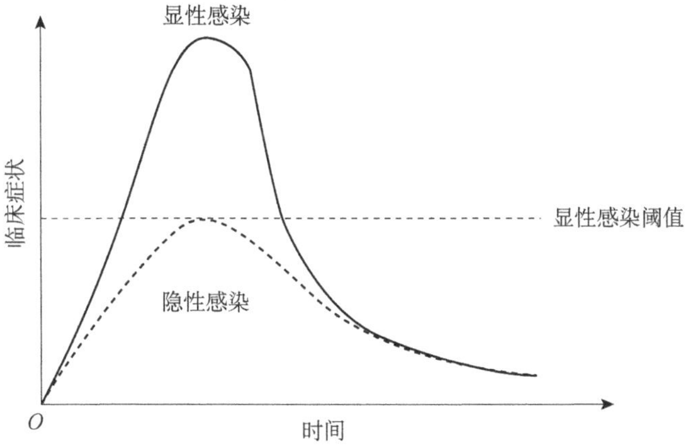

图 3-2 隐性感染和显性感染

（一）隐性感染

病毒进入机体但不引起临床症状的感染，称为隐性感染（inapparent infection）或亚临床感染（subclinical infection）。这可能与病毒的毒力较弱或病毒在体内不能大量增殖，以及机体的免疫防御能力较强有关，因而病毒对组织细胞的损伤不明显；或病毒未能到达靶细胞，不能增殖产生大量的子代病毒，故不表现出临床症状。在某些病毒性传染病中，隐性感染是最常见的表现。例如，脊髓灰质炎病毒、甲型肝炎病毒在人群中主要引起隐性感染。隐性感染结束后，大多数机体中的病毒可被清除，机体由此获得不同程度的特异性免疫力。

（二）显性感染

病毒感染机体后，机体出现明显的临床症状和体征，称为显性感染（apparent infection）或临床感染（clinical infection）。病毒显性感染按感染部位可分为局部感染和全身感染。例如，鼻病毒、流感病毒往往引起局部黏膜感染。引起全身感染的病毒如 HBV、麻疹病毒、HIV 等。病毒显性感染按症状出现的快慢和持续时间的长短又可分为急性感染和持续性感染。

1. 急性感染（acute infection） 也称为病原消灭型感染，病毒入侵机体后，潜伏期短，发病急，病程可持续数日（如流感病毒）、数周（如大别班达病毒）或者数月（如甲型肝炎病毒）（图 3-3）。除了死亡病例，大多数患者能在出现症状后的一段时间内，利用机体免疫机制可将病毒清除而进入恢复期，机体可获得特异性免疫。

2. 持续性感染（persistent infection） 病毒感染通常是自限性的，但有些病毒感染后可以在宿主体内长期存在，可持续数月、数年甚至数十年，有或无临床症状，或引起慢性进行性疾病。主要的类型包括以下三种。

（1）潜伏感染（latent infection） 是指病毒基因组大部分时间潜伏在机体特定组织或细胞内，不产生感染性的病毒体，常规技术无法检测到病毒及其组分的状态。当机体免疫功能低下或有其他诱发因素时，病毒基因组可被再激活（reactivation），产生大量病毒而导致急性再发感染，此时体内可检测到病毒。例如，单纯疱疹病毒（HSV）、水痘-带状疱疹病毒（VZV）导致的急性感染与再发感染之间的感染状态，称为潜伏感染（图 3-4）。

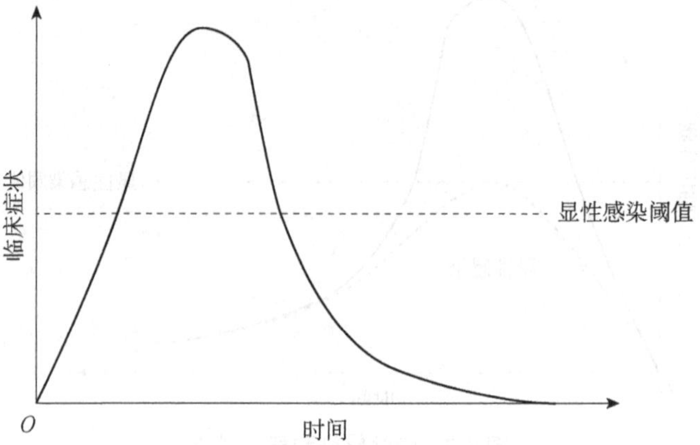

图 3-3　急性感染

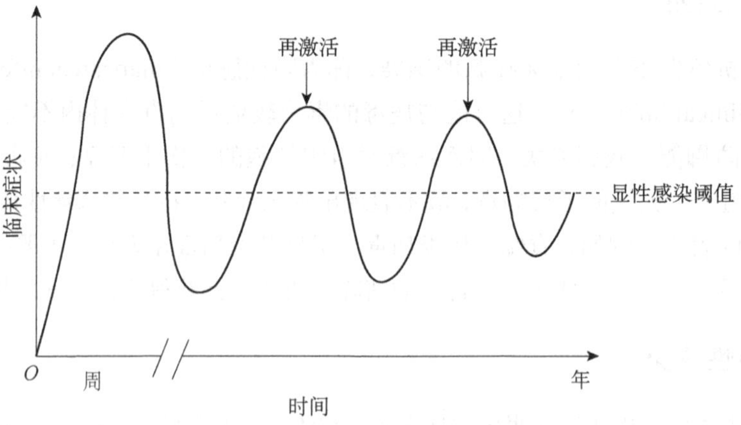

图 3-4　潜伏感染

（2）慢性感染（chronic infection）　是指经过显性或隐性感染后，病毒未被机体完全清除，体内可以持续检测到病毒，病程长达数月或数十年，临床症状可轻重不等，也可出现慢性感染急性发作，迁延不愈，如 HBV、HCV 引起的慢性乙型肝炎、慢性丙型肝炎。

拓展阅读 3-1

慢（发）病毒感染

（3）慢（发）病毒感染（slow virus infection）　是指病毒感染后长期潜伏在机体内，经过数年甚至数十年后出现症状，并呈进行性加重，最终可致死亡（图 3-5），如麻疹病毒感染相关的亚急性硬化性全脑炎（subacute sclerosing panencephalitis，SSPE），朊粒引起的克-雅病和库鲁病等。

持续性感染的形成原因包括：①机体免疫力低下，无力清除病毒；②病毒免疫原性弱，难以引起有效的免疫应答；③病毒位于受保护部位或发生突变，由此逃避宿主的免疫防御作用；④病毒基因组整合于宿主基因组中，与细胞长期共存；⑤病毒产生缺损性干扰颗粒（DIP），影响病毒本身的复制。

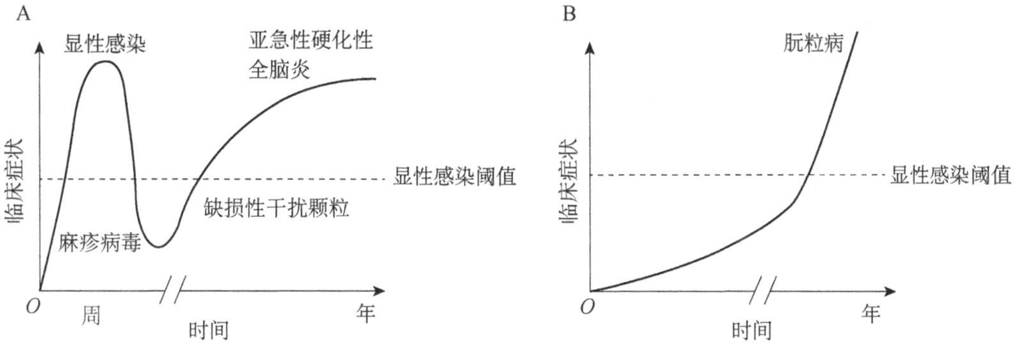

图 3-5　慢（发）病毒感染

A. 麻疹病毒感染相关的亚急性硬化性全脑炎；B. 朊粒病

第二节　病毒的致病机制

病毒的致病作用主要体现在细胞和机体层面，包括病毒对宿主细胞的致病作用、病毒对机体的致病作用、病毒的免疫逃逸作用、病毒与肿瘤，以及其他因素对病毒致病性的影响（图 3-6）。

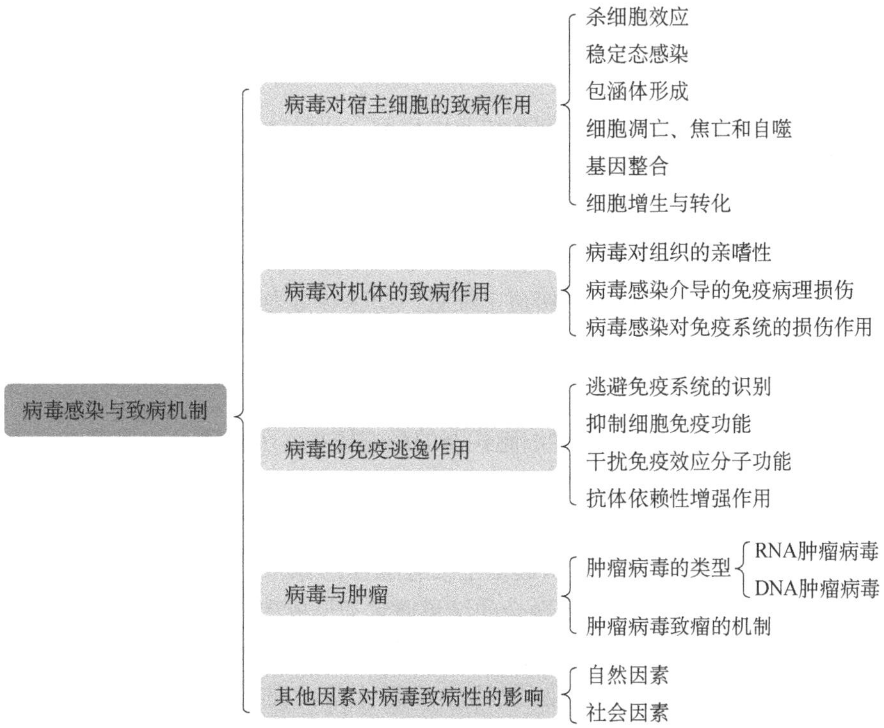

图 3-6　病毒的致病机制

一、病毒对宿主细胞的致病作用

病毒的致病性是指病毒在宿主细胞内增殖，导致宿主细胞功能障碍及结构受损。在细胞层面，判断病毒的感染主要依赖于接种病毒后培养的细胞形态学变化、新陈代谢改变和抗原性变化，或通过对机体病理组织的超微结构检查。同时，也可以采用分子生物学技术检测组织细胞中病毒基因（组）及其在宿主细胞中的分布和病毒载量（viral load）。

细胞被病毒感染后，在非允许细胞中产生顿挫性感染，在允许细胞中可引起细胞裂解，持续性感染，细胞凋亡、焦亡和自噬，病毒基因整合，细胞增生与转化，以及包涵体形成等病理改变。

（一）杀细胞效应

病毒在宿主细胞内复制完毕后，可以在短时间内释放大量的子代病毒，导致细胞裂解并死亡，称为杀细胞效应（cytocidal effect）。可引起杀细胞效应的病毒称为杀细胞病毒（cytocidal virus），主要为无包膜的病毒，如脊髓灰质炎病毒和腺病毒等，有些包膜病毒如单纯疱疹病毒也可引起杀细胞效应。在体外培养时，杀细胞病毒可引起感染细胞出现圆化、聚集、融合、裂解或脱落等现象，在光学显微镜下可见，称为致细胞病变作用（cytopathic effect，CPE）。当病毒感染引起的杀细胞效应发生在重要器官时，可导致明显的临床症状及严重后果，包括严重后遗症，甚至危及生命。

病毒杀细胞效应的主要机制包括以下几种。

1）病毒编码的早期蛋白（如酶类）通过多种方式抑制、阻断（或降解）细胞的核酸或蛋白质合成。

2）病毒感染及其复制过程中对细胞核及内质网、线粒体等细胞器造成损伤。

3）病毒感染可能导致细胞溶酶体的结构和通透性变化，溶酶体中的酶类释放引起细胞自溶。

4）病毒抗原成分可插入细胞膜表面，造成抗原变化，可引起免疫性细胞杀伤感染细胞。

5）病毒产生的毒性蛋白直接杀伤宿主细胞，如腺病毒表面的蛋白纤维突起。

（二）稳定态感染

病毒进入细胞后，能够复制但对细胞代谢的影响较小，子代病毒以出芽方式逐渐释放，过程缓慢，对细胞的损害较轻，短时间内一般不引起细胞裂解或死亡，这种情况称为病毒的稳定态感染（steady state infection）。此类感染多见于包膜病毒。

1. 细胞融合　稳定态感染可引起宿主细胞融合，有利于病毒的扩散。病毒通过细胞融合，扩散到未受感染的细胞。细胞融合的结果通常为形成多核巨细胞或合胞体。例如，麻疹病毒、呼吸道合胞病毒、巨细胞病毒、HIV 等在感染过程中可形成多核巨细胞。

2. 新抗原的出现　稳定态感染的细胞，其膜上常出现新抗原。例如，流感病毒和副黏病毒在细胞内装配成熟并以出芽方式释放时，细胞表面形成血凝素，能够吸附某些动物的红细胞。某些病毒感染导致细胞恶性转化后，由于病毒的核酸整合到细胞染色体上，细胞表面也会出现病毒表达的特异性抗原，成为免疫细胞攻击的靶细胞，最终导致感染细胞的死亡。此外，病毒感染还引起细胞表面抗原决定簇的变化，使得在正常情况下隐蔽的抗原决定簇暴露出来。

（三）包涵体形成

某些病毒感染的细胞内，可以用普通光学显微镜观察到与正常细胞结构和着色不同的圆形或椭圆形斑块，这些斑块称为包涵体（inclusion body）。包涵体会破坏细胞的正常结构和功能，有时引起细胞死亡。包涵体因病毒种类而异，呈嗜酸性或嗜碱性。其位置也因病毒而异。例如，痘病毒包涵体位于胞质内，疱疹病毒包涵体位于胞核中，而麻疹病毒包涵体可位于胞质内，也可位于胞核中。包涵体的出现可作为病毒感染的诊断依据。例如，从可疑的狂犬病患者尸体及动物脑组织特定区域切片或涂片中可发现细胞内的嗜酸性包涵体，即内氏小体（Negri body），也称为内基小体，可作为诊断狂犬病的依据。包涵体产生的原因包括：①有病毒颗粒的聚集体；②有病毒增殖留下的痕迹；③有病毒感染引起的细胞反应物。

（四）细胞凋亡、焦亡和自噬

1. 细胞凋亡　病毒感染可导致宿主细胞发生凋亡。这一过程不仅可能促进细胞中病毒的释放，对宿主产生病理损害，同时也是宿主对病毒感染的保护性反应，有助于限制病毒体的数量。然而，有些病毒感染可以抑制宿主细胞的早期凋亡，以提高病毒子代的数量。例如，丙型肝炎病毒（HCV）基因编码的某些蛋白质具有抗凋亡功能，有利于病毒复制。

2. 细胞焦亡　细胞焦亡是一种类似于细胞凋亡的程序性细胞死亡方式，是机体对抗病原体感染的重要免疫防御反应。其主要由含半胱氨酸的胱天蛋白酶（caspase-1、caspase-4、caspase-7、caspase-11）所诱导并调控，通常伴随着大量促炎症因子的释放。细胞焦亡过度激活可能会加剧疾病的进程。例如，在 HIV 感染中，细胞焦亡在导致旁观者 CD4 细胞死亡方面起着重要作用。此外，细胞焦亡还参与了 SARS-CoV、MERS-CoV 及 SARS-CoV-2 的致病过程。

3. 细胞自噬　细胞自噬是细胞对内部成分进行降解和回收利用的过程。在病毒感染中，细胞自噬具有双重性质：一方面，通过直接降解病毒，抵抗病毒感染；另一方面，病毒可能利用自噬机制加速其复制。例如，HCV 可以激活内质网应激反应，诱导自噬，从而促进病毒的复制。HIV 的包膜糖蛋白 gp120 和 gp41 与 $CD4^+$分子及 CXCR4 分子结合后，也可诱导未感染的 $CD4^+$ T 细胞自噬，进而导致 T 细胞的凋亡。

（五）基因整合

某些 DNA 病毒和 RNA 逆转录病毒在感染过程中可以将其基因整合到宿主细胞的基因组中，称为基因整合（gene integration）。整合可造成宿主细胞染色体整合处基因的失活、附近基因的激活或整合的病毒基因表达等现象，导致细胞失去细胞间接触性抑制而过度生长，称为细胞转化（cell transformation），如 HPV 感染导致的细胞转化作用。整合的病毒 DNA 也可随细胞分裂而带入子代细胞中。

1）RNA 逆转录病毒：先以 RNA 为模板逆转录合成 cDNA，再以 cDNA 为模板合成双链 DNA，以双链 DNA（即前病毒）的形式整合到细胞染色体 DNA 中，如 HIV。

2）DNA 病毒：在复制过程中，可将部分 DNA 片段随机整合到细胞染色体 DNA 中，如人乳头瘤病毒、HBV。

（六）细胞增生与转化

有些病毒感染后，不但不抑制宿主细胞 DNA 的合成，反而促进细胞 DNA 的合成，并导致细胞失去细胞间接触抑制而异常增生。这些生物学行为的改变称为细胞转化。细胞转化可能由病毒蛋白诱导，或由基因整合引起。这种细胞转化与肿瘤形成密切相关。例如，人乳头瘤病毒的 *E5*、*E6* 和 *E7* 基因编码的蛋白质可引起细胞转化。

二、病毒对机体的致病作用

病毒对宿主细胞的致病作用通常随着病毒的增殖和扩散至多个细胞而显现，导致组织和器官甚至整个机体受到损伤。病毒感染诱发的机体免疫病理损伤也是重要的致病机制之一。此外，有些病毒还能直接破坏机体的免疫功能。

（一）病毒对组织的亲嗜性

病毒感染通常具有宿主种属特异性和组织嗜性。病毒只能侵入并感染具有相应受体的易感细胞，并在其中产生子代病毒，这称为病毒的组织亲嗜性（tropism）。种属特异性决定了病毒感染的宿主范围和流行程度，而组织亲嗜性则决定了感染的靶器官、细胞类型及相应的临床表现。易感细胞表面的病毒受体的特异性是决定病毒宿主范围和对特定组织器官损伤的关键。

（二）病毒感染介导的免疫病理损伤

病毒作为外来抗原，在感染损伤宿主的过程中，通过与免疫系统相互作用，诱发免疫应答损伤，是引起病毒病，特别是持续性病毒感染和病毒感染相关自身免疫病的重要致病机制。病毒感染的炎性细胞主要是单核细胞，由于某些病毒可引起广泛的免疫病理损伤，临床上应谨慎使用免疫功能增强剂治疗这类疾病。病毒引发的免疫病理损伤主要涉及特异性体液免疫和特异性细胞免疫介导的Ⅰ～Ⅳ型超敏反应。有些情况下还可能影响非特异性免疫机制。

1. 体液免疫病理作用

（1）Ⅱ型超敏反应　许多病毒（特别是包膜病毒）能诱发受染细胞表面出现新抗原，引起特异性抗体与这些抗原结合，并在补体参与下引起Ⅱ型超敏反应，导致细胞溶解和组织损伤。NK 细胞等也可能通过抗体依赖性细胞介导的细胞毒作用（ADCC）杀伤靶细胞，引起Ⅱ型超敏反应。

（2）Ⅲ型超敏反应　有些病毒抗原与相应抗体结合形成的免疫复合物可能长期存

在于血液中，当这些复合物沉积在某些器官或组织的膜结构表面时，可招募并激活补体，引起Ⅲ型超敏反应，造成组织器官损伤，严重时可能导致肾小球肾炎、关节炎、发热、出血等症状。

（3）Ⅰ型超敏反应　呼吸道病毒感染常导致抗体 IgE 介导的Ⅰ型超敏反应。例如，呼吸道合胞病毒感染引起的婴幼儿支气管炎和肺炎可能与Ⅰ型超敏反应有关。

2. 细胞免疫病理作用　细胞免疫是清除感染细胞内病毒的主要机制。在此过程中，特异性细胞毒性 T 细胞（CTL）会对病毒感染细胞（包括表达新抗原的细胞）造成损伤。病毒感染后激发 Th1 细胞和 CTL 抗感染免疫，导致以单核细胞浸润为主的炎症和组织细胞损伤，属于Ⅳ型超敏反应。

3. 自身免疫病理损伤

1）约 4%病毒的蛋白质与宿主蛋白质存在“共同抗原”表位，可能导致针对这些共同抗原引发的自身免疫应答。

2）有些病毒感染导致宿主细胞损伤，引起自身“隐蔽抗原”暴露，也会产生自身免疫应答。例如，HBV 导致肝细胞损伤后暴露出肝细胞特异性脂蛋白（LSP）抗原，该抗原属于自身隐蔽抗原，可能引发自身免疫反应。

3）随着宿主细胞的损伤和破坏，细胞成分进入血液，可能诱导抗 DNA 抗体、抗磷脂抗体等多种自身抗体的产生。

4）病毒感染后的免疫系统紊乱也可能导致机体免疫系统失去对自身与非自身抗原的识别功能，进而引发自身免疫病。

4. 细胞因子风暴　细胞因子风暴（cytokine storm）也称为高细胞因子血症，是指病毒感染导致机体短期内分泌多种大量的细胞因子，造成严重病理损伤。其机制主要是机体促炎细胞因子和抗炎细胞因子之间平衡失调，体液中迅速产生大量的包括 TNF-α、IL-1、IL-6 等在内的促炎细胞因子，引发全身炎症反应综合征，严重者可导致多器官功能障碍综合征（multiple organ dysfunction syndrome，MODS），甚至危及生命。细胞因子风暴常见于由病毒感染引起的脓毒症，如流感病毒、冠状病毒等感染。

（三）病毒感染对免疫系统的损伤作用

病毒通过逃避免疫监视、防止激活免疫细胞或阻止免疫应答的方式，实现对免疫系统的逃避。其机制主要包括以下两种。

1. 免疫抑制　病毒感染通常会引起机体免疫应答的降低或暂时性免疫抑制，如通过编码微小 RNA 等机制下调机体干扰素和（或）干扰素受体水平，使病毒难以清除。这种免疫抑制状态常导致继发感染，使得病毒性疾病加重、持续，并可能使疾病进程复杂化。例如，流感病毒感染合并继发细菌感染是导致婴幼儿及老人死亡的主要原因。

2. 对免疫细胞的直接杀伤作用　病毒也可杀伤特异性 T 细胞，破坏抗原提呈细胞，抑制效应细胞等，从而降低机体适应性免疫的功能。例如，人类免疫缺陷病毒（HIV）可侵犯巨噬细胞和辅助性 T 细胞（$CD4^+$ T 细胞），并杀伤 $CD4^+$ T 细胞，造成细胞免疫功能缺陷。

三、病毒的免疫逃逸作用

病毒性疾病的发生不仅与病毒的直接作用和引发的免疫病理损伤有关，还与病毒的免疫逃逸能力紧密相关。病毒可通过逃避免疫防御和抑制免疫应答等多种方式逃脱免疫系统的攻击。病毒的免疫逃逸作用是病毒毒力的一个重要标志和指标，构成病毒致病作用的一个重要因素。有关病毒的免疫逃逸机制见本教材第二章第三节相关内容。

四、病毒与肿瘤

大量研究表明，病毒是人类肿瘤的致病因素之一。根据 2012 年 WHO 发布的数据，全球至少有 15%的人类肿瘤与病毒感染有关。WHO 国际癌症研究机构（International Agency for Research on Cancer，IARC）将 7 种病毒列为Ⅰ类致癌物。另外，梅克尔细胞多瘤病毒（MCV）、JC 病毒（JCV）、BK 病毒（BKV）等 8 种病毒被列为Ⅱ类致癌物。许多病毒在自然感染或人为接种后都能在动物体内诱发肿瘤。

（一）肿瘤病毒的类型

1）RNA 肿瘤病毒：包括逆转录病毒科的部分病毒和丙型肝炎病毒等。HIV 因可导致人获得性免疫缺陷综合征并诱发淋巴瘤等疾病，被 IARC 归为Ⅰ类致癌物。

2）DNA 肿瘤病毒：包括人乳头瘤病毒、多瘤病毒、疱疹病毒和嗜肝 DNA 病毒等。

WHO 国际癌症研究机构认定的人类部分癌症相关病毒如表 3-2 所示。

表 3-2　人类部分癌症相关病毒

病毒科名	病毒	人类癌症	备注
乳头瘤病毒科	人乳头瘤病毒 16、18、31、33、35、39、45、51、52、56、58、59 型	生殖器肿瘤、鳞状细胞癌、口咽癌	Ⅰ类
疱疹病毒科	EB 病毒	鼻咽癌、伯基特淋巴瘤、霍奇金淋巴瘤	Ⅰ类
	人疱疹病毒-8/卡波西肉瘤相关疱疹病毒	卡波西肉瘤	Ⅰ类
嗜肝 DNA 病毒科	乙型肝炎病毒	肝细胞癌	Ⅰ类
多瘤病毒科	梅克尔细胞多瘤病毒	梅克尔细胞癌	Ⅱ类
逆转录病毒科	人嗜 T 淋巴细胞病毒-1	成人 T 细胞白血病	Ⅰ类
黄病毒科	丙型肝炎病毒	肝细胞癌	Ⅰ类

（二）肿瘤病毒致瘤的机制

RNA 肿瘤病毒根据肿瘤诱导能力可分为两种类型：高度致癌（直接转化）病毒携带癌基因，而弱致癌（慢转化）病毒不含癌基因，其通过间接机制在长时间的潜伏后诱发肿瘤。DNA 肿瘤病毒编码的蛋白质，除了是病毒复制必需的，也常影响宿主细胞的生长控制通路。

癌症发生是一个多步骤过程，肿瘤形成不是肿瘤病毒感染的必然结果，病毒通常作为肿瘤发生过程的触发因子，并可能通过以下不同的机制来引发肿瘤。

1. 病毒癌基因 病毒编码的某些蛋白质能诱导细胞永生化，如人乳头瘤病毒（HPV）的 E6 和 E7 蛋白。病毒癌基因来源于宿主细胞，细胞的这段基因称为原癌基因（proto-oncogene）。含有癌基因的逆转录病毒均有高度致癌性，在体内只要经过很短的潜伏期就能引起肿瘤，在体外也能迅速引起细胞转化，其致瘤机制是病毒癌基因被激活和高水平表达，而细胞的原癌基因通常处于精确控制状态，仅低水平表达。

2. 抑制细胞凋亡 细胞凋亡是病毒与肿瘤的共同特征之一，而病毒编码的某些蛋白质能抑制细胞凋亡。

3. 调控细胞微环境 病毒通过调控细胞生长的微环境，使细胞更好地适应低氧和酸化环境，并逃避免疫识别。例如，卡波西肉瘤相关疱疹病毒（Kaposi's sarcoma-associated herpes virus，KSHV）感染的细胞可通过细胞外泌体（exosome）输送营养物质到邻近细胞，形成一个利于被感染细胞存活的肿瘤微环境。

4. 逃避宿主免疫监视作用 细胞程序性死亡配体（programmed cell death ligand，PD-L）是一种重要的免疫抑制分子，某些病毒编码的蛋白质可与 PD-L 结合使肿瘤细胞逃避免疫，如 HPV 的 E5 蛋白。

5. 宿主细胞重编程 病毒的早期基因能与宿主转录调控因子相互作用，扰乱细胞的转录因子网络，导致宿主细胞在转录、代谢及表观基因组等方面发生重编程。例如，EB 病毒核抗原 2（Epstein Barr virus nuclear antigen 2，EBNA2）激活自身及细胞癌基因的转录；人乳头瘤病毒（HPV）的 E7 蛋白可以结合并抑制丙酮酸激酶 M2，促进宿主细胞代谢转为糖酵解途径；EB 病毒编码的 LMP1 可导致抑癌基因 *p16* 和 *p21* 的高甲基化，促进肿瘤的发生与发展。

五、其他因素对病毒致病性的影响

病毒的感染和致病性不仅受到病毒本身特性的影响，还显著受到自然因素和社会因素的影响。

（一）自然因素对病毒致病性的影响

气候、季节、温度、地理位置及自然灾害等都可以影响传染病的发生和发展。特别是虫媒传播的病原体，对自然因素的影响尤为敏感。例如，汉坦病毒引起的肾综合征出血热的发生和流行具有明显的地区性和季节性，这种地区性和季节性与宿主动物（主要是鼠类）的分布和活动密切相关。此外，自然因素也可直接影响病原体在外部环境中的生存，或通过影响宿主的非特异性免疫系统，间接影响病原体的致病性。研究表明，约 58%的病原体疾病（包括西尼罗病毒引起的西尼罗热和寨卡病毒病等）会因气候变暖而增加发病率，而只有 16%的传染病会因气候变暖而减少。例如，2022 年全球气温上升导致新加坡在仅半年内（截至 2022 年 6 月 7 日）登革热病例数就超过 1.3 万例，这是 2021 年全年病例数（5258 例）的两倍多。

（二）社会因素对病毒致病性的影响

社会制度、经济发展水平、文化教育水平、医疗卫生条件、生活方式及战争等社会因素，在传染病的流行和传播中也扮演着重要角色。这些社会因素可以相互作用，共同影响病毒的传播和人群的易感性，从而影响疾病的流行趋势和严重程度。

小 结

病毒的传播方式主要有水平传播和垂直传播，围产（生）期感染是垂直传播的重要方式。病毒在人体内播散主要有局部播散和全身播散：局部播散是指病毒仅感染入侵部位的细胞，全身播散则是指病毒通过血液或神经系统传播至全身。

病毒感染分为隐性感染和显性感染。显性感染会表现出局部或全身症状，并可分为急性感染和持续性感染。病毒感染的致病性主要取决于病毒的致病力和宿主的免疫力。

病毒和宿主细胞的相互作用会产生细胞病理变化，包括杀细胞效应，稳定态感染，细胞凋亡、焦亡和自噬，病毒基因整合及包涵体形成。病毒感染最终导致组织器官的损伤和功能障碍，具体表现为：①病毒对组织的亲嗜性；②免疫病理损伤，包括体液免疫和细胞免疫介导的损伤、炎症因子的病理作用及自身免疫病理损伤；③病毒对免疫系统的致病作用。病毒还可通过多种途径逃逸免疫清除。此外，病毒也是人类肿瘤的主要致病因素之一。

复习思考题

1. 简述病毒对宿主细胞的致病作用。
2. 简述病毒导致免疫病理损伤的机制。
3. 简述病毒致瘤的主要机制。

（朱　帆）

第四章　病毒感染的病原学诊断

本章要点

1. 通过电镜检查可观察病毒的大小、形态和结构；在光学显微镜下可观察病毒包涵体和感染细胞的特征。
2. 病毒分离培养是病毒感染诊断的金标准，其中细胞培养是目前最常用的方法。
3. 检测病毒核酸不仅是诊断病毒感染的可靠方法，还可了解其感染进程，监测抗病毒治疗效果及鉴定新病毒。
4. 检测病毒抗原和抗体具有快速、敏感和特异等优点，其中测定 IgM 抗体可辅助早期诊断。

病毒感染的病原学诊断是指利用病毒形态学检查、病毒分离培养与鉴定、分子诊断技术和免疫学技术等，检测来自病毒感染者的标本中病毒体、病毒蛋白和病毒核酸，或病毒侵入诱导的机体免疫应答产物，最终鉴定出病毒的种属甚至型别。病原学诊断是确诊病毒感染的客观依据，决定了对患者的管理决策和治疗方案。应依据采集标本的类型、待检病毒的种属分类及其所致疾病的临床特点，选择适宜的诊断技术，在符合生物安全等级的实验室中及相应的个人防护条件下进行操作，防止病毒感染与传播。

第一节　标本采集与送检的原则

正确采集、处理、保存和送检标本是病毒感染的病原学诊断成功的首要保证。

一、标本采集时间

分离或检测病毒应尽可能在病程的早期、急性发作期或症状典型时，或使用抗病毒药物之前采集标本。在不同病程的情况下，病毒感染标志物的检测结果存在差异。一般情况下，在发病时和急性期大多可以检测出病毒，在前驱期可能检测出，而在潜伏期和恢复期基本无法检测出。

二、标本种类与部位

应依据感染部位、疾病类型和病程来确定应采集的标本，如采集流感病毒感染者的咽漱液或鼻咽拭子，人类免疫缺陷病毒感染者的血液，狂犬病死者或动物的脑组织等。

三、标本处理、保存和运送

取材时应遵循无菌操作的原则，将采集到的标本盛放于无菌容器中，避免标本被环境中的其他微生物污染。对有细菌或真菌污染的标本进行病毒分离培养时，需要使用抗细菌或抗真菌药物处理，或经滤过除菌。可将无菌的血液、脑脊液直接接种于细胞。病毒耐冷怕热，离体后在室温环境中易失活，标本应低温保存并尽快送检。不能立即送检的标本置-80℃以下环境中保存，病变组织可置 50%甘油缓冲盐水中保存。用于检测抗体的全血必须在冻存前分离出血清。用于细胞培养的组织应在 4℃环境中保存。避免反复冻融，若一份样本需进行多种检测，宜分装保存。

第二节 病毒形态学检查

一、电子显微镜检查

扫描电子显微镜（scanning electron microscope，SEM）是利用电子束扫描样品表面，通过样品与电子束相互作用产生的信号来获取高分辨率图像的显微镜，通常可达纳米级别，故可用于观察病毒的大小、形态和表面结构。透射电子显微镜（transmission electron microscope，TEM）是一种使用透射电子束来观察样品内部结构的显微镜。其分辨率达到原子级别，故可用于观察病毒内部的超微结构。含有高浓度病毒颗粒（$\geqslant 10^7$ 颗粒/mL）的标本或病变组织，可直接用电子显微镜观察，依据病毒的形态和大小，可初步鉴定到病毒科或属。对含低浓度病毒的样本（如粪便中的轮状病毒），可超速离心后取标本沉淀物进行电子显微镜观察，以提高检出率；也可用免疫电子显微术（immuno-electron microscopy），将病毒样本与病毒特异性抗体作用，形成病毒-抗体复合物，可明显提高电子显微镜的敏感性并具有特异性。电子显微镜技术因操作复杂、成本高和不甚敏感，一般不用于临床的常规病原学诊断，但对胃肠道病毒及新发病毒性感染的诊断仍具有重要价值。冷冻电子显微术（cryo-electron microscopy，cryo-EM）是一种使用透射电子显微镜在低温条件下观察样品的技术，其观察的生物样品可以保持在近天然状态。采用 cryo-EM 及电子断层成像技术可观察病毒的三维形态结构。

拓展阅读 4-1
冷冻电子显微术

二、光学显微镜检查

针对病理标本、含有脱落细胞及针吸细胞或培养细胞的标本，在光学显微镜（light

microscope）下观察细胞内出现的嗜酸性或嗜碱性包涵体（图 4-1）或多核巨细胞，可作为病毒感染的辅助诊断。包涵体多呈圆形或卵圆形，位于胞质（如狂犬病病毒）、胞核（如疱疹病毒），或者胞质和胞核内均有（如麻疹病毒）。例如，取可疑病犬的大脑海马回制成组织切片并染色，在光学显微镜下见到胞质内嗜酸性内氏小体（Negri body），可诊断为狂犬病；对疑似麻疹患者早期的眼、鼻咽分泌物涂片，瑞氏染色镜检，观察到多核巨细胞，诊断阳性率高达 90%。此外，还可根据标本病理特征，再配合针对病毒抗原的免疫组织化学技术或免疫荧光技术、核酸原位杂交技术等进行病原学诊断。

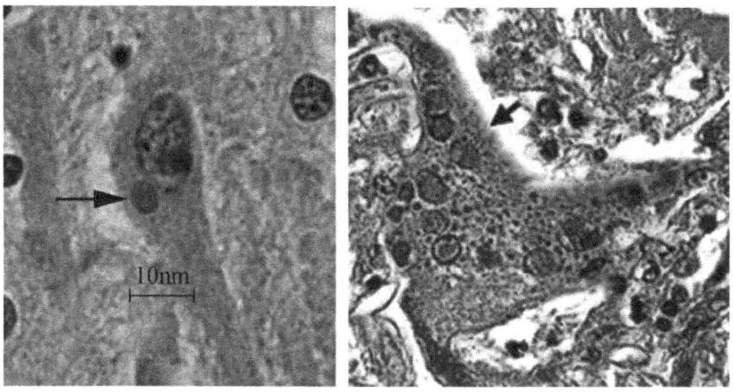

图 4-1　狂犬病病毒包涵体（A）和麻疹病毒包涵体（B）

图中箭头所指为包涵体

第三节　病毒的分离培养与鉴定

病毒的分离培养与鉴定是病毒感染的病原学诊断的金标准。但因其过程繁杂，技术条件要求高，需时较长，故不适用于病毒感染的早期快速诊断。

微课视频 4-1

病毒的分离培养与鉴定

一、病毒的分离培养

（一）动物接种（animal inoculation）

根据病毒的宿主特异性，选取敏感的动物和合适的途径进行病毒接种，然后观察动物发病情况，并采集病变标本进行病毒鉴定。但为某些病毒建立动物模型比较困难，如乙型肝炎病毒和人巨细胞病毒等。目前动物接种方法已很少被应用于病毒感染的临床病原学诊断，主要被用于病毒学研究。

（二）鸡胚接种（chick embryo inoculation）

有些病毒如正黏病毒、痘病毒和疱疹病毒等可采用受精鸡蛋孵育形成的鸡胚进行分离培养。依据病毒种类选用不同胚龄的鸡胚，接种于不同部位，包括绒毛尿囊膜、尿囊腔、羊膜腔和卵黄囊等。如分离流感病毒时，初次分离接种于 9～11 日龄的鸡胚羊膜腔，传代培养可移种尿囊腔。

（三）细胞培养（cell culture）

体外细胞培养是目前分离培养病毒最常用的技术。根据病毒的细胞嗜性，选择适当的细胞（表 4-1）。根据细胞来源、染色体特性和传代次数等，可将细胞分为：①原代培养细胞（primary cultural cell），指来源于动物、鸡胚或引产人胚组织的细胞，如猴肾或人胚肾细胞等；对多种病毒的敏感性高，适用于从临床标本中分离病毒，但细胞来源困难。②二倍体细胞株（diploid cell strain），指细胞在体外分裂 50～100 代后仍保持二倍体染色体数目的细胞，但经多次传代后也会出现细胞老化，甚至停止分裂。例如，来自人胚肺组织的 WI-26 和 WI-38 株，常用于病毒分离及疫苗生产。③传代细胞系（continuous cell line），指能在体外连续传代的细胞，由肿瘤细胞或二倍体细胞株突变而来，如 HeLa 细胞、Hep-2 细胞等，对多种病毒的感染性稳定，但不能用肿瘤来源的传代细胞系生产人用疫苗。

表 4-1　分离培养病毒常用的细胞

病毒种类	培养细胞
流感病毒	PMK（原代猴肾细胞）、MDCK（犬肾传代细胞）
SARS 相关冠状病毒	Vero（非洲绿猴肾细胞）、支气管上皮细胞
麻疹病毒	PMK、HEK（人胚肾细胞）
呼吸道合胞病毒	HeLa（人宫颈癌细胞）、Hep-2（人喉癌细胞）
腺病毒	Hep-2、HEK
肠道病毒	PMK、HEL（人胚肺二倍体细胞）、Vero
单纯疱疹病毒	HFF（人包皮成纤维细胞）、HEL、Vero
巨细胞病毒	HEL、HFF
日本脑炎病毒	C6/36（白纹伊蚊细胞）、BHK-21（幼仓鼠肾细胞）、Vero
人类免疫缺陷病毒	H9（人急性淋巴母细胞白血病细胞）、外周血淋巴细胞

二、病毒的鉴定

（一）病毒在培养细胞中增殖的鉴定指标

1. 致细胞病变效应（cytopathic effect，CPE）　部分病毒在敏感细胞内增殖会引起细胞形态学变化，如胞内颗粒增多、皱缩、变圆、形成包涵体或多核巨细胞，甚至出现细胞溶解、死亡和脱落等（图 4-2）。不同病毒的 CPE 特征不同。例如，腺病毒可引起细胞圆缩，死亡细胞呈葡萄样聚集并脱落；而副黏病毒、呼吸道合胞病毒等可引起细胞融合，形成多核巨细胞（又称合胞体）。因此，观察 CPE 特点和所用细胞类型，可初步判定标本中感染的病毒种类。

2. 红细胞吸附（hemadsorption）　有些包膜病毒的血凝素能与人或一些动物（鸡、豚鼠等）的红细胞凝集。这种带有血凝素的病毒感染细胞后，血凝素可表达在细胞膜表面，向该细胞中加入红细胞，可观察到感染细胞表面有红细胞聚集现象，称为红细胞吸附。

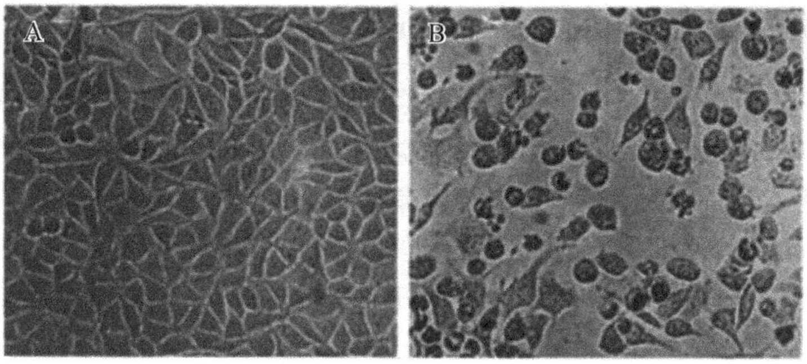

图 4-2　腺病毒感染 HeLa 细胞的致细胞病变效应

A. 正常细胞单纯培养；B. CPE

3. 细胞代谢改变　病毒感染细胞后可引起细胞的代谢发生改变，导致培养基 pH 变化。这种培养环境的生化改变也可作为病毒增殖的指征。

（二）血凝试验和血凝抑制试验

将含有血凝素的病毒加到人或一些动物（鸡、豚鼠等）的红细胞悬液中，可导致红细胞发生凝集，称为血凝试验（hemagglutination test，HAT）。血凝试验阳性可作为病毒增殖的指标。若将病毒悬液作不同稀释，以引起一定程度红细胞凝集的病毒的最高稀释度作为血凝效价，可对病毒含量进行半定量检测。该红细胞凝集现象可被相应病毒的血凝素抗体或抗病毒血清抑制，即血凝抑制试验（hemagglutination inhibition test，HIT）。用已知病毒的抗血清，可鉴定病毒种、型及亚型，如鉴定流感病毒和乙型脑炎病毒等；用已知病毒，可测定患者血清中有无相应抗体及其效价，如检测流感病毒的血凝抑制抗体可协助流感的诊断。

（三）中和试验（neutralization test）

用已知的中和抗体或抗病毒血清先与待测病毒悬液混合，在适温下作用一定时间后接种敏感细胞，经培养后观察 CPE 或红细胞吸附现象是否消失，即病毒能否被特异性抗体中和而失去对敏感细胞的感染性。中和试验既可作为病毒增殖的指标、鉴定病毒种类，还可以测定机体的中和抗体水平。

（四）其他鉴定方法

病毒悬液经高度浓缩和纯化后，用电子显微镜直接观察病毒的形态和大小；对不能导致明显细胞病变的病毒，利用其特异性抗体进行免疫荧光或免疫酶染色，检测细胞内的病毒抗原，或采用分子诊断技术检测病毒核酸。

三、病毒数量与感染性测定

对已增殖或纯化的病毒悬液，应进行病毒感染性和数量的测定。在单位体积内测定感染性病毒的数量称为病毒滴定。常用的方法有以下几种。

（一）蚀斑形成试验（plaque forming test，PFT）

将一定体积的适当稀释度的待检病毒液接种于敏感细胞单层，经一定时间培养后，覆盖一层琼脂在细胞上，待其凝固后继续培养，病毒的增殖使局部被感染的单层细胞病变，形成肉眼可见的蚀斑或空斑（plaque）。由一种病毒感染并增殖形成的一个蚀斑，称为一个蚀斑形成单位（plaque forming unit，PFU）。计数单位体积内的蚀斑数，可推算出待检病毒液中感染性病毒的数量，通常以 PFU/mL 表示。PFT 既是测量病毒滴度的经典方法，也是制备病毒纯种的方法。

（二）半数组织感染量（50% tissue culture infectious dose，$TCID_{50}$）测定

将待测病毒液作 10 倍系列稀释，分别接种并感染敏感细胞单层，经培养后观察 CPE，以能感染 50%细胞的病毒的最高稀释度为判定终点，经统计学处理计算 $TCID_{50}$。$TCID_{50}$ 是综合判断病毒的感染性、毒力和数量的经典方法。

（三）其他方法

除上述方法外，传统上还可用红细胞吸附抑制试验、血凝抑制试验和中和试验等进行病毒滴定。这些传统的技术方法操作较为烦琐，结果观察有一定的主观因素。目前常用的病毒数量测定技术是采用免疫学和分子生物学技术直接检测病毒抗原和核酸，较传统技术操作更加简便、快速且结果更客观。

第四节 病毒成分检测

拓展阅读 4-2
核酸检测技术的优点

一、病毒核酸检测

核酸检测技术是近年来病毒学诊断中较为常用的方法，具有灵敏度高、特异性好、简洁、快速等优点。

拓展阅读 4-3
核酸杂交技术

（一）核酸杂交

核酸杂交（nucleic acid hybridization）是将标记探针与待测标本在一定条件下进行杂交，根据杂交信号检测结果，判断标本中是否存在互补的病毒核酸。常用的杂交方法有斑点杂交（dot blot hybridization）、原位杂交（*in situ* hybridization）、DNA 印迹（Southern blot）和 RNA 印迹（Northern blot）等。该技术检测病毒具有很高的敏感性和特异性。

（二）聚合酶链反应

选择特异引物通过聚合酶链反应（polymerase chain reaction，PCR）扩增标本中的病毒

核酸的特异性序列，按照扩增产物片段的大小加以鉴定，明确样本中是否存在该病毒而诊断病毒性感染。PCR 是敏感、快速的诊断方法，可直接扩增病毒 DNA，用于检测 DNA 病毒。逆转录 PCR（reverse transcription PCR，RT-PCR）是将 RNA 逆转录为互补 DNA，再进行 PCR 扩增，用于检测 RNA 病毒。多重 PCR（multiplex PCR）可在一份标本中检测多种病毒。目前临床上病毒感染诊断最常用的是第二代核酸扩增技术，即实时荧光定量 PCR（real time fluorogenic quantitative PCR，qPCR）。该技术不仅敏感性和特异性更高，而且可对起始模板进行定量分析。第三代核酸扩增技术如数字 PCR（digital PCR，dPCR）是一种对核酸分子绝对定量及扩增的新技术。dPCR 具有比 qPCR 更好的灵敏性、特异性、稳定性和精确性。此外，基于微流控技术和等温扩增技术（isothermal amplification technology）等发展的分子即时检测（point-of-care test，POCT）方法，具有检测时间短、设备小、操作简单等优点。

拓展阅读
4-4
数字 PCR

（三）基因芯片

基因芯片（gene chip）是指固定有寡核苷酸、基因组 DNA 或互补 DNA 等的生物芯片（biochip）。利用这类芯片与标记的生物样品进行杂交，可对样品的基因表达谱生物信息进行快速定性和定量分析。基因芯片具有高通量、高灵敏性和准确性、快速、简便等优势，不仅可高通量检测病毒，而且可确定病毒的基因型别。液态基因芯片整合了多重 PCR 技术和荧光编码微球检测系统，对一个样本进行至多可达 100 个分析指标的检测，已被成功用于呼吸道病毒感染的诊断和感染的人乳头瘤病毒分型等。

（四）基因测序

拓展阅读
4-5
病毒宏基因组测序

病毒的基因测序（gene sequencing）包括对病毒特征性基因片段的测序和应用高通量测序（high-throughput sequencing）技术对病毒全基因组和宏基因组进行测序，将所检测病毒的基因（组）序列与基因库的病毒标准序列进行生物信息学比对与分析，可达到诊断病毒感染的目的。病毒全基因组测序（virus whole genome sequencing）可检测一个病毒完整的基因组序列，在新发病原体检测与鉴定方面具有突出的优势。例如，该技术在 COVID-19 疫情早期的病原学诊断及病毒基因组序列的鉴定上做出了重要贡献。目前对已发现的病原性病毒的全基因测序已基本完成并将建立基因库。利用病毒宏基因组测序（virus metagenomic sequencing）可检测样品中全部病毒的核酸，对某些病毒感染标本不仅检出率高，还可能发现标本中未被检测出的病毒，甚至新病毒。近年来又建立了病毒宏转录组（viral meta-transcriptome）测序，即提取样品中的全部 RNA，然后逆转录成 cDNA，构建 cDNA 文库并测序。其优点是能够同时检测到 RNA 病毒，且可以同时分析病毒感染后的表达调控状态。

二、病毒抗原检测

拓展阅读
4-6
免疫层析法

病毒在感染细胞内表达的病毒蛋白，构成病毒的抗原。采用免疫学技术直接检测标本或培养物中的病毒抗原，是目前早期诊断病毒性感染较为常用的方法。免疫荧光技术、酶联免疫技术、放射免疫技术和免疫层析技术等方法均可被用于检测病毒抗原，这些技术操作简便、特异性强、敏感性高。使用单克隆抗体标记技术可检测到 ng（10^{-9}g）至 pg（10^{-12}g）水平的抗原或半抗原。其中放射免疫技术可引起放射性污染，其使用逐渐减少，已被非放射性标记物（如地高辛等）所代替。蛋白质印迹技术也可用来检测病毒抗原，但在病毒性疾病的诊断中并不常用。免疫层析技术是最早应用于病毒感染诊断的 POCT 技术，其中胶体金免疫层析技术临床使用广泛，可用于检测甲型流感病毒、冠状病毒等。此外，应用新型的蛋白质（抗体）芯片技术，可以在一张芯片上同时对多个标本或多种病毒进行抗原检测，具有快速、敏感和高通量等特点。

拓展阅读 4-7

蛋白质芯片技术

第五节 病毒相关抗体检测

病毒感染机体后可在宿主细胞内合成病毒蛋白成分，并刺激机体产生特异性抗体。可采集血清、血浆和脑脊液等临床标本检测病毒的特异性抗体。在病毒感染急性期，检测特异性抗体特别适用于分离培养困难的病毒、培养时间较久的病毒或检测时复制已经停止的病毒，如甲型肝炎病毒、风疹病毒和细小病毒 B19 等。抗体的检测对于诊断和筛查人类免疫缺陷病毒与丙型肝炎病毒等的持续性感染也很必要，病毒复制与抗体出现并存。病毒感染机体后，特异性 IgM 抗体产生得较早，因此 IgM 抗体的测定可辅助早期诊断。例如，在羊水中查到 IgM 型特异抗体，可诊断某些病毒引起的胎儿先天性感染；抗 HBc IgM 出现较早，常作为急性 HBV 感染的指标。在感染早期，血清中特异性 IgG 抗体未产生或水平较低，但在感染 1～2 周后或恢复期，IgG 抗体滴度可显著升高。因此，常在病程的早期和恢复期各采集一份血清，若恢复期 IgG 抗体由阴性转为阳性或抗体效价比早期升高 4 倍或以上，则有诊断价值。某些病毒感染刺激机体产生的 IgG 抗体在体内存在时间较长，因此采集单份血清检测 IgG 抗体可用于流行病学调查。中和试验、血凝抑制试验、酶联免疫吸附试验、蛋白质印迹和蛋白质芯片技术等均被应用于病毒抗体的检测。某些病毒感染的诊断需要特别谨慎，如 AIDS 和成人白血病等，在抗体检测初筛试验阳性后，尚需用蛋白质印迹等试验方法进行确认。

小 结

正确采集、处理、保存和送检标本是病毒感染病原学诊断的首要保证。标本应在病程早期、急性发作期或症状典型时采集，依据感染部位、疾病类型和病程确定采集标本的类型与部位。应避免环境微生物污染，标本需低温保存并尽快送检。

病毒感染的病原学诊断主要包括检测标本中的病毒体、病毒蛋白和病毒核酸，或病毒侵入后机体的免疫应答产物。病毒分离培养是病原学诊断的金标准，但不适用于早期快速诊断。可用蚀斑形成试验和半数组织感染量（$TCID_{50}$）等方法进行病毒感染性和数量的测定。采用分子诊断技术检测病毒核酸是近年来常用的方法，可了解感染进程，监测抗病毒治疗效果并鉴定新病毒。免疫学技术可直接检测标本或培养物中的病毒抗原，适用于早期诊断。检测病毒抗体可辅助诊断，IgM 抗体的测定被用于早期诊断，IgG 抗体常被用于流行病学调查中。

复习思考题

1. 进行病毒分离培养时对临床标本的采集和送检有何要求?
2. 鉴定病毒在培养细胞内增殖的方法有哪些?
3. 一种病毒性疾病流行时如何快速鉴定出病原体？怎么确定是新的病原体?

（陈利玉）

第五章　病毒感染的预防原则

本章要点

1. 通过自然感染或接种疫苗等方式，人体可以获得抗病毒感染的保护性免疫，从而抵御病毒感染以预防相应的疾病，称为主动免疫。
2. 输入抗体、免疫球蛋白或细胞因子等免疫应答效应产物使人体获得抗病毒免疫的方式，称为被动免疫。

病毒是引发多种传染病的重要病原体，可以采取管理传染源、切断传播途径和保护易感人群的方式进行预防。通过提高易感人群的免疫力，可以保护易感人群，预防传染病的发生和流行。

通过疫苗接种或者应用抗病毒特异性抗体等方式，可以提升人群中易感者抗病毒免疫保护能力，从而预防和控制病毒传染病的发病。一般来说，根据获得的免疫效应产物方式不同，特异性抗病毒免疫可以分为自然免疫和人工免疫；根据体内免疫应答效应产物获得的机制不同，特异性抗病毒免疫可以分为主动免疫（active immunity）和被动免疫（passive immunity）。人工免疫是预防病毒性传染病的有效方法，可以分为人工主动免疫和人工被动免疫两种方法。

生物制品（biological product）是指以生物（主要为人体、动物和微生物）组织、细胞、体液等为原料，经过生物技术加工制备而成的，可用于诊断、预防和治疗人类疾病的制剂。人工制备的主动免疫制剂（如疫苗、类毒素等）、被动免疫制剂（如抗毒素、丙种球蛋白、细胞因子等）、诊断血清等均属于生物制品。

在微生物引起的感染性疾病中，由病毒引起的约占75%，因此由病毒引起的感染性疾病在临床感染性疾病中占据着非常重要的地位。目前人类可应用于抗病毒的药物种类有限，主要是针对少数几种病毒的化学药物，所以对病毒感染的特异性预防就显得更为重要。针对病毒感染可用病毒疫苗人工主动免疫，也可用人体免疫球蛋白等人工被动免疫。

第一节　人工主动免疫

人工主动免疫的方法通常称为预防接种（prophylactic immunization）或疫苗接种（vaccination），就是将疫苗、类毒素等生物制剂，通过人工接种的方式送入人体，使人体免疫系统产生抵抗相应病原体感染的特异性免疫保护能力，从而预防病原体感染导致的传染病，包括病毒性传染病。人工主动免疫的特点是能够诱导出长时间持续的保护性抗病毒免疫，适用于传染病的预防。

一、疫苗的概念

疫苗（vaccine）是指利用病原体或者病原体的组分制备的，可以使人体获得对相应病原体的免疫保护而用于预防传染病的生物制品。疫苗接种是预防传染病最经济、最有效的手段。目前，已经有超过 20 种传染病可以应用疫苗接种来进行预防，其中半数以上是用于预防病毒感染的。

微课视频
5-1
疫苗：抗击传染病的利器

通过疫苗的广泛应用，多种曾经严重危害人类生命与健康的急性传染病（如天花、脊髓灰质炎、麻疹、白喉等）的流行得到了有效控制。1980 年，世界卫生组织（WHO）正式宣布，已经在全球范围内消灭了天花，这是人类消灭的第一个传染病。

二、疫苗的种类及特点

随着现代生物技术的飞速发展，越来越多的疫苗被研制出来，并被广泛用于传染病的预防接种。目前，已经被批准上市应用的疫苗主要有灭活疫苗、减毒活疫苗、亚单位疫苗、多糖疫苗和多糖蛋白结合疫苗、联合疫苗、病毒载体疫苗、mRNA 疫苗、合成抗原表位肽疫苗（简称合成肽疫苗）等。疫苗目前尚无统一的分类方法，根据疫苗特性、生产和制备的技术方法，一般可以将其分为传统疫苗和新型疫苗两大类（图 5-1）。

- 病毒疫苗的类型
  - 传统疫苗
    - 灭活疫苗/死疫苗
      - 定义：经物理或化学方法灭活的病毒疫苗
      - 举例：狂犬病疫苗
    - 天然亚单位疫苗
      - 定义：提取的病原体免疫原性成分
      - 举例：血源性乙型肝炎疫苗
    - 减毒活疫苗
      - 定义：减毒或无毒活病毒株
      - 举例：脊髓灰质炎减毒活疫苗
  - 新型疫苗
    - 基因工程亚单位疫苗
      - 定义：用基因重组及表达技术制备的病毒蛋白亚单位
      - 举例：重组乙型肝炎疫苗、HPV疫苗
    - 重组载体疫苗
      - 重组病毒载体疫苗
        - 定义：携带保护性抗原基因的病毒载体
        - 举例：重组新冠腺病毒载体疫苗Ad5-nCoV
      - 重组活病原体疫苗：重组沙门菌菌毛载体疫苗（研究中）
    - 核酸疫苗
      - RNA疫苗
        - 定义：直接导入细胞的编码抗原蛋白的外源RNA
        - 举例：mRNA疫苗，如COVID-19 mRNA疫苗
      - DNA疫苗：编码病原体抗原的DNA片段（研究中）
    - 合成肽疫苗
      - 定义：化学合成的小肽分子
      - 举例：兽用口蹄疫疫苗

图 5-1　病毒疫苗的类型及举例

（一）传统疫苗

传统疫苗是指采用病原微生物及其天然成分，经过灭活或者减毒制备而成的疫苗，主要包括灭活疫苗、天然亚单位疫苗和减毒活疫苗。

1. 灭活疫苗（inactivated vaccine） 也称死疫苗（killed vaccine），是选用具有致病力、免疫原性强、遗传稳定性良好的病原微生物，经人工培养获得大量它们后，再利用物理或者化学方法将其灭活而制成的可预防传染病的生物制剂。通过灭活，可以使原先具有致病力的微生物失去感染性和毒性，不再能引起传染病，但其仍然能保持该病原微生物的免疫原性，并且能够引起人体的免疫系统产生抗病原体的免疫应答产物（抗体或致敏的淋巴细胞），从而能够预防传染病的发生。常用的灭活疫苗有狂犬病疫苗、甲型肝炎疫苗、肾综合征出血热疫苗、森林脑炎疫苗、脊髓灰质炎灭活疫苗和流感灭活疫苗等。

此外，在灭活病毒的基础上，进一步将病毒进行破碎裂解，使其中的抗原成分可以完全释放以与人体免疫系统全面接触，引起更加全面而有效的免疫应答，这类疫苗称为病毒裂解疫苗。有些裂解疫苗还在此基础上，去除可能有害并且对诱导机体免疫应答无益的成分，从而增强安全性和有效性。总体而言，病毒裂解疫苗属于灭活疫苗的范畴。

灭活疫苗的优点是容易进行研发和制备，可以利用目前的疫苗生产条件和技术进行快速研发及生产，而且具有良好的稳定性，易于保存和运输，只需要在2～8℃冷藏条件下即可保存1年以上。同时，灭活疫苗的使用历史很长，人们具有丰富的经验，具有很好的安全性和有效性。但是，灭活疫苗的免疫原性较弱，需要较大剂量和多次免疫接种，有时还需要使用佐剂，以增强其免疫接种的保护效果。

2. 天然亚单位疫苗 是对病原体的免疫原性成分进行提取、加工和处理制备而成的疫苗。天然亚单位疫苗不含病原体的致病性或者毒性成分，但可以保留病原体引起人体免疫系统产生保护性免疫效应的抗原物质，包括病原体的多糖、蛋白质或者糖蛋白成分。其作用原理和主要性质与灭活疫苗相类似。

细菌外毒素经甲醛处理后制备的类毒素（如破伤风类毒素、白喉类毒素等）是常用的天然亚单位疫苗。

病毒的天然亚单位疫苗品种比较少。20世纪90年代，中国曾使用血源性乙型肝炎疫苗预防乙型肝炎，这种疫苗是利用从HBV感染者的血浆中提取的乙型肝炎表面抗原（hepatitis B surface antigen，HbsAg）制备的。由于血源性疫苗存在一定的安全性风险，以及血浆来源的限制，从2000年起已停用血源性乙型肝炎疫苗，改用乙型肝炎基因工程亚单位疫苗。

3. 减毒活疫苗（attenuated vaccine） 是采用人工培养技术，诱导或人工选择培养具致病性和毒性变异的菌株（如ts株）等方法，将致病性较强的野生型毒株变为减毒或无毒的微生物株，或者用从自然界直接筛选培养的弱毒或无毒株微生物制备而成的疫苗。减毒活疫苗仍然具有复制能力，但明显减弱或者丧失了对宿主的致病性，不能在免疫功能正常的宿主体内造成显著性的感染和扩散，故也称活疫苗（live vaccine）。接种减毒活疫苗能够引起人体产生有效预防传染病的保护性免疫应答，但一般不会引起传染病的症状。目前常用的病毒性减毒活疫苗主要有脊髓灰质炎减毒活疫苗、麻疹减毒活疫苗、流行性腮腺炎减毒活疫苗、风疹

拓展阅读 5-1

糖丸爷爷：顾方舟教授

减毒活疫苗、水痘减毒活疫苗、轮状病毒减毒活疫苗、乙型脑炎减毒活疫苗等。

与灭活疫苗必须通过注射的方式进行接种不同，减毒活疫苗除了可以注射接种，还可以口服、鼻喷等自然感染的方式经过消化道或者呼吸道黏膜免疫接种，可以引起 IgG 介导的抗体应答，也能诱导 sIgA 介导的黏膜局部保护性免疫。减毒活疫苗的免疫保护效果相对较好，需要的接种剂量和接种次数均比灭活疫苗少，免疫保护效果维持的时间相对较长。减毒活疫苗的主要缺点是，需要在保存和运输时进行冷藏，以免其失活而丧失免疫原性。同时，减毒活疫苗株存在着毒力回复的风险，具有一定的潜在致病性，减毒活疫苗在正常健康人中一般不会引发较严重的感染，但免疫功能低下、孕妇及具有特应性体质的人群不宜接种减毒活疫苗。

灭活疫苗与减毒活疫苗的主要特点及应用比较见表 5-1。

表 5-1　灭活疫苗与减毒活疫苗的主要特点及应用比较

特点及应用	灭活疫苗	减毒活疫苗
制剂成分	被灭活病原微生物或者其组成成分	无毒或减毒的病原微生物活体
接种方式	局部注射	以注射、口服、鼻喷等模拟自然感染途径
接种剂量及次数	需要量较大，需要较多次数接种	需要接种量较少，接种次数少
免疫水平维持时间	较短，可维持数月到 1 年	可维持 3～5 年或更长久
应答抗体的类型	IgG	IgG、sIgA
适用范围	比较广泛	有一定的限制，如免疫功能低下人群不宜接种
保存	易保存，在 4℃冷藏条件下，有效期可达 1 年左右	较困难，在 4℃条件下保存数周后就可能失效；长期保存需要冷冻干燥

（二）新型疫苗

新型疫苗主要指采用基因工程技术及生物化学合成等现代生物技术生产和制备的疫苗，主要包括基因工程亚单位疫苗、重组载体疫苗、核酸疫苗及合成肽疫苗等。

1. 基因工程亚单位疫苗（genetic engineering subunit vaccine）　也称为重组蛋白疫苗（图 5-1），是采用基因重组表达技术，将可编码病原体保护性免疫抗原表位的基因插入到表达载体中，在原核（如大肠埃希菌）或真核（如酵母菌）表达系统中进行表达，再经过纯化制备而成的病原体重组亚单位蛋白疫苗。由于产能及安全性的原因，基因工程亚单位疫苗已成为目前病毒疫苗的重要来源之一。常用的基因工程亚单位疫苗主要有重组乙型肝炎疫苗、人乳头瘤病毒（HPV）疫苗等。该疫苗的主要优点是：安全性好，疫苗中只含有病原体的保护性抗原而没有其他致病或者毒性物质；同时，无需大量培养病原体，在无生物安全等级要求的情况下能利用体外表达系统生产，便于大批量、安全可控及规模化地生产；此外，基因工程亚单位疫苗与天然亚单位疫苗的免疫原性相当，可以引起比较强的免疫应答反应。

2. 重组载体疫苗（recombinant vector vaccine）　是指利用某些对人类无致病性的微生物作为载体，将编码病原体中保护性抗原或抗原表位的基因携带进入人体，引起人体产生保护性免疫应答的一种新型疫苗。根据使用的载体不同，重组载体疫苗又分为以下两种。

（1）*重组病毒载体疫苗*（recombinant viral vector vaccine）　已经在流感疫苗、埃博拉病毒疫苗和 COVID-19 疫苗的研发、制备和应用中取得了成功。重组病毒载体疫苗包括复制型载体疫苗和非复制型（即复制缺陷型）载体疫苗两大类型。为了保证疫苗的安全性，实际工作中以复制缺陷的工程化重组病毒载体疫苗较为多见。目前，可应用于重组载体疫苗开发的病毒载体主要有双链 DNA 病毒载体（如腺病毒、痘病毒、疱疹病毒等）、单链 DNA 病毒载体（如腺相关病毒等）、包膜正单链 RNA 病毒载体（如黄病毒等）、包膜负单链 RNA 病毒载体（如流感病毒、麻疹病毒和水疱性口炎病毒等），以及逆转录病毒载体和慢（发）病毒载体等。

重组病毒载体疫苗具有很好的遗传可塑性，便于快速研发和制备疫苗，还能诱导人体产生较高水平的特异性免疫应答，包括抗体介导的体液免疫应答和 T 细胞介导的细胞免疫应答。但在曾经感染过“载体”病毒的宿主体内可能会存在着能中和这种病毒载体的抗体（即“预存抗体”），故因对载体产生中和作用而降低疫苗的免疫效果。

（2）*重组活病原体疫苗*（recombinant live pathogen vaccine）　如重组沙门菌菌毛载体疫苗。此外，以其他微生物为载体的重组也在研发的过程中。

3. 核酸疫苗（nucleic acid vaccine）　是采用基因工程技术，把编码某种病原体抗原或者表位的外源基因物质（DNA 或 RNA）直接导入人体细胞内，使其在人体细胞内表达，并诱导免疫系统对其产生特异性免疫应答，从而实现预防和治疗疾病目的的疫苗。核酸疫苗的设计具有很大的灵活性，便于快速设计、研发和制备疫苗。核酸疫苗可以分为 RNA 疫苗（主要为 mRNA 疫苗）和 DNA 疫苗两大类（图 5-2）。

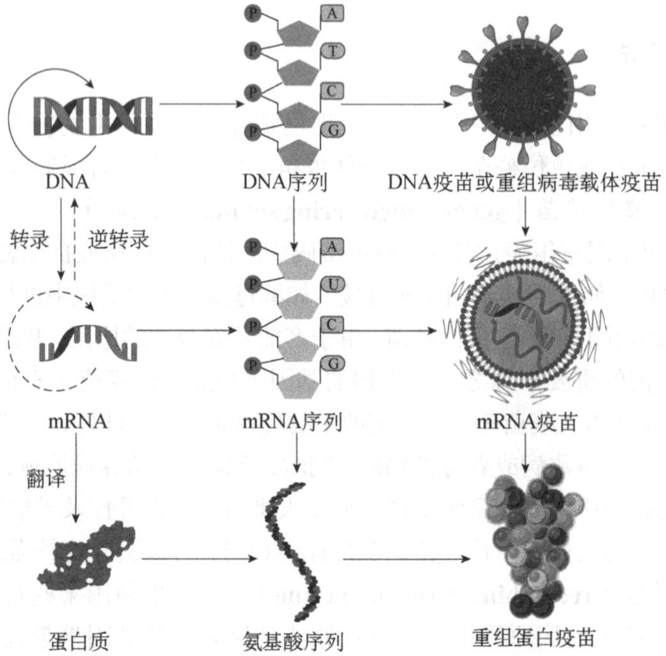

图 5-2　核酸疫苗与重组蛋白疫苗模式图

（1）RNA 疫苗　是在体外合成制备的能够编码病原体保护性抗原或抗原表位的 mRNA 序列。COVID-19 mRNA 疫苗是首个获批用于预防传染病的 mRNA 疫苗。

1）RNA 疫苗的特点：①一般需要具有真核细胞 mRNA 的结构，包括 5′帽结构（5′cap structure）、5′UTR、ORF、3′UTR 和 poly(A)尾，这样可以提高 mRNA 的稳定性和表达效率。②需要对 mRNA 中的核苷酸进行修饰，目前常用的是将尿苷修饰为假尿苷，这样可延长其在细胞内的半衰期,同时可减少人体细胞对外源性 mRNA 序列产生的炎症反应,如降低 TLR 等细胞质中模式识别受体（PRR）感受器对 RNA 疫苗的识别和应答。③需要合适的递送系统，为了能够使 RNA 疫苗顺利进入人体细胞，在 RNA 疫苗中还要使用纳米脂质体等作为载体，将 RNA 疫苗递送入细胞内。

2）RNA 疫苗的优点：RNA 疫苗只编码病毒的保护性抗原或者抗原表位，不会对人体造成感染风险，设计灵活，方便进行快速研发，能够进入人体细胞表达病毒的保护性抗原引发的免疫应答比较强，制备成本低，无需生物安全生产车间，可快速大量生产。美国科学家卡里科（Katalin Kariko）和韦斯曼（Drew Weissman）在核苷碱基修饰方面做出了突出贡献，获得了 2023 年诺贝尔生理学或医学奖。该工作为 COVID-19 mRNA 疫苗的开发和应用奠定了重要基础。

3）RNA 疫苗的不足：作为一种完全创新性的疫苗，mRNA 也存在着一些问题，如其保存和运输条件要求高（往往需要深低温），远期安全性还有待进一步观察等。

（2）DNA 疫苗　是指包含编码病原体特定抗原或者表位基因的 DNA 片段或者携带编码病原体抗原或者抗原表位的真核表达质粒。通过肌肉注射等方式，将 DNA 疫苗注入人体，通过组织细胞及抗原提呈细胞的摄取并在这些细胞中表达出其编码的病原体抗原或者表位，被人体 T、B 细胞识别后，刺激机体产生抗体介导的体液免疫应答和淋巴细胞介导的细胞免疫应答，从而预防病毒等病原体的感染及其引发的传染病。DNA 疫苗可能存在的风险有：①整合到人体基因组而活化癌基因，引发癌症的潜在风险；②有刺激人体产生抗核抗体（anti-nuclear antibody）导致自身免疫病的可能。由于对 DNA 疫苗安全性问题的谨慎关注，目前尚无 DNA 疫苗被正式批准用于人类传染病的防治。

4. 合成肽疫苗（synthetic peptide vaccine）　是在体外按天然病原体抗原或者表位的氨基酸顺序，完全通过化学合成方法制备的能够引起人体产生保护性免疫应答的小肽分子。这种合成肽疫苗的免疫原性较弱，需要与适当的载体和佐剂联合使用。合成肽疫苗可用于预防传染病，如兽用口蹄疫疫苗，也在被用于人类肿瘤治疗性疫苗的研发，但人用合成肽疫苗还尚未上市。合成肽疫苗的优势在于无病原致病物质、无疫苗回复突变的可能、无潜在致癌作用等，但其稳定性较差和免疫原性较低是限制其应用的主要问题。

此外，根据预防的病毒种类不同，疫苗还可以分为：①单价疫苗，针对单一种类的病毒，如乙型肝炎疫苗。②多价疫苗，针对同一种病毒的不同型别，如四价 HPV 疫苗和九价 HPV 疫苗，以预防不同亚型的人类乳头瘤病毒感染。③联合疫苗，组合多种病毒抗原，如麻疹-流行性腮腺炎-风疹疫苗（measles-mumps-rubella vaccine，MMR），以预防麻疹、流行性腮腺炎和风疹。

多价疫苗和联合疫苗通过减少注射次数，提升疫苗覆盖率和接种率，能实现有效预防多种病毒性疾病。

三、免疫规划

我国的国家免疫规划项目（National Immunization Program）是指由政府主导的，通过财政资金、技术支持、物资保障等手段而实施的针对特定人群的免疫接种计划项目。1978 年，我国开始全面实施计划免疫接种，主要内容为 4 苗预防 6 种感染性疾病。2002 年，乙型肝炎疫苗被纳入国家免疫规划项目。2007 年，我国扩大国家免疫规划项目，实现了接种 14 种疫苗预防 15 种感染性疾病。2021 年版《国家免疫规划疫苗儿童免疫程序及说明》中，详细列出了国家免疫规划疫苗儿童免疫程序表。而且，我国还在”些传染病的重点流行地区，对重点人群进行流行性出血热疫苗、炭疽疫苗和钩端螺旋体病疫苗等的预防接种。

国家免疫规划项目的实施让我国在提高人民健康和预防重大传染病方面取得了巨大的成就，很多曾经严重威胁我国人民健康甚至生命的严重传染病已经被控制或者消灭了，为提高我国人民的平均预期寿命发挥了重要的推动作用。通过预防接种疫苗，提高了人群的疫苗免疫接种覆盖率，我国在 20 世纪 60 年代初消灭了天花，2000 年实现了无脊髓灰质炎的目标，避免了脊髓灰质炎病毒野生型毒株感染引起的死亡和运动残疾的发生，同时显著降低了乙型肝炎病毒感染后造成的肝炎、肝硬化和肝癌等疾病的发病率。世界卫生组织（WHO）提出了到 2030 年消除乙型肝炎作为重大公共卫生威胁的目标。

第二节　人工被动免疫

人工被动免疫（artificial passive immunity）是将含有特异性抗体的免疫血清或细胞因子等免疫分子或者免疫应答效应细胞（如淋巴细胞等）的制剂注入人体，使人体立即获得抗病原体感染能力，从而用于紧急预防或者治疗感染性疾病（如破伤风、白喉、气性坏疽、甲型肝炎等）的措施。通过人工被动免疫方式获得抗感染免疫力不需要宿主免疫系统的活化和应答，因此可以快速发挥作用，但也会随着注入体内的抗体及细胞因子等免疫物质的降解而逐渐消失，因此免疫保护维持的时间相对比较短（约 1 个月），只能用于传染病的紧急预防或治疗。人工主动免疫与人工被动免疫的区别见表 5-2。

表 5-2　人工主动免疫与人工被动免疫的比较

区别点	人工主动免疫	人工被动免疫
免疫物质	疫苗（抗原）	抗体或细胞因子等（免疫应答效应产物）
免疫保护产生的时间	较慢，注射后数天至数周	很快，注射后立即出现
免疫保护维持的时间	较长，数月至数年	很短，约 1 个月
主要应用场景	预防	紧急预防或治疗

一、抗体制剂

（一）抗病毒血清

抗病毒血清（antiviral serum）是从某种病毒近期感染后康复者或者该病疫苗近期接种者的血液中提取制备的抗血清。抗病毒血清（也包括康复者血浆等）可用于治疗病毒感染引发的重症和危重病例或高致病性病毒的感染。例如，在1918～1920年流感大流行期间，曾使用了恢复期患者血浆用于流感的治疗。迄今为止，人们已经在麻疹、流感、人感染H5N1禽流感、埃博拉出血热、严重急性呼吸综合征（SARS）及COVID-19患者中使用过来自康复者的特异性免疫血浆制品或者抗病毒血清，用于临床救治危重患者，取得了一定的效果。

（二）免疫球蛋白

免疫球蛋白（immunoglobulin）主要包括人血清丙种球蛋白（serum gamma globulin）和胎盘丙种球蛋白（placental gamma globulin）两种制剂。前者是从健康成人血清中提取制备的；后者是从健康产妇的胎盘及其脐带血液中提取、纯化制备而成的，主要含有大量抗体的丙种球蛋白。成年人经历过多种病原微生物的隐性感染、显性感染或疫苗接种，故血清或胎盘中含有相应的针对病原微生物的特异性抗体。鉴于这类制剂不是专门针对某一种致病微生物的特异性抗体，一般免疫效果弱于特异性IgG。其主要被用于某些病毒性疾病（如麻疹、甲型肝炎等）的紧急预防及严重烧伤患者细菌感染的预防；也可用于治疗丙种球蛋白缺乏症患者，或者经长期化疗或放疗的肿瘤患者。此外，目前还有专门针对某一特定病原微生物的高效价的特异性免疫球蛋白，如乙型肝炎免疫球蛋白（hepatitis B immunoglobulin，HBIG）、狂犬病免疫球蛋白（rabies immunoglobulin，RIG）、水痘-带状疱疹免疫球蛋白（varicella-zoster immunoglobulin，VZ Ig）。

二、其他被动免疫制剂

细胞因子和细胞免疫制剂（cellular immune preparation）也是人工被动免疫中可应用的生物制品。

（一）细胞因子

单核/巨噬细胞可分泌α、β或γ干扰素（IFN-α、IFN-β、IFN-γ）、白细胞介素（IL-2、IL-6、IL-12等）及肿瘤坏死因子（TNF）等多种细胞因子，具有强大的抗病毒感染作用，可以用于病毒感染性疾病及某些恶性肿瘤的治疗。但目前在临床中使用的细胞因子，多为通过基因工程技术制备的重组人细胞因子。

（二）细胞免疫制剂

向患者体内输注抗病毒的免疫效应细胞也被用于治疗病毒感染性疾病的研究中，但由于相应的机制比较复杂，目前还多处于临床前或临床试验阶段。

小结

利用主动免疫或者被动免疫可以使人体获得抗病毒免疫，从而预防病毒感染性疾病。人工主动免疫又称预防接种，主要通过接种疫苗实现。根据制备的技术，可将疫苗分为两类：传统疫苗（如灭活疫苗和减毒活疫苗）及新型疫苗（如基因工程亚单位疫苗、重组载体疫苗、核酸疫苗和合成肽疫苗）。人工被动免疫则通过输注抗体、免疫球蛋白或细胞因子等免疫效应产物来预防病毒感染性疾病。为了预防重大病毒性传染病的流行，我国实施了疫苗接种的国家免疫规划项目。

复习思考题

1. 简述疫苗的概念及其作用原理。
2. 简述基因工程亚单位疫苗的原理及其应用。
3. 列表比较人工主动免疫与人工被动免疫的异同点。

（王月丹）

第六章　病毒感染的治疗

本章要点

1. 小分子抗病毒药物包括化合物、小肽和寡核苷酸，其作用机制主要是靶向病毒生活周期的关键环节。
2. 大分子抗病毒药物主要为抗体和干扰素，其作用机制主要是增强抗病毒免疫作用。
3. 一个病毒群体中耐药突变病毒的出现取决于病毒的突变率、病毒群体的预先存在规模、病毒复制的程度、耐药所需的突变数量及耐药突变病毒的适应性。

有效的公共卫生措施和疫苗是控制病毒性疾病最有效的方法，在控制一些严重威胁人类的病毒性疾病（病毒病）中已取得令人瞩目的成就。目前，还有一些病毒性疾病尚缺乏疫苗。因此，在加强疫苗研究开发的同时，研究和使用抗病毒药物也是治疗和控制病毒病的重要手段。

抗病毒药物可分为两类：一类为小分子抗病毒药物，包括化合物、小肽和寡核苷酸，大多数此类药物的作用机制是直接抗病毒作用，即靶向病毒生活周期的某个环节，但也有少数药物主要行使免疫调节的作用；另一类为大分子抗病毒药物，如抗体和干扰素，这类药物的作用机制主要针对抗病毒免疫环节。表 6-1 中所示为已批准上市的部分代表性抗病毒药物。

表 6-1　已批准上市的部分代表性抗病毒药物

药物种类	代表性药物	针对病毒
病毒进入抑制剂	福替沙韦、马拉维若、恩夫韦肽	HIV-1
	布来韦肽	HDV
脱壳抑制剂	金刚烷胺、金刚乙胺	IAV
核苷类聚合酶抑制剂	阿昔洛韦、伐昔洛韦	HSV、VZV
	更昔洛韦、缬更昔洛韦	HCMV
	膦甲酸	HCMV、HSV

续表

药物种类	代表性药物	针对病毒
核苷类聚合酶抑制剂	齐多夫定、拉米夫定、恩曲他滨、替诺福韦等	HIV-1
	恩替卡韦、替诺福韦、替比夫定、阿德福韦、拉米夫定	HBV
	索非布韦	HCV
	莫努匹拉韦	SARS-CoV-2
	利巴韦林（病毒唑）	HCV、HEV、RSV
非核苷类聚合酶抑制剂	依法韦仑、奈韦拉平、依曲韦林、利匹韦林等	HIV-1
蛋白酶抑制剂	波普瑞韦、特拉匹韦、司美匹韦、帕利瑞韦、格卡瑞韦、伏西瑞韦	HCV
	沙奎那韦、茚地那韦、利托那韦、奈非那韦、洛匹那韦、阿扎那韦、达芦那韦等	HIV-1
	奈玛特韦/利托那韦	SARS-CoV-2
整合酶抑制剂	雷替拉韦、埃替拉韦、多鲁替拉韦等	HIV-1
病毒组装释放抑制剂	扎那米韦、奥司他韦	IAV、IBV
	来替莫韦、马立巴韦	HCMV
	特考韦瑞	痘病毒
PA 抑制剂	巴洛沙韦酸	IAV、IBV
NS5A 抑制剂	维帕他韦、来迪派韦、达拉他韦	HCV
衣壳抑制剂	来那卡帕韦	HIV-1
免疫调节药物	咪喹莫特	HPV
	干扰素 α	HBV、HCV、HPV 等
抗体	单克隆抗体药物	RSV、SARS-CoV-2
免疫血清	免疫球蛋白	HAV、HBV

注：HAV. 甲型肝炎病毒；HBV. 乙型肝炎病毒；HCMV. 人巨细胞病毒；HCV. 丙型肝炎病毒；HDV. 丁型肝炎病毒；HEV. 戊型肝炎病毒；HIV-1. 人类免疫缺陷病毒 1 型；HPV. 人乳头瘤病毒；HSV. 单纯疱疹病毒；IAV. 甲型流感病毒；IBV. 乙型流感病毒；RSV. 呼吸道合胞病毒；SARS-CoV-2. 严重急性呼吸综合征冠状病毒 2；VZV. 水痘-带状疱疹病毒；PA. 聚合酶酸性亚基；NS5A. 非结构蛋白 5A

第一节　抗病毒小分子药物

病毒的复制周期包括吸附和穿入（进入阶段）、脱壳、生物合成（基因表达和基因组复制）、组装、成熟及释放。靶向病毒复制周期极早期阶段（如进入）或极晚期阶段（如组装、成熟及释放）的药物，其优点是有些药物不必进入细胞就能发挥活性。作用于病毒复制周期其他阶段的药物通常是靶向特定的病毒蛋白，特别是病毒酶，这是目前抗病毒药物的主要作用靶点。靶向病毒复制周期不同阶段的抗病毒药物作用机制如图 6-1 所示。

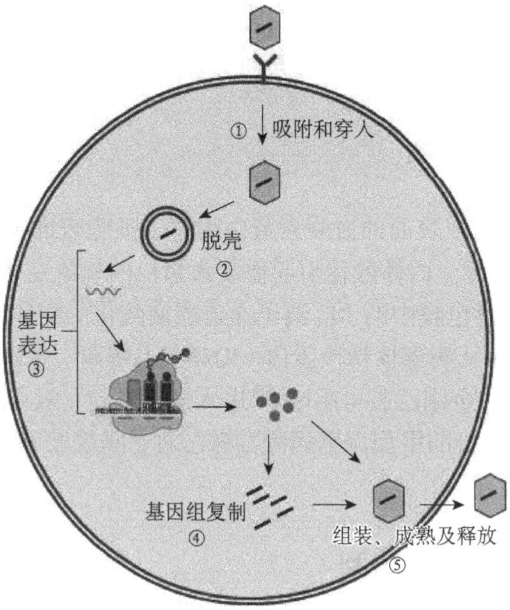

图 6-1　抗病毒药物作用机制示意图

抗病毒药物靶向病毒生命周期不同阶段：①进入抑制剂；②脱壳抑制剂（离子通道抑制剂）；③基因表达抑制剂（RNA 聚合酶抑制剂、蛋白酶抑制剂）；④基因组复制抑制剂（聚合酶抑制剂、整合酶抑制剂、衣壳组装抑制剂、NS5A 抑制剂等）；⑤组装抑制剂/释放抑制剂（蛋白激酶抑制剂、神经氨酸酶抑制剂、蛋白酶抑制剂等）

一、病毒进入的抑制剂

抑制病毒进入的药物可以靶向病毒蛋白或宿主蛋白。目前批准的此类药物包括福替沙韦（fostemsavir）、马拉维若（maraviroc）和恩夫韦肽（enfuvirtide）三种抗 HIV 药物，以及一种抗丁型肝炎病毒（HDV）的药物布来韦肽（bulevirtide）。其中马拉维若和布来韦肽靶向宿主蛋白。本部分以马拉维若和恩夫韦肽为例说明其抗病毒作用机制。

（一）马拉维若

CCR5 是 R5 型病毒的辅助受体/共受体。HIV-1 感染早期阶段占优势和易传播的是利用 CCR5 作为辅助受体/共受体的 HIV-1，称为 R5 型病毒。马拉维若为一种小分子化合物，能特异地与 CCR5 结合，抑制 CCR5 的变构及与病毒 gp120 的结合，从而抑制 R5 型病毒与 CCR5 的结合，阻断病毒的进入。马拉维若可与其他抗 HIV 药物联合用于治疗 HIV R5 型感染的患者。

（二）恩夫韦肽

当 HIV 与受体 CD4 分子和共受体结合后，引发构象变化，暴露出插入宿主细胞膜的 gp41 和螺旋卷曲的七肽重复区（HR-1 和 HR-2）。gp41 三聚体重排使得 HR-1 和 HR-2 相互结合，重折叠形成六螺旋束，最终使病毒颗粒包膜和细胞膜靠近而发生膜融合。恩夫韦肽为人工合成的由 36 个氨基酸组成的线性多肽。恩夫韦肽模拟 HR-2，与 HR-1 结合阻止重折叠而阻止膜融合。HR-1 中的恩夫韦肽耐药突变会削弱恩夫韦肽与 HR-1 的结合。

二、病毒脱壳的抑制剂

甲型流感病毒通过其包膜表面的血凝素蛋白附着于细胞表面糖蛋白上的唾液酸（sialic acid，SA），进而被细胞内吞。内体酸化引起血凝素蛋白的构象变化，促使病毒包膜与内体膜的融合而引发脱壳。病毒包膜中的 M2 离子通道能使酸化的内体中的 H^+进入病毒颗粒。低 pH 可促进基质蛋白 M1 从病毒核糖核蛋白（RNP）上解离。金刚烷胺或金刚乙胺为小分子有机化合物。金刚烷胺或金刚乙胺可阻断 H^+进入病毒颗粒，阻止基质蛋白 M1 从 RNP 解离而抑制脱壳。由于目前流行的甲型流感病毒毒株已对金刚烷胺和金刚乙胺出现耐药性，这两个药物已不被建议使用。

三、病毒基因表达的抑制剂

病毒基因表达不仅需要将病毒基因组转录成 mRNA 并翻译为蛋白质，还包括各种加工事件，如病毒 mRNA 的 5′端加帽、剪接和 3′端聚腺苷酸化。对于有些病毒来说，还需要将翻译产生的前体多蛋白（polyprotein）切割成多个病毒蛋白。这一过程中起关键作用的病毒蛋白（酶）是抗病毒药物作用的有效靶点。

（一）流感病毒mRNA转录的抑制剂

流感病毒依赖于 RNA 的 RNA 聚合酶（RdRp）是由 PB1、PB2 和 PA 组成的异源三聚体。在受染细胞核中，RdRp 负责转录产生病毒 mRNA。病毒采用“抢帽”机制获得合成其 mRNA 的引物，具体包括：PB2 识别宿主 mRNA 后，由 PA 的帽依赖性内切酶（cap-dependent endonuclease，CEN）切割细胞 mRNA 的 5′帽 10～13 个核苷酸。该片段被利用作为合成病毒 mRNA 的引物，被 PB1 以模板依赖性方式延伸并产生病毒 mRNA。巴洛沙韦酸（baloxavir acid，BXA）是甲型流感病毒和乙型流感病毒 PA 的 CEN 发挥功能的抑制剂，因此可阻止流感病毒的转录。PA 异亮氨酸 38 位突变可能是流感病毒对 BXA 耐药的重要机制。

（二）蛋白酶抑制剂

将病毒前体多蛋白水解成单个蛋白质是正链 RNA 病毒和逆转录病毒等基因表达的重要步骤，这一过程均需要病毒蛋白酶参与完成。

1. 丙型肝炎病毒（HCV）蛋白酶抑制剂　HCV RNA 基因组进入细胞后翻译为约含 3000 个氨基酸残基的前体多蛋白。多蛋白被切割为功能蛋白质是由宿主细胞蛋白酶和病毒编码的两种蛋白酶——非结构蛋白 2（nonstructural protein 2，NS2）和非结构蛋白 3（NS3）完成的。NS3 执行切割功能还需要辅因子非结构蛋白 NS4A 参与。HCV 蛋白酶抑制剂的作用机制是靶向 NS3/4A 蛋白。第一代抑制剂波普瑞韦（boceprevir）和特拉匹韦（telaprevir）是首批获批用于治疗 HCV 的两种直接抗病毒药物（direct-acting antiviral agent，DAA），显著提高了持续病毒学应答（治愈）率并缩短了治疗时间。第二代抑制剂司美匹韦（simeprevir）和帕利瑞韦（paritaprevir）为一种大环化合物，药效、细胞和生物利用度均比第一代药物显著提高。第三代抑制剂如格卡瑞韦（glecaprevir）和伏西瑞韦（voxilaprevir）针对前两代抑制剂的耐药突变体和 HCV 基因 3 型的药效显著改善，已获批用作治疗所有 HCV 基因型的口服联合用药方案的组分。

拓展阅读 6-1

丙型肝炎病毒慢性感染的治疗药物

2. SARS-CoV-2 蛋白酶抑制剂 SARS-CoV-2 进入细胞后，其约 30kb 的 RNA 基因组 ORF1a 或 ORF1ab 直接翻译生成多蛋白 pp1a 和 pp1ab，并被其中的木瓜蛋白酶样蛋白酶（PL^{pro}）和 3C 样蛋白酶（3CL^{pro}）[或称为主蛋白酶（M^{pro}）]自切割成 16 种非结构蛋白（NSP）。奈玛特韦（nirmatrelvir）是 M^{pro} 的共价可逆四肽抑制剂，具有高度选择性。但奈玛特韦在肝内易被肝酶 CYP3A4 降解，故其在体内的半衰期较短。HIV 蛋白酶抑制剂利托那韦能抑制肝酶 CYP3A4 活性，因此二者联合用药在临床上可实现有效抗 SARS-CoV-2 作用。

四、病毒基因组复制的抑制剂

最大的一类抗病毒药物是抑制病毒基因组复制的药物，最常见的是病毒聚合酶抑制剂。大多数病毒聚合酶抑制剂为核苷类似物，另一些是非核苷类抑制剂。一些核苷类似物模拟核苷单磷酸酯，因此可视为核苷酸类似物。此外，有些药物可抑制病毒复制周期中的特殊环节，如抑制 HIV 前病毒的整合，或抑制病毒复制所需的其他病毒蛋白，如 HCV 的 NS5A 等。

（一）核苷（酸）类聚合酶抑制剂

1. 疱疹病毒

（1）阿昔洛韦（acyclovir，ACV） 阿昔洛韦及其口服缬氨酸酯衍生物伐昔洛韦，用于治疗由单纯疱疹病毒（HSV）和水痘-带状疱疹病毒（VZV）引起的疾病。

ACV 由连接到无环糖样分子的鸟嘌呤碱基组成，该分子缺少脱氧核苷的 3′-羟基。在细胞内，ACV 被 HSV 或 VZV 的胸苷激酶（thymidine kinase，TK）选择性磷酸化，生成 ACV 单磷酸（ACV-MP）。宿主细胞蛋白激酶再依次将 ACV-MP 磷酸化为二磷酸（ACV-DP）和三磷酸（ACV-TP）形式。ACV-TP 在 HSV 或 VZV 的 DNA 聚合酶催化下与 dGTP 竞争，掺入延伸中的核酸链，并且病毒 DNA 聚合酶利用 ACV-TP 的效率远高于细胞 DNA 聚合酶。由于 ACV 不含 3′-羟基，因此病毒 DNA 聚合酶无法添加下一个 dNTP。ACV 的这种作用模式被称为专性链终止（图 6-2）。ACV 的耐药突变主要为 TK 突变，也可以发生在病毒聚合酶催化亚基，使聚合酶对药物不敏感。

（2）更昔洛韦（ganciclovir，GCV） 更昔洛韦是第一种被批准的抗人巨细胞病毒（HCMV）的药物。

HCMV 的 UL97 蛋白激酶在感染细胞中磷酸化 GCV，细胞激酶进而将 GCV 单磷酸（GCV-MP）转化为 GCV 三磷酸（GCV-TP）。与 ACV 不同，GCV 有 3′-羟基，因此 GCV-TP 不是专性链终止，而是掺入 GCV 及下一个核苷酸后，HCMV 的 DNA 聚合酶终止合成。这种终止称为延迟终止或非专性链终止。病毒 DNA 聚合酶的 3′→5′核酸外切酶（exonuclease，Exo）活性在其中起关键作用，Exo 在进一步链延伸之前将掺入的核苷酸去除，该过程不断反复（空转）。大多数 GCV 耐药突变发生于 UL97 蛋白激酶。此外，DNA 聚合酶的 Exo 活性丧失也可以造成 GCV 耐药。

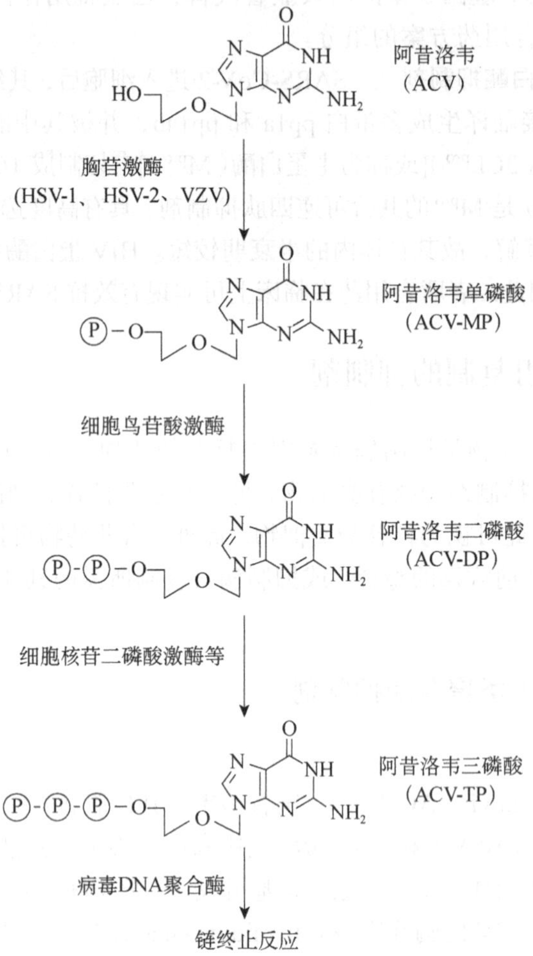

图 6-2　阿昔洛韦的抗病毒作用机制

2. 人类免疫缺陷病毒和乙型肝炎病毒　HIV 和 HBV 的聚合酶均为逆转录酶（RT），与细胞的 DNA 聚合酶差异明显，使得这类病毒聚合酶成为抗病毒药物的理想靶点。

（1）抗 HIV 核苷类似物　许多核苷类似物已被批准用于治疗 HIV 感染，这些药物发挥抗病毒作用均基于链终止机制。以齐多夫定（zidovudine，AZT）为例，说明这类抗病毒药物的作用原理。

齐多夫定（3′-叠氮胸苷）是一种胸腺嘧啶衍生物，其 3′-羟基位置被叠氮基取代。AZT 经细胞的激酶催化转化为三磷酸形式（AZT-TP）。在 HIV RT 合成病毒 DNA 的过程中，AZT-TP 被掺入核酸链中，释放焦磷酸（PPi）。该反应是可逆的，RT 也可以从核酸链末端切除 AZT-MP，将其与 PPi 结合，再生 AZT-TP。这一反向的切除修复机制也是大多数抗

HIV 核苷类似物发生耐药的机制。一些 AZT 耐药突变本身并不导致直接的耐药性，但它们可能通过补偿某些耐药突变造成的病毒适应性降低而有助于这些耐药突变被选择。AZT 在特定细胞中的毒性是一个重要的临床问题，特别是引起骨髓抑制，最常见的表现为中性粒细胞减少和贫血。

（2）抗 HBV 核苷类似物　抗 HBV 核苷类似物的作用机制与抗 HIV 核苷类似物相似。恩替卡韦和替诺福韦的强抗病毒效果和低耐药率使得这些药物成为治疗 HBV 慢性感染的首选药物。与 AZT 耐药性类似，需要多个突变才能赋予对恩替卡韦的耐药性。

3. RNA 病毒（逆转录病毒除外）

（1）利巴韦林（病毒唑）　利巴韦林可用于治疗严重呼吸道合胞病毒（RSV）感染。此外，利巴韦林与干扰素联合用药治疗慢性 HCV 感染，目前其抗 HCV 的用途已被更有效的直接抗病毒药物所取代。利巴韦林抗病毒的作用机制尚未明确。

（2）索非布韦（sofosbuvir）　三磷酸索非布韦是 HCV 依赖于 RNA 的 RNA 聚合酶（NS5B）的选择性抑制剂。其在掺入延伸的 RNA 链后，可发挥非专性链终止作用，阻断延伸。在细胞水平，索非布韦对不同 HCV 基因型表现出相似的活性。目前临床少见报道索非布韦的耐药性。

（二）非核苷类聚合酶抑制剂

针对 HIV 的非核苷类逆转录酶抑制剂（non-nucleoside reverse transcriptase inhibitor，NNRTI）具有高度特异性，可在低浓度下抑制 HIV-1 逆转录酶，但不会抑制人 DNA 聚合酶。NNRTI 结合 HIV-1 逆转录酶会导致酶构象变化，抑制或减缓逆转录酶将 dNTP 掺入到 DNA 中的速度。

（三）其他复制抑制剂

1. 膦甲酸（foscarnet，PFA）　膦甲酸是核苷酸聚合反应释放的产物——焦磷酸的类似物。膦甲酸可阻止正常的焦磷酸释放，使得聚合酶不能完成催化循环。静脉给药的膦甲酸钠用于治疗对一线药物耐药的疱疹病毒感染，如重症 HSV、VZV 和 HCMV 感染。

2. HIV 整合抑制剂　逆转录病毒复制周期的一个关键阶段是逆转录生成的线性双链 DNA 在病毒整合酶的催化下整合到宿主基因组中。整合酶抑制剂（又称为链转移抑制剂）雷替拉韦（raltegravir）等在低纳摩尔浓度下可抑制 HIV 复制。目前整合酶抑制剂是几种抗 HIV 联合治疗和预防性药物的主要成分。

3. 其他抑制剂　HCV NS5A 蛋白在 HCV 复制和组装中起重要作用。NS5A 抑制剂的抗病毒效果强且对所有 HCV 基因型有效，但耐药屏障较低，因此需与其他 DAA 联合使用。NS5A 抑制剂的确切作用机制尚不清楚。

来那卡帕韦（lenacapavir）可加速 HIV 衣壳蛋白 p24 的衣壳自组装，稳定 HIV 颗粒内的衣壳，可能削弱病毒 DNA、p24 和整合酶形成的复合物的入核，从而间接阻断整合。其须与其他抗逆转录病毒药物联用。

五、病毒组装、释放抑制剂

病毒颗粒组装和从细胞中释放是抗病毒药物的重要靶点。靶向此阶段的抗病毒药物包括抑制 HCMV 核衣壳形成和出核的马立巴韦（maribavir，该药为 UL97 蛋白激酶抑制剂，也抑制病毒 DNA 复制和基因表达）、抑制痘病毒颗粒糖蛋白组装的特考韦瑞、抑制 HIV 病毒颗粒成熟的蛋白酶抑制剂，以及抑制流感病毒从细胞表面释放的神经氨酸酶抑制剂（如扎那米韦、奥司他韦）。

（一）HIV 蛋白酶抑制剂

出芽的 HIV 需经过成熟过程才能形成具有细胞感染性的病毒，该过程中病毒的前体多蛋白经病毒的天冬氨酸蛋白酶的作用，裂解为功能性结构蛋白方能组装为成熟的病毒颗粒。蛋白酶抑制剂可以抑制病毒蛋白酶的活性，阻断前体多蛋白的裂解和病毒的成熟。

（二）流感病毒神经氨酸酶抑制剂

神经氨酸酶（neuraminidase，NA）是流感病毒颗粒表面的蛋白质。神经氨酸酶的功能是催化细胞表面糖蛋白唾液酸的水解，协助成熟的流感病毒脱离宿主细胞，在病毒扩散中起关键作用。流感病毒神经氨酸酶抑制剂能选择性地抑制神经氨酸酶的活性，阻止子代病毒颗粒从人体细胞释放。其代表性药物包括扎那米韦和奥司他韦。神经氨酸酶抑制剂应在出现症状的 48h 内使用。

第二节 抗病毒免疫治疗

相对直接抗病毒作用的药物，通过免疫机制行使抗病毒作用的药物种类较少，主要包括激活抗病毒固有免疫的药物和抗病毒抗体药物。

一、激活抗病毒固有免疫的药物

目前批准用于治疗病毒感染的固有免疫调节药物主要有咪喹莫特（imiquimod）和Ⅰ型干扰素（type Ⅰ interferon，Ⅰ型 IFN）两种。咪喹莫特是 Toll 样受体 7（TLR-7）的小分子激动剂，可诱导干扰素和细胞因子的生成，主要用于治疗人乳头瘤病毒引起的外生殖器和肛周的尖锐湿疣。Ⅰ型 IFN 可用于治疗多种病毒感染，如慢性乙型肝炎、慢性丙型肝炎、人乳头瘤病毒引起的尖锐湿疣和由卡波西肉瘤相关疱疹病毒引起的卡波西肉瘤等。干扰素主要通过诱导抗病毒效应分子，刺激受感染的细胞和附近的细胞产生细胞因子来启动抗病毒感染的信号级联途径，帮助细胞抵抗病毒感染。使用干扰素可能出现一些副作用，主要为流感样症状，包括头痛、发热、寒冷和恶心，还会导致皮疹、疲劳、脱发、自身免疫反应、食欲不振和勃起功能障碍等。

二、抗病毒抗体药物

抗病毒抗体药物通过中和病毒的感染和（或）清除游离病毒来保护细胞。其主要包括单克隆抗体药物和免疫球蛋白。前者如针对人呼吸道合胞病毒、埃博拉病毒及新型冠状病毒感染的单克隆抗体；后者通常是专门针对某一特定病毒的高效价的特异性免疫球蛋白，如乙型肝炎免疫球蛋白（hepatitis B immunoglobulin，HBIG）、狂犬病免疫球蛋白（rabies immunoglobulin，RIG）、水痘-带状疱疹免疫球蛋白（varicella-zoster immunoglobulin，VZ Ig），用于被动免疫紧急预防相关的疾病。

第三节　其他抗病毒药物

一、基因治疗

近年来，抗病毒的基因治疗成为抗病毒药物和技术的研究前沿之一，主要包括小核酸药物和基因编辑，相关药物多处于临床前研究和临床试验阶段。

1. 小核酸药物　小核酸药物是长度较短、碱基小于 30nt 的一类新型药物，包括反义核酸（ASO）、核酶（ribozyme）、干扰小 RNA（siRNA）等。

1）反义核酸是合成的与病毒基因组序列互补的寡核苷酸（反义 DNA 和反义 RNA）。将其导入病毒感染的细胞中，通过与病毒基因组的相应序列互补结合，抑制病毒的基因表达和复制。临床上首个获批的反义核酸药物是用于治疗巨细胞病毒性视网膜炎的人巨细胞病毒反义 DNA（福米韦生）。

2）核酶能通过序列互补方式特异地识别病毒的靶 RNA，并在特定位点切割靶 RNA，从而抑制病毒复制。

3）干扰小 RNA 通常是长度小于 26 个核苷酸的小 RNA，可通过结合具有互补序列的病毒 mRNA，使其降解而抑制病毒的基因表达和复制。

2. 基因编辑　基因编辑目前的探索主要集中于 HIV 的治愈。利用 CRISPR/Cas9 系统等基因编辑技术，通过修改病毒感染所需的辅助受体 CCR5，或将整合的 HIV-1 基因组从细胞染色质中切除，从而彻底治愈 HIV-1 感染。

二、中草药治疗

多种中草药具有抗病毒作用，如黄芪、连翘、板蓝根、甘草、茵陈、大青叶、苍术等对呼吸道病毒、虫媒病毒、肠道病毒、肝炎病毒等感染有一定的治疗作用，其机制复杂，有待进一步探究。

第四节 病毒耐药性

病毒耐药性的形成是一个复杂的过程，受到多个因素的影响。以下是影响某个病毒群体中耐药突变病毒出现的几个关键因素。

一、病毒的突变率

病毒的突变率越高，耐药性发展得越快。病毒的突变率主要由病毒聚合酶的保真度决定。RNA 病毒的复制使用低保真度的 RNA 聚合酶，通常具有较高的突变率，而 DNA 病毒因 DNA 聚合酶含有 3′→5′外切核酸酶的校对功能而具有较低的突变率。宿主 DNA 修复蛋白、细胞内核苷酸池等也会影响病毒的突变率。

二、病毒群体的规模

病毒群体越大，即使在没有药物选择的情况下，耐药突变病毒也越有可能存在。

三、病毒复制的速率

病毒基因组复制产生的拷贝数越多，产生耐药性的机会就越多。

四、耐药性所需的突变数量

导致耐药性所需的突变越少，耐药性产生的速度就越快。例如，显著降低 HSV TK 活性的许多突变都会导致对阿昔洛韦的耐药性，而乙型肝炎病毒的逆转录酶中需要同时存在多个突变，该病毒才能具有对恩替卡韦的耐药性。

五、耐药突变病毒的适应性

耐药突变病毒越适应细胞和体内环境，越容易存活和扩散，而适应性较差的耐药突变病毒当治疗停止时，由于与野生型病毒竞争处于劣势，野生型病毒可能卷土重来。

了解这些影响因素有助于更好地理解病毒耐药性产生机制，并采取相应的措施来预防和控制耐药性病毒的形成及流行。

第五节 抗病毒治疗的原则

对于免疫功能正常的患者，大多数针对急性病毒感染的抗病毒治疗只会使症状持续时间缩短一到数天；换言之，如果需要治疗，应尽快开始治疗以获得临床益处。急性感染的另一个问题是往往很难分清症状在多大程度上是由病毒复制引起的，而不是由对病毒的免疫反应引起的。例如，许多重症 COVID-19 的晚期表现是宿主对新型冠状病毒的免疫应答的结果，针对机体的免疫治疗和对症治疗比抗病毒药物的治疗可能更有效。

很多抗病毒药物都针对病毒持续性感染，如 HIV、HBV 和 HCV 的治疗。此时，须考量药物治疗的有效性及长期治疗的耐药性和安全性。

解决抗病毒药物耐药性的一个策略是在选择抗病毒治疗方案之前测试病毒的耐药性。因此，对人群须进行耐药病毒的积极监测，以评估流行的病毒中药物耐药性的流行情况。对个体而言，耐药性检测有助于确定哪些药物不起作用，哪些药物可能有效。这些检测可以基于现有对耐药突变的了解，通过基因型检测，方便、快速地进行。第二个策略是药物联合治疗。首先，病毒对多种不同药物产生耐药性的概率远低于对单种药物产生耐药性的概率；其次，联合用药比单独使用任何单一药物可能更有效地抑制病毒复制，从而减少产生耐药性的机会；最后，药物组合的成员可能协同作用，从而提供更大的药效。显然，药物联合治疗的前提是需要研发多种药物，以及需要研究联合用药中药物之间的相互作用。

小　结

抗病毒药物包括小分子和大分子两类。化合物、小肽和寡核苷酸属于小分子抗病毒药物，其机制是主要直接抑制病毒，如病毒进入抑制剂、脱壳抑制剂、聚合酶抑制剂、蛋白酶抑制剂、整合酶抑制剂和释放抑制剂等。大分子抗病毒药物主要包括抗体和干扰素，主要通过抗病毒免疫起作用。

耐药突变病毒的出现取决于病毒的突变率、病毒群体的规模、病毒复制的速率、耐药性所需的突变数量和耐药突变病毒的适应性。

对于急性感染患者，如需抗病毒治疗，应及时开始，同时也应开展对症治疗和免疫治疗。对于持续性感染患者，需考量药物治疗的有效性及长期耐药性和安全性。解决抗耐药性的方法包括治疗前测试病毒的耐药性以指导用药，以及采用药物联合治疗。

复习思考题

1. 简述抗病毒药物的种类。
2. 简述核苷类聚合酶抑制剂的作用机制。
3. 简述抗病毒药物耐药的影响因素及解决策略。

（谢幼华）

第二篇 致病性病毒

本篇专注于介绍包括呼吸道病毒、肠道病毒、急性胃肠炎病毒、肝炎病毒、出血热病毒、虫媒病毒、逆转录病毒、狂犬病病毒、疱疹病毒、人乳头瘤病毒、痘病毒、细小病毒及朊粒在内的各类病毒或致病因子。

第七章　呼吸道病毒

本章要点

1. 呼吸道病毒属于不同的病毒科，多数为 RNA 病毒，包括冠状病毒、正黏病毒、副黏病毒、肺病毒等。此外，DNA 病毒中的腺病毒也可导致呼吸道感染。
2. 这些病毒主要经呼吸道传播并导致呼吸道感染，人群普遍易感，临床表现各异。多数为急性上呼吸道感染，重者会引起下呼吸道感染，并累及其他器官或系统导致重症或死亡。
3. 临床诊断呼吸道病毒感染多依据症状和流行病学情况，病原学诊断主要通过快速诊断技术检测病毒核酸和（或）抗原。
4. 群体感染后有一定的免疫力或持久免疫力，通过接种特异性疫苗可以获得一定的免疫力，抗病毒药物具有一定的疗效。

呼吸道病毒（respiratory virus）是一大类以呼吸道为侵入门户，在呼吸道黏膜上皮细胞中增殖，可导致呼吸道局部感染和（或）其他组织或器官病变的病毒。临床大部分急性呼吸道感染由病毒所致，尤其是上呼吸道感染。呼吸道病毒种类较多，分属于不同的病毒科，包括冠状病毒科、正黏病毒科、副黏病毒科、肺病毒科、小 RNA 病毒科及腺病毒科等。近年还出现了人感染高致病性禽流感病毒（如甲型 H5N1 流感病毒）、SARS 冠状病毒、MERS 冠状病毒，以及 SARS 冠状病毒 2 等新型呼吸道病毒。常见的呼吸道病毒及其所致的主要疾病如表 7-1 所示。

表 7-1　常见的呼吸道病毒及其所致的主要疾病

病毒分类	代表性病毒	引起的主要疾病
冠状病毒科（*Coronaviridae*）	人冠状病毒 OC43、229E、NL-63、HKU1	普通感冒等上呼吸道感染
	SARS 冠状病毒	上呼吸道感染、肺炎及呼吸功能衰竭
	SARS 冠状病毒 2	
	MERS 冠状病毒	

续表

病毒分类	代表性病毒	引起的主要疾病
正黏病毒科（*Orthomyxoviridae*）	流感病毒	流感
副黏病毒科（*Paramyxoviridae*）	麻疹病毒	麻疹
	流行性腮腺炎病毒	流行性腮腺炎
	副流感病毒 1、3 型	普通感冒、细支气管肺炎
	亨德拉病毒和尼帕病毒	高致死性、急性传染性脑炎
肺病毒科（*Pneumoviridae*）	人呼吸道合胞病毒	婴儿支气管炎、细支气管肺炎
	人偏肺病毒	婴幼儿呼吸道感染
小 RNA 病毒科（*Picornaviridae*）	鼻病毒	普通感冒
	肠道病毒 D68	上呼吸道感染、肺炎、急性弛缓性脊髓炎
腺病毒科（*Adenoviridae*）	人腺病毒	咽炎、急性呼吸道感染、肺炎

第一节 冠状病毒

中文名：冠状病毒

英文名：coronavirus

病毒定义：冠状病毒为广泛分布于脊椎动物中的一类有包膜的正单链 RNA 病毒，属于冠状病毒科正冠状病毒亚科，因病毒包膜有向四周伸出的刺突，在电镜下形如日冕（solar corona）或花冠状，故得名。某些冠状病毒可以经呼吸道感染人类并引起轻重不等的疾病，可以在人群中广泛流行，如 2019 年底由 SARS 冠状病毒 2 引起的 COVID-19 全球大流行（global pandemic）。

分类：从分类学角度，冠状病毒是指冠状病毒科（*Coronaviridae*）正冠状病毒亚科（*Orthocoronavirinae*）下的 α-冠状病毒属（*Alphacoronavirus*）、β-冠状病毒属（*Betacoronavirus*）、γ-冠状病毒属（*Deltacoronavirus*）、δ-冠状病毒属（*Gammacoronavirus*）中的病毒。其中 α-冠状病毒属和 β-冠状病毒属病毒主要感染哺乳动物，如蝙蝠、猪、牛、猫、犬、貂、骆驼、虎、狼、老鼠、刺猬、穿山甲等。γ-冠状病毒属和 δ-冠状病毒属病毒主要感染禽类。目前发现的 7 种人冠状病毒（human coronavirus，HCoV），分别属于 α-冠状病毒属和 β-冠状病毒属（表 7-2）。

表 7-2 感染人类的重要冠状病毒

病毒属	代表病毒	病毒受体	致病性	所致疾病
α-冠状病毒属	HCoV-229E	APN	弱	主要为普通感冒
	HCoV-NL63	ACE2	弱	主要为普通感冒

续表

病毒属	代表病毒	病毒受体	致病性	所致疾病
β-冠状病毒属	HCoV-OC43	唾液酸	弱	主要为普通感冒
	HCoV-HKU1	唾液酸	弱	主要为普通感冒
	SARS-CoV	ACE2	强	严重急性呼吸综合征
	SARS-CoV-2	ACE2	较强或较轻	COVID-19，或上呼吸道感染
	MERS-CoV	DDP4	强	中东呼吸综合征

注：APN. 氨肽酶 N（aminopeptidase N）；ACE2. 血管紧张素转换酶 2（angiotensin-converting enzyme 2）；DDP4. 二肽基肽酶-4（dipeptidyl peptidase-4）

一、冠状病毒的共同特性

冠状病毒是一类正单链 RNA 病毒，其生物学性状、致病性与免疫性等方面具有共同特性。

（一）生物学性状

1. 形态与结构 冠状病毒颗粒呈球形或多形性，直径为 80～140nm；病毒表面的包膜有一圈呈放射状排列的花瓣状刺突，电镜下负染的病毒颗粒形如花冠或日冕状（图 7-1）。内层的衣壳呈螺旋对称，包绕病毒核心+ssRNA 基因组，共同组成核衣壳（图 7-2）。

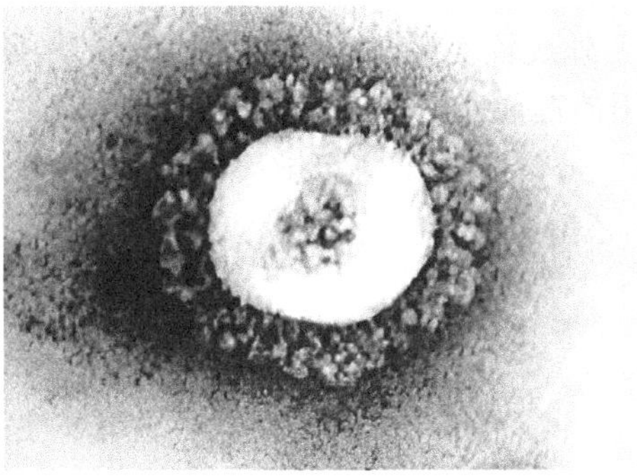

图 7-1 人冠状病毒 OC43 电镜图

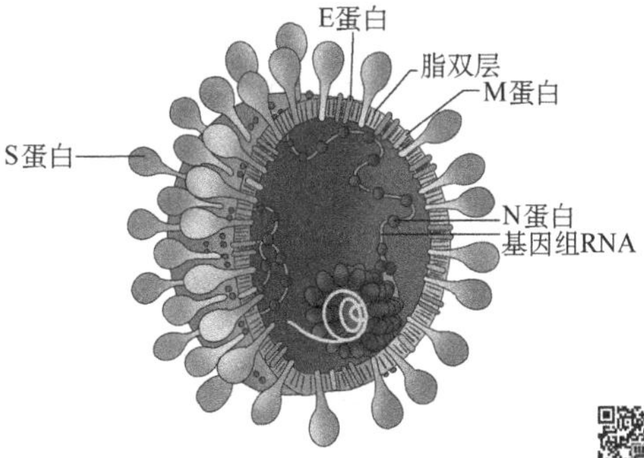

图 7-2 冠状病毒结构示意图

2. 病毒基因组及编码蛋白质

（1）病毒基因组 冠状病毒的基因组为正单链 RNA，具有感染性；全长 27～32kb，不分节段，是已知的基因组最大的 RNA 病毒。基因组结构高度保守，依次为 5′UTR-ORF1-（*HE*）-*S*-*E*-*M*-*N*-3′UTR-poly(A)（图 7-3）。病毒基因组 ORF1 约占基因组全长的 2/3，包括 ORF1a 和 ORF1b，可以作为 mRNA 直接翻译合成病毒的非结构蛋白——前体多蛋白（polyprotein，pp）。pp 被切割水解成多种功能蛋白（酶），参与病毒基因组的复制和转录过程。此外，基因组 3′端的结构基因 *HE*、*S*、*E*、*M*、*N* 及分布在其间的 ORF，通过不连续转录形成相应的亚基因组 RNA，编码相应的主要结构蛋白及辅助蛋白（accessory protein）。

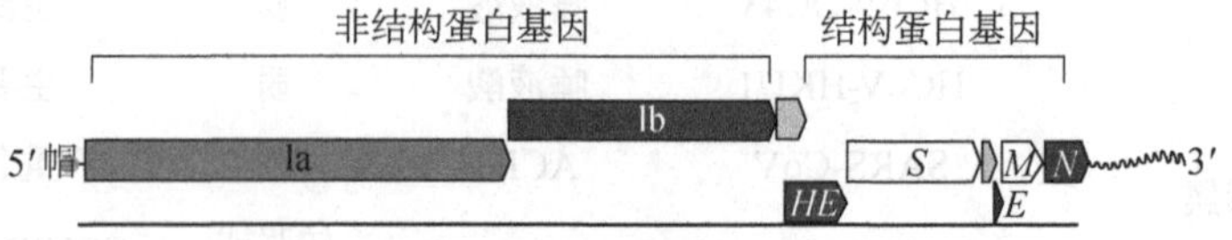

图 7-3 β-冠状病毒属基因组结构（HCoV-OC43）

（2）病毒结构蛋白 ①刺突糖蛋白（spike glycoprotein，S），为跨膜糖蛋白，即病毒包膜上的花瓣状刺突，可与宿主细胞受体结合，介导病毒感染易感细胞；②包膜蛋白（envelope protein，E），是病毒包膜上具有离子通道作用的跨膜蛋白；③膜蛋白（membrane protein，M），是病毒包膜相关蛋白质，参与稳定病毒结构、包膜形成及出芽释放过程；④核衣壳蛋白（nucleocapsid protein，N），即病毒衣壳，参与病毒基因组的合成及蛋白质翻译过程，并具有拮抗Ⅰ型 IFN 的作用；⑤某些 β-冠状病毒属成员（如 HCoV-OC43、HCoV-HKU1）含有 *HE* 基因，可编码血凝素-酯酶蛋白（hemagglutinin-esterase protein，HE），具有凝集红细胞和乙酰化酯酶活性。

此外，病毒结构基因组编码的辅助蛋白在病毒感染、基因组的复制及组装释放过程中也发挥着重要的作用。

3. 体外细胞培养 冠状病毒可在人胚肾或肺原代细胞中增殖，SARS-CoV 和 SARS-CoV-2 会出现明显的 CPE。普通冠状病毒培养初期时 CPE 不明显，经连续传代后 CPE 明显增强。

4. 抵抗力 不同的冠状病毒对理化因素的耐受力有一定差异，一般在 37℃条件下数小时便失去感染性，对乙醚、三氯甲烷等脂溶剂和紫外线较敏感。SARS-CoV 的抵抗力不强，不耐酸，故可采用 0.2%～0.5%过氧乙酸消毒，常用消毒剂处理 5min 可灭活 SARS-CoV；但对热的耐受力强于引起普通感冒的冠状病毒，需要 56℃ 30min 方可被灭活。SARS-CoV-2 对能破坏病毒包膜的含氯消毒剂、过氧乙酸、75%乙醇及脂溶剂等敏感。

（二）致病性与免疫性

人冠状病毒主要经飞沫传播，常在寒冷的季节发病，但 SARS-CoV-2 无明显季节性；各年龄组人群均易感，但婴幼儿、老年人和免疫低下人群更易感。感染不同种的冠状病毒有不同的临床表现。根据致病的严重程度，人冠状病毒可分为：①引起普通感冒（common cold）等上呼吸道感染的冠状病毒，包括 HCoV-229E、HCoV-NL63、HCoV-OC43 和 HCoV-HKU1，在普通感冒中占比为 15%～30%。②引起人类严重疾病的冠状病毒，均属于 β-冠状病毒属，包括 SARS-CoV、MERS-CoV 和 SARS-CoV-2，导致肺炎等严重疾病并造成一定程度的流行，甚至全球大流行。经过数年的 COVID-19 全球大流行，SARS-CoV-2 奥密克戎（Omicron）变异株已成为主流流行毒株，由于其病毒致病性大幅下降，大部分感染患者表现为无症状或者是轻微症状，但对有基础疾病、老年人群可导致肺炎及严重的并发症。

人冠状病毒感染多为自限性疾病，病后患者血清中虽有抗冠状病毒的抗体存在，但免疫保护作用不强，可反复多次感染。

此外，冠状病毒是动物传染病的重要病原。例如，可引起经济动物猪、牛、禽类以消化道症状为主的严重传染病，由此给养殖业造成重大损失。另外，冠状病毒也常导致宠物如猫、犬等发生致死性传染病。

二、SARS 冠状病毒

2002 年底至 2003 年上半年，一种急性呼吸道传染病迅速蔓延至世界上 20 多个国家及地区。同年 4 月 16 日，WHO 将这种新发传染病正式命名为严重急性呼吸综合征（severe acute respiratory syndrome，SARS），并将其病原体命名为 SARS 冠状病毒（SARS-CoV）。

（一）生物学性状

SARS-CoV 呈圆形或多形性，直径为 80～140nm，包膜上有排列如花冠状的刺突。核酸为正单链 RNA，全长约 29.7kb，编码 20 多种蛋白质，主要的结构蛋白是 N、S、E 和 M 蛋白。N 蛋白的分子质量为 50～60kDa，包绕于病毒 RNA 外共同形成核衣壳，具有保护病毒核酸及参与病毒复制等重要作用。S 蛋白的分子质量为 180～220kDa，构成包膜表面的刺突，介导病毒与宿主细胞膜上的病毒受体 ACE2 结合（表 7-2）。M 蛋白的分子质量为 20～35kDa，参与稳定病毒结构、包膜形成和病毒的出芽释放等。

（二）致病性与免疫性

SARS 的传染源主要为 SARS 患者，传播途径以近距离飞沫传播为主，也可以通过接触患者呼吸道分泌物经口、鼻、眼传播，但尚不清楚是否能够经粪-口途径传播。人群普遍易感，首发症状为发热，体温一般都高于 38℃。发病初期的表现主要是头痛、乏力和关节痛等，随后出现干咳、胸闷、气短等症状。肺部 X 线检查出现明显病理变化，双侧或单侧出现阴影。严重患者的肺部病变进展很快，出现急性呼吸窘迫和进行性呼吸衰竭、弥散性血管内凝血（DIC）、休克等，出现呼吸窘迫症状的患者具有极强的传染性，而且致死率较高。有基础疾病的老年患者病死率可达 40%～50%。

机体感染 SARS-CoV 后可产生特异性抗体，也可出现特异性细胞免疫应答，具有保护作用；但也可能导致免疫病理损伤，引起细胞凋亡和严重的炎症反应。

（三）微生物学检查与防治

SARS-CoV 感染的微生物学检查具有重要意义。病毒的毒力和传染性很强，因此 SARS-CoV 分离培养必须在生物安全三级（biosafety level 3，BSL-3）实验室中进行。SARS-CoV 感染的快速诊断主要基于检测标本中的病毒核酸。

主要预防原则是早期发现、隔离 SARS 患者与疑似病例，从而有效地隔离传染源和切断传播途径。目前尚无商品化 SARS 疫苗。

三、SARS 冠状病毒 2

微课视频
7-1
SARS-CoV-2
是谁?

2019 年底，一场大规模新型冠状病毒感染在全球暴发。2020 年 2 月 11 日，ICTV 将该病毒正式命名为 SARS 冠状病毒 2（SARS-CoV-2），与 SARS-CoV 共同归属于 β-冠状病毒属、SARS 相关冠状病毒种（*SARS-related Coronavirus*，SARSr-CoV）。同日，WHO 将该疾病命名为 2019 冠状病毒病（coronavirus disease 2019，COVID-19）。与此同时，我国将该病毒称为新型冠状病毒（简称新冠病毒），所致疾病称为新型冠状病毒肺炎（简称新冠肺炎）。随着 2021 年底 SARS-CoV-2 Omicron 变异株出现并迅速成为主流毒株之后，由于病毒致病性大幅下降，大部分感染患者的症状较轻或无明显症状，2022 年 12 月 26 日国家卫生健康委员会将其更名为新型冠状病毒感染（简称新冠感染。备注：新冠感染包括无症状感染者、轻型病例，以及重症和死亡病例，其中前二者占比超过 90%）。SARS-CoV-2 引起的 COVID-19 大流行是一场前所未有的全球健康危机。截至 2024 年 3 月，SARS-CoV-2 感染的报告病例已达 7.75 亿人次，已造成全世界 700 多万死亡病例。

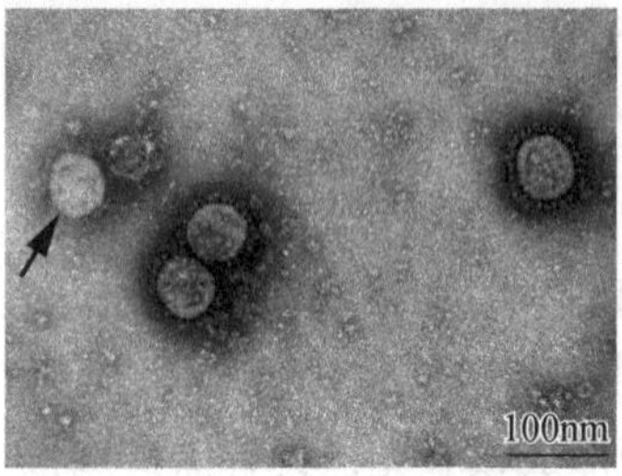

图 7-4　SARS-CoV-2 电镜图（负染）（宋敬东等，2024）
箭头示刺突部分缺失或全部缺失的病毒颗粒

SARS-CoV-2 的形态结构（图 7-4）与 SARS-CoV 相似。但其复制周期、变异、致病性与免疫性，以及微生物学检查与防治具有其自身特点。

（一）病毒复制周期

SARS-CoV-2 复制周期的主要步骤如图 7-5 所示。

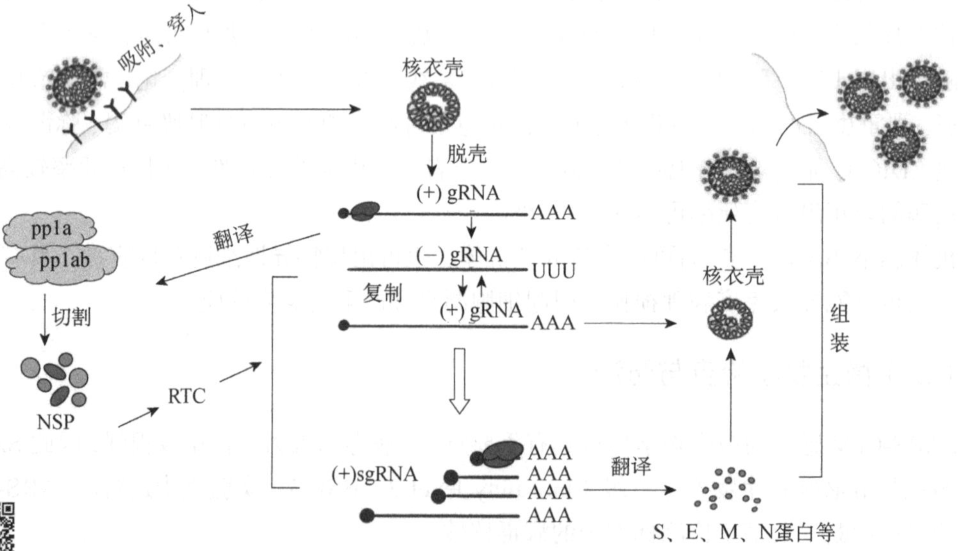

图 7-5　SARS-CoV-2 复制周期示意图

1. 早期阶段　SARS-CoV-2 通过 S 蛋白受体结合域（receptor binding domain，RBD）

与细胞的病毒受体 ACE2 结合，以内吞和膜融合（跨膜丝氨酸蛋白酶 2 受体等协助）的方式进入宿主细胞；此外，有报道 SARS-CoV-2 还可以通过非受体依赖的囊泡介导模式侵入宿主细胞。病毒在胞质中脱衣壳、释放出病毒 RNA。

2. 生物合成阶段　首先，基因组重叠的 ORF1a 或 ORF1ab 直接翻译生成前体多蛋白 pp1a 和 pp1ab，并被其中的木瓜蛋白酶样蛋白酶（papain-like protease，PL^{pro}）和 3C 样蛋白酶（3C-like protease，$3CL^{pro}$）切割成 16 种非结构蛋白（nonstructural protein，NSP），其中 RdRp（NSP12）、NSP7 和 NSP8 等自行组装成复制-转录复合物（replication-transcription complex，RTC），参与催化病毒 RNA 复制和转录。病毒基因组 3′端剩余基因通过形成对应的亚基因组 RNA（subgenomic RNA），作为 mRNA 模板翻译形成 4 种病毒结构蛋白（S、E、M、N 蛋白）和 10 余种辅助蛋白（如 ORF3a、ORF7a 等）。

3. 组装和释放　病毒基因组与病毒结构蛋白和辅助蛋白 ORF3a、ORF7a 等在内质网与高尔基体中组装成子代病毒，以胞吐方式释放，完成整个病毒生命周期。

（二）病毒变异株

随着 SARS-CoV-2 在世界范围内广泛传播，2020 年秋季以后出现了 SARS-CoV-2 原始株的多种变异株（variant）。截至 2022 年底，在全球流行的主要 SARS-CoV-2 变异株有 5 种：Alpha、Beta、Gamma、Delta、Omicron。Delta 变异株于 2020 年底在印度首次发现，在上述变异株中致病性最强，但 COVID-19 疫苗对 Delta 变异株仍然有效。Omicron 变异株于 2021 年 11 月底由南非科学家报道，其突变位点多数出现在 S 蛋白的重要区域，由此提高了病毒的传播能力和免疫逃逸能力，已成为目前人群中的主流流行毒株。与原始株相比，Omicron 变异株的传染性明显增强，但其病毒致病性大幅下降，大部分感染患者表现为无症状或者是较轻微症状。SARS-CoV-2 刺突蛋白突变序列的比较如图 7-6 所示。

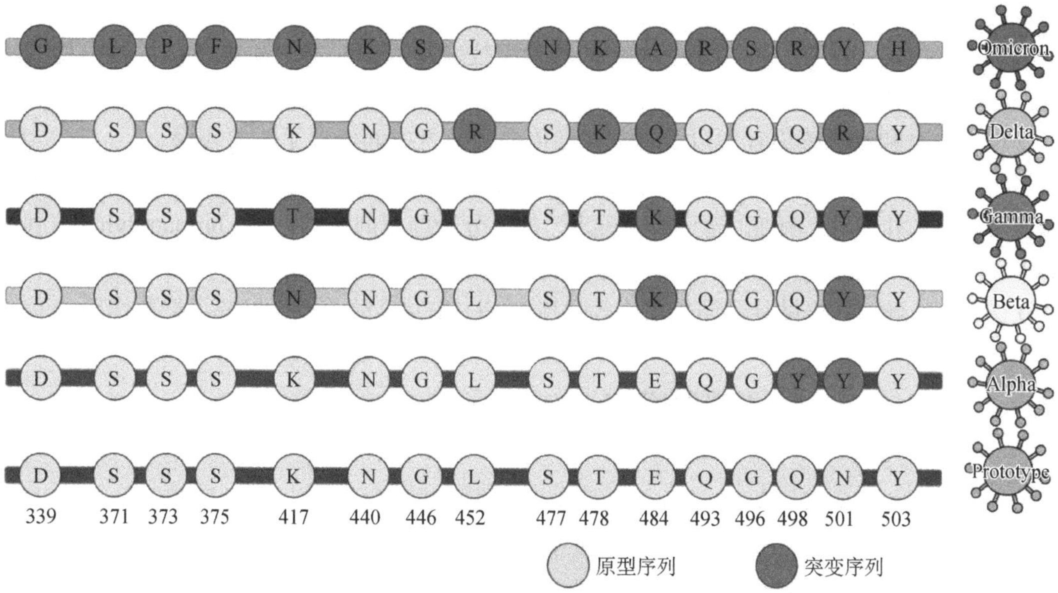

图 7-6　SARS-CoV-2 刺突蛋白突变序列示意图（彭宜红和郭德银，2024）
Prototype 为原始株

（三）致病性与免疫性

1. 致病性 SARS-CoV-2 为动物源性病毒（zoonotic virus），可感染多种动物和人类，目前认为蝙蝠是该病毒的天然宿主，但中间宿主仍然未知。SARS-CoV-2 主要通过飞沫在人际传播，潜伏期为 2～14 天，临床表现因人而异，从无症状感染到轻度、中度和严重的 COVID-19。多数患者会出现轻度或中度的症状，特别是上呼吸道感染症状，如发热、鼻塞、咽痛、咳嗽及肌肉疼痛等；此外，也常见嗅觉缺失及消化道症状。根据 WHO 统计数据，5%～20%需要住院治疗的重症病例可出现呼吸困难及肺炎，严重者表现为呼吸衰竭、多器官受损、全身炎症反应综合征，其中老人及合并多种基础病的患者的重症率及死亡率较高。与原始株相比，Omicron 变异株的致病性减弱。

SARS-CoV-2 的致病机制主要包括：①直接损伤宿主细胞。病毒通过其表面刺突蛋白与宿主细胞受体 ACE2 结合进入细胞，复制过程中可导致细胞不同程度损伤，包括引起细胞代谢重编程、线粒体功能障碍、内质网应激，诱导细胞凋亡和焦亡，严重时表现为弥漫性肺泡细胞损伤及微血管病变。②免疫功能过度激活。病毒感染可导致免疫细胞过度激活，释放大量促炎细胞因子，如 IL-6、TNF-α 等。其中细胞因子风暴可引起血管渗出、凝血功能障碍和多器官衰竭，这是 COVID-19 重症和死亡的主要因素。

2. 免疫性 SARS-CoV-2 感染可激活 T 细胞和 B 细胞，其中 $CD4^+$ T 细胞在调控免疫应答中发挥重要作用，$CD8^+$ T 细胞负责清除感染病毒的细胞。B 细胞被激活后可产生抗体，尤其是中和抗体可阻断病毒感染易感细胞，为宿主提供免疫保护作用。

（四）微生物学检查与防治

SARS-CoV-2 是人类历史上传播广、感染人数多的传染病病原体之一。基于现代科学的进步，人们在出现疫情后很快确定了病原体，建立了核酸及抗原快速特异性检测技术。其中，基于 ORF1、*S*、*E*、*N* 基因的 PCR 核酸检测技术及基于 S 蛋白和 N 蛋白的抗原检测技术，是人类历史上第一次用主动监测的手段快速、准确地诊断并追踪病毒感染者，在帮助及早发现、隔离和治疗感染者，以及阻断病毒传播和流行方面发挥了重要作用。

COVID-19 的灭活疫苗、mRNA 疫苗、病毒载体疫苗、蛋白质疫苗及抗病毒治疗药物很快就被研制出来并面世。例如，冠状病毒 $3CL^{pro}$ 的小分子抑制剂奈玛特韦（nirmatrelvir）与利托那韦（ritonavir）组合发挥协同作用，可降低发展成重症感染者的概率。同时，个人防护、保持社交距离、政府积极的社会防控措施等对控制 COVID-19 的流行也发挥了重要作用。

第二节 正黏病毒

中文名：正黏病毒

英文名：orthomyxovirus

病毒定义：正黏病毒是指正黏病毒科中对禽类、某些动物及人类的细胞表面黏蛋白有高度亲和性，基因组为分节段、负单链 RNA 的一类包膜病毒，包括 9 个病毒属，其中甲型、乙型和丙型流感病毒属为人流行性感冒（简称流感）（influenza）的病原体，故称为流行性感冒病毒（influenza virus，IV），简称流感病毒。

分类：正黏病毒科（*Orthomyxoviridae*）包括9个病毒属，其中甲型流感病毒属（*Alphainfluenzavirus*）、乙型流感病毒属（*Betainfluenzavirus*）和丙型流感病毒属（*Gammainfluenzavirus*）中各自对应有一个种，即甲型、乙型和丙型流感病毒种（*Influenza A*～*C virus*）。

据记载流感可能已存在数千年。直到1892年，法伊弗（Richard Pfeiffer）博士从流感患者痰液中分离出一种未知细菌，并认为其是流感的病原体，将其命名为流感嗜血杆菌。后来证明该细菌可引起上呼吸道感染、肺炎和脑膜炎等疾病，但不会引起流感。1933年，英国人史密斯（Wilson Smith）等从患者体内分离出甲型流感病毒。

拓展阅读 7-1

20世纪以来甲型流感病毒导致的流感大流行

甲型流感病毒容易发生变异，曾多次引起流感全球大流行（global pandemic）。例如，1918～1919年的流感大流行造成约5000万人死亡。自1997年起，世界各地不断有甲型禽流感病毒某些亚型跨种间传播，引起人类感染的报道，其病死率高，但感染的人数有限。

一、生物学性状

（一）形态与结构

流感病毒在细胞传代培养中多数呈球形（图7-7），直径为80～120nm。新分离的流感病毒呈多形性，以丝状多见。流感病毒的结构由核衣壳和包膜组成，其结构模式如图7-8所示。

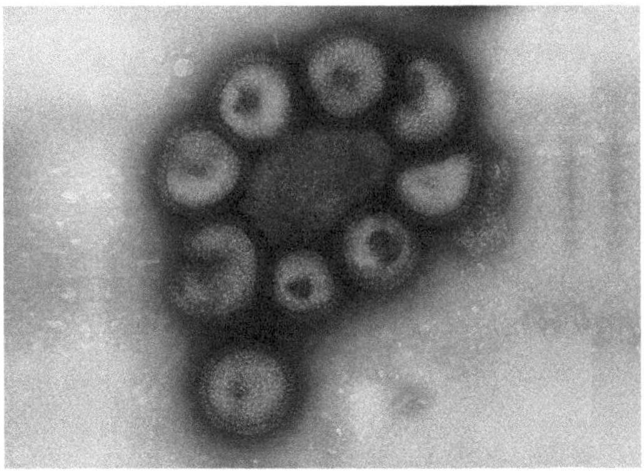

图7-7　流感病毒形态（电镜图）

1. 核衣壳　流感病毒的核衣壳又称为核糖核蛋白（ribonucleoprotein，RNP），由分节段的负单链RNA（−ssRNA）、核蛋白（nucleoprotein，NP）和依赖于RNA的RNA聚合酶（RdRp，包括PA、PB1和PB2三个亚基）组成。在RdRp中，PB2可识别和结合细胞mRNA的5′帽结构；PA为帽依赖性内切酶，可切割细胞mRNA的5′帽结构的10～13个核苷酸；PB1为RdRp的催化亚基，以模板依赖性方式延伸并产生病毒mRNA。

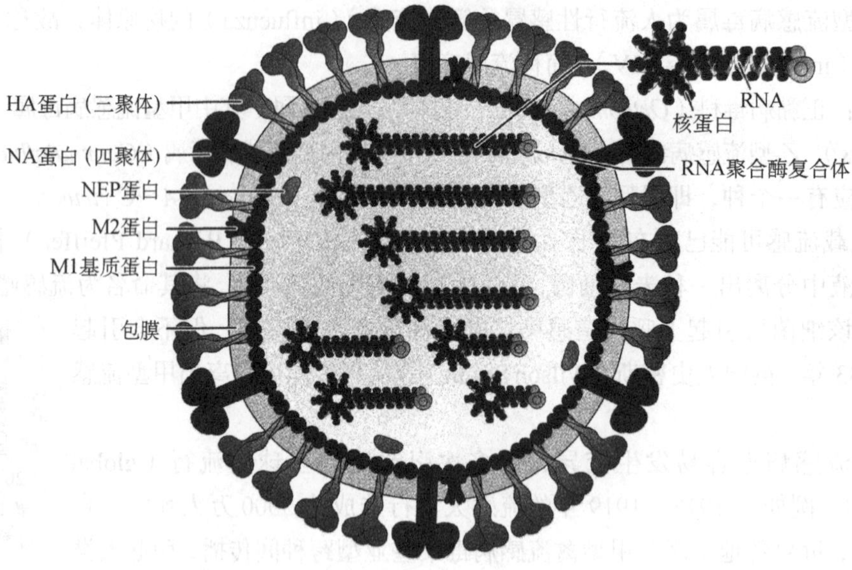

图 7-8　流感病毒结构模式图（宋敬东等，2024）

甲型和乙型流感病毒的基因组有 8 个 RNA 节段（segment），丙型流感病毒的基因组有 7 个 RNA 节段。基因组的多数节段只编码一种蛋白质（表 7-3），每个节段的两端 12～13 个核苷酸为高度保守序列，与病毒复制的关系密切。

表 7-3　流感病毒基因节段与编码的蛋白质及功能

节段	核苷酸数/个	编码的蛋白质	蛋白质功能
1	2341	PB2	识别和结合细胞 mRNA 的 5′帽结构
2	2341	PB1	RdRp 的催化亚基
3	2233	PA	帽依赖性内切酶
4	1778	HA	血凝素，为包膜糖蛋白，介导病毒吸附，在酸性条件下介导膜融合
5	1565	NP	核蛋白，为病毒衣壳成分，参与病毒转录和复制
6	1413	NA	神经氨酸酶，促进病毒释放
7	1027	M1	基质蛋白，促进病毒装配
		M2	膜蛋白，为离子通道，促进脱壳
8	890	NS1	非结构蛋白，抑制 mRNA 前体的拼接，拮抗干扰素作用
		NS2*	非结构蛋白，帮助病毒 RNP 出核

*NS2 也称为核输出蛋白（nuclear export protein，NEP）

2. 包膜　流感病毒的包膜为来自宿主细胞的脂双层膜，表面分布着呈放射状排列的两种病毒蛋白刺突，即血凝素（hemagglutinin，HA）和神经氨酸酶（neuraminidase，NA）。HA 和 NA 均为糖蛋白，二者比例约为 5∶1。此外，包膜中还有贯穿其中的病毒基质蛋白 2。

（1）HA　由三条糖蛋白链连接成的三聚体。HA 的原始肽链 HA0 在蛋白酶作用下裂解肽链中的精氨酸，形成二硫键连接的 HA1 和 HA2 后才具有感染性。裂解人流感病毒 HA0 的蛋白酶只存在于人体呼吸道，决定了流感病毒感染的组织特异性。HA1 是流感病毒与呼吸道黏膜细胞膜表面的唾液酸（sialic acid，SA）受体结合的亚单位。HA2 具有膜融合活性，是流感病毒穿入宿主细胞所必需的成分。

HA 的主要功能：①参与病毒吸附及膜融合。HA 包含 HA1 和 HA2 两个亚单位。HA1 亚单位负责与宿主细胞表面的唾液酸受体特异性结合，与流感病毒的组织亲嗜性有关。HA2 亚单位在低 pH 环境下介导病毒和内体膜的融合。这两种亚单位相互作用对于病毒进入宿主细胞至关重要。②凝集红细胞。HA 能与鸡和豚鼠等动物及人的红细胞表面的唾液酸受体结合而出现血凝现象，可通过血凝试验（hemagglutination test，HAT）辅助检测流感病毒。③具有抗原性。HA 刺激机体产生的特异性抗体为保护性抗体，可中和相同亚型的流感病毒。该抗体还可抑制流感病毒与红细胞的凝集，可通过血凝抑制试验（hemagglutination inhibition test，HIT）检测抗流感病毒抗体，并鉴定甲型流感病毒亚型。

（2）NA　由 4 条糖蛋白链组成的四聚体。NA 的头部呈扁球状或蘑菇状，每个单体的头部都有一个神经氨酸酶的活性中心；NA 的氮端镶嵌于包膜的脂双层中。

NA 的主要功能：①参与病毒释放。NA 具有神经氨酸酶活性，能水解病毒感染细胞表面糖蛋白末端的 *N*-乙酰神经氨酸，促使成熟病毒体的出芽释放。②促进病毒扩散。NA 可液化呼吸道黏膜表面的黏液，降低其黏度，有利于病毒从细胞上解离而促进病毒扩散。③具有抗原性。NA 能诱导机体产生特异性抗体，该抗体能抑制病毒的释放与扩散，但非中和抗体。抗 NA 抗体还可用于流感病毒亚型的鉴定。

3. M 蛋白　M 蛋白有两种。M1 位于包膜内层，参与病毒的包装和出芽，具有保护病毒核心和维持病毒形态的作用。M1 蛋白的抗原性稳定，具有型特异性，诱导产生非中和抗体。M2 贯穿于病毒包膜，具有离子通道作用，可使包膜内 pH 下降，有助于病毒进入细胞。

（二）病毒复制周期

流感病毒复制周期的主要步骤包括（图 7-9）：①流感病毒 HA 吸附到易感细胞表面糖蛋白末端的唾液酸上，通过“受体介导的吞饮”方式，病毒进入细胞并形成内体（endosome）。②内体通过 M2 蛋白介导的酸化作用引起 HA 构型改变，病毒包膜与内体膜融合而释放出核衣壳（RNP）并脱壳，基因组从胞质转移至胞核内。③病毒复制早期，病毒采用“抢帽”机制获得合成其 mRNA 的引物，即 PB2 识别并结合宿主细胞 mRNA 的 5′帽结构，通过 PA 切割细胞 mRNA 5′帽结构的 10～15 个核苷酸，并以此作为引物在 PB1 亚基作用下转录出病毒 mRNA，3′端加 poly(A)尾后，病毒 mRNA 进入胞质翻译病毒蛋白。④子代病毒 RNA 进行复制，与 RdRp 及核蛋白装配成 RNP，在 NEP 的参与下将 RNP 运输出核；HA 和 NA 合成后在内质网和高尔基复合体中被糖基化，分别形成三聚体和四聚体并被运送到感染细胞膜表面。⑤M1 蛋白将 RNP 结合到嵌有 HA、NA 和 M2 蛋白的细胞膜内侧，以出芽的方式释放子代病毒颗粒。

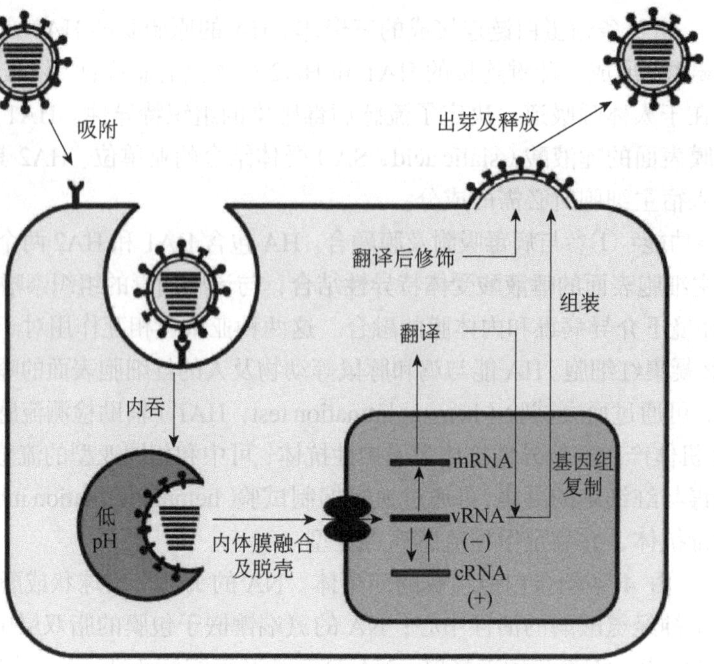

图 7-9 流感病毒复制周期示意图
vRNA.病毒 RNA；cRNA.互补 RNA

（三）分型与变异

1. 分型 根据流感病毒 NP 和 M1 蛋白抗原性的不同，流感病毒分为甲（A）、乙（B）、丙（C）、丁（D）型 4 种血清型，其中前三个血清型可感染人类，丁型流感病毒主要感染牛。甲型流感病毒的 HA 和 NA 均容易发生变异，根据 HA 和 NA 抗原性可将甲型流感病毒分为若干亚型，目前 HA 包括 18 种亚型（H1～H18），NA 包括 9 种亚型（N1～N9）。乙型流感病毒虽存在一定的变异，但尚无亚型之分；丙型流感病毒的抗原性较稳定，尚未发现抗原变异及亚型。

2. 变异 流感病毒特别是甲型流感病毒容易发生变异。其变异除病毒 RdRp 缺乏校对机制，导致基因组复制中易形成突变并被保留下来外，还因为分节段，RNA 基因组容易发生基因重排（gene recombination）。根据甲型流感病毒抗原性变异的程度，变异分为两种形式：①抗原漂移（antigenic drift），是指抗原变异幅度小，主要是 HA 氨基酸的变异，其次是 NA 氨基酸的变异，属于量变。这种变异由病毒基因点突变引起，由于人群免疫力有一定的保护作用，一般不会引起流感的大规模流行，仅引起中、小规模流行，多出现在寒冷的季节，引起季节性流感。②抗原转换（antigenic shift），是指抗原变异幅度大，HA 或 NA 氨基酸的变异率达到 30%以上，属于质变，常形成新的亚型（如 H1N1→H2N2）。这种变异是由基因重排形成的新亚型。如果人群对这种新的流感病毒亚型易感，且人群普遍缺乏针对新亚型的免疫力，则可能导致流感大流行。

拓展阅读 7-2
季节性流感

（四）培养特性

分离并培养流感病毒最常用的方法是鸡胚培养。初次分离以羊膜腔接种为宜，传代培养则采用尿囊腔接种。流感病毒在鸡胚增殖后不引起明显的病理改变，常需用血凝试验检测流感病毒并判定其效价。细胞培养常用犬肾传代细胞和猴肾细胞，但流感病毒增殖后引起的 CPE 不明显，需用红细胞吸附试验（hemadsorption test）或免疫荧光技术来判定流感病毒的感染和增殖情况。

（五）抵抗力

流感病毒的抵抗力较弱，对干燥、日光、紫外线、乙醚、甲醛和乳酸等理化因素敏感。不耐热，56℃ 30min 即被灭活。室温下病毒的传染性很快丧失，在 0～4℃环境中能存活数周。

二、致病性与免疫性

（一）致病性

1. 传播与病毒受体 流感病毒的传染源主要是急性期患者，其次是隐性感染者；此外，猪和禽等部分动物也可能成为传染源。流感病毒的传染性很强，主要经飞沫和气溶胶传播。

人流感病毒的受体是唾液酸-α-2,6-半乳糖（SA-α-2,6-Gal），主要分布在人咽喉和鼻腔黏膜细胞表面；禽类的流感病毒受体是唾液酸-α-2,3-半乳糖（SA-α-2,3-Gal），主要分布在人下呼吸道的支气管黏膜和肺泡细胞表面。由于猪呼吸道上皮细胞表面具有上述两类唾液酸受体，因此猪既可以被人流感病毒感染，也可被禽流感病毒感染。当甲型人流感病毒和甲型禽流感病毒同时感染猪时，就可能引起甲型流感病毒分节段 RNA 的基因重排，出现甲型流感病毒新亚型，导致流感的大流行。

2. 致病机制 流感病毒在呼吸道上皮细胞增殖后，引起细胞的空泡变性和纤毛丧失，并向邻近细胞扩散，导致上皮细胞坏死脱落，使呼吸道黏膜的屏障功能丧失。NA 可水解呼吸道黏膜表面保护性黏液层中黏蛋白的唾液酸残基，降低黏液层的黏度，使细胞表面受体暴露，有利于流感病毒的吸附。流感病毒侵入后可刺激机体产生干扰素，刺激免疫活性细胞释放淋巴因子，引起呼吸道黏膜组织的炎症反应。此外，流感病毒感染后还可降低机体免疫应答、抵抗干扰素的抗病毒作用及导致免疫病理损伤等。

3. 所致疾病 人群对流感病毒普遍易感，大约 50%感染者没有明显症状。流感的潜伏期一般为 1～4 天，起病急，表现为畏寒、发热、头痛、全身肌肉酸痛等全身症状，伴有鼻塞、流涕和咳嗽等呼吸道症状。由于坏死组织的毒素样物质可侵入血液，因此流感的临床表现一般是全身症状重而呼吸道症状轻。

流感的发病率高，病死率低，年老体弱、免疫力低下和婴幼儿等流感患者易出现并发症，常见的并发症主要是细菌感染性肺炎和原因不明的急性脑病，即瑞氏综合征（Reye syndrome）。并发症严重者可危及生命，90%以上的死亡病例为 65 岁以上的流感患者。

4. 流行病学特征 在历史上流感病毒已多次引起全球大流行。流感病毒的流行与其变异密切相关，人群对发生抗原转换后的新亚型流感病毒缺少免疫力，易引起流感的全球大流行。新亚型人流感病毒主要来源于禽类，以水禽和家禽为主。自 1997 年首次报道了禽流感病毒（H5N1）直接感染人的病例后，类似的报道逐渐增多，涉及的流感病毒亚型包括 H5N1、H7N7、

H9N2 和 H7N9，这打破了禽流感病毒不直接传染人的传统概念，向人类提出了更严峻的挑战。

（二）免疫性

人体感染流感病毒或接种流感疫苗后可形成特异性免疫应答。体液免疫以抗 HA 抗体为主，具有中和病毒的作用。血清中抗 HA 抗体对亚型内变异株感染的免疫保护作用可持续数月至数年，但亚型间无交叉免疫保护作用。抗 NA 抗体虽对流感病毒无中和作用，但可减少流感病毒的释放和扩散，并降低流感病情的严重性，故也有一定的保护作用。

抗流感病毒的细胞免疫以 CD4$^+$ T 淋巴细胞和 CD8$^+$ T 淋巴细胞为主，针对流感病毒的特异性 CD4$^+$ T 淋巴细胞，能辅助 B 淋巴细胞产生抗流感病毒抗体。CD8$^+$ T 淋巴细胞能溶解流感病毒感染的细胞，阻止病毒在细胞内增殖，有利于病毒的清除和疾病的恢复。此外，CD8$^+$ T 淋巴细胞还具有流感病毒亚型间的交叉保护作用，有助于抵抗不同亚型流感病毒的感染。

三、微生物学检查

在流感流行期间，根据典型的临床症状可以进行初步诊断；流感的确诊或流行监测则有赖于实验室检查。流感病毒感染的微生物学检查主要包括以下三个方面。

（一）病毒的分离与鉴定

实验 7–1

流感病毒的分离培养和鉴定

取急性期患者鼻咽拭子或咽漱液，用抗生素处理后接种至 9～11 日龄鸡胚羊膜腔或尿囊腔中，经 35℃培养 3～4 天，取羊水或尿囊液进行血凝试验检测流感病毒。如果血凝试验结果呈阳性，用血凝抑制试验及神经氨酸酶抑制试验鉴定流感病毒亚型。若血凝结果呈阴性，则需用鸡胚盲传三代或以上，如血凝试验结果仍为阴性则可判断为病毒分离阴性。也可用培养的组织细胞分离流感病毒，但 CPE 不明显，还需用血细胞吸附试验或免疫荧光技术确定是否存在流感病毒。

（二）血清学诊断

采集流感患者急性期（发病 5 日内）和恢复期（病程 2～4 周）双份血清，在相同条件下做 HIT 测定抗体效价。若恢复期效价比急性期升高 4 倍及以上时有诊断意义。补体结合试验（complement fixation test，CFT）也可用于血清中抗流感病毒抗体的检测，由于补体结合抗体出现得早，消失快，故补体结合试验阳性可作为新近感染的指标。

（三）快速诊断

检测流感病毒的抗原和核酸，可在感染 24～72h 内进行快速病原学诊断。流感病毒抗原检测主要利用荧光素标记特异性抗体检查患者鼻黏膜印片或呼吸道脱落上皮细胞涂片中的病毒抗原；或用 ELISA 检测患者呼吸道分泌物、咽漱液或呼吸道脱落上皮细胞中的流感病毒抗原。目前常用 RT-PCR 技术检测流感病毒核酸，用核酸序列分析方法对流感病毒进行分型和亚型鉴定。

四、防治原则

在流感流行期间，应及早发现和隔离流感患者，尽量减少人群聚集或避免到人群聚集的公共场所。流感疫苗接种是预防流感最有效的方法，目前使用的流感疫苗有灭活疫苗、裂解疫苗和亚单位疫苗三种，以灭活疫苗为主。用于制备流感疫苗的病毒株必须选用流行的病毒株。例如，目前常规使用的流感疫苗包括当前在人群中流行的 H3N2 和 H1N1 甲型流感病毒株，以及一种乙型流感病毒株，即三价灭活疫苗。疫苗接种应在流感流行高峰前 1～2 个月进行，才能有效发挥保护作用。

根据作用机制，目前临床上主要有三类抗流感病毒药物：①神经氨酸酶抑制剂（neuraminidase inhibitor，NAI），可抑制甲型和乙型流感病毒的神经氨酸酶活性，如奥司他韦（oseltamivir）、扎那米韦（zanamivir）、帕拉米韦（peramivir）；②RNA 聚合酶催化亚基（PB1）抑制剂，如法匹拉韦（favipiravir），其经过细胞内代谢形成法匹拉韦核苷酸三磷酸，后者被流感病毒 PB1 作为底物错误地带入到新合成的病毒 RNA 中，从而抑制甲型和乙型流感病毒的复制；③RdRp 帽依赖性核酸内切酶（PA）抑制剂，如巴洛沙韦酯（baloxavir marboxil），其是一种前药，口服后在体内转化成巴洛沙韦酸（baloxavir acid），后者可抑制流感病毒 PA 活性，从而抑制病毒增殖。某些中草药及其制剂对流感也有一定的疗效。

M2 蛋白抑制剂如金刚烷胺和金刚乙胺，曾被用于甲型流感的预防及早期治疗。流感病毒对这类药物已形成较广泛的耐药性。

第三节 副黏病毒

副黏病毒科（*Paramyxoviridae*）是与正黏病毒科生物学性状相似的一组病毒，但其基因结构、致病性和免疫性不同，两者间的主要性状比较见表 7-4。副黏病毒的主要特征有：①基因组不分节段，变异频率相对较低。②包膜表面刺突主要为血凝素/神经氨酸酶（HN）和融合蛋白（fusion protein，F），在不同病毒间有所差别（图 7-10 和表 7-4）。③种类相对较多，可引起人类感染的副黏病毒主要有麻疹病毒（measles virus）、流行性腮腺炎病毒（mumps virus）、人副流感病毒（human parainfluenza virus），以及近年新发现的亨德拉病毒（Hendra virus）和尼帕病毒（Nipah virus）。④致病力相对较弱，感染的对象以婴幼儿和儿童为主，但其中也有部分病毒的传染性和致病性较强。

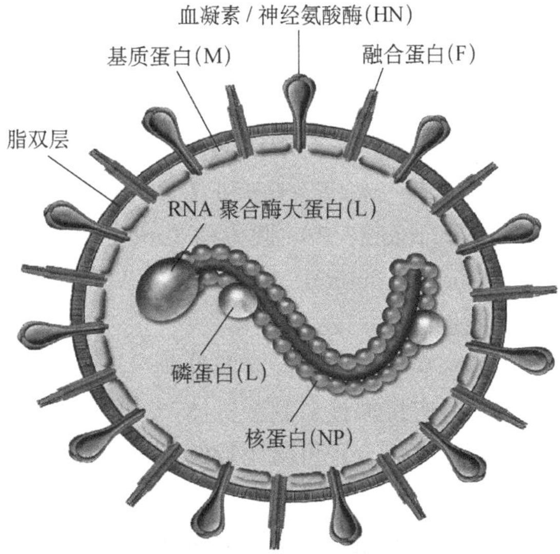

图 7-10 副黏病毒结构模式图

表7-4　正黏病毒与副黏病毒的主要性状比较

生物学特性	正黏病毒	副黏病毒
病毒形态	球形或丝形，直径为80～120nm，有包膜	多形性，直径为120～300nm，有包膜
病毒基因组	负单链RNA，13.6kb，分节段，变异频率高	负单链RNA，16～20kb，不分节段，变异频率低
核衣壳形成部位	细胞核	细胞质
凝血作用	有	有
溶血作用	无	有
唾液酸受体	亲和	亲和
刺突	HA和NA	F为副黏病毒共有，其他成分各异
鸡胚培养特性	生长良好	多数生长不佳

一、麻疹病毒

中文名：麻疹病毒

英文名：measles virus

病毒定义：麻疹病毒是麻疹（measle）的病原体。麻疹是儿童常见的急性传染病，其传染性很强，是发展中国家儿童死亡的重要原因。自20世纪60年代初开始使用麻疹减毒活疫苗以来，麻疹发病率显著下降。

分类：麻疹病毒属于副黏病毒科（*Paramyxoviridae*）正副黏病毒亚科（*Orthoparamyxovirinae*）麻疹病毒属（*Morbillivirus*）。

（一）生物学性状

1. 形态结构　麻疹病毒为球形或丝形，直径为120～250nm，有包膜。核衣壳呈螺旋对称，核心为不分节段的负单链RNA（-ssRNA），基因组全长近16kb，从3′端开始依次为*N*、*P*、*M*、*F*、*HA*和*L*六个基因，分别编码核蛋白（nucleoprotein，NP）、磷蛋白（phosphoprotein，P）、膜蛋白（membrane protein，M）、融合蛋白（fusion protein，F）、血凝素（hemagglutinin，HA）和RNA聚合酶大蛋白（large polymerase，L）等6种结构蛋白和功能蛋白。

麻疹病毒包膜表面有两种刺突，即HA和溶血素（hemolysin，HL）。HA和HL均为糖蛋白，有抗原性，刺激机体产生中和抗体。HA参与病毒吸附，能与宿主细胞表面的麻疹病毒受体结合；可凝集猴红细胞。HL具有溶血作用，并可使感染细胞融合形成多核巨细胞。

2. 培养特性　麻疹病毒能在人胚肾、人羊膜等原代或传代细胞中增殖并导致细胞融合，形成多核巨细胞，可在受染细胞质和细胞核内出现嗜酸性包涵体（图7-11）。

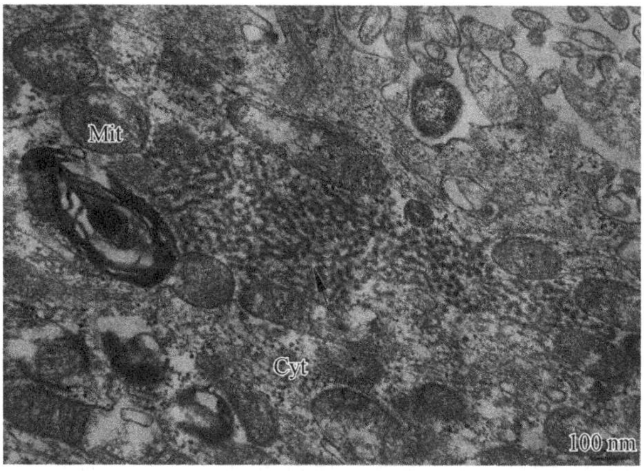

图 7-11　麻疹病毒感染细胞形成的包涵体形态电镜图（超薄切片）（宋敬东等，2024）
箭头示细胞质内病毒核衣壳聚集形成的絮状包涵体；Mit.线性体；Cyt.细胞质

3. 抗原性　麻疹病毒的抗原性稳定，目前只有一个血清型，存在麻疹病毒抗原和遗传物质小幅度变异。根据麻疹病毒核蛋白基因 *C* 末端高变区或 *HA* 全基因序列，将麻疹病毒分为 A～H 8 个基因群（genetic group），包含 23 个基因型（genotype）。

4. 抵抗力　麻疹病毒对理化因素的抵抗力较弱，56℃加热 30min 即被灭活，对脂溶剂和一般消毒剂敏感，日光和紫外线也能使其灭活。

（二）致病性与免疫性

1. 致病性　人是麻疹病毒唯一的自然宿主，传染源是急性期患者，主要经飞沫传播，也可经玩具、用具或密切接触传播。易感者为6个月到5岁的儿童，接触病毒后几乎全部发病。麻疹病毒的受体为 CD46 分子和信号淋巴细胞活化分子（signaling lymphocyte activation molecule，SLAM），广泛分布于除人红细胞以外的大多数组织细胞中。麻疹的发病过程中有两次病毒血症：麻疹病毒经 HA 与呼吸道黏膜上皮细胞表面的 CD46 分子结合，病毒穿入上皮细胞并进行复制，扩散至淋巴结中增殖后进入血液形成第一次病毒血症。病毒随血液到达全身淋巴组织和单核巨噬细胞系统，大量增殖后再次释放入血，形成第二次病毒血症。此时患者的表现有发热、畏光、鼻炎、眼结膜炎和咳嗽等上呼吸道卡他症状。麻疹病毒还可在真皮层内增殖，并在口腔两颊内侧黏膜出现针尖大小、中心灰白、周围红色的特征性科氏斑（Koplik spot），是临床早期诊断麻疹的重要依据。此阶段也是麻疹传染性最强的时期，病理改变为多核巨细胞和包涵体的形成。在随后的 1～2 天，患者全身皮肤相继出现红色斑丘疹，出疹的顺序依次为颈部、躯干和四肢，此阶段是麻疹病情最严重的时期。麻疹患儿在皮疹出齐后进入恢复期，一般在 24h 后体温就开始下降，一周左右呼吸道症状消退，皮疹变暗，有色素沉着。典型麻疹的潜伏期为 9～11 天，前驱期为 2～4 天，出疹期为 5～6 天。

麻疹一般可以自愈或治愈，但如果患儿抵抗力低下或处理不当，可出现严重的并发症，最常见的并发症是细菌感染，如细菌性肺炎、支气管炎和中耳炎等；最严重的并发症是脑炎。免疫缺陷儿童感染麻疹病毒后，常不出现皮疹，但可发生严重的致死性麻疹巨细胞肺炎。

麻疹病毒感染后，大约有0.1%的患者在病愈一周后发生迟发型超敏反应性疾病，引起脑脊髓炎，患者常伴有永久性后遗症，病死率达15%。约有百万分之一的患者在病愈后5～15年发生急性病毒感染的迟发并发症——亚急性硬化性全脑炎（subacute sclerosing panencephalitis，SSPE），即渐进性大脑衰退，病程一般为1～2年，最终导致昏迷死亡。SSPE的发病机制目前尚不完全清楚，在患者血液和脑脊液中可检测到高效价的抗麻疹病毒抗体（IgG或IgM），神经元与神经胶质细胞质及细胞核内均可查见包涵体，但不易分离出麻疹病毒。因此认为患者脑组织中的麻疹病毒为缺陷病毒，主要因*M*基因的变异而导致M蛋白不能合成或表达水平低下，麻疹病毒不能进行正常的装配和释放。如果将SSPE尸检的脑组织与麻疹病毒易感的HeLa或Vero等细胞共培养，可以分离出完整的麻疹病毒。

2. 免疫性　患麻疹后可获得持久而牢固的免疫力，包括体液免疫和细胞免疫。感染后机体产生的抗HA和抗HL抗体均具有中和病毒的作用，HL抗体还能阻止麻疹病毒在细胞间的扩散。细胞免疫有很强的保护作用，在麻疹恢复中起主导作用。细胞免疫正常但免疫球蛋白缺陷的麻疹患者也能痊愈并抵抗再感染，但细胞免疫缺陷的感染者会出现进行性麻疹脑炎，容易导致患者死亡。

（三）微生物学检查与防治原则

1. 微生物学检查　根据典型的麻疹患者的临床症状即可作出诊断，仅轻症患者和不典型的感染者需要进行微生物学检查。由于病毒分离和鉴定比较复杂、费时，因而常用的是血清学诊断。

（1）*病毒分离与鉴定*　取患者发病早期咽漱液、咽拭子或血液标本，接种人羊膜等细胞，培养7～10天后可出现多核巨细胞、胞内和核内出现嗜酸性包涵体等典型病变；鉴定时常用免疫荧光技术检测病变细胞中麻疹病毒抗原。

（2）*血清学诊断*　取患者急性期和恢复期双份血清标本，检测血清中抗麻疹病毒抗体，如恢复期抗体效价增高4倍及以上即具诊断意义。也可用ELISA方法检测IgM抗体以辅助早期诊断。

（3）*快速诊断*　取患者前驱期或卡他期咽漱液标本，检测感染细胞中的病毒核酸；也可用免疫荧光技术检测感染细胞中的麻疹病毒抗原。

2. 防治原则　预防麻疹的主要措施是隔离患者，减少传染源；对儿童接种麻疹减毒活疫苗或麻疹-流行性腮腺炎-风疹疫苗（measles-mumps-rubella vaccine，MMR），可显著降低麻疹的发病率。对接触麻疹患儿的易感者，紧急应用人丙种球蛋白进行被动免疫有一定的预防效果。

二、流行性腮腺炎病毒

中文名：流行性腮腺炎病毒

英文名：mumps virus

病毒定义：流行性腮腺炎病毒是一种负单链RNA病毒，属于副黏病毒科，是流行性腮腺炎（epidemic parotitis）的病原体。

分类：流行性腮腺炎病毒归属于副黏病毒科（*Paramyxoviridae*）腮腺炎病毒亚科（*Rubulavirinae*）正腮腺炎病毒属（*Orthorubulavirus*）。

（一）生物学性状

病毒呈球形，直径为100～200nm，核衣壳呈螺旋对称，核酸为不分节段的负单链RNA，编码7种结构蛋白，包括核蛋白（NP）、磷蛋白（P）、基质蛋白（M）、融合蛋白（F）、血凝素/神经氨酸酶（HN）、小疏水蛋白（small hydrophobic protein，SH）和RdRp（L）。

流行性腮腺炎病毒只有一个血清型，根据*SH*基因序列的差异可分为11个基因型。

流行性腮腺炎病毒可用鸡胚羊膜腔或猴肾细胞进行培养，病毒增殖后可引起细胞融合和形成多核巨细胞等病变。

（二）致病性与免疫性

人是流行性腮腺炎病毒的唯一宿主，主要通过飞沫传播。5～14岁儿童为易感者，潜伏期为7～25天，发病前一周和后一周为病毒排放高峰期，传染性强。病毒侵入人体后先在鼻或呼吸道黏膜上皮细胞、面部局部淋巴结内增殖，随后入血引起病毒血症，并扩散至腮腺和其他器官，如睾丸、卵巢、肾、胰腺和中枢神经系统等。主要临床表现为一侧或双侧腮腺肿大，疼痛和触痛明显，颌下腺及舌下腺也可累及；伴有发热、肌痛和乏力等症状。青春期的流行性腮腺炎病毒感染者易出现睾丸炎、卵巢炎等并发症。

流行性腮腺炎病后可获得牢固免疫力，婴儿可从母体获得被动免疫，故6个月以内的婴儿很少患流行性腮腺炎。

（三）微生物学检查与防治原则

根据流行性腮腺炎病例典型的临床表现，无须做病原学检查即可对患者进行诊断。对症状不典型的可疑患者取患者唾液或脑脊液，用RT-PCR检测流行性腮腺炎病毒核酸，或进行血清学诊断。也可用患者标本进行病毒分离培养，但一般不作为临床诊断用。

对流行性腮腺炎患者应及时隔离，疫苗接种是最有效的预防措施。目前流行性腮腺炎疫苗主要是减毒活疫苗或MMR，均有较好的免疫保护效果。尚无治疗流行性腮腺炎的特效药物，中草药有一定的治疗效果。

三、人副流感病毒

中文名：人副流感病毒

英文名：human parainfluenza virus，hPIV

病毒定义：人副流感病毒是一种负单链RNA病毒，属于副黏病毒科，是引起婴幼儿严重呼吸道感染的主要病原体之一。

分类：人副流感病毒属于副黏病毒科（*Paramyxoviridae*）呼吸道病毒属（*Respirovirus*）

的病毒，感染人类的主要型别是 hPIV 1、3 型。

病毒呈球形，直径为 125～250nm，核衣壳呈螺旋对称，核酸为不分节段的负单链 RNA，主要编码融合蛋白（F）、血凝素/神经氨酸酶（HN）、基质蛋白（M）、核蛋白（N）、聚合酶复合物、依赖于 RNA 的 RNA 聚合酶（L）。包膜上有 HN 和 F 两种刺突，HN 蛋白兼有 HA 和 NA 的作用，F 蛋白具有使细胞融合和溶解红细胞的作用。感染人类的主要型别是 hPIV 1、3 型。

病毒主要通过气溶胶或飞沫传播，也可通过人-人之间接触传播。病毒侵入人体后仅局限在呼吸道上皮细胞增殖，一般不引起病毒血症。发生在鼻咽部位的感染会引起普通感冒的症状，发生在上呼吸道的感染会引起小儿哮喘；病毒也可向呼吸道深部扩散并导致肺炎和细支气管炎。

微生物学检查可取鼻咽部分泌物或脱落细胞标本进行核酸检测，采用 ELISA 或免疫荧光技术可快速检测病毒抗原。目前尚无有效的预防疫苗和治疗药物。

四、亨德拉病毒和尼帕病毒

中文名：亨德拉病毒、尼帕病毒

英文名：Hendra virus、Nipah virus

病毒定义：亨德拉病毒和尼帕病毒是负单链 RNA 病毒，属于副黏病毒科，均为人兽共患病的病原体。

分类：亨德拉病毒和尼帕病毒属于副黏病毒科（*Paramyxoviridae*）正副黏病毒亚科（*Orthoparamyxovirinae*）亨尼帕病毒属（*Henipavirus*）。

亨德拉病毒最初是于 1994 年首次从澳大利亚亨德拉镇（Hendra）暴发的一种严重的、致人和马死亡的呼吸道感染疾病中分离发现的。病毒体大小不均，直径为 38～600nm，表面有长度为 15nm 和 18nm 的双绒毛纤突。亨德拉病毒的自然宿主是蝙蝠，病毒主要通过接触传播，并有一定的地域性。感染后导致严重的呼吸困难，病死率较高。目前尚无有效的预防疫苗和治疗药物。

尼帕病毒是于 1999 年首次从马来西亚尼帕镇（Nipah）脑炎患者的脑脊液中分离发现的。病毒基因组为负单链 RNA，形态具有多样性，大小为 120～500nm。含 6 种主要结构蛋白（N、P、M、F、G 和 L）。病毒主要中间宿主是果蝠，主要传染源是猪。被感染的猪可通过体液或气溶胶传播给人，该病的潜伏期为 4～18 天，初期临床症状轻微，类似流感症状，主要导致尼帕病毒脑炎，病死率高。至少 80%的患者为成人男性。至今尚无有效的防治方法。

第四节　肺病毒

肺病毒是一类较大的有包膜的负单链 RNA 病毒，2016 年从副黏病毒科中独立出来成立了新的病毒科，即肺病毒科（*Pneumoviridae*），包括正肺病毒属（*Orthopneumovirus*）和偏肺病毒属（*Metapneumovirus*）。某些肺病毒对人类有致病性，如人呼吸道合胞病毒（human respiratory syncytial virus，hRSV）和人偏肺病毒（human metapneumovirus，hMPV）。

一、呼吸道合胞病毒

中文名：呼吸道合胞病毒

英文名：respiratory syncytial virus，RSV

病毒定义：呼吸道合胞病毒属于肺病毒科正肺病毒属，是引起婴幼儿和儿童下呼吸道感染的主要病原体。

分类：呼吸道合胞病毒曾归属副黏病毒科，2016 年被重新分类为肺病毒科（*Pneumoviridae*）正肺病毒属（*Orthopneumovirus*），其中可以感染人的呼吸道合胞病毒称为人呼吸道合胞病毒。

（一）生物学性状

RSV 颗粒具有多形性，可为丝状、球形或肾形（图 7-12），直径为 120～200nm，有包膜，基因组为不分节段的负单链 RNA。病毒基因组可编码 10 种蛋白质，包括 3 种包膜蛋白（F、G、SH）、2 种基质蛋白（M1、M2）、3 种核衣壳蛋白（N、P、L）和 2 种非结构蛋白（NS1、NS2）。目前分为 2 个血清型。病毒包膜上有 G 蛋白和 F 蛋白形成的刺突，但无 HA、NA 和 HL，不能凝集红细胞。RSV 可在 HeLa、Hep-2 等细胞中缓慢生长，约 10 天才出现 CPE，其特点是形成多核巨细胞和胞质内嗜酸性包涵体。

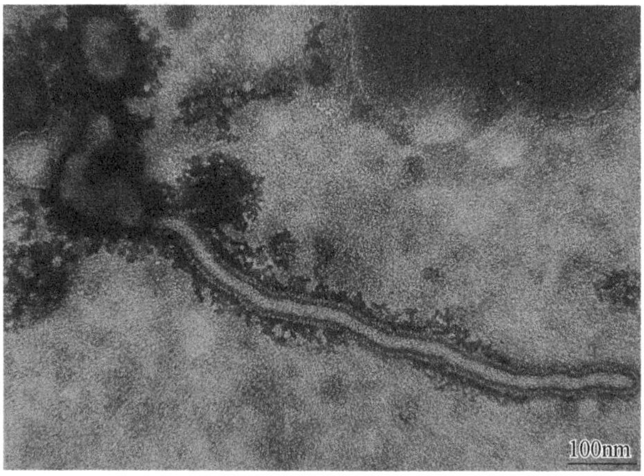

图 7-12 呼吸道合胞病毒的形态电镜图（负染）（宋敬东等，2024）

（二）致病性

人呼吸道合胞病毒主要经飞沫传播，也可经污染的手或物品传播，传染性较强，是医院感染的主要病原体之一。婴幼儿和儿童普遍易感，能引起婴幼儿（特别是 2～6 个月婴幼儿）严重的呼吸道疾病，如哮喘性细支气管炎和肺炎。

（三）微生物学检查与防治原则

hRSV 所致疾病与其他病毒和细菌感染所致的呼吸道疾病难区别，需进行病原学检查才能确诊。目前常用的方法是采用免疫荧光技术检查鼻咽部脱落细胞中的hRSV抗原，以及用RT-PCR方法检查病毒核酸进行快速辅助诊断。目前已有两款RSV疫苗获得了美国食品药品监督管理局（FDA）的批准上市；此外，我国批准的长效单克隆抗体尼塞韦单抗（nirsevimab）可用于预防婴儿RSV感染。

二、人偏肺病毒

中文名：人偏肺病毒

英文名：human metapneumovirus，hMPV

病毒定义：为负单链RNA病毒，有包膜。人偏肺病毒为肺病毒科偏肺病毒属中的第一个人类病毒，具有与副黏病毒相似的电镜形态和生物学特性。

分类：人偏肺病毒属于肺病毒科（*Pneumoviridae*）偏肺病毒属（*Metapneumovirus*）。

人偏肺病毒主要经呼吸道传播，儿童普遍易感。低龄儿童、老年人、免疫功能不全的人群中发病率较高，并可引起致死性感染。hMPV感染后的临床表现与呼吸道合胞病毒感染相似，但病情较缓和，病程略短。目前尚无有效的抗hMPV治疗药物和疫苗。

第五节 其他呼吸道病毒

一、人腺病毒

中文名：人腺病毒

英文名：human adenovirus，HAdV

病毒定义：人腺病毒是一种无包膜的双链DNA病毒，属于腺病毒科，其中有51个人类腺病毒种或血清型可以引起呼吸系统、消化系统和泌尿/生殖系统的感染及相关疾病。

分类：人腺病毒是腺病毒科（*Adenoviridae*）哺乳动物腺病毒属（*Mastadenovirus*）成员。哺乳动物腺病毒属有超过50个病毒种。

（一）生物学性状

病毒呈球形，直径为60～90nm，无包膜。核心为双链DNA，核衣壳为典型的二十面体立体对称型（图7-13）。衣壳由252个壳粒组成，其中240个壳粒位于面上，为六邻体（hexon），含有组特异性的α抗原；12个壳粒位于二十面体顶端，为五邻体（penton）。五邻体包括基底部分和一根纤突（fiber），基底部分有组特异性的β抗原和毒素样活性，与病毒所致的细胞病变有关。纤突长度为9～33nm，其末端膨大成小球状。纤突蛋白含有型特异性的γ抗原，与腺病毒的吸附和凝集动物红细胞有关。各型腺病毒均可在原代人胚肾细胞及传代细胞中增殖，引起典型的细胞病变。腺病毒对理化因素的抵抗力比较强，对酸和温度的耐受范围较大，用紫外线照射30min、56℃ 30min可被灭活。

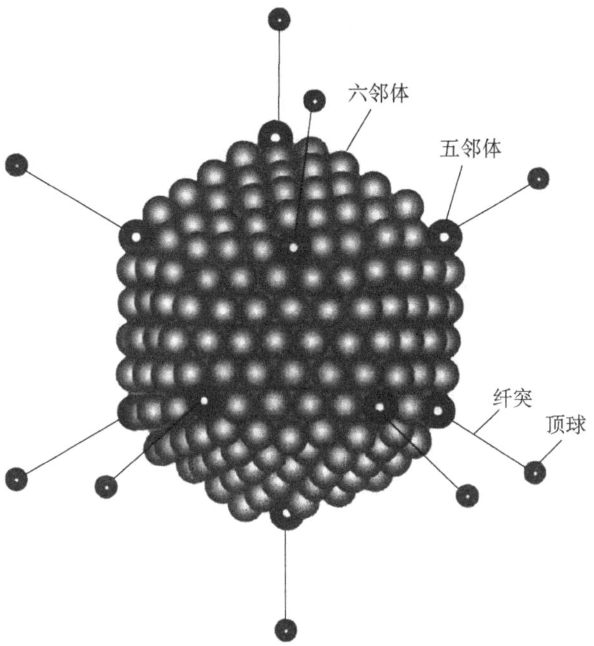

图 7-13　腺病毒形态示意图

（二）致病性

腺病毒感染的传染源为患者或无症状的病毒携带者。主要通过呼吸道传播，也可经粪-口途径传播，以及密切接触传播，通过手、污染的毛巾、眼科器械等也可传播腺病毒，消毒不彻底的游泳池水可引起腺病毒的暴发流行。腺病毒所致的疾病分为以下四大类：①呼吸道疾病，包括急性发热性咽炎、咽结膜热、急性呼吸道感染和肺炎等。其中咽结膜热常有暴发流行倾向，腺病毒所致肺炎占病毒性肺炎的 20%～30%，多数发生在 6 个月到 2 岁的婴幼儿中。②胃肠道疾病，主要指小儿胃肠炎与腹泻，占小儿病毒性胃肠炎的 5%～15%。此外，还可引起婴幼儿肠套叠。③眼部疾病，主要包括流行性角膜结膜炎（epidemic keratoconjunctivitis，EKC）和滤泡性结膜炎，前者传染性强，后者多为自限性疾病。④其他疾病，包括儿童急性出血性膀胱炎、女性宫颈炎和男性尿道炎等。

（三）微生物学检查与防治原则

腺病毒感染的微生物学检查可采用病毒分离和鉴定的方法，但耗时较长，达不到早期诊断的目的。可用 PCR 等方法检测腺病毒核酸，用 ELISA 和免疫荧光等方法检测腺病毒感染者血清中的特异性抗体。目前尚无特异抗病毒药物及预防疫苗。

二、风疹病毒

中文名：风疹病毒
英文名：rubella virus

病毒定义：风疹病毒是一种有包膜的正单链 RNA 病毒，是引起风疹的病原体，除引起儿童和成人风疹外，还可引起胎儿的流产、死胎和先天性风疹综合征（congenital rubella syndrome，CRS），对胎儿的危害极大。

分类：风疹病毒属于风疹病毒科（*Matonaviridae*）风疹病毒属（*Rubivirus*）。

（一）生物学性状

风疹病毒的直径为 60～70nm，核酸为正单链 RNA，核衣壳为二十面体立体对称型，有包膜且包膜表面有微小刺突。基因组全长 9.7kb，含两个 ORF。5′端的 ORF1 编码非结构蛋白，3′端的 ORF2 编码一条分子质量为 230kDa 的前体多蛋白，经酶切加工后形成 3 种结构蛋白，即衣壳蛋白（C）、包膜糖蛋白 E1 和 E2。E1 蛋白具有血凝素活性，可通过血凝抑制试验检测抗风疹病毒的特异性抗体。风疹病毒只有一个血清型，能在细胞中增殖，不耐热，56℃ 30min 可被灭活，对脂溶剂和紫外线敏感。

（二）致病性

人是风疹病毒唯一的自然宿主，儿童是主要的易感者。风疹病毒通过呼吸道传播，在呼吸道局部淋巴结增殖后经病毒血症播散至全身引起风疹，主要表现为发热、斑点状皮疹、伴耳后和枕骨下淋巴结的肿大等症状。成人感染风疹病毒后症状较重，除出现皮疹外，还有关节炎和关节疼痛、血小板减少、出疹后脑炎等，病后大多预后良好。风疹病毒感染最严重的危害是通过垂直传播引起胎儿先天性感染，特别是孕 20 周内的孕妇发生的感染对胎儿的危害最大。风疹病毒感染胎儿后，可影响胎儿细胞的生长、有丝分裂和染色体结构，导致流产或死胎及先天性风疹综合征，即胎儿在出生后表现为先天性心脏病、先天性耳聋、白内障等畸形，以及黄疸性肝炎、肺炎、脑膜脑炎等疾患。人体感染风疹病毒后可获得持久免疫力。95%以上正常人血清中含有抗风疹病毒的保护性抗体，孕妇血清中的抗体具有保护胎儿免受风疹病毒感染的作用。

（三）微生物学检查与防治原则

风疹病毒感染的早期诊断很重要，尤其是对感染风疹病毒的孕妇，早期诊断可以减少胎儿畸形的发生。常用的检查方法有：①用 ELISA 等血清学方法检测孕妇血清中抗风疹病毒的特异性 IgM 抗体，结果为阳性则可认为是近期感染。②取胎儿羊水或绒毛膜检测风疹病毒抗原或核酸，可对风疹病毒感染作出早期诊断。③取胎儿羊水或绒毛膜进行风疹病毒分离培养和鉴定，但比较烦琐，不常使用。

风疹减毒活疫苗接种是预防风疹的有效措施，目前使用的 MMR 可使 95%的接种者获得高水平的保护性抗体，免疫力可维持 7～10 年甚至终生。

三、鼻病毒和肠道病毒 D68

中文名：鼻病毒、肠道病毒 D68

英文名：rhinovirus，RhV；enterovirus D68，EV-D68

病毒定义：RhV 和 EV-D68 均为+ssRNA 病毒，属于小 RNA 病毒科（*Picornaviridae*）肠道病毒属（*Enterovirus*）。鼻病毒是引起人类普通感冒（common cold）最常见的病原体。EV-D68 曾属于人鼻病毒 87 型，现属于肠道病毒属、丁种肠道病毒（*Enterovirus D*）成员。

分类：鼻病毒和肠道病毒 D68 均属于小 RNA 病毒科（*Picornaviridae*）肠道病毒属（*Enterovirus*）。鼻病毒有甲型鼻病毒种（*Rhinovirus A*）、乙型鼻病毒种（*Rhinovirus B*）和丙型鼻病毒种（*Rhinovirus C*）3 个病毒种。EV-D68 属于肠道病毒属丁种肠道病毒（*Enterovirus D*）。

（一）生物学性状

鼻病毒是普通感冒常见的病原体之一，主要通过直接接触和飞沫传播，具有较高的传染性。病毒颗粒呈球形，直径为 28～30nm，无包膜。核酸为正单链 RNA，衣壳由 VP1～VP4 蛋白组成，呈二十面立体对称排列。鼻病毒的基因组含有单一可读框，可翻译产生病毒前体多蛋白，经水解加工后产生 4 种结构蛋白（VP1、VP2、VP3 和 VP4）和 7 种非结构蛋白（2A、2B、2C、3A、3B、3C 和 3D）。目前共鉴定出 3 个鼻病毒受体：细胞间黏附分子 1（intercelluar adhesion molecule-1，ICAM-1）、低密度脂蛋白受体家族成员（low-density lipoprotein receptor family，LDLR family）和钙黏蛋白相关家族成员 3（cadherin-related family member 3，CDHR3）。其中，ICAM-1 是鼻病毒的主要受体，通过分子上 N 端免疫球蛋白结构域识别病毒衣壳上的“口袋”结构，介导病毒颗粒吸附到宿主细胞表面。与其他肠道病毒不同，鼻病毒对酸敏感，在 pH3.0 条件下会迅速失活。

EV-D68 的形态结构（图 7-14）、培养特性及传播方式与鼻病毒相似。

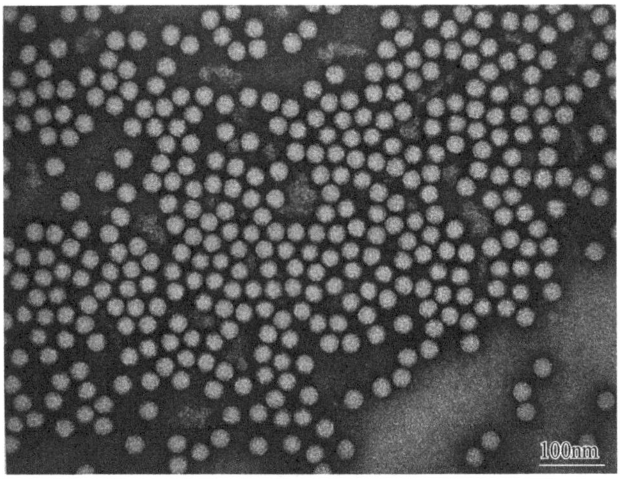

图 7-14 EV-D68 电镜图（负染）（宋敬东等，2024）

（二）致病性

鼻病毒是普通感冒常见的病原体，引起的人类普通感冒（common cold）占 30%～50%，也可引起婴幼儿和慢性呼吸道疾病患者的支气管炎和支气管肺炎。病毒主要通过手接触传播，其次是飞沫传播。引起的疾病多为自限性疾病。多数感染者无显著的临床症状或仅伴有轻微症状，包括流鼻涕、鼻塞、咽痛、咳嗽和头痛，少数婴幼儿、老年人和免疫低下人群感染鼻病毒会发展为下呼吸道感染。由于鼻病毒型别多，感染后免疫保护作用短暂，因此再感染极为常见。

EV-D68 于 1962 年在美国加利福尼亚州被发现，主要导致感冒样轻度上呼吸道感染。此外，EV-D68 感染还与多种中枢神经系统并发症密切相关，以急性弛缓性脊髓炎（acute flaccid myelitis，AFM）最为常见。2014 年美国报道了 1000 多例感染者，其中部分重症患儿出现肺炎和急性弛缓性脊髓炎等呼吸系统和神经系统症状。我国自 2006 年起不断有 EV-D68 散发病例报告。有研究表明，EV-D68 是继肠道病毒 A71（enterovirus A71，EV-A71）之后，导致严重呼吸系统和神经系统疾病的重要肠道病毒。

拓展阅读 7-3

EV-D68 导致的呼吸道感染

（三）防治原则

目前鼻病毒和 EV-D68 尚无特异预防和治疗方法。

四、呼肠病毒

中文名：呼肠病毒

英文名：reovirus

病毒定义：呼肠病毒为基因组分节段的双链 RNA 病毒，无包膜，可引起人类轻度上呼吸道感染等疾病。

分类：呼肠病毒属于刺突呼肠病毒科（*Spinareoviridae*）正呼肠病毒属（*Orthoreovirus*）哺乳动物正呼肠病毒种（*Mammalian orthoreovirus*），与属于平滑呼肠病毒科（*Sedoreoviridae*）的轮状病毒共同归类于呼肠病毒目（*Reovirales*）。

病毒颗粒呈球形，直径为 60～80nm，无包膜。基因组为双链 RNA，有 9～12 个片段。衣壳为 1～3 层同轴心的正二十面体复合对称型，二十面体的 12 个顶角有相对较大的刺突，这一特点与平滑呼肠病毒科的病毒不同。呼肠病毒含有血凝素，能凝集人 O 型红细胞和牛红细胞。

呼肠病毒在自然界中广泛存在，宿主范围广，大多数人在儿童时期已被感染，多呈隐性感染。显性感染包括轻度上呼吸道疾病等。

小　结

呼吸道病毒感染是全球常见的公共卫生问题，主要通过呼吸道传播，几乎所有人群均易受感染。临床症状多样，从急性上呼吸道感染到下呼吸道感染，甚至可累及其他器官系统，导致重症或死亡。涉及多种病毒，包括 RNA 病毒（如冠状病毒科、正黏病毒科、副黏病毒科、肺病毒科等）和 DNA 病毒（如腺病毒科等）。

冠状病毒为正单链RNA病毒，SARS-CoV、MERS-CoV和SARS-CoV-2可引起重症肺炎。正黏病毒科的代表为流感病毒，基因组为分节段的负单链RNA，甲型流感病毒易发生抗原性变异，抗病毒药物对其有一定的疗效。副黏病毒科包括麻疹病毒和流行性腮腺炎病毒等，麻疹病毒可导致麻疹，少数患者会发展为亚急性硬化性全脑炎（SSPE）。肺病毒科，如呼吸道合胞病毒，主要引起6个月以下婴儿细支气管炎和肺炎。风疹病毒为正单链RNA病毒，可通过垂直传播导致胎儿先天性感染，孕妇早期感染可致胎儿发生先天性风疹综合征。腺病毒为线状双链DNA病毒。

呼吸道病毒感染的诊断主要依据患者的临床症状和流行病学背景。近年来，快速诊断技术如核酸检测和抗原检测，已被广泛应用于呼吸道病毒感染的诊断。

接种特异性疫苗是预防呼吸道病毒感染的有效手段。特定的抗病毒药物对某些呼吸道病毒感染也显示出一定的疗效。综合预防和治疗策略对于控制呼吸道病毒的传播和减缓其公共卫生影响至关重要。

复习思考题

1. 从SARS-CoV-2的生物学与致病特征方面来阐述对COVID-19的预防策略和措施。
2. 阐述甲型流感病毒为什么易引起全球大流行。
3. 简述人类对流感病毒和麻疹病毒的免疫力有何区别。
4. 比较引起流感和普通感冒的病原体的生物学性状、致病性及防治原则的差异。
5. 呼吸道病毒中对胎儿危害较大的病毒是哪种？应怎样预防？

（彭宜红　魏　伟）

第八章 肠道病毒

本章要点

1. 肠道病毒基因序列的特点是其分类的主要依据。它们主要通过粪-口途径传播，其中90%以上的感染为隐性感染。肠道病毒的主要危害是损伤肠道外的重要器官，包括中枢神经系统（脑和脊髓）、心肌、胰腺、骨骼肌。在复制过程中，这些病毒可以选择性关闭宿主蛋白质的合成及抗病毒免疫。
2. 脊髓灰质炎病毒主要通过粪-口途径传播，绝大多数感染为隐性感染，在1%～2%感染者中，病毒可突破血脑屏障，侵犯中枢神经系统，导致类脊髓灰质炎和无菌性脑膜炎，其中约0.1%感染者会发展为脊髓灰质炎，全球广泛采用免疫接种预防脊髓灰质炎，目前野生型毒株感染病例已经罕见。
3. 柯萨奇病毒、埃可病毒和肠道病毒A71是引起手足口病的重要病原体。
4. 病原学诊断主要通过快速诊断技术检测病毒核酸和（或）抗原，对于有些肠道病毒如脊髓灰质炎病毒，人们可通过接种特异性疫苗获得一定的免疫力。

肠道病毒（enterovirus，EV）是人类脊髓灰质炎、心肌炎、脑炎、手足口病、急性出血性结膜炎的病原，也可引起无菌性脑膜炎、呼吸道感染等疾病。

第一节 肠道病毒的共同特性

一、分类与命名

小RNA病毒科（*Picornaviridae*）是一群形态微小、无包膜的正单链RNA（+ssRNA）病毒，共有68个属。其中有7个属可引起人类疾病，即肠道病毒属（*Enterovirus*）、副埃可病毒属（*Parechovirus*）、心病毒属（*Cardiovirus*）、嗜肝病毒属（*Hepatovirus*）、嵴病毒属（*Kobuvirus*），以及新发现的 *Cosavirus* 和 *Salivirus*。

肠道病毒的分类经历了多次变化。20 世纪 50 年代，依据肠道病毒对人类和实验动物的致病性、首次发现的地点、体外培养引起的细胞病变效应等，可将其分为脊髓灰质炎病毒、A 组和 B 组柯萨奇病毒、埃可病毒，再依据中和试验划分血清型。这些病毒的名称是在分子遗传学出现之前依据病毒抗原性、组织亲嗜性、致病性等特性进行分类的。随着新的肠道病毒不断发现，这种分类方法无法适应肠道病毒的复杂性，因此自 1968 年开始，对新发现的肠道病毒不再按传统方法归类，而是依据发现的时间顺序编号命名，如肠道病毒 68、69、70 型等。随着基因测序技术的广泛应用，2008 年根据 VP1 编码序列结合生物学性状特点，将鼻病毒划入肠道病毒属。2017 年，根据基因序列特点进一步将肠道病毒属划分为 15 个种。国际病毒分类委员会（ICTV）规定，68 型之前的病毒型别名称保持不变，如脊髓灰质炎病毒 1 型（poliovirus 1，PV1）、埃可病毒 1 型（E1），但从 68 型之后的型别要冠以病毒种，如肠道病毒 D68（enterovirus D68，EV-D68）、肠道病毒 A71（EV-A71）。

拓展阅读
8-1
肠道病毒致病的历史

目前，肠道病毒属包含 15 种（species），包括 12 种肠道病毒（*Enterovirus A～L*，EV-A～EV-L）和 3 种鼻病毒（*Rhinovirus A～C*，RV-A～RV-C），对人致病的是 A、B、C、D 种肠道病毒（表 8-1）和 A、B、C 种鼻病毒。

表 8-1　感染人类的肠道病毒*

种	病毒	型别
A	A 组柯萨奇病毒	CVA2～8、10、12、14、16
	肠道病毒	EV-A71、76、89～92、114、119～121
B	A 组柯萨奇病毒	CVA9
	B 组柯萨奇病毒	CVB1～6
	埃可病毒	E1-7、9、11～21、24～27、29～33
	肠道病毒	EV-B69、73～75、77～88、93、97、98、100、101、106、107、110～113
C	脊髓灰质炎病毒	PV1～3
	A 组柯萨奇病毒	CVA1、11、13、17、19～22、24
	肠道病毒	EV-C95、96、99、102、104、105、109、113、116～118
D	肠道病毒	EV-D68、70、94、111、120

*部分型别是灵长类动物病毒。鼻病毒未列出

二、病毒形态结构及基因组

肠道病毒呈球形，直径为 27～32nm（图 8-1）。基因组为约 7.4kb 的+ssRNA，其结构及编码高度保守，由 5′UTR、可读框（ORF）、3′UTR 三部分组成（图 8-2）。5′UTR 占全基因组长度的 10%。ORF 编码一个约含 2200 个氨基酸残基的前体多蛋白（polyprotein），由自身蛋白酶反式切割，生成病毒的结构蛋白和非结构蛋白。3′UTR 较短，末端具有 poly(A)序列。肠道病毒基因组进入细胞后可直接进行蛋白质翻译，故具有感染性。

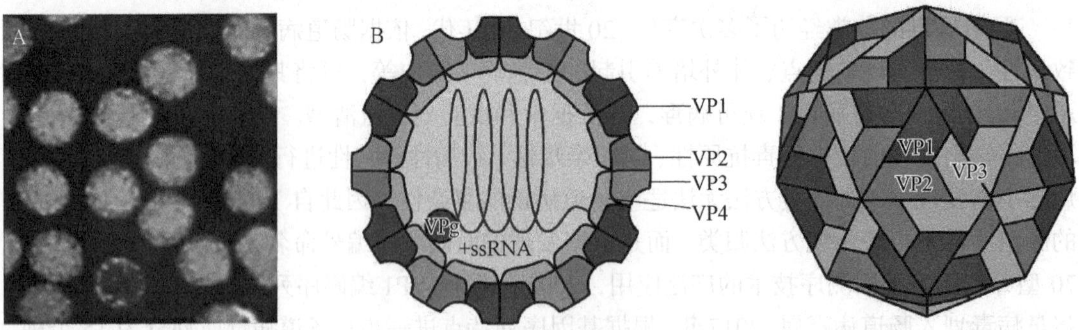

图 8-1　肠道病毒形态与结构模式图

A. 肠道病毒电镜图（×450 000，程志提供）；B. 脊髓灰质炎病毒结构示意图

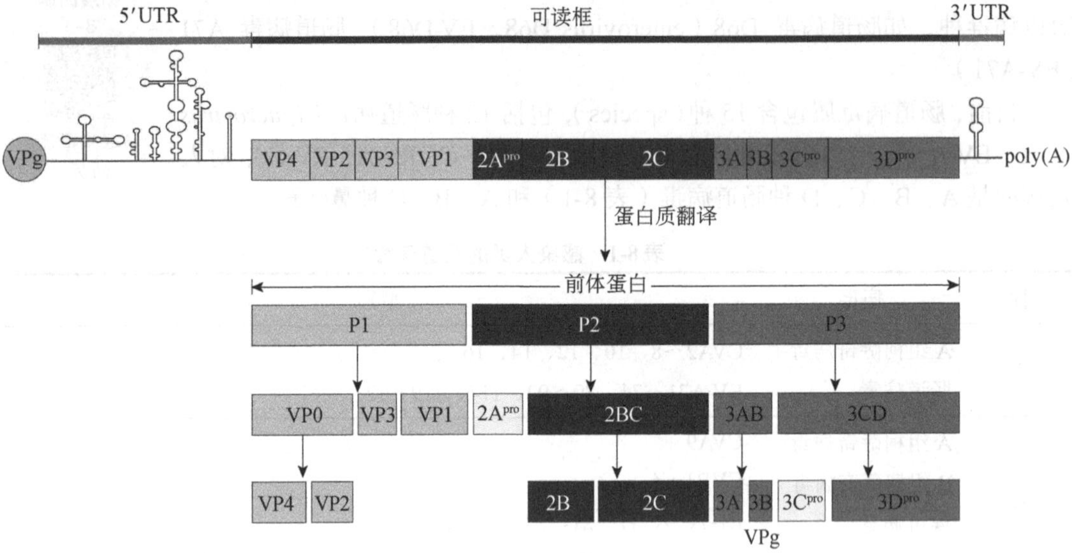

图 8-2　肠道病毒的基因结构与病毒蛋白生成过程

三、病毒蛋白

肠道病毒有 4 个结构蛋白（VP1～VP4）和 7 个非结构蛋白（2A、2B、2C、3A、3B、3C、3D）。在病毒蛋白成熟过程中，还会产生 2BC、3AB、3CD 等中间产物，其也有生物学活性。

结构蛋白 VP1～VP4 组成肠道病毒的衣壳，其中 VP1～VP3 位于衣壳外侧，VP4 在衣壳内侧。VP1 与病毒吸附宿主细胞有关，是病毒的主要中和抗原。

> 拓展阅读 8-2
> 肠道病毒蛋白与宿主之间的相互作用

非结构蛋白 3D 是肠道病毒的依赖于 RNA 的 RNA 聚合酶（RNA-dependent RNA polymerase，RdRp），负责子代病毒 RNA 基因组的转录。3B 可共价结合于病毒基因组 RNA 的 5′端，又称为 VPg 蛋白（viral genome-linked protein），在病毒 RNA 转录复制时充当引物。2A 和 3C 都是半胱氨酸蛋白酶（cysteine protease），二者将病毒基因编码的前体多蛋白切割为结构蛋白和功能蛋白，形成成熟的病毒结构蛋白和功能蛋白。2A、3C 不仅切割病毒蛋白，也切割细胞蛋白质，是病毒复制及致病的重要机制之一。2A、3C 和 3D 是研发抗肠道病毒药物的重要靶点，抑制剂可通过拮抗它们的功能有效抑制病毒的复制与感染。

四、病毒复制

多数肠道病毒可以感染传代细胞系，出现明显细胞病变。肠道病毒的复制周期是在细胞质内完成的。首先，病毒体与细胞膜表面特异性受体结合，主要通过胞吞的方式形成脂质囊泡被带入细胞质中。囊泡中病毒衣壳发生构象变化释放出 VP4，VP4 在宿主囊泡膜上开孔，病毒基因组 RNA 被释放到细胞质中。病毒 RNA 在细胞质中首先合成子代病毒蛋白，并合成子代病毒 RNA，继而装配和释放子代病毒，整个复制周期需 5～10h。

肠道病毒复制过程中可选择性关闭宿主蛋白质合成。肠道病毒的基因组结构类似于细胞的 mRNA，但其蛋白质翻译的启动机制不同于 mRNA。细胞 mRNA 翻译启动要借助 5′端的 m^7G 帽结构来募集核糖体，称为帽依赖的蛋白质翻译（cap-dependent translation）。帽依赖的蛋白质翻译必须有翻译起始因子 eIF4G 和附着于 mRNA 3′端的聚腺苷酸结合蛋白［poly(A)-binding protein，PABP］的参与才能完成。肠道病毒基因组 5′端没有 m^7G 帽结构，但在 5′UTR 有一段嘧啶富集区（pyrimidine-rich tract），与核糖体 rRNA 高度互补，可将核糖体 40S 亚基募集至病毒基因组，进而启动病毒蛋白的翻译，这段嘧啶富集区称为内部核糖体进入位点（internal ribosome entry site，IRES），通过 IRES 介导的蛋白质翻译称为 IRES 依赖的蛋白质翻译（IRES-dependent translation），IRES 依赖的蛋白质翻译无需完整的 eIF4G 和 PABP 参与。在肠道病毒感染时，病毒蛋白酶 2A 和 3C 可破坏 eIF4G 和 PABP，从而阻断帽依赖的蛋白质翻译，而 IRES 依赖的蛋白质翻译不受影响。肠道病毒蛋白酶还可破坏细胞 RNA 转录调控分子，抑制宿主细胞 RNA 合成。因此，病毒可将细胞质中的所有资源据为己有，用于病毒复制。

肠道病毒复制时还能选择性关闭宿主细胞的抗病毒免疫机制。细胞通过 Toll 样受体（TLR）识别病原体相关分子模式（pathogen-associated molecular pattern，PAMP），如病毒 RNA，诱导干扰素表达，阻止病毒入侵。但是，肠道病毒 3C、2A 可破坏干扰素信号通路的多个关键分子［如视黄酸诱导基因 Ⅰ（retinoic-acid inducible gene Ⅰ，RIG-Ⅰ）、线粒体抗病毒信号蛋白（mitochondrial antiviral signaling protein，MAVS）、β 干扰素 TIR 结构域衔接蛋白（TIR domain-containing adaptor inducing interferon-β，TRIF）等］，导致细胞不能有效启动天然免疫机制，有利于病毒的感染。

拓展阅读
8-3
肠道病毒的
翻译特点

五、致病性

肠道病毒主要经粪-口途径传播，但鼻病毒和 EV-D68 等型别通过呼吸道传播（鼻病毒的致病性见“呼吸道病毒”部分）。90%以上的肠道病毒感染为隐性感染，少数出现临床症状，健康病毒携带者不多见。肠道病毒虽然通过肠道感染进入机体，但是其主要危害是损伤肠道外的重要器官，包括中枢神经系统（脑和脊髓）、心肌、胰腺、骨骼肌等，引起脊髓灰质炎、无菌性脑

微课视频
8-1
肠道病毒的
致病性

膜炎、脑膜脑炎、心肌炎、心包炎和手足口病等。肠道病毒型别众多，所利用的细胞表面的受体不同，致病性也不同；一个型别可致多种疾病或病征，而一种疾病又可由不同型别引起（表 8-2）。

表 8-2　肠道病毒相关的疾病

组织与器官	疾病与症状	脊髓灰质炎病毒	A 组柯萨奇病毒	B 组柯萨奇病毒	埃可病毒	肠道病毒 D68～A121
神经系统疾病	无菌性脑膜炎	1～3	多型	1～6	多型	68、71
	弛缓性麻痹	1～3	7、9	2～5	2、4、6、9、11、30	68、70、71
	无菌性脑炎		2、5～7、9	1～5	2、6、9、19	68、70、71
皮肤与黏膜	疱疹性咽峡炎		2～6、8、10			71
	手足口病		5、10、16	1		71
	皮疹		多型	5	2、4、6、9、11、16、18	
心脏与肌肉	流行性胸痛			1～5	1、6、9	
	心肌炎与心包炎			1～5	1、6、9、19	
眼部	急性出血性结膜炎		24			70
呼吸道	感冒		21、24	1、3～5	4、9、11、20、25	68
	肺炎		9、16	4、5		68
	肺水肿					71
消化道	腹泻		18、20～22、24		多型	
	肝炎		4、9	5	4、9	
其他	病毒感染后疲劳综合征	1～3		1～6		
	新生儿全身感染			1～5	11	
	糖尿病			3、4		

六、抵抗力

肠道病毒对环境理化因素的抵抗力较强，对乙醚和去污剂不敏感，在胃肠道能耐受胃酸、蛋白酶、胆汁的作用，但鼻病毒不耐酸。

第二节　脊髓灰质炎病毒

中文名：脊髓灰质炎病毒

英文名：poliovirus，PV

病毒定义：脊髓灰质炎病毒是典型的肠道病毒，病毒颗粒为球形，直径约 28nm，无包膜，属于 C 种肠道病毒。脊髓灰质炎病毒感染常累及中枢神经系统，损害脊髓前角运动神经细胞，引起脊髓灰质炎（poliomyelitis），导致肢体弛缓性麻痹，多见于儿童，又称为小儿麻痹症（infantile paralysis）。

分类：脊髓灰质炎病毒属于小 RNA 病毒科（*Picornaviridae*）肠道病毒属（*Enterovirus*）C 种肠道病毒（*Enterovirus C*）成员。根据中和试验，脊髓灰质炎病毒可分为 3 个血清型，3 个型别间无免疫交叉反应。

一、生物学性状

脊髓灰质炎最早出现在公元前 1500～前 1300 年古埃及单腿萎缩的祭司浮雕画像中。1840 年，德国医生冯 · 海涅（Jacob von Heine）首次描述该病，推测其可能与脊髓受损有关。1909 年，奥地利医生兰德施泰纳（Karl Landsteiner ）和波佩尔（Erwin Popper）确认脊髓灰质炎病毒是导致脊髓灰质炎的病原体。1971 年将其归类为小 RNA 病毒科肠道病毒属。

脊髓灰质炎病毒的受体是细胞黏附分子 CD155，主要分布于脊髓前角细胞、背根神经节细胞、运动神经元、骨骼肌细胞和淋巴细胞等中，这些细胞是脊髓灰质炎病毒的靶细胞。

脊髓灰质炎病毒对环境因素有较强的抵抗力。其在污水和粪便中可存活数月；在胃肠道能耐受胃酸、蛋白酶和胆汁的作用；对热和去污剂均有一定的抵抗力，1mol/L $MgCl_2$ 或其他二价阳离子可显著提高病毒对热的抵抗力，但 50℃可迅速灭活病毒。

二、致病性与免疫性

脊髓灰质炎病毒主要经粪-口途径传播，患者和隐性感染者是传染源。从感染到发病通常有 1～2 周的潜伏期，病毒首先在口咽、消化道局部黏膜和扁桃体、咽壁淋巴组织及肠道集合淋巴结中增殖，经过病毒血症传播至全身，绝大多数是隐性感染，病毒在 1%～2%感染者中可突破血脑屏障侵犯到中枢神经系统，引起类脊髓灰质炎、无菌性脑膜炎，其中约 0.1%感染者发展为脊髓灰质炎，表现为肢体弛缓性麻痹（flaccid paralysis），以下肢多见。极少数患者可因延髓麻痹而导致死亡。由于全球广泛采用免疫接种预防，目前野生型毒株感染病例已经罕见。

脊髓灰质炎病毒感染可刺激机体产生保护性抗体，包括咽喉和肠道黏膜表面的 sIgA 抗体和血清中和抗体，对同型病毒有持久的免疫力，可阻止病毒自肠道感染和经血液播散。IgG 类抗体可通过胎盘，对 6 个月以内婴儿具有保护作用。

三、微生物学检查

从病毒基因组核酸检测、病毒培养和抗体检测三个方面进行病原学诊断。

（一）核酸检测

提取粪便或脑脊液样本中的总 RNA，利用 RT-PCR 可快速特异检测 PV 基因组。必要时应将扩增片段进行核酸测序，以鉴别是野生型毒株还是疫苗株。

（二）病毒培养

将粪便标本加抗生素处理后，接种原代猴肾或人胚肾细胞，置于37℃条件下培养7～10天，若出现细胞病变，用中和试验进一步鉴定病毒型别。

（三）抗体检测

用发病早期和恢复期双份血清进行中和试验，若血清中和抗体滴度有4倍或以上增高，则有诊断意义。可检测其IgM抗体进行快速诊断。

四、防治原则

脊髓灰质炎主要通过疫苗接种预防。脊髓灰质炎疫苗包括脊髓灰质炎灭活疫苗（inactivated poliovirus vaccine，IPV）和口服脊髓灰质炎疫苗（oral poliovirus vaccine，OPV）。通过世界各国广泛的疫苗接种，目前脊髓灰质炎疫情已经基本得到了控制。根据WHO调查，2型和3型脊髓灰质炎病毒野生型毒株感染已于2015年和2019年消灭，目前仅有1型病毒的野生型毒株尚在传播，主要分布在南亚（阿富汗、巴基斯坦）和非洲南部少数国家。

口服OPV类似自然感染，可刺激机体产生sIgA，免疫效果好，但OPV对免疫力低下者可能引起感染甚至致病，也可能发生突变恢复毒力，二者都可引起脊髓灰质炎，称为疫苗相关性麻痹性脊髓灰质炎（vaccine-associated paralytic poliomyelitis，VAPP），OPV突变株称为疫苗衍生脊髓灰质炎病毒（vaccine-derived poliovirus，VDPV）。

据流行病学调查，VAPP在世界各地并不少见，为此部分发达国家已经停用减毒活疫苗，只用灭活疫苗。我国的儿童脊髓灰质炎疫苗免疫接种程序从2016年起停用三价减毒活疫苗（tOPV），改为1剂IPV加3剂两价减毒活疫苗（bOPV）。2020年，我国的儿童脊髓灰质炎疫苗常规免疫程序进一步调整为2剂IPV加2剂bOPV，即常规免疫第2剂由接种bOPV调整为接种IPV。免疫程序是儿童2月龄和3月龄各接种1剂IPV，4月龄和4周岁各接种1剂bOPV。IPV为肌肉注射，bOPV为口服。

在脊髓灰质炎流行期间，对与患者有过密切接触的易感者可进行人工被动免疫，即注射丙种球蛋白进行紧急预防。

第三节 柯萨奇病毒与埃可病毒

中文名：柯萨奇病毒、埃可病毒

英文名：Coxsackievirus，CV；enterocytopathogenic human orphan virus，ECHO virus

病毒定义：柯萨奇病毒和埃可病毒均为典型的肠道病毒。20世纪50年代，在美国纽约州柯萨奇镇（Coxsackie）发生了类脊髓灰质炎病情，从患儿中分离获得的病毒，其生物学性状与脊髓灰质炎病毒相似，但对小鼠致病的特点不同，故名柯萨奇病毒。埃可病毒是人肠道致细胞病变孤儿病毒的简称，因发现时不清楚其致病性而得名。

分类：柯萨奇病毒（CV）和埃可病毒（E）属于小 RNA 病毒科（*Picornaviridae*）肠道病毒属（*Enterovirus*）。目前，柯萨奇病毒分别归属于 A 种肠道病毒（EV-A）、B 种肠道病毒（EV-B）和 C 种肠道病毒（EV-C）。埃可病毒属于 EV-B。分类情况见表 8-1。

在早期研究中，根据对乳鼠的致病性差异，将柯萨奇病毒分为 A、B 两组。A 组柯萨奇病毒（Coxsackievirus A，CVA）有 21 个血清型，其中 A2～8、A10、A12、A14、A16 现归类为 A 种肠道病毒，A9 归类为 B 种肠道病毒，A 组中其他血清型则归类为 C 种肠道病毒。B 组柯萨奇病毒（Coxsackievirus B，CVB）有 6 个血清型（图 8-3），均为 B 种肠道病毒。埃可病毒有 28 个血清型。

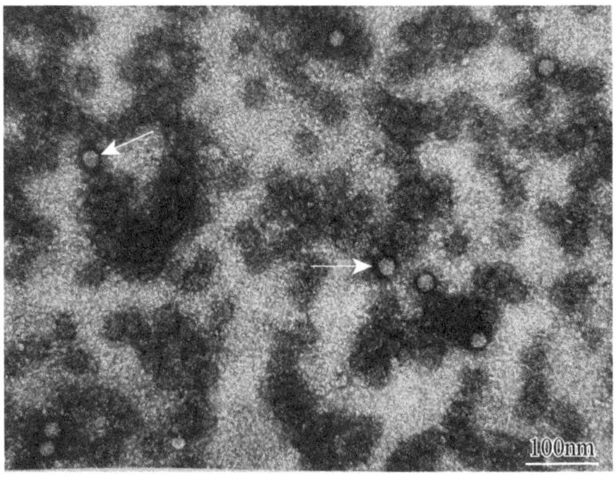

图 8-3　柯萨奇病毒 B3 电镜图（宋敬东等，2024）
箭头所指为病毒颗粒（负染）

一、生物学性状

柯萨奇病毒、埃可病毒有典型的肠道病毒形态、结构和基因组及理化性状。CVA 感染乳鼠会引起广泛性骨骼肌炎，导致弛缓性麻痹；CVB 感染乳鼠会引起局灶性肌炎，导致痉挛性瘫痪（spastic paralysis），并常伴有心肌炎、脑炎和棕色脂肪坏死等。不同类型的肠道病毒在致细胞病变及对乳鼠或猴的致病性等方面各具特点（表 8-3）。

表 8-3　肠道病毒致细胞病变和对动物致病性的特点

致病性	脊髓灰质炎病毒	A 组柯萨奇病毒*	B 组柯萨奇病毒	埃可病毒	肠道病毒 D68～A116 型**
致细胞病变	+	+/−	+	+	+
对乳鼠致病性	−	+	+	−	+/−
对猴致病性	+	+/−	−	−	−

*A 组柯萨奇病毒 7、9、16、24 型有致细胞病变作用，而 7 和 14 型对猴有致病性。**EV-A71 对乳鼠有致病性

注：“+”表示有致病性；“−”表示无致病性

二、致病性与免疫性

柯萨奇病毒和埃可病毒型别多，分布广泛，感染机会多。患者与无症状携带者是传染源，主要通过粪-口途径传播，也可通过呼吸道或眼部黏膜感染。柯萨奇病毒和埃可病毒可引起中枢神经系统、心脏、肺、胰、皮肤、黏膜等多种组织的感染。

（一）病毒性心肌炎与扩张型心肌病

分子流行病学研究显示，在病毒性心肌炎（viral myocarditis）和扩张型心肌病（dilated cardiomyopathy）患者心肌组织中经常能检测到 CVB 的基因组 RNA。CVB 攻击实验小鼠常引起心肌炎。肌养蛋白（dystrophin）是细胞骨架成分，肌养蛋白缺陷是家族性先天性扩张型心肌病的病因。CVB 的 2A 蛋白酶可破坏肌养蛋白，表达 2A 的转基因鼠会发展为扩张型心肌病。因此，CVB 是病毒性心肌炎、扩张型心肌病的主要病因之一，其会引起儿童和成人的原发性心肌病，约占心脏病的 5%。有研究显示，CVA 和埃可病毒也可引起心肌感染。

（二）手足口病

手足口病是一种多见于 6 个月至 5 岁婴幼儿的急性传染病。发病突然，主要表现为发热，1～2 天后手、足、臀部皮肤出现皮疹，伴有口腔黏膜溃疡，故称手足口病（hand-foot-mouth disease，HFMD）。少数患者可并发无菌性脑膜炎、脑干脑炎、急性弛缓性麻痹和心肌炎等，病后可出现一过性或终生后遗症。重症患儿病情进展快，可因心肺功能衰竭及急性呼吸道水肿而死亡。HFMD 可由 20 多种肠道病毒所致，其中 EV-A71 和 CVA16 最为常见。流行病学资料显示，重症 HFMD 及死亡病例多由 EV-A71 引起。CVA16 引起的 HFMD 通常症状较轻。流行病学调查显示，全国大部分省份都有规模不等的 HFMD 流行。我国于 2008 年将 HFMD 列为丙类传染病。

（三）无菌性脑膜炎

CVA、CVB 和埃可病毒都能引起无菌性脑膜炎，临床早期症状为发热、头痛、呕吐、腹痛和轻度麻痹，1～2 天后出现颈强直、脑膜刺激症状等。

（四）疱疹性咽峡炎

疱疹性咽峡炎（herpangina）由 CVA2～6、8、10 型引起。其典型症状是在软腭、悬雍垂周围出现水疱性溃疡损伤。

（五）婴儿全身感染性疾病

婴儿全身感染性疾病是严重的多器官感染性疾病，包括心脏、肝和脑。其由 CVB 和埃可病毒某些型别引起，感染的婴儿表现为嗜睡、吮乳困难和呕吐等症状，进一步发展为心肌炎或心包炎，甚至死亡。

柯萨奇病毒、埃可病毒还可引起呼吸道感染、胃肠道疾病、胸肌痛等疾病。CVB 感染可能与 1 型糖尿病有关。柯萨奇病毒和埃可病毒感染可以刺激机体产生特异性抗体，并形成针对同型病毒的持久免疫力。

三、微生物学检查与防治原则

由于柯萨奇病毒和埃可病毒型别多，临床表现多样，因此微生物学检查对确定病因尤为重要。对于可疑感染者，可采集咽拭子、粪便和脑脊液等标本，接种猴肾细胞或乳鼠进行病毒分离，再用病毒特异性组合或单价血清做中和试验，进行病毒型别鉴定，或者根据乳鼠病理学损伤和免疫学分析进行病毒型别鉴定。采用 ELISA 检测病毒抗体或 RT-PCR 法检测病毒核酸可辅助诊断。

拓展阅读
8-4
肠道病毒的临床应用

目前尚无特异性治疗药物和预防疫苗。

第四节 肠道病毒 A71

中文名：肠道病毒 A71

英文名：enterovirus A71，EV-A71

病毒定义：肠道病毒 A71 是肠道病毒属中引起人类致病的重要病毒，主要引起手足口病、疱疹性咽峡炎、脑炎、脑膜炎及类脊髓灰质炎等多种疾病。EV-A71 是脊髓灰质炎病毒感染在全球大部分地区根除（eradication）后最重要的嗜神经肠道病毒，是引起重症手足口病最主要的病毒。

分类：肠道病毒 A71 属于小 RNA 病毒科（*Picornaviridae*）肠道病毒属（*Enterovirus*）A 种肠道病毒（*Enterovirus A*）。

EV-A71 是 1969 年在美国加利福尼亚州从病毒性脑炎患儿中首次被分离和鉴定的。此后，全球范围内多次暴发由 EV-A71 引起的手足口病疫情，尤其在亚太地区呈现周期性流行。1998 年，我国首次被鉴定出有 EV-A71（C4 亚型）。2008 年，我国安徽省暴发了较大规模的手足口病疫情，当年全国共报告手足口病病例 48.8 万例，其中包括 126 例死亡病例，EV-A71 被确认为主要病原体。

一、生物学性状

（一）形态与结构

EV-A71 为无包膜、衣壳为二十面体对称的典型肠道病毒球形颗粒（图 8-4）。EV-A71 基因组 RNA 约由 7500 个核苷酸组成，包含两个可读框（ORF），两侧分列高度结构化的 5′UTR 和 3′UTR 及 poly(A)尾。主可读框（ORF1）编码一种 250kDa 左右的前体多蛋白（polyprotein），在病毒蛋白酶 2A 和 3C 的加工处理后，病毒前体多蛋白被裂解成 4 个结构蛋白（VP1、VP2、

VP3、VP4）和 7 个非结构蛋白（2A、2B、2C、3A、3B、3C、3D）。位于基因组上游的第二个可读框（ORF2）编码一个较小的病毒蛋白 ORF2p，参与促进 EV-A71 从人肠道上皮细胞内释放。

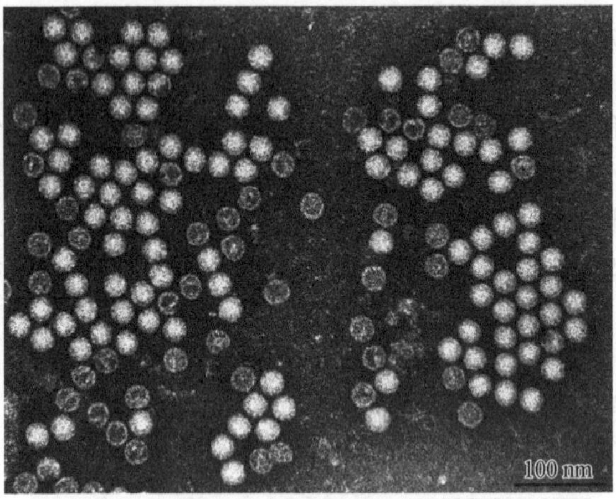

图 8-4 肠道病毒 A71 电镜图（负染）（宋敬东等，2024）

（二）分型

EV-A71 根据病毒衣壳蛋白 VP1 编码序列的差异，分为 A、B、C、D、E、F 和 G 等 7 个型。其中 A 型仅早期流行于北美地区，目前已基本绝迹。EV-A71 目前公认的原始毒株 BrCr 就属于 A 型。B 型在亚太地区（新加坡、马来西亚、澳大利亚、日本和中国台湾）及非亚太地区（荷兰、匈牙利、保加利亚和美国）均有流行。B 型还可进一步细分为 B1、B2、B3、B4 和 B5 亚型。C 型也在亚太地区（新加坡、马来西亚、澳大利亚、日本、韩国和中国）及非亚太地区（法国、英国、德国、奥地利、挪威、荷兰、匈牙利、保加利亚和美国）流行，也可细分为 C1、C2、C3、C4 和 C5 亚型，其中 C4 亚型又分为 C4a 和 C4b。D 型目前仅发现在印度流行。E 型和 F 型主要流行于非洲地区。G 型也仅限于印度部分区域流行。

（三）培养特性

常用于培养 EV-A71 的细胞系有人横纹肌肉瘤细胞系［human rhabdomyosarcoma（RD）cells］、人喉癌上皮细胞系［human laryngeal epidermoid carcinoma（Hep-2）cells］、非洲绿猴肾细胞系［African green monkey kidney（Vero）cells］等。

（四）抵抗力

EV-A71 的抵抗力较强，能够耐受胃酸、胆汁，在室温下可存活数天。能抵抗有机溶剂（如乙醚和氯仿），还能抵抗 70%乙醇和 5%甲酚皂溶液等常见的消毒剂，但是对 56℃以上高温、氯化消毒、甲醛和紫外线的抵抗力较差。

二、致病性与免疫性

（一）致病性

1. 传播与病毒受体　患者和隐性感染者是EV-A71感染的传染源，主要经粪-口途径传播。EV-A71已知的细胞受体有B类清道夫受体2（scavenger receptor class B member 2，SCARB2）、P-选择素糖蛋白配体-1（P-selectin glycoprotein ligand-1，PSGL-1）、膜联蛋白Ⅱ（annexinⅡ）、硫酸乙酰肝素（heparan sulfate）、波形蛋白（vimentin）和唾液酸。

2. 致病机制　EV-A71侵入人体后在肠道组织中复制，随后入血形成第一次病毒血症。在大多数情况下，此阶段EV-A71感染如果能够得到有效控制，感染者多表现为隐性感染。在少数感染者中，EV-A71可进一步在靶器官和组织中大量繁殖，再次入血导致第二次病毒血症，引起相关组织发生病变。EV-A71对脊髓前角神经元有亲嗜性，是目前最常见的引起急性弛缓性麻痹的非脊髓灰质炎病毒。

拓展阅读 8-5
手足口病

3. 所致疾病　EV-A71主要引起手足口病、疱疹性咽峡炎、脑炎、脑膜炎及类脊髓灰质炎等多种疾病，严重者可导致死亡。手足口病是一种常见的儿童感染性疾病，可由多种肠道病毒引起，其中EV-A71是导致重症手足口病最常见的病原。该病急性起病，一般症状较轻，以发热及手、足、口等部位斑丘疹或疱疹为主要特征，可伴有咳嗽、流涕、食欲不振等症状。多在一周内痊愈，预后良好。但少数病例可出现神经系统受损，并发神经源性肺水肿、肺出血、心肺衰竭，甚至死亡等重症手足口病表现。3岁以下婴幼儿手足口病的发病率最高。

4. 流行病学特征　EV-A71等肠道病毒引起的手足口病流行呈现以下特征：第一，具有季节性与周期性。春夏季是手足口病的主要流行季。第二，手足口病具有地区聚集分布的特征。第三，具有特定人群分布的特征，手足口病主要发生在5岁以下儿童，占总病例数的90%。

（二）免疫性

大多数感染EV-A71的患者在发病后一天能够检测到体内存在抗EV-A71的中和抗体。抗体反应在不同年龄的儿童中存在差异，≥3岁儿童患者主要产生IgG抗体，较小的儿童中存在IgM抗体。母亲体内的中和抗体能够有效传输给新生儿，小于6个月的婴儿因携带有从母亲体内获得的IgG抗体，对EV-A71的感染具有一定的免疫力。

三、微生物学检查

EV-A71的病原学诊断方法包括：①病毒的分离与鉴定；②血清学诊断；③采用实时荧光定量PCR快速检测病毒核酸。

四、防治原则

EV-A71感染目前尚无特异性治疗方法，以支持疗法为主。因此，需要早期诊断和及时采取针对性治疗措施。我国科学家自主创新研发了首个 EV-A71 灭活疫苗，具有良好的免疫原性和保护效力，有效降低了 EV-A71 发病率及重症率，主要针对 6 月龄以上的婴幼儿进行免疫。

第五节 肠道病毒 D68、B69、D70

中文名：肠道病毒 D68、B69、D70

英文名：enterovirus D68，B69，D70

病毒定义：肠道病毒 D68、B69、D70 是 1968 年后陆续发现的新型肠道病毒，有典型的肠道病毒生物学性状，但致病性不同。

分类：肠道病毒 D68、B69、D70 属于小 RNA 病毒科（*Picornaviridae*）肠道病毒属（*Enterovirus*）。肠道病毒 D68 和 D70 归为 D 种肠道病毒。肠道病毒 B69 归为 B 种肠道病毒（表 8-1）。

肠道病毒 D68（EV-D68）是从呼吸道感染的儿童分离获得的，主要与毛细支气管炎和肺炎的发生有关。2014 年秋北美出现的 EV-D68 流行疫情，受到广泛关注。

肠道病毒 B69（EV-B69）是在健康儿童的直肠标本中分离获得的，其致病性尚不清楚。

肠道病毒 D70（EV-D70）可以直接感染眼结膜，但不能感染肠道黏膜细胞，是人类急性出血性结膜炎（acute hemorrhagic conjunctivitis）最主要的病原体。病毒复制的最适温度为 33～35℃，在疾病早期易从结膜中分离获得。急性出血性结膜炎俗称“红眼病”，最早在非洲和东南亚等地发生流行，现在世界各地均有报道。该病以点状或片状的突发性结膜下出血为特征，主要通过接触传播，传染性强，成人患者多见。潜伏期为 1～2 天，病程为 1～2 周。治疗以对症处理为主，外用干扰素滴眼液有良好效果。

小 结

肠道病毒是一群无包膜的微小球形病毒，基因组为+ssRNA，由 5′UTR 的 IRES 介导其蛋白质翻译，前体多蛋白主要由病毒自身的蛋白酶切割，形成 4 个结构蛋白和 7 个非结构蛋白。病毒蛋白酶可破坏细胞蛋白质，阻断宿主的抗病毒免疫反应。

脊髓灰质炎病毒会引起儿童肢体瘫痪，因疫苗广泛应用，该病已基本得到控制。然而，疫苗衍生脊髓灰质炎病毒（VDPV）造成的疫苗相关性麻痹性脊髓灰质炎（VAPP）时有发生，减少使用减毒活疫苗是调整免疫策略的方向。柯萨奇病毒和埃可病毒型别多，致病性差异大，可引起病毒性心肌炎、手足口病、无菌性脑膜炎、疱疹性咽峡炎等疾病，目前没有特异性预防措施。肠道病毒 A71 也是肠道病毒属中引起人类疾病的重要病毒，主要导致手足口病、疱疹性咽峡炎、脑炎、脑膜炎及类脊髓灰质炎等多种疾病。继脊髓灰质炎病毒感染在全球大部分地区被根除（eradication）后，EV-A71 成为最重要的嗜神经肠道病毒，是引起重症手足口病（HFMD）的主要病毒。中国科学家自主研发的 EV-A71 灭活疫苗具有良好的免疫原性和保护效力。EV-D68 会引起呼吸道感染，EV-D70 是急性出血性结膜炎的病原。

复习思考题

1．为什么肠道病毒属病毒的生物学性状相似但致病性有差异？
2．当前脊髓灰质炎传播的风险是什么？国际上和我国在预防策略上有哪些变化？
3．EV-A71 依赖消化道进行传播的生物学基础有哪些？

（钟照华　魏　伟）

第九章　急性胃肠炎病毒

本章要点

1. 急性胃肠炎病毒主要包括平滑呼肠病毒科的轮状病毒、杯状病毒科的诺如病毒、星状病毒科的人星状病毒、腺病毒科的人肠道腺病毒等，这些病毒主要通过消化道传播引起急性胃肠炎。
2. 轮状病毒在电镜下呈车轮状，为无包膜的 dsRNA 病毒，是全球范围内导致 5 岁以下婴幼儿严重腹泻的主要病原体。
3. 诺如病毒颗粒呈杯状，为无包膜的+ssRNA 病毒，常导致成人和儿童急性胃肠炎。
4. 人星状病毒在电镜下可观察到独特的星形结构，为无包膜的+ssRNA 病毒，导致儿童轻至中度胃肠炎。
5. 人肠道腺病毒为无包膜的 dsDNA 病毒，通过接触和飞沫传播，可致成人和儿童急性胃肠炎。

急性胃肠炎病毒不是分类学名称，是指一类最常见的引起人类病毒性腹泻的病毒，主要包括平滑呼肠病毒科的轮状病毒、杯状病毒科的诺如病毒、星状病毒科的人星状病毒和腺病毒科的人肠道腺病毒等（表 9-1）。这类病毒主要通过粪-口途径传播，引起以腹泻、呕吐为主要症状的胃肠炎，尤其在儿童中较为常见。

表 9-1　急性胃肠炎病毒的种类与所致疾病

科	主要种类	种或型	基因组	所致致病
平滑呼肠病毒科	轮状病毒	A 种	分节段、双链 RNA	婴幼儿腹泻
		B 种		成人腹泻
		C 种		散发性儿童腹泻
杯状病毒科	诺如病毒	—	正单链 RNA	群体腹泻
星状病毒科	人星状病毒	—	正单链 RNA	散发性婴幼儿和儿童腹泻
腺病毒科	人肠道腺病毒	40、41 型	双链 DNA	流行性婴幼儿严重腹泻

第一节　轮状病毒

微课视频
9-1
急性胃肠炎病毒

中文名：轮状病毒

英文名：rotavirus，RV

病毒定义：轮状病毒属平滑呼肠病毒科，是一类中等大小的无包膜 dsRNA 病毒，基因组分为 11 个片段，在电镜下衣壳呈车轮状，经粪-口途径传播，是全球婴幼儿重症腹泻的主要病原体，所致的疾病是发展中国家 5 岁以下儿童死亡的主要原因之一。

分类：轮状病毒属于呼肠病毒目（*Reovirales*）平滑呼肠病毒科（*Sedoreoviridae*）轮状病毒属（*Rotavirus*）。该属有轮状病毒属 A～D、F～J 共 9 个种，引起人类感染的是轮状病毒 A、B 和 C，其中轮状病毒 A 中的 G1～G4、G9 血清型是主要的致病型别。

一、生物学性状

1973 年，澳大利亚毕晓普（Bishop）医生从急性腹泻患儿十二指肠黏膜组织超薄切片中首次发现了轮状病毒。

（一）形态结构、基因组及编码的蛋白质

病毒颗粒在电镜下呈车轮状，为无包膜球形，直径约为 70nm（图 9-1A、C）。基因组为双股 RNA，由 11 个节段组成，病毒基因组 RNA 片段在聚丙烯酰胺凝胶电泳（PAGE）中的迁移率不同，根据形成的特征性电泳图形可对轮状病毒初步分类（图 9-1B）。

病毒基因组编码 11 种病毒蛋白，包括 6 个结构蛋白（VP1～VP4、VP6、VP7）和至少 5 个非结构蛋白（NSP1～NSP5）。其中，结构蛋白构成病毒颗粒的三层衣壳结构（图 9-1C），依次为：①衣壳内层或核心层（core layer），由 VP1、VP2、VP3 和病毒基因组组成。VP1 为 RdRp，VP3 为鸟苷酸转移酶，指导病毒基因组的复制与转录，VP2 是核心层结构的主要蛋白质，VP1 和 VP3 均附着于 VP2 上。②衣壳中层或内衣壳（inner capsid），由 260 个 VP6 三聚体构成，是病毒分组的特异性抗原。③衣壳外层或外衣壳（outer capsid），由 260 个 VP7 三聚体和 60 个刺突状的 VP4 二聚体构成。VP4 是位于病毒表面的刺突，决定轮状病毒的血清型与感染性，VP4 经蛋白酶切割成 VP5*和 VP8*后，病毒的感染性显著增强。VP7 为病毒外衣壳蛋白，与宿主细胞结合并介导病毒进入细胞。VP4、VP6、VP7 作为中和抗原，可诱导中和抗体和辅助鉴定病毒血清型。

病毒基因组的第 5、7、8、10、11 片段分别编码非结构蛋白 NSP1～NSP5，其中 NSP1、NSP2 是 RNA 结合蛋白，NSP3 参与阻断细胞蛋白质合成，NSP4 是病毒性肠毒素（enterotoxin），可引起腹泻症状，NSP5 可调控病毒的复制与装配。

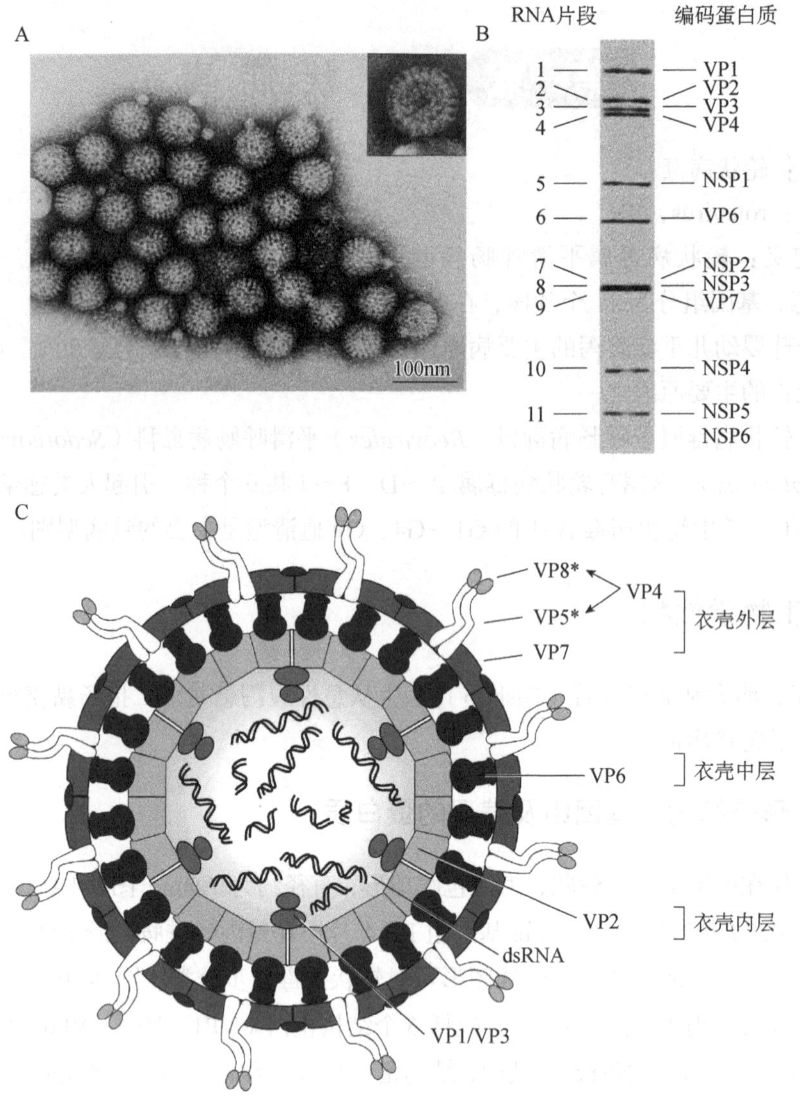

图 9-1　轮状病毒形态与结构

A. 在免疫电镜下轮状病毒的形态（宋敬东等，2024）；B. 病毒结构及其 RNA 片段与编码蛋白质；C. 轮状病毒结构示意图

（二）变异

轮状病毒通常不发生种间的基因片段交换，但在种内可能发生不同毒株的基因重排/重配，出现新型或亚型毒株，是轮状病毒变异的原因之一。

（三）细胞培养及增殖

轮状病毒的易感细胞是非洲绿猴肾细胞 MA-104，感染时需要用胰蛋白酶预处理，VP4 经蛋白酶切割成 VP5*和 VP8*后，病毒的感染性显著增强。

轮状病毒借助细胞内吞（endocytosis）进入细胞，被溶酶体酶处理脱衣壳。其生物合成过程发生于细胞质中，常在核周形成由大量病毒蛋白组成的病毒质（viroplasm），可能是病毒复制与装配的场所，轮状病毒以裂解细胞的方式释放。

二、致病性与免疫性

（一）致病性

流行病学调查显示，全球每年约有 1.14 亿婴幼儿轮状病毒感染病例，主要分布在发展中国家，每年死于轮状病毒感染的儿童达 50 万人。

轮状病毒的传染源是患者和无症状携带者，主要通过粪-口途径传播，经过 1～2 天的潜伏期后出现急性胃肠炎，症状包括水样便、呕吐、脱水、发热等，持续 3～8 天，免疫健全患者通常为自限性感染，50%感染者无症状。轮状病毒腹泻以秋冬寒冷季节多见，故又称为“秋季腹泻”，但在热带地区的季节性不明显。

由轮状病毒 A 引起的婴幼儿腹泻是发展中国家 5 岁以下儿童死亡的重要原因之一。轮状病毒 B 在我国和东南亚曾引起成人腹泻，1983 年由我国学者首次发现，称为成人腹泻轮状病毒（adult diarrhea rotavirus，ADRV），以 15～45 岁青壮年为主，多为自限性感染，病死率低。轮状病毒 C 感染少见，多为散发，偶见暴发流行。

轮状病毒的致病机制主要包括：①轮状病毒感染小肠绒毛顶端的细胞，破坏细胞的转运机制与绒毛结构，造成小肠吸收障碍。②病毒 NSP4 蛋白发挥病毒肠毒素的作用，直接激活细胞内信号通路而诱导小肠细胞过度分泌。致死病例的发生主要是由于严重脱水与电解质紊乱。

（二）免疫性

轮状病毒感染后可获得持久免疫力，主要由种特异抗体和肠道局部 sIgA 发挥保护性作用，但不同种间无交叉保护，仍可再次感染。

三、微生物学检查

轮状病毒感染的微生物学检查主要从三个方面进行。

1. 核酸检测　利用 RT-PCR 可从粪便样品中快速、敏感地检出轮状病毒核酸。PAGE 常用于检测轮状病毒分节段 dsRNA 基因组，根据 dsRNA 片段的迁移模式可区分轮状病毒。

2. 病毒颗粒与抗原检测　用轮状病毒免疫血清作用于粪便样本，通过抗原-抗体的凝集作用可提高免疫电镜的检出率。ELISA 和乳胶凝集试验可简便、快速、特异性地检测粪便标本中的病毒抗原，常用于临床诊断。

> 实验 9-1
> 轮状病毒形态学检测

3. 病毒分离　轮状病毒需用旋转细胞管的方式来分离培养，常用细胞系是 MA-104，须经胰酶消化处理样本以提高阳性率。由于病毒培养易感性低、无明显细胞病变等，故很少用于临床诊断。

四、防治原则

拓展阅读
9-1
轮状病毒疫苗

目前尚无特效药物治疗，主要是对症支持治疗，治疗的关键是防止脱水和电解质紊乱。

口服轮状病毒减毒活疫苗是目前预防轮状病毒腹泻最有效的方法。全世界广泛使用的有单价和五价轮状病毒减毒活疫苗，我国获批使用的除美国产的五价轮状病毒减毒活疫苗外，还有两种国产单价和三价轮状病毒减毒活疫苗。

第二节　诺 如 病 毒

中文名：诺如病毒

英文名：norovirus，NoV

病毒定义：诺如病毒是一群呈球形、直径为27～40nm、无包膜的+ssRNA病毒，是人类腹泻的主要病原体之一。

分类：诺如病毒属于小RNA病毒目（*Picornavirales*）杯状病毒科（*Caliciviridae*）诺如病毒属（*Norovirus*）。杯状病毒（calicivirus）是一群衣壳表面有杯状凹槽的RNA病毒，名词来源于拉丁语“calyx”，意即“杯子”。根据基因组特征，杯状病毒科共包括11个属，由于有严格的种属特异性，其中仅诺如病毒属（*Norovirus*）和札幌病毒属（*Sapovirus*）的病毒可感染人和黑猩猩，是除轮状病毒外最常引起人类腹泻的病毒，其余的杯状病毒只感染动物。

诺如病毒属下仅有一个种（species），即诺如病毒。根据VP1编码序列的差异，诺如病毒分为10个基因群（genetic group）：GⅠ～GⅩ。基因群下再分基因型（genotype），GⅠ有9个基因型，GⅡ有27个基因型。同一基因群的毒株序列差异小于45%，同一基因型的毒株序列差异小于15%，序列的差异主要来源于病毒的基因重组。GⅠ、GⅡ两群可感染人类，其中GⅡ群4型（GⅡ.4）是人类感染最常见的型别。

一、生物学性状

诺如病毒是1968年在美国俄亥俄州诺沃克镇（Norwalk）一所小学发生急性胃肠炎流行时被发现的，曾称为诺沃克病毒（Norwalk virus）。

诺如病毒衣壳呈二十面体立体对称（图9-2），直径为27～40nm，无包膜，在电镜下可见病毒表面有32个特征性的杯状凹陷。诺如病毒基因组长约7.5kb，为+ssRNA，5′端和3′端各有一个小的非编码区，中间是3个可读框。ORF1编码一个前体多蛋白，经病毒自身蛋白酶的切割，形成病毒的非结构蛋白，包括RNA聚合酶。ORF2编码结构蛋白VP1，构成病毒衣壳。ORF3最小，编码的蛋白质功能未知。

诺如病毒的受体是组织相容性血型抗原（histocompatibility blood group antigen，HBGA），表达于消化道的黏膜上皮细胞。

诺如病毒难以在体外细胞中培养和代传，有报道某些诺如病毒株可以在肠道干细胞诱导分化的类器官中培养。

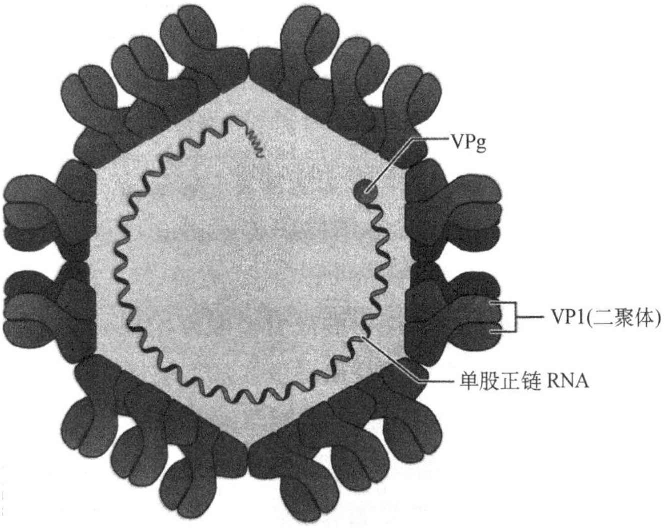

图 9-2　诺如病毒结构示意图（宋敬东等，2024）

二、致病性

诺如病毒主要经粪-口途径传播，也可经飞沫传播，进入人体后会引起空肠黏膜绒毛上皮细胞肿胀和萎缩，导致脂肪和碳水化合物的吸收障碍。临床症状主要是呕吐和水样腹泻，有时伴有恶心、腹痛、寒战、发热等。潜伏期为 1～2 天，感染表现为自限性，症状通常持续 1～3 天，但在婴幼儿和老年患者症状可持续 4～6 天，严重者可能因为脱水或吸入呕吐物等而死亡。

诺如病毒可感染各年龄段，50%～98%的成年人抗诺如病毒抗体阳性，说明诺如病毒在人群中普遍感染。6 个月以内的婴儿从母体获得抗体，较少感染诺如病毒。2 岁以内儿童的胃肠炎最常见病因是轮状病毒感染，其次是诺如病毒感染，而 5 岁以上人群的胃肠炎主要是诺如病毒感染所致。

诺如病毒感染全年均可发生，冬季发病率更高。诺如病毒具有极强的传染性，在发达和发展中国家都是流行性胃肠炎的主要病因。其一般在家庭、社区、医院和学校范围内暴发流行，往往与饮用水或游泳池水污染、食用未烹制或未煮熟的食品（海鲜、冷饮、凉菜等）有关。诺如病毒常污染贝类和牡蛎等海产品，是旅行者腹泻的常见病因之一。

三、微生物学检查

利用 RT-PCR 可快速、敏感和特异地检测病毒核酸，是检测诺如病毒感染的主要方法，常用于粪便、食品和环境样品的检测。放射免疫法、ELISA 也常被用于检测粪便、血清等样品中的病毒抗原和抗体。

四、防治原则

诺如病毒对氯化物消毒剂有强抵抗力，乙醇和季铵盐不能有效灭活诺如病毒核酸。经常用肥皂洗手、食用经彻底清洗的水果蔬菜和煮制食品可有效减少诺如病毒的传播。如果有患者呕吐或腹泻，应立即用医用消毒剂或5.25%的家用漂白粉消毒污染物体表面，污染衣物可用去污剂清洗。

目前尚无疫苗。由于症状轻且呈自限性，一般不需要住院治疗，患者可通过口服补液或静脉输液防止脱水和酸中毒。

第三节 星状病毒

中文名：星状病毒

英文名：astrovirus，AstV

病毒定义：星状病毒形态微小，为无包膜的+ssRNA病毒，病毒表面呈特征性的星状结构，具有光滑和略微内凹的外壳和5或6个星状结构突起，故得名。星状病毒主要引起哺乳动物和鸟类腹泻。

分类：星状病毒科（*Astroviridae*）有两个属，分别为哺乳动物星状病毒属（*Mamastrovirus*）和禽星状病毒属（*Avastrovirus*）。人星状病毒（human astrovirus，HAstV）属于哺乳动物星状病毒属，现有8个血清型。

一、生物学性状

星状病毒是1975年在婴儿腹泻粪便中通过电镜首次发现的，1981年利用原代细胞成功分离出该病毒。星状病毒（图9-3）的直径为28～30nm，为二十面体球形颗粒，无包膜。在电镜下，其基因组为+ssRNA，长6.2～7.7kb，两端为非编码区，中间有3个略有重叠的可读框（ORF1a、ORF1b和ORF2），编码3个结构蛋白（VP25、VP27和VP35）和4个非结构蛋白（p20、p20、p26和p57）。

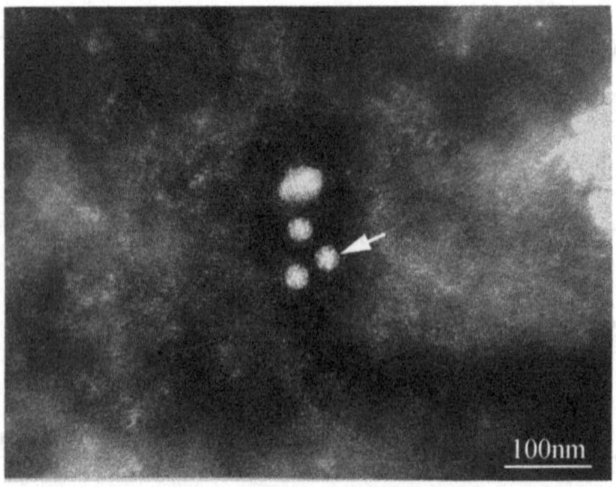

图9-3 星状病毒电镜图（人粪便样本，负染）（宋敬东等，2024）

箭头示病毒颗粒表面呈六角星形

二、致病性与免疫性

HAstV 主要引起儿童和老年人腹泻，是引起儿童病毒性腹泻三种最常见的病毒之一。其感染呈世界性分布，全年散发。借助食物和饮水，通过人与人之间的密切接触传播，潜伏期为 24～36h，病程为 1～4 天。临床表现为非特异性、持续性的呕吐、腹泻、发热和腹痛，表现为自限性，无需住院治疗。

HAstV 感染的免疫性特点尚不清楚。由于 HAstV 主要感染儿童和老人，推测成人对其有抵抗力。

三、微生物学检查与防治原则

用电镜结合酶免疫实验直接检查粪便标本中的病毒，可以辅助诊断 HAstV 引起的急性胃肠炎。尚无有效的治疗药物与预防疫苗。

第四节　人肠道腺病毒

中文名：人肠道腺病毒

英文名：human enteric adenovirus

病毒定义：人肠道腺病毒不是分类学名称，是指主要引起人类急性胃肠炎的腺病毒 40 和 41 型。病毒呈典型的腺病毒形态与结构，直径为 90～100nm，球形，无包膜，基因组为双链 DNA。

分类：人肠道腺病毒是腺病毒科（*Adenoviridae*）哺乳动物腺病毒属（*Mastadenovirus*）中的 40 和 41 型腺病毒。

人肠道腺病毒对理化因素有较强的抵抗力，在体外可以长期存活。主要经粪-口途径传播，引起散发或流行性急性胃肠炎，以儿童感染多见，表现为腹泻、呕吐等临床表现。通过检查病毒抗原、核酸及病毒分离和血清学检查可以辅助诊断人肠道腺病毒感染。目前尚无有效的预防疫苗和治疗药物，主要采取对症治疗。

小　结

急性胃肠炎病毒不是分类学名称，而是一组引起腹泻、呕吐的病毒，包括轮状病毒、杯状病毒、星状病毒和人肠道腺病毒。轮状病毒衣壳呈车轮状，基因组为分节段的 dsRNA，是人类婴幼儿腹泻的最常见病因，感染呈自限性，目前尚无特效药物，可通过接种疫苗来预防感染。诺如病毒是外观呈杯状的+ssRNA 病毒，是成人腹泻最常见的病原体，感染呈自限性，不能在实验室中培养，目前没有特异性预防措施。星状病毒在电镜下呈星状，基因组为+ssRNA，主要引起儿童和老年人腹泻。人肠道腺病毒为腺病毒 40 型和 41 型，主要引起儿童腹泻，目前无有效的预防疫苗和治疗药物，主要采取对症治疗。

复习思考题

1. 急性胃肠炎常见的病因是什么？临床有何特点？
2. 请描述诺如病毒引起腹泻的特点，是什么原因导致其疫苗研制困难？

（钟照华）

第十章 肝炎病毒

本章要点

1. 人类肝炎病毒包括甲型肝炎病毒、乙型肝炎病毒、丙型肝炎病毒、丁型肝炎病毒和戊型肝炎病毒。在分类学上，这些病毒属于不同的病毒科。
2. 甲型肝炎病毒和戊型肝炎病毒通过消化道途径（粪-口途径）传播，通常引起急性肝炎。
3. 乙型肝炎病毒、丙型肝炎病毒和丁型肝炎病毒主要通过血液和性传播，母婴传播也是乙型肝炎病毒的主要传播途径。部分感染者在急性感染后可转为慢性感染，慢性感染者如不及时干预，可进展为肝纤维化、肝硬化甚至原发性肝细胞癌。
4. 疫苗接种可有效预防甲型肝炎病毒、乙型肝炎病毒、丁型肝炎病毒和戊型肝炎病毒感染。
5. 抗病毒治疗可有效抑制乙型肝炎病毒复制，延缓慢性乙型肝炎患者疾病进展，减少并发症的发生；直接的小分子抗病毒药物可清除慢性丙型肝炎病毒感染。

肝炎病毒是指主要侵犯肝并引起肝炎的病毒。人类肝炎病毒主要有 5 种，即甲型肝炎病毒、乙型肝炎病毒、丙型肝炎病毒、丁型肝炎病毒和戊型肝炎病毒。这些病毒在分类学上属于不同的病毒科。

早自 20 世纪 20 年代初开始，人们就逐渐认识到存在两种经不同途径传播的肝炎："传染性"肝炎和"血清性"肝炎。"传染性"肝炎通过不洁饮食传播，潜伏期较短；"血清性"肝炎主要经血传播，潜伏期较长。到第二次世界大战结束时，人们知道这些疾病是由不同的病毒引起的。现在人们知道所谓"传染性"肝炎的病原体是甲型肝炎病毒和戊型肝炎病毒，它们经消化道途径（粪-口途径）传播，通常引起急性肝炎。戊型肝炎病毒在免疫功能低下的感染者中也可能导致慢性肝炎；"血清性"肝炎的病原体包括乙型肝炎病毒、丙型肝炎病毒和丁型肝炎病毒，它们主要经血液传播和性传播，乙型肝炎病毒也可以通过母婴传播。这三种病毒急性感染后部分人群可转为慢性感染，诱发慢性肝炎，可进展为肝纤维化、肝硬化和原发性肝细胞癌。

其他病毒，如人巨细胞病毒、EB 病毒、单纯疱疹病毒、黄热病毒、风疹病毒和肠道病毒等的感染也可能引起肝炎，但这些病毒感染复制的场所不是肝细胞，不将其列入肝炎病毒范畴；此外，临床上有 10%～20%的肝炎病因不明，是否存在未知的肝炎病毒有待研究。

第一节　甲型肝炎病毒

中文名：甲型肝炎病毒，简称甲肝病毒

英文名：hepatitis A virus，HAV

病毒定义：甲肝病毒是甲型肝炎的病原体，经消化道途径（粪-口途径）传播。甲型肝炎通常为急性自限性疾病，预后良好，不发展成慢性肝炎和慢性病毒携带者。

分类：甲肝病毒属于小 RNA 病毒科（*Picornaviridae*）嗜肝病毒属（*Hepatovirus*）。1973 年，弗瑞斯特（Stephen Feinstone）采用免疫电镜技术，首次在急性肝炎患者的粪便中发现了 HAV 颗粒。1979 年，普罗沃斯特（Philip J. Provost）实现了 HAV 的细胞培养，为 HAV 的病毒学研究和疫苗研制奠定了基础。1983 年，国际病毒分类委员会（ICTV）将 HAV 归于小 RNA 病毒科肠道病毒属 72 型，但 HAV 的基因组组成和生物学性状与肠道病毒差异明显。因此，1993 年 ICTV 将其重新归为小 RNA 病毒科嗜肝病毒属。2015 年前，仅在人类和少数灵长类动物中发现了嗜肝病毒。2015 年后，在海豹、土拨鼠、多种啮齿动物及蝙蝠中都发现了嗜肝病毒。

一、生物学性状

（一）形态与结构

拓展阅读 10-1
具有包膜的甲型肝炎病毒

具有感染性的 HAV 颗粒有两种。第一种为无包膜的核衣壳，因此称为裸露的 HAV（naked HAV，nHAV），呈球形，二十面体对称，直径为 27～32nm，存在于胆汁和粪便中。第二种为“准包膜”HAV（quasi-enveloped HAV，eHAV）颗粒，为包含 1～3 个核衣壳的细胞外小泡，存在于血液中。此外，HAV 亚病毒颗粒为不含病毒核酸的空心衣壳，无感染性但具有抗原性（图 10-1）。

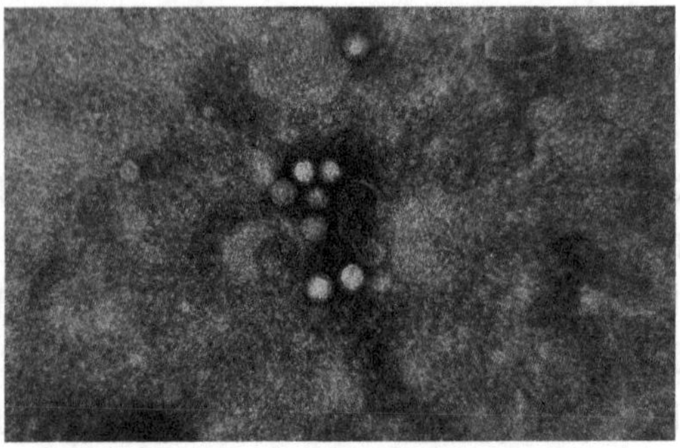

图 10-1　甲型肝炎病毒电镜图（负染）（宋敬东等，2024）

病毒颗粒呈实心和空心两种状态

（二）基因组

HAV 基因组（图 10-2）为正单链 RNA（+ssRNA），长约 7.5kb，由 5′UTR、编码区和 3′UTR 组成。病毒编码的 VPg（3B）蛋白共价连接在 RNA 基因组的 5′端。5′UTR 含有内部核糖体进入位点（internal ribosome entry site，IRES），帮助 HAV 以帽非依赖方式翻译。编码区含单个可读框（open reading frame，ORF），翻译产生一个前体多蛋白，分为 P1、P2 和 P3 三个功能区。P1 区依次编码 VP4、VP2、VP3 和 VP1 四种多肽，其中 VP1、VP2 和 VP3 为病毒衣壳的主要成分，含相对保守的抗原表位，可诱导机体产生中和抗体。VP4 存在于成熟病毒颗粒中。P2 和 P3 区编码解旋酶（2C）、蛋白酶（3C）和 RdRp（3D）等非结构蛋白，在病毒蛋白加工和 RNA 复制等过程中发挥作用。

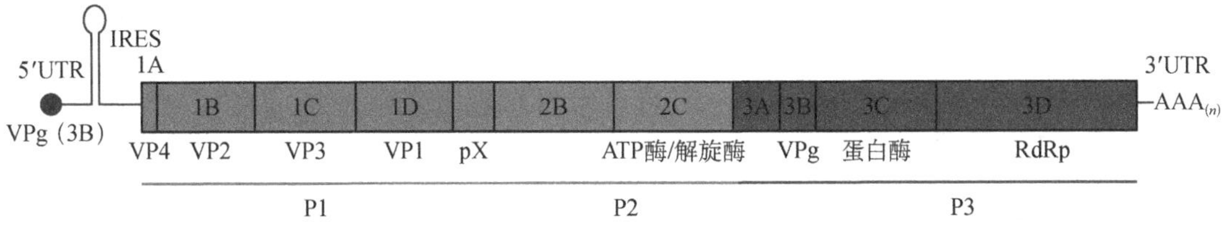

图 10-2　甲型肝炎病毒的基因组结构示意图

HAV 仅有一个血清型，但有 7 个基因型（Ⅰ～Ⅶ 型）。其中Ⅰ、Ⅱ和Ⅲ型又可分为两个亚型，即ⅠA 和ⅠB、ⅡA 和ⅡB、ⅢA 和ⅢB。感染人类的主要为Ⅰ、Ⅱ和Ⅲ型，其中ⅠA 亚型和Ⅲ型在全球广泛流行，我国流行的主要为ⅠA 亚型。

（三）细胞培养与动物模型

HAV 可在多种人和灵长类动物的原代与传代细胞系中分离培养，包括原代狨猴肝细胞、传代恒河猴胚肾细胞（FRhk4、FRhk6）、非洲绿猴肾细胞（Vero 细胞）、人胚肺二倍体细胞（MRC5 或 KMB17）和人肝癌细胞（PLC/PRF/S）等。在培养细胞中，HAV 的增殖非常缓慢，且不引起细胞病变。

黑猩猩、恒河猴、食蟹猴、狨猴、绿猴和枭猴等非人灵长类动物对 HAV 易感。经口或静脉注射途径感染 HAV 后均可发生肝炎，血清中可检测到 HAV 特异性抗体，粪便中排出病毒颗粒。野生型 HAV 也可以通过静脉或腹腔注射感染Ⅰ型干扰素受体敲除的小鼠，但病毒在小鼠中的复制水平较低。

HAV 的细胞模型和动物模型可被用于病原学研究、疫苗免疫效果评价和抗病毒药物筛选等。

（四）抵抗力

HAV 对环境因素的抵抗力强。耐热，60℃ 12h 不能完全灭活；耐酸碱，在 pH2～10 的环境中稳定；在淡水、海水、泥沙和毛蚶等水生贝类中可存活数天至数月。100℃ 5min 或 70%乙醇 60min 处理可灭活 HAV。HAV 对紫外线、甲醛和氯敏感。

二、致病性与免疫性

（一）传染源与传播途径

HAV 主要由粪-口途径传播，传染源为急性期患者和隐性感染者。HAV 通过污染的水、食物、海产品和食具等传播，引起散发流行或暴发流行。1988 年春季，上海市暴发由食用被 HAV 污染的未煮熟的毛蚶所致的甲型肝炎疫情，患者达 30 余万例，死亡 47 人。甲型肝炎的潜伏期为 15～50 天，在潜伏期末，患者粪便中存在大量病毒，传染性强。发病 2 周以后，随着肠道中抗-HAV IgA 及血清中抗-HAV IgM 和 IgG 抗体的产生，粪便中不再排出病毒。

HAV 感染的儿童多为隐性感染，无明显临床症状，但粪便中有病毒排出，是重要的传染源。成人感染常为显性感染，可出现 1～2 周的病毒血症，因此，献血或血浆捐献，或在早期无症状阶段共用注射设备，存在经血传播 HAV 的潜在风险，但总体上经血传播的甲型肝炎罕见。

（二）致病与免疫机制

HAV 从肠道进入血液的机制还不清楚，病毒可能在肠黏膜中有限增殖或通过穿胞运输侵入血流，最终侵犯肝，在肝细胞中增殖后随胆汁排入肠道并通过粪便排出。甲型肝炎患者有明显的肝炎症状，出现肝细胞肿胀、核增大、气球样变性及炎症细胞浸润等病理改变，临床上表现为无黄疸型肝炎和黄疸型肝炎两种类型，前者以中等程度发热、乏力、厌食、恶心、呕吐、腹痛、肝脾肿大、血清中丙氨酸氨基转移酶（ALT）升高等为肝炎的典型临床特征，后者除有上述的临床表现外，还可出现皮肤及巩膜黄染、尿色深黄和黏土样粪便等。一般情况下，病程持续 3～4 周，预后良好。重型肝炎少见，多见于患有长期肝病的患者。

HAV 引起肝细胞损伤的机制尚不清楚。HAV 在培养的肝细胞内增殖缓慢，一般不直接造成肝细胞的损害。其致病机制主要与免疫病理反应有关，包括：①活化的病毒特异性 $CD8^+$T 细胞对肝细胞的杀伤；②由非病毒特异性的细胞毒性 $CD8^+$T 细胞等造成的“旁观者”效应；③固有免疫 RIG-Ⅰ样受体/线粒体抗病毒信号蛋白（RLR/MAVS）信号通路诱导的促细胞凋亡作用。

HAV 的显性感染或隐性感染均可诱导机体产生持久的免疫力。抗-HAV IgM 在感染早期出现，发病后一周达高峰，维持两个月左右逐渐下降。抗-HAV IgG 在急性期末或恢复期早期出现，可维持多年，对 HAV 的再感染有免疫保护作用，是获得抗 HAV 特异性免疫的标志。我国成人血清 HAV 抗体阳性率达 70%～90%。

三、微生物学检查

HAV 的微生物学检查包括血清学检查和病原学检查。血清学检查使用 ELISA 检测患者血清中的抗-HAV IgM 和 IgG。抗-HAV IgM 出现得早，消失得快，是甲型肝炎早期诊断可靠的血清学指标。抗-HAV IgG 检测主要用于了解既往感染史或流行病学调查。病原学检查一般不做 HAV 的分离培养，主要针对粪便标本，采用定性或定量逆转录 PCR（RT-PCR 或 RT-qPCR）方法检测病毒 RNA，采用 ELISA 检测 HAV 抗原，采用免疫电镜法检测病毒颗粒等。

四、防治原则

普及公共卫生知识，加强水源、食物和粪便管理，严格消毒处理患者的排泄物、食具、物品和床单衣物等措施对预防 HAV 感染具有重要意义。疫苗接种是预防甲型肝炎的有效手段。我国于 1992 年和 2002 年分别研制成功了甲型肝炎减毒活疫苗和灭活疫苗。甲型肝炎减毒活疫苗是将从患者粪便中分离到的 HAV 经人胚肺二倍体细胞株连续传代充分减毒而成，主要在我国使用；甲型肝炎灭活疫苗是将 HAV 灭活后纯化制得的，在国内外被广泛使用。两种疫苗均具有良好的免疫原性，接种后免疫力持久。2008 年，儿童接种甲型肝炎疫苗被纳入国家免疫规划项目。WHO 建议将 HIV 感染者、慢性肝病患者、静脉吸毒者等高危人群也纳入甲型肝炎疫苗接种计划。

目前尚无有效的抗病毒药物用于甲型肝炎的治疗，临床上以对症治疗及支持疗法为主。

第二节 乙型肝炎病毒

中文名：乙型肝炎病毒，简称乙肝病毒

英文名：hepatitis B virus，HBV

病毒定义：乙肝病毒是乙型肝炎的病原体，主要经血液和母婴传播，也可通过性接触传播。HBV 感染后临床表现多样，可表现为急性肝炎、重型肝炎、慢性肝炎或无症状携带者，慢性肝炎可能发展成肝纤维化、肝硬化甚至肝细胞癌（hepatocellular carcinoma，HCC）。

分类：乙肝病毒属于嗜肝 DNA 病毒科（*Hepadnaviridae*）正嗜肝 DNA 病毒属（*Orthohepadnavirus*）。正嗜肝 DNA 病毒属还包括感染旱獭、地松鼠、绒毛猴、猫、蝙蝠等哺乳动物的嗜肝 DNA 病毒。

一、生物学性状

（一）形态与结构

1963 年，布伦贝格（Blumberg）等首次报道在澳大利亚土著人血清中发现了一种与血源传播肝炎相关的抗原，称为澳大利亚抗原（Australian antigen，Au），随后的研究确定了 Au 为 HBV 的表面抗原。1970 年，丹尼（Dane）在电镜下发现乙型肝炎患者血清中存在 HBV 颗粒。

HBV 感染者的血清中存在至少三种不同形态的病毒颗粒（图 10-3），即大球形颗粒、小球形颗粒和管形颗粒。大球形颗粒为具有感染性的完整病毒颗粒，小球形颗粒和管形颗粒为亚病毒颗粒，不含病毒基因组，无感染性。

大球形颗粒又称丹氏颗粒（图 10-4），直径约为 42nm。外层包膜由脂双层和病毒编码的包膜蛋白组成。HBV 有三种包膜蛋白：小蛋白（small protein，S 蛋白）、中蛋白（middle protein，M 蛋白）和大蛋白（large protein，L 蛋白）。三种包膜蛋白统称为乙型肝炎表面抗原（hepatitis B surface antigen，HBsAg），M 蛋白含前 S2 蛋白（PreS2）和 S 蛋白，L 蛋白含前 S1 蛋白（PreS1）、PreS2 和 S 蛋白。包膜内为核衣壳，呈二十面体立体对称，直径约为 27nm，衣壳蛋白也称为乙型肝炎核心抗原（hepatitis B core antigen，HBcAg）。衣壳内部含病毒的双链 DNA 基因组和病毒聚合酶等。

小球形颗粒为中空的球形颗粒，直径为 22nm，大量存在于感染者的血液中，主要成分为 S 蛋白。

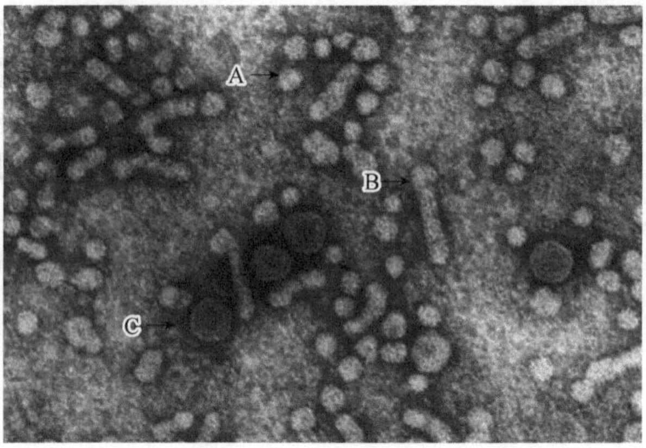

图 10-3　乙型肝炎病毒的电镜照片（400 000×）（彭宜红和郭德银，2024）
图中可见小球形颗粒（A）、管形颗粒（B）和大球形（丹氏）颗粒（C）

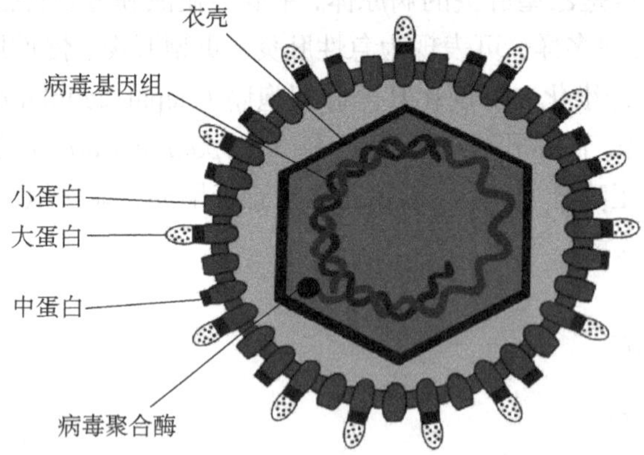

图 10-4　大球形颗粒形态结构示意图

管形颗粒的直径与小球形颗粒相同，中空，长度为 100～500nm，主要成分为 S 蛋白和 M 蛋白。

（二）基因组

HBV 的基因组（图 10-5）为部分双链环状 DNA，又称松弛环状 DNA（relaxed circular DNA，rcDNA），两条 DNA 链的长度不一致。长链为负链，含完整的 HBV 基因组，长约 3.2kb。短链为正链，长度为负链的 1/2～2/3。两条 DNA 链的 5′端各有约 250 个碱基可相互配对，使双链 DNA 分子形成环状结构。在相互配对区域的两侧各有 11 个核苷酸（5′-TTCACCTCTGC-3′）的同向重复序列（direct repeat，DR），称为 DR1 和 DR2，是病毒 DNA 成环和病毒复制的关键序列。负链 DNA 的 5′端与病毒聚合酶氨基端的末端蛋白（terminal protein，TP）共价连接。正链的 5′端有一段短的 RNA 序列，是引导正链 DNA 合成的引物。

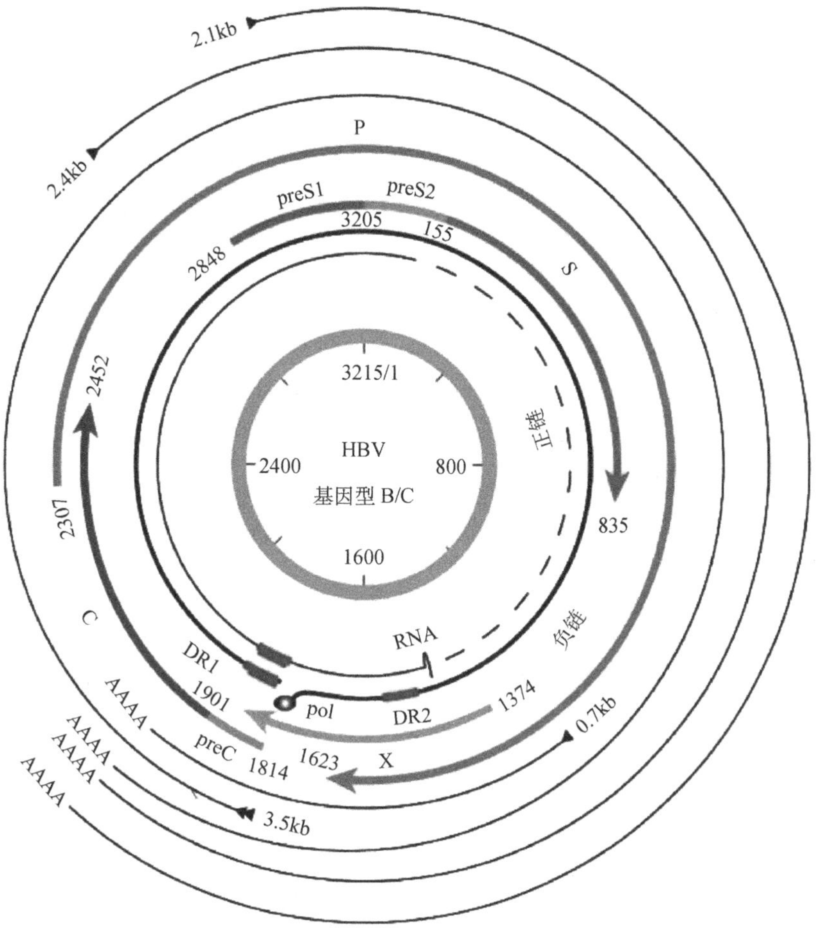

图 10-5　乙型肝炎病毒的基因组示意图

HBV 的基因组含有 4 个可读框（ORF），分别称为 S（表面蛋白）、C（core，衣壳蛋白）、P（聚合酶）和 X（X 蛋白）。

1. S ORF　由连续的 preS1 区、preS2 区和 *S* 基因组成，从各自的起始密码子开始翻译，可分别产生 L（PreS1+PreS2+S）、M（PreS2+S）和 S 蛋白。PreS1 可与肝细胞表面病毒受体钠离子–牛磺胆酸共转运多肽（sodium-taurocholate cotransporting polypeptide，NTCP）结合，在 HBV 感染肝细胞的过程中发挥关键作用。HBsAg 为糖基化蛋白，大量存在于感染者的血液中，是 HBV 感染的主要标志。针对 HBsAg 的体液免疫应答能够产生中和抗体抗-HBs（HBsAb），因此 HBsAg 是制备乙型肝炎疫苗的主要成分。PreS1 和 PreS2 多肽也可刺激机体产生特异性抗体。

2. C ORF　由连续的前 C（preC）区和 *C* 基因组成。从 preC 的起始密码子翻译产生的前体多蛋白（PreC+C）经切割加工后生成 HBe 蛋白，分泌到血液中成为乙型肝炎 e 抗原（hepatitis B e antigen，HBeAg）。HBeAg 可刺激机体产生抗-HBe（HBeAb）。

C 基因编码的衣壳蛋白（HBc 或 HBcAg）在细胞质中组装形成病毒的衣壳，一般不在血液中游离存在，不易在血清中检出。HBcAg 能刺激机体产生抗-HBc（HBcAb）。

3. P ORF　编码 HBV 聚合酶（polymerase，Pol），含 4 个功能域，分别为末端蛋白（terminal protein，TP）、间隔（spacer）、逆转录酶（reverse transcriptase，RT）和 RNA 酶 H（RNase H）。

4. X ORF　编码的 X 蛋白（HBX）是一种多功能调控因子，能促进 HBV 的复制，具有广泛的反式激活作用，可激活细胞内的多条信号通路，与 HBV 相关肝癌的发生发展密切相关。

（三）HBV的复制

HBV 复制的分子机制尚未完全清楚，其复制过程基本如下。

1. 附着和脱壳　HBV 通过包膜 L 蛋白的 PreS1 区与肝细胞表面受体 NTCP 结合，继而被内吞进入肝细胞，在细胞质中脱去衣壳。

2. 基因表达　病毒 rcDNA 进入细胞核，利用宿主细胞的 DNA 修复机制，将 rcDNA 转化成共价闭合环状 DNA（covalently closed circular DNA，cccDNA）。cccDNA 作为病毒转录的模板，由细胞 RNA 聚合酶Ⅱ转录出 3.5kb mRNA（preC mRNA 和 pgRNA）、2.4kb mRNA（preS1/S mRNA）、2.1kb mRNA（preS2/S mRNA）和 0.7kb mRNA（X mRNA），其中前基因组 RNA（pregenomic RNA，pgRNA）在病毒复制过程中具有双重作用，既翻译产生衣壳蛋白和聚合酶，又作为模板用以复制子代病毒 DNA。

在细胞质中，pgRNA 翻译产生衣壳蛋白和聚合酶；preC mRNA 翻译产生 HBeAg 前体多蛋白，经加工后分泌出细胞成为 HBeAg；2.4kb mRNA 编码包膜 L 蛋白；2.1kb mRNA 编码包膜 M 蛋白和 S 蛋白；0.7kb mRNA 编码 HBX 蛋白。

3. 基因组复制　pgRNA、聚合酶和衣壳蛋白在胞质中组装成核衣壳。在新生的核衣壳内，以 pgRNA 为模板，以聚合酶的 TP 为引物，聚合酶的逆转录酶催化合成全长负链 DNA，同时 pgRNA 被 RNase H 降解，仅保留 pgRNA 的 5′端一小段寡核酸。新合成的负链 DNA 再作为模板并以上述寡核酸为引物合成正链 DNA。通常不等正链 DNA 合成完毕，核衣壳就成熟，因此子代病毒基因组为部分双链 DNA。

4. 组装和释放　核衣壳在晚期内体的多泡体膜上与包膜蛋白组装成完整的病毒颗粒，最后借助细胞外泌体分泌途径释放到细胞外。同时，病毒表面蛋白也组装成大量的小球形颗粒和管形颗粒，经内质网-高尔基体途径分泌出细胞。另外，核衣壳也可将 rcDNA 转运并释放到细胞核内补充 cccDNA 池。

（四）基因型和血清型

1. 基因型　根据 HBV 基因组全序列的差异≥8%，可将 HBV 分为 A～J 10 个基因型，A、B、C、D 和 F 基因型又可分为不同的亚型。不同地区流行的基因型不同：A 型主要见于美国和西欧；D型见于中东、北非和南欧；E型见于非洲；我国及亚洲其他地区流行的主要是B型和C型，偶有A型和D型的报道。

2. 血清型 根据HBsAg分子中的a决定簇上特定氨基酸的多态性，以及两组互相排斥的抗原表位（d/y和w/r），按不同组合形式，构成HBsAg的4种主要血清型，即adr、adw、ayr和ayw。因为有共同的a决定簇，故血清型之间有广泛的交叉免疫保护作用。

（五）细胞培养与动物模型

HBV的体外培养易感细胞主要包括人原代肝细胞和表达HBV受体（NTCP）的肝癌细胞等。此外，转染完整HBV基因组的人肝癌细胞可稳定表达HBV抗原和产生感染性病毒颗粒。

HBV的宿主范围狭窄，只感染人和少数灵长类动物。黑猩猩可用于HBV的致病机制研究和疫苗效果评价。嗜肝DNA病毒科的其他成员如鸭乙型肝炎病毒和旱獭肝炎病毒可在相应的天然宿主中造成类似人类HBV的感染，因此可作为实验动物模型。例如，鸭乙型肝炎病毒曾被广泛用于研究嗜肝DNA病毒的复制机制和筛选抗病毒药物。此外，树鼩及HBV转基因小鼠也可作为HBV的动物模型。

（六）抵抗力

HBV对外界环境的抵抗力较强，耐低温、干燥和紫外线。不被70%乙醇灭活。高压蒸汽灭菌法、100℃加热10min可灭活HBV，0.5%过氧乙酸、5%次氯酸钠和环氧乙烷等均可用于HBV的消毒。上述消毒手段仅能使HBV失去感染性，但仍可保留HBsAg的抗原性。

二、致病性与免疫性

（一）传染源

HBV感染是全球性的公共卫生问题。其主要传染源为乙型肝炎患者及无症状HBsAg携带者。

（二）传播途径

1. 血及血制品传播 包括输注未经严格筛查和检测的血液和血制品、不规范的血液净化、不规范的有创操作（如注射、手术及口腔科诊疗操作等）。此外，也可经破损的皮肤或黏膜传播，如职业暴露、针刺（文身、扎耳环孔）、共用剃须刀和牙具等。

2. 母婴传播 在HBV高流行区，母婴传播是HBV的主要传播方式。HBsAg和HBeAg双阳性母亲所生新生儿如不及时采取有效的母婴阻断措施，HBV母婴传播率可高达70%～90%，围产期传播是HBV母婴传播最主要的途径，常发生在分娩时新生儿破损的皮肤黏膜与HBV感染母体的血液接触而感染。HBV的宫内感染不常见，可能发生于高病毒载量的孕妇。

3. 性传播 多发生于无防护的性行为，尤其男男同性恋人群。HBV不经呼吸道和消化道传播，因此，日常学习、工作或生活接触，如在同一办公室工作、握手、拥抱、同住一宿舍、同一餐厅用餐和共用厕所等无血液暴露的接触，一般不会传染 HBV。

（三）致病与免疫机制

感染 HBV 时的年龄是影响慢性化的主要因素之一。新生儿及 1 岁以下婴幼儿的 HBV 感染慢性化风险为 90%，成人感染 HBV 大多呈急性感染，慢性化风险＜5%。

一般认为 HBV 为专一的嗜肝 DNA 病毒，也有报道在单核细胞、脾、肾等器官或组织中检出了 HBV DNA，但 HBV 是否可能存在肝外感染尚需明确证据。

乙型肝炎的潜伏期为 30～160 天。HBV 感染通常不对肝细胞造成直接损伤，免疫病理反应及病毒与宿主细胞的相互作用是 HBV 的主要致病机制。免疫反应的强弱与疾病的临床过程及转归密切相关。机体对 HBV 的免疫效应具有双重性：既可清除病毒，也可造成肝细胞的损伤。当机体免疫功能正常时，感染后可获得特异性的免疫保护，很快控制病毒感染，可通过清除病毒而痊愈，临床上表现为无症状或急性肝炎。而当病毒与机体免疫系统的互动造成机体免疫耐受和免疫功能受损，或由于病毒变异而发生免疫逃逸时，机体免疫系统不能有效清除病毒，病毒持续存在并不断复制，表现为慢性携带或慢性肝炎。慢性肝炎造成的肝细胞病变可促进成纤维细胞增生，引起肝纤维化和肝硬化。

依据病毒学、生物化学及组织学特征等进行综合考虑，一般将慢性 HBV 感染划分为 4 个时期，即 HBeAg 阳性慢性 HBV 感染（也称免疫耐受期、慢性 HBV 携带状态）、HBeAg 阳性慢性乙型肝炎（也称免疫清除期、免疫活动期）、HBeAg 阴性慢性 HBV 感染（也称非活动期、免疫控制期、非活动性 HBsAg 携带状态）和 HBeAg 阴性慢性乙型肝炎（也称再活动期）。

对 HBV 致病的机制尚未充分了解，可能的致病机制概述如下。

1. 细胞免疫及其介导的免疫病理反应　活化的 $CD8^+$和 $CD4^+$ T 细胞在清除 HBV 过程中起关键作用。$CD8^+$ T 细胞（CTL）识别肝细胞膜上的 MHC Ⅰ类分子提呈的 HBV 抗原成分，继而分泌穿孔素（perforin）和颗粒酶等效应分子直接杀伤靶细胞，也可分泌 IFN-γ 和 TNF-α 等细胞因子，以非细胞杀伤的方式清除细胞内感染的 HBV，其具体分子机制尚不清楚；活化的 $CD4^+$ Th1 细胞能分泌 IFN-γ、IL-2 和 TNF-α 等细胞因子，通过激活巨噬细胞和 NK 细胞、促进 CTL 的增殖分化及诱导炎症反应等发挥抗病毒效应。过度的细胞免疫反应可引起大量的肝细胞损伤，导致重型肝炎。若特异性细胞免疫功能低下则不能有效清除病毒，病毒在体内持续存在而形成慢性感染。

2. 体液免疫及其介导的免疫病理反应　HBV 感染可诱导机体产生抗-HBs 等抗体，抗-HBs 通过清除血循环中游离的病毒或阻断病毒对肝细胞的吸附而发挥免疫保护作用。然而，血中的 HBsAg、HBcAg 和 HBeAg 及其相应抗体可形成免疫复合物，并随血液循环沉积于肾小球基底膜、关节滑囊等处，激活补体，导致Ⅲ型超敏反应，故乙型肝炎患者可伴有肾小球肾炎、关节炎等肝外损害。如果免疫复合物大量沉积于肝内，可使肝毛细管栓塞，导致急性肝坏死，临床上表现为重型肝炎。

3. 自身免疫反应引起的病理损害　HBV 感染肝细胞后，细胞膜上除出现病毒特异性抗原外，还会引起肝细胞表面自身抗原发生改变，从而诱导机体产生自身抗体，通过 ADCC 作用、CTL 的杀伤作用或释放细胞因子等直接或间接地损伤肝细胞。

4. 免疫耐受与慢性肝炎　机体对 HBV 的免疫耐受是导致 HBV 持续性感染的重要原因。当 HBV 感染者细胞免疫和体液免疫处于较低水平或完全缺乏时，机体既不能有效地清除病毒，也不能产生有效的免疫应答杀伤病毒感染的细胞，病毒与宿主之间形成免疫耐受，临床上常表现为"无症状"HBV 携带状态。对 HBV 的免疫耐受可发生在母婴垂直感染和成人感染过程中，其形成机制尚不清楚，可能与传播途径、肝内免疫环境有关。当发生 HBV 宫内感染时，胎儿胸腺淋巴细胞与 HBV 抗原相遇，导致特异性淋巴细胞克隆被排除而发生免疫耐受；幼龄感染 HBV 后，因免疫系统尚未发育成熟，也可对病毒形成免疫耐受；成人 HBV 感染后，如果病毒的复制导致特异性 T 细胞被耗竭或大量细胞凋亡而使特异性 T 细胞消耗过多时，机体也可形成免疫耐受。此外，HBV 感染后，机体免疫应答能力低下，干扰素产生不足，可导致靶细胞的 MHC Ⅰ类抗原表达低下，从而使 CTL 的杀伤作用减弱，不能有效地清除病毒。

5. 病毒变异与免疫逃逸　HBV 常见的变异形式有以下几种：①*S* 基因编码的 a 决定簇可发生点突变或插入突变，导致 HBsAg 抗原性改变，使现有的诊断方法不能检出，出现所谓的"诊断逃逸"。②*preC* 基因的变异常发生在 1896 位核苷酸，使 preC 区的第 28 位密码子由 TGG 变为终止密码子 TAG，从而不能翻译出完整的 HBeAg，表现为 HBeAg 阴性并导致"免疫逃逸"，使病毒能逃避机体的免疫清除作用。③*C* 基因基本核心启动子的 A1762T 和 G1764A 双突变可影响 *C* 基因的转录，从而可能影响 CTL 对 HBcAg 的识别，影响 CTL 对靶细胞的杀伤。④在长期接受 HBV 聚合酶抑制剂治疗的过程中，HBV 的 *P* 基因可发生耐药变异。

6. HBV 与肝癌　HBV 感染与原发性肝细胞癌有密切关系。我国约 80%的 HCC 患者曾慢性感染 HBV，HBsAg 携带者较正常人发生肝癌的危险性高 200 倍以上；HBV 相关肝癌细胞染色体中有 HBV DNA 的整合，整合可能导致整合点附近的宿主基因表达异常或染色质不稳定；另外，X 蛋白可通过广泛的反式激活作用促进细胞转化，导致肝癌的发生。

三、微生物学检查

HBV 感染的实验室诊断方法主要是血清标志物检测，以及病毒核酸检测。

（一）HBV 抗原、抗体检测

利用 ELISA 检测患者血清中 HBV 抗原和抗体是目前临床上诊断乙型肝炎最常用的检测方法，主要检测 HBsAg、抗-HBs、HBeAg、抗-HBe 及抗-HBc（俗称"两对半"）。

1. HBsAg 和抗-HBs　HBsAg 大量存在于感染者的血液中，是 HBV 感染的重要标志，也是筛选献血员的必检指标。急性感染恢复后，HBsAg 一般在 1～4 个月内消失，若持续 6 个月以上阳性则认为已转为慢性 HBV 感染。无症状 HBsAg 携带者的肝功能检测指标正常，但可长期呈 HBsAg 阳性。HBsAg 阴性并不能完全排除 HBV 感染，需注意由 *S* 基因突变或低水平表达导致的诊断逃逸。抗-HBs 是 HBV 的中和抗体，见于乙型肝炎恢复期、既往 HBV

感染恢复者或接种 HBV 疫苗后。抗-HBs 的出现表示机体对 HBV 感染有免疫力。

2. HBeAg 和抗-HBe HBeAg 阳性通常提示 HBV 在体内复制活跃，有较强的传染性。抗-HBe 阳性表示机体已获得一定的免疫力，HBV 复制得到部分控制。但在 *preC* 基因发生变异时，由于变异株的免疫逃逸作用，即使抗-HBe 阳性，病毒仍大量增殖，因此对抗-HBe 阳性的患者仍应注意检测其血中的 HBV DNA，以全面了解病毒的复制情况。

3. 抗-HBc HBcAg 一般不在血液中以游离形式存在，故不纳入常规检测。抗-HBc IgM 阳性提示 HBV 急性感染或慢性感染急性发作。抗-HBc IgG 在血中持续时间较长，是已感染 HBV 的标志。

（二）HBV DNA 检测

实验 10-1

乙肝病毒 DNA 的定量检测

采用 PCR 或 qPCR 法检测 HBV DNA。在慢性感染者中 HBV DNA 可持续阳性，检出 HBV DNA 是判断病毒复制和传染性的可靠指标，被广泛应用于临床诊断和药物效果评价。

除了上述的检测方法，近年来一些新型的检测方法也被用于 HBV 感染的诊断、药物效果评价和预后评估，如 cccDNA 检测、HBsAg 和 HBeAg 的定量分析、血清病毒 RNA 检测等。

HBV 抗原、抗体、DNA 检测结果及临床意义见表 10-1，应结合肝功能指标综合判断。

表 10-1　HBV 抗原、抗体、DNA 检测结果及临床意义

HBsAg	HBsAb	HBeAg	HBeAb	HBcAb IgM	HBcAb IgG	HBV DNA	结果分析
+	−	−	−	−	−	+	HBV 感染者
−	−	−	−	−	−	−	未感染过 HBV
−	+	−	−	−	−	−	接种过乙型肝炎疫苗
−	+	−	+/−	−	+	−	既往感染已恢复
+	−	+/−	+/−	+	+	+	急性感染或慢性感染急性发作
+	−	+	−	−	+	+	e 抗原阳性慢性感染（俗称“大三阳”）
+	−	−	+/−	−	+	+/−	e 抗原阴性慢性感染（俗称“小三阳”）

四、防治原则

（一）主动免疫

接种疫苗是预防 HBV 感染最有效的方法。第一代乙型肝炎疫苗为血源疫苗。由于这种疫苗是从 HBsAg 携带者血液中提纯 HBsAg，经甲醛灭活而成的，其来源及安全性均存在问题，现已停用。第二代乙型肝炎疫苗为基因工程疫苗，也是世界上首个基因工程疫苗，是由酵母菌或哺乳动物细胞表达的重组 HBsAg 纯化而成的，易大量制备，且具有良好的安全性。全程免疫共接种 3 次，按 0、1、6 个月方案接种，可获得良好的免疫保护作用。我国已将乙型肝炎疫苗接种纳入国家免疫规划项目，从而大大降低了我国 HBV 的携带率，整体人群 HBsAg 阳性率下降为 6.1%（2016 年），5 岁以下儿童 HBsAg 阳性率仅为 0.21%（2014 年）。

（二）管理传染源

慢性 HBV 感染者的血液、用过的注射器和针头等均须严格消毒，应避免与他人共用牙具、剃须刀、注射器及取血针等，禁止献血、捐献器官和捐献精子等，并定期接受医学随访；其家庭成员或性伴侣应尽早接种乙型肝炎疫苗。

（三）切断传播途径

大力推广安全注射，并严格遵循医院感染管理中的标准预防原则。服务行业所用的理发、刮脸、修脚、穿刺和文身等器具应严格消毒。

（四）被动免疫——意外暴露后的预防

含高效价抗-HBs 的人乙型肝炎免疫球蛋白（hepatitis B immunoglobulin，HBIG）可用于紧急预防。意外暴露者在 7 日内注射 HBIG，一个月后重复注射一次，可获得免疫保护。HBsAg 阳性母亲的新生儿，应在出生后 12h 内注射 1 针 100IU HBIG，同时全程接种乙型肝炎疫苗，可有效阻断 HBV 母婴传播。

临床上慢性乙肝患者治疗药物有两类，分别是核苷（酸）类抗病毒药物和干扰素。目前的核苷（酸）类抗病毒药物主要通过竞争性抑制 HBV 聚合酶的逆转录酶活性而抑制病毒复制，临床推荐的一线抗病毒药物主要有恩替卡韦（entecavir）、富马酸替诺福韦酯（tenofovir disoproxil fumarate，TDF）、富马酸丙酚替诺福韦（tenofovir alafenamide fumarate，TAF）和艾米替诺福韦（tenofovir amibufenamide，TMF）。我国已批准聚乙二醇干扰素 α（PEG-IFN-α）和干扰素 α 用于慢性乙肝患者的治疗。上述两类药物虽能有效抑制病毒复制，但难以彻底清除病毒。

拓展阅读 10-2

乙型肝炎病毒慢性感染的功能性治愈

第三节 丙型肝炎病毒

中文名：丙型肝炎病毒，简称丙肝病毒

英文名：hepatitis C virus，HCV

病毒定义：丙肝病毒引起的丙型肝炎曾被称为肠外传播的非甲非乙型肝炎（parenterally transmitted non A,non B hepatitis，PT-NANB）。HCV 主要经血或血制品传播。HCV 感染的重要特征是易于慢性化，慢性 HCV 感染者可发展为肝硬化或肝癌。

分类：1991 年，ICTV 将其归类为黄病毒科（*Flaviviridae*）丙型肝炎病毒属（*Hepacivirus*）。由于近年在哺乳动物中发现了大量类似 HCV 的病毒，因此丙型肝炎病毒属已经扩展到包含 14 种病毒。

1989年，朱桂霖（Qui-Lim Choo）和霍顿（Michael Houghton）等首次从实验感染PT-NANB的黑猩猩血浆中获得了病毒的cDNA克隆，测定了约70%的HCV基因序列，并用这些基因表达产物作为抗原，检测到PT-NANB患者血清中存在该抗原的抗体。随后又从PT-NANB患者的血清中获得了病毒全基因组序列，从而确认了PT-NANB的病原体，并将其命名为HCV。

一、生物学性状

（一）形态与结构

HCV颗粒呈球形，有包膜，直径约50nm。在血清中，HCV以脂病毒颗粒（lipoviral particle，LVP）的形态存在，直径为60～70nm。脂病毒颗粒在结构上类似于极低密度脂蛋白（VLDL），除了病毒，还包含胆固醇脂、甘油三酯和宿主载脂蛋白。

（二）基因组

HCV的基因组（图10-6）为正单链RNA，长度约9.5kb。基因组由5′UTR、编码区和3′UTR组成。5′UTR含内部核糖体进入位点（IRES），对HCV基因的表达起调控作用。编码区编码一个前体多蛋白，在病毒蛋白酶和宿主信号肽酶的作用下切割产生病毒的3种结构蛋白和7种非结构蛋白。结构蛋白包括衣壳蛋白（C蛋白）及包膜蛋白E1和E2。C蛋白是一种RNA结合蛋白，与病毒基因组一起组成核衣壳。包膜蛋白E1和E2是两种高度糖基化的蛋白。E2的氨基端含有高度变异区1（highly variable region 1，HVR1），导致包膜蛋白的抗原性发生快速变异。非结构蛋白包括NS2、NS3、NS4A、NS4B、NS5A、NS5B和P7蛋白：NS3蛋白具有解旋酶和丝氨酸蛋白酶活性，其丝氨酸蛋白酶活性需要NS4A作为辅助因子，所以也称为NS3/4A蛋白酶；NS5B是依赖于RNA的RNA聚合酶（RdRp）；NS5A是病毒复制中必需的调节因子。这三种非结构蛋白已成为抗HCV药物的主要靶点。3′UTR可能与病毒复制有关。

图10-6　丙型肝炎病毒的基因组示意图

由于HCV编码的依赖于RNA的RNA聚合酶（NS5B）缺乏纠错能力，HCV在感染者体内易形成由各种变异病毒组成的病毒群体，称为准种。这种高度变异引起的免疫逃逸作用是HCV在体内持续存在、感染易于慢性化的主要原因，也是HCV疫苗研制的障碍之一。

根据HCV基因组全序列同源性的差异，可将HCV分为7个基因型和至少100个基因亚型。我国以1型、2型、3型和6型流行为主。不同的基因型除了在地域分布上不同，在传播途径、疾病严重程度、对治疗的应答及疾病的预后等方面也存在差异。

（三）细胞培养与动物模型

HCV 体外培养困难，缺乏稳定高效的从临床样本中分离培养病毒的细胞体系。常用的 HCV 感染体系是 JEH-1/HCVcc（HCV cell culture）系统，是将 HCV 2a 亚型 JEH-1 毒株的全长 cDNA 转染肝癌细胞系 Huh-7 构建而成的，可稳定支持 HCV 复制并产生具有感染性的 JEH-1 病毒颗粒。

黑猩猩对 HCV 敏感，病毒可在其体内连续传代。HCV 还缺乏高效的小动物感染模型。

（四）抵抗力

HCV 对理化因素的抵抗力不强，对乙醚、氯仿等有机溶剂敏感，100℃ 5min、紫外线、甲醛（1∶6000）、20%次氯酸、2%戊二醛等均可使之灭活。血液或血制品经 60℃处理 30h 可使 HCV 的感染性消失。

二、致病性与免疫性

人是 HCV 的自然宿主。传染源主要为急、慢性丙型肝炎患者和慢性 HCV 携带者。其主要经输血传播。此外，也可通过性接触传播，母婴传播罕见。人群对 HCV 普遍易感，HCV 感染高风险人群包括男男同性恋、静脉吸毒及血液透析人群。

HCV 急性感染后易慢性化，40%～50%的急性 HCV 感染者可转成慢性感染。大多数急性 HCV 感染者临床表现不明显，发现时已呈慢性过程。约 20%慢性丙型肝炎可发展成肝硬化，继而发展为肝癌。我国肝癌患者的血中抗-HCV 阳性率约为 10%。

HCV 的致病机制尚未完全清楚，与病毒感染诱导的固有免疫反应、细胞免疫介导的免疫病理反应及 NK 细胞的杀伤作用有关。HCV 通过包膜蛋白 E2 与肝细胞表面的多种受体如 CD81、SR-BI、密封蛋白 1（claudin-1）、闭合蛋白（occludin）分子结合，介导病毒内吞进入肝细胞。急性 HCV 感染激活固有免疫，包括炎症小体的活化、干扰素刺激基因（ISG）的表达和自然杀伤细胞（NK 细胞）的增殖。Ⅲ型干扰素（IFNL）的基因表达在急性和慢性 HCV 感染中起主导作用，可能是肝 ISG 活性的主要驱动因素。*IFNL4* 基因的两个单核苷酸多态性与 HCV 的转归和慢性化有关。NK 细胞的杀伤作用除了能清除病毒感染的细胞，在肝细胞损伤的致病机制中也发挥重要作用。HCV 诱导产生的特异性 $CD8^+$ CTL 对靶细胞的直接杀伤作用、活化的 $CD4^+$ Th1 细胞释放多种炎症细胞因子和自身免疫反应、Fas/FasL 介导的细胞凋亡均可造成肝细胞损伤。

HCV 感染易于慢性化的可能机制除了与 HCV 变异率高导致免疫逃逸有关，还可能与 HCV 在体内呈低水平复制，病毒血症水平较低，不易诱导高水平的免疫应答或存在于外周血单核细胞等肝外组织中的 HCV 不易被清除等因素有关。

HCV 感染后诱导产生的适应性免疫应答没有明显的免疫保护作用。机体感染 HCV 后，虽然可产生特异性 IgM 和 IgG 型抗体，但由于病毒易于变异，不断出现免疫逃逸突变株，因此抗体的免疫保护作用不强。HCV 感染后诱生的细胞免疫反应也不足以提供有效的免疫保护。

HCV 在非肝细胞中的增殖尚存在争议，HCV 可能在 B 和 T 细胞中复制。除了肝病，慢性 HCV 感染也可能导致代谢功能障碍，包括胰岛素抵抗和 2 型糖尿病，以及炎症诱导的其他肝外疾病，如冷球蛋白血症、非霍奇金淋巴瘤和迟发性皮肤卟啉病等。

三、微生物学检查

（一）检测病毒核酸

HCV RNA 的检测是判断 HCV 感染及传染性的可靠指标。常用的方法有 RT-PCR 和 RT-qPCR 法，敏感性高，可检出患者血清中极微量的 HCV RNA，一般被用于早期诊断及疗效评估。

（二）检测抗体

HCV 感染后机体可产生结构蛋白和非结构蛋白的抗体，采用基因工程表达的 C22（位于 C 蛋白）、NS3、NS4、NS5 等蛋白质为抗原，用 ELISA 和蛋白质印迹检测血清中 HCV 抗体，可用于丙型肝炎的诊断、筛选献血员和流行病学调查。

四、防治原则

目前尚无有效的疫苗用于丙型肝炎的预防，严格筛选献血员、加强血制品管理是控制 HCV 感染最主要的预防手段。近年来，HCV 的抗病毒治疗取得了重大进展，一批高效的直接抗病毒药物（direct-acting antiviral agent，DAA）已用于临床，包括 NS3/4A 蛋白酶抑制剂、NS5B 聚合酶抑制剂和 NS5A 抑制剂等，可使 90%～100%的患者获得持续病毒学应答（sustained virologic response，SVR），使慢性丙型肝炎从难治性疾病变为可治愈疾病。

第四节 丁型肝炎病毒

中文名：丁型肝炎病毒，简称丁肝病毒

英文名：hepatitis D virus，HDV

病毒定义：丁肝病毒是 HBV 的卫星病毒，是引起丁型肝炎的病原体。1977 年，意大利学者里泽托（Mario Rizzetto）在用 HBcAb 阳性血清和免疫荧光法检测慢性乙型肝炎患者的 HBcAg 阴性肝组织切片时，发现肝细胞内除 HBsAg 外，还有一种新的抗原，当时称其为 δ 因子或 δ 病毒，1983 年正式将其命名为丁型肝炎病毒。通过黑猩猩实验证实这是一种不能独立复制的缺陷病毒（defective virus），须与 HBV 共同感染时才能产生具有感染性的 HDV 颗粒。

分类：丁肝病毒属于三角病毒科（*Kolmioviridae*）德尔塔病毒属（*Deltavirus*）。

一、生物学性状

HDV 颗粒为球形，直径为 35～37nm，有包膜，但包膜蛋白为 HBV 的三种表面蛋白。

病毒核心由 HDV RNA 和与之结合的 HDV 抗原（HDAg）组成。

HDV 的 RNA 基因组（图 10-7）为负单链环状 RNA，长度约 1.7kb，在目前已知的动物病毒中基因组最小。HDV RNA 基因组的复制使用滚环复制机制。HDV 不编码复制酶，其复制利用的是细胞的 RNA 聚合酶Ⅰ或Ⅱ。复制过程中首先产生串联的线性反基因组（antigenome）。HDV 的基因组中编码一个核酶（ribozyme）。核酶的作用是将串联的线性反基因组或基因组切割成单个拷贝。单拷贝的反基因组随后作为模板复制产生串联的线性基因组，经核酶加工后成为单拷贝的基因组。

HDAg 是 HDV 基因组编码的唯一蛋白质，由细胞 RNA 聚合酶Ⅱ转录的 mRNA 翻译产生，有 P24（SHDAg）和 P27（LHDAg）两种形式（图 10-7），在病毒复制过程中起重要作用。若 HDAg 单独被 HBsAg 包装，可形成不含 HDV RNA 的“空壳颗粒”。HDAg 主要存在于肝细胞内，在血清中维持时间短，故不易检出。但 HDAg 可刺激机体产生抗体，可从感染者血清中检出抗-HDAg。

由于 HDV 的包膜蛋白来自 HBV，因此 HDV 是 HBV 的卫星病毒。HDV 感染有联合感染（co-infection）和重叠感染（superinfection）两种类型。联合感染是指未感染过 HBV 的人同时发生 HBV 和 HDV 的感染；重叠感染是指 HBV 慢性感染者又继发 HDV 感染。除了 HBV，一些哺乳动物的嗜肝 DNA 病毒在实验模型中也能帮助 HDV 包装出感染性颗粒。

HBV 的细胞模型和动物模型可用于 HDV 的研究。

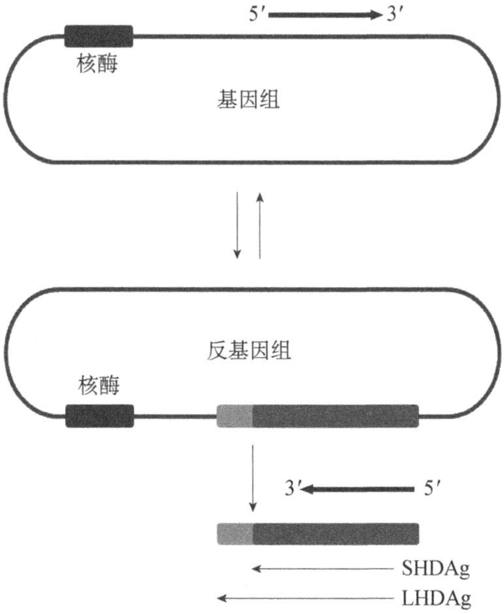

图 10-7 丁型肝炎病毒的基因组、反基因组和病毒蛋白

二、致病性与免疫性

HDV 的传染源为急、慢性丁型肝炎患者和 HDV 携带者，传播途径主要是血液传播。感染后可表现为急性肝炎、慢性肝炎或无症状携带者。成人的联合感染多为急性自限性。重叠

感染常可导致肝炎加重与恶化，易发展成重型肝炎，以及促进肝硬化和肝癌的发生。目前认为 HDV 的致病机制可能与机体的免疫病理反应有关。HDAg 可刺激机体产生特异性 IgM 和 IgG 型抗体，但这些抗体不是中和抗体，不能清除病毒。

HDV 感染呈世界性分布，意大利、地中海沿岸国家、非洲和中东地区等为 HDV 感染的高发区。我国各地 HBsAg 阳性者中 HDV 感染率为 0～32%，北方偏低，南方较高。

三、微生物学检查

（一）抗原、抗体检测

丁型肝炎病程早期，患者血清中存在 HDAg，因此，检测 HDAg 可作为 HDV 感染的早期诊断。但 HDAg 在血清中存在时间短，平均仅 21 天左右，因此标本采集时间是决定检出率的主要因素。部分患者可有较长时间的抗原血症，但 HDAg 的滴度较低，故不易检出。用放射免疫法（RIA）或 ELISA 检测血清中 HDV 抗体是目前诊断 HDV 感染的常规方法，抗-HD IgM 在感染后 2 周出现，4～5 周达高峰，随之迅速下降，因此，检出抗-HD IgM 有早期诊断价值。抗-HD IgG 产生较晚。如果 HDV 抗体持续高效价，可作为慢性 HDV 感染的指标。肝细胞内 HDAg 的检出是 HDV 感染的可靠证据，并且是 HDV 感染活动的指标，但活检标本不易获得，故不常用。

（二）HDV RNA 检测

利用斑点杂交或 RT-PCR 等技术检测患者血清中或肝组织内的 HDV RNA 也是诊断 HDV 感染的可靠方法。

四、防治原则

HDV 的传播途径与 HBV 相似。此外，HDV 是 HBV 的卫星病毒，其复制必须在 HBV 的辅助下才能完成。因此，丁型肝炎的预防原则与乙型肝炎相同，如加强血液和血制品管理、严格筛选献血员、防止医源性感染及广泛接种乙型肝炎疫苗等。对慢性 HBV 感染者，还没有 HDV 特异性疫苗。目前尚无直接抗 HDV 的抗病毒药物，普通或聚乙二醇干扰素 α 等对丁型肝炎有一定的疗效。

第五节 戊型肝炎病毒

中文名：戊型肝炎病毒，简称戊肝病毒

英文名：hepatitis E virus，HEV

病毒定义：HEV 引起的戊型肝炎曾称为经消化道传播的非甲非乙型肝炎。20 世纪 70 年代末，库若（Khuroo）在查谟和克什米尔地区进行流行性肝炎研究时发现了一种不同于甲型肝炎的肠道传播病毒性肝炎。巴拉扬（Balayan）等随后证实了 HEV 的存在。

分类：HEV属于戊型肝炎病毒科（*Hepeviridae*）帕斯拉戊型肝炎病毒属（*Paslahepevirus*）。

一、生物学性状

HEV颗粒呈球状（图10-8），无包膜，直径为32～34nm，表面有锯齿状缺刻和突起。

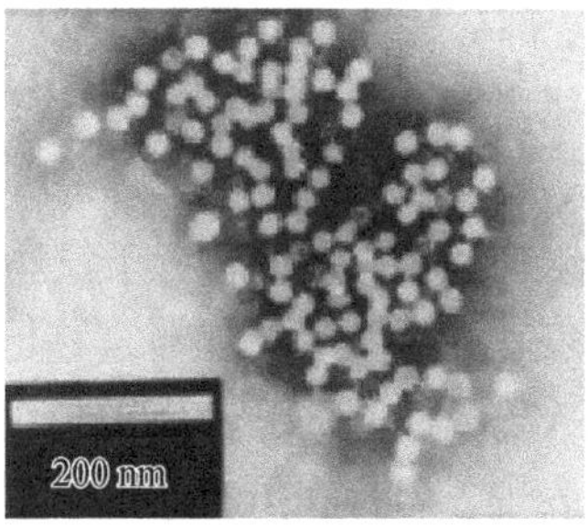

图10-8 戊型肝炎病毒透射电镜图（庄辉提供）

HEV的基因组（图10-9）为正单链RNA，全长约7.2kb，共有3个ORF。ORF1编码病毒转录和复制所需的甲基转移酶、蛋白酶、解旋酶和依赖于RNA的RNA聚合酶等非结构蛋白，翻译为一个前体多蛋白，是否切割生成功能蛋白仍存在争议。ORF2编码病毒的衣壳蛋白。ORF3与ORF2有部分重叠，编码一个多功能的磷酸化蛋白病毒孔道蛋白，可能具有型特异性抗原表位。与ORF1不同，ORF2和ORF3翻译自亚基因组mRNA。HEV基因型Ⅰ的基因组中还编码一个ORF4，其功能尚未明确。

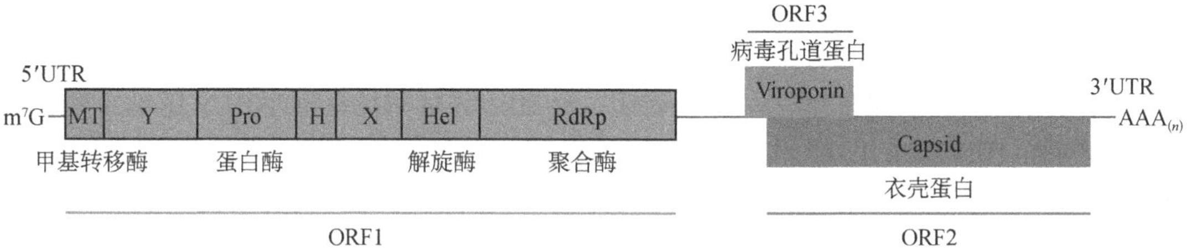

图10-9 戊型肝炎病毒的基因组结构示意图

感染人类的HEV至少存在4个基因型。在我国流行的HEV为基因型Ⅰ和基因型Ⅳ。

HEV体外培养困难，迄今仍不能在培养细胞中大量培养。HEV可感染食蟹猴、非洲绿猴、猕猴、黑猩猩及乳猪等多种动物。

HEV对高盐、氯化铯、三氯甲烷等敏感，在-70～8℃条件下易裂解，但在液氮中保存稳定。

二、致病性与免疫性

印度次大陆是戊型肝炎的高流行区，我国为地方性流行区，全国各地均有戊型肝炎发生。1986～1988年，我国新疆南部发生戊型肝炎大流行，约12万人发病，700余人死亡，是迄今世界上最大的一次戊型肝炎流行。

HEV的传染源为戊型肝炎患者和无症状感染者，猪、牛、羊、啮齿动物等也可携带HEV，成为散发性戊型肝炎的传染源。HEV主要经粪-口途径传播，病毒经肠道进入血流，在肝细胞内复制，然后释放到血液和胆汁中，经粪便排出体外。随粪便排出的病毒污染水源、食物和周围环境而造成传播，其中水源污染引起的流行较为多见。HEV也可经血液或血制品传播，HEV家庭内密切接触传播发生率较低。

戊型肝炎的潜伏期为10～60天，平均为40天。人感染HEV后可表现为临床型和亚临床型，成人以临床型多见。潜伏末期和急性期初期患者的粪便排毒量最大，传染性最强，是本病的主要传染源。HEV通过对肝细胞的直接损伤和免疫病理作用引起肝细胞的炎症或坏死。临床表现与甲型肝炎相似，多为急性感染，表现为急性黄疸型肝炎和急性无黄疸型肝炎，部分急性戊型肝炎可发展成胆汁淤积型肝炎或重型肝炎。部分特殊人群如孕妇、慢性肝病患者和老年人等感染HEV后，肝损伤严重，可能进展为急性或亚急性肝衰竭。孕妇感染HEV尤以怀孕6～9个月最为严重，常发生流产或死胎，病死率达10%～20%。戊型肝炎为自限性疾病，多数患者于发病后6周左右好转并痊愈，不发展为慢性肝炎或病毒携带者。但免疫功能低下者（如器官移植受者、人类免疫缺陷病毒感染者等）感染HEV可能转为慢性HEV感染，即HEV RNA持续阳性3个月以上。大多数慢性HEV感染者为无症状或轻微临床表现，但存在肝功能持续异常。部分慢性戊型肝炎可进展为肝硬化。

除了肝，HEV RNA在许多肝外组织中可被检测到。但是，HEV是否在这些组织中复制，以及与疾病的联系尚未明确。

三、微生物学检查

目前临床上常用的检测方法是用ELISA检查血清中的抗-HEV IgM或IgG。抗-HEV IgM出现得早，消失得快，通常经3～4个月转阴，抗-HEV IgM阳性是急性HEV感染的重要标志，但单凭抗-HEV IgM阳性不能确认是HEV感染，需结合抗-HEV IgG和HEV RNA检查。抗-HEV IgG在感染后短时间内迅速上升，但在1～2个月内快速下降至较低水平，因此抗-HEV IgG阴性不能排除既往感染。抗-HEV IgG也可能持续阳性达数年或数十年。可用RT-PCR法检测粪便或血清中的HEV RNA，在出现戊型肝炎临床症状后1～2周内，70%～80%患者的粪便和血清中可检测到HEV RNA，随后阳性率显著下降。

四、防治原则

HEV感染的一般性预防原则与甲型肝炎相同，主要是保护水源，做好粪便管理，加强食品卫生管理，注意个人和环境卫生等。接种疫苗是预防HEV感染的有效手段，世界上首支戊型肝炎疫苗（基于Ⅳ型HEV的重组病毒样颗粒）于2012年在我国研制成功，为HEV的防控提供了新的手段。

急性戊型肝炎患者主要以对症支持疗法为主。慢性戊型肝炎患者可使用利巴韦林和聚乙二醇干扰素α治疗。

小 结

HAV和HEV经消化道途径（粪-口途径）传播，通常引起急性肝炎。HEV在免疫功能低下的感染者中可能导致慢性肝炎。孕妇感染HEV易导致重型肝炎和胎儿死亡。保护水源、加强食品卫生管理和粪便管理、注意个人和环境卫生是预防 HAV 和 HEV 感染的一般性原则。急性 HAV 和 HEV 患者以对症支持疗法为主。慢性戊型肝炎患者可使用利巴韦林和聚乙二醇干扰素α治疗。接种疫苗是预防 HAV 和 HEV 感染的有效手段。

HBV、HCV 和 HDV 主要经血液和性接触传播，HBV 也可通过母婴传播。这三种病毒的急性感染者部分可转为慢性感染，导致慢性肝炎，并可能进展为肝纤维化、肝硬化和原发性肝细胞癌。加强血液和血制品管理、严格筛选献血员、防止医源性感染是预防 HBV、HCV 和 HDV 感染的一般性原则。接种乙型肝炎疫苗能保护未感染者免受 HBV 和 HDV 感染。抗病毒治疗可有效抑制慢性 HBV 感染，但治愈效果有限，而直接抗病毒药物能够高效地清除慢性 HCV 感染。

复习思考题

1. 简述肝炎病毒的分类、颗粒形态和基因组特性。
2. 简述肝炎病毒的传播途径。
3. 简述肝炎病毒引起的疾病。
4. 简述肝炎病毒感染的一般性预防原则和疫苗。

（谢幼华）

第十一章 出血热病毒

本章要点

1. 出血热病毒是一大群引起出血热症状和体征的病毒的总称，不是病毒科或病毒属等病毒学分类名称。出血热病毒成员众多，主要包括汉坦病毒科、内罗病毒科、白蛉纤细病毒科、黄病毒科、丝状病毒科、沙粒病毒科和披膜病毒科等。
2. 近年来，新发突发出血热病毒感染不断增加，主要有汉坦病毒、克里米亚-刚果出血热病毒、埃博拉病毒、大别班达病毒等，目前尚无特效的治疗药物，这些病毒感染会严重威胁人类健康。

出血热病毒（hemorrhagic fever virus）是指由节肢动物或啮齿动物传播，引起病毒性出血热的一大类病毒。病毒性出血热（viral hemorrhagic fever）以“3H”症状，即高热（hyperpyrexia）、出血（hemorrhage）和低血压（hypotension），以及较高的死亡率为主要临床特征。节肢动物或啮齿动物为出血热病毒的自然宿主（natural host）。病毒通过带毒动物在自然界传播，人类在接触带毒动物时被感染，因此，病毒性出血热是一种自然疫源性疾病。可引起出血热临床特征的病毒成员众多，分别属于 7 个病毒科的不同病毒，常见的人类出血热病毒及其所致的主要疾病如表 11-1 所示。

表 11-1 人类出血热病毒及其所致疾病

病毒分类	代表性病毒	主要媒介	所致疾病	主要分布
汉坦病毒科（*Hantaviridae*）	汉坦病毒	啮齿动物	肾综合征出血热	亚洲、欧洲、非洲、美洲
			汉坦病毒肺综合征	美洲、欧洲
内罗病毒科（*Nairoviridae*）	克里米亚-刚果出血热病毒	蜱	克里米亚-刚果出血热	非洲、中亚、中国新疆
白蛉纤细病毒科（*Phenuiviridae*）	裂谷热病毒	蚊	裂谷热	非洲
	大别班达病毒（发热伴血小板减少综合征病毒）	蜱	发热伴血小板减少综合征	东亚

续表

病毒分类	代表性病毒	主要媒介	所致疾病	主要分布
黄病毒科（*Flaviviridae*）	登革病毒	蚊	登革热	亚洲、南美洲
	黄热病毒	蚊	黄热病	非洲、南美洲
	基萨那森林热病毒	蜱	基萨那森林热	印度
	鄂木斯克出血热病毒	蜱	鄂木斯克出血热	俄罗斯
披膜病毒科（*Togaviridae*）	基孔肯亚病毒	蚊	基孔肯亚出血热	亚洲、非洲
沙粒病毒科（*Arenaviridae*）	鸠宁病毒	啮齿动物	阿根廷出血热	南美洲
	马丘波病毒	啮齿动物	玻利维亚出血热	南美洲
	拉沙病毒	啮齿动物	拉沙热	非洲
	萨比亚病毒	啮齿动物	巴西出血热	南美洲
	瓜纳里托病毒	啮齿动物	委内瑞拉出血热	南美洲
丝状病毒科（*Filoviridae*）	埃博拉病毒	未确定	埃博拉病毒病	非洲、美洲
	马尔堡病毒	未确定	马尔堡出血热	非洲、欧洲

第一节　汉坦病毒

中文名：汉坦病毒

英文名：Hantavirus

病毒定义：汉坦病毒是一种有包膜、分节段的负单链 RNA 病毒，基因组包括大（L）、中（M）、小（S）三个片段，分别编码 RNA 聚合酶、Gn 和 Gc 包膜糖蛋白、核衣壳蛋白。汉坦病毒在临床上主要引起两种类型的急性传染病，一种是以发热、出血、急性肾功能损害和免疫功能紊乱为特征的肾综合征出血热（hemorrhagic fever with renal syndrome，HFRS），另一种是以肺浸润及肺间质水肿，迅速发展为呼吸窘迫、衰竭为特征的汉坦病毒肺综合征（Hantavirus pulmonary syndrome，HPS）。

拓展阅读 11-1
汉坦病毒的发现

分类：汉坦病毒属于布尼亚病毒目（*Bunyavirales*）汉坦病毒科（*Hantaviridae*）哺乳动物汉坦病毒亚科（*Mammantavirinae*）正汉坦病毒属（*Orthohantavirus*），代表性病毒有汉滩病毒、汉城病毒、普马拉病毒、辛诺柏病毒等。

一、生物学性状

（一）形态与结构

微课视频 11-1
汉坦病毒的生物学特性

汉坦病毒颗粒具有多形性，多数呈圆形或卵圆形，直径为 75～210nm，平均直径为 120nm。汉坦病毒的多形性在新分离的病毒中表现得尤为明显，连续体外传代培养后形态及大小趋于一致（图 11-1）。

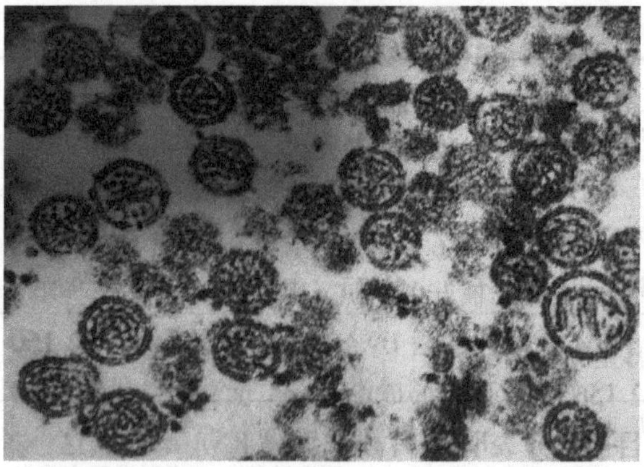

图 11-1　汉坦病毒的电镜照片（90 000×）（徐志凯和郭晓奎，2021）

汉坦病毒颗粒由核衣壳和包膜组成，病毒的包膜为典型的脂双层膜结构，其表面有糖蛋白刺突。包膜内有疏松的带有粗颗粒的丝状内含物，是由病毒核衣壳蛋白、RNA 聚合酶和病毒核酸组成的核衣壳。

（二）基因组与结构蛋白

汉坦病毒的基因组为分节段的负单链 RNA，分为 L、M、S 三个片段，分别编码病毒的 RNA 聚合酶、包膜糖蛋白（Gn 和 Gc）和核衣壳蛋白（nucleocapsid protein，NP）（图 11-2）。正汉坦病毒属病毒的全基因组，最小的为汉滩病毒的 11 845 个核苷酸，最大的为辛诺柏病毒的 12 317 个核苷酸。

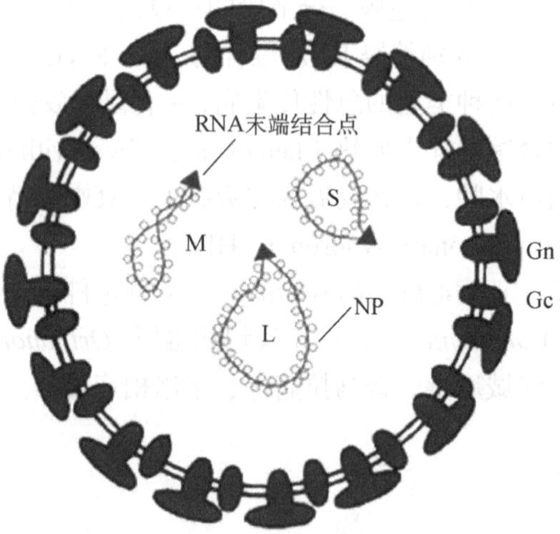

图 11-2　汉坦病毒结构模式示意图（李兰娟，2022）

1. L 基因片段及 RNA 聚合酶　　汉坦病毒 L 基因片段长 6.3～6.5kb，含有一个可读框，编码含 2150～2156 个氨基酸残基的蛋白质。L 片段只编码一种蛋白质，即 RNA 聚合酶，RNA 聚合酶可以介导病毒基因组的转录和复制。

2. M基因片段及糖蛋白Gn、Gc　汉坦病毒的M基因片段全长为3.6～3.7kb，只有一个可读框，可编码一个长度为1132～1184个氨基酸残基的前体多蛋白。汉坦病毒M基因片段的mRNA的蛋白质编码顺序为5′-Gn-Gc-3′，在其中部有一个由5个氨基酸残基（WAASA）组成的共翻译切割位点。前体多蛋白在内质网经过初级糖基化后，被切割成Gn和Gc两个蛋白质，进而在高尔基体复合体内完成糖基化。

汉坦病毒的M基因片段的变异最为显著，其原因可能是它编码的包膜糖蛋白承受的来自汉坦病毒感染动物的免疫压力最大。汉坦病毒M基因片段编码的糖蛋白Gn、Gc与病毒的感染性、致病性和免疫性等密切相关。

汉坦病毒Gn和Gc上均存在中和抗原表位和血凝抗原表位，可诱导机体产生特异性中和抗体，对机体有较强的免疫保护作用。此外，还含有$CD8^+$ T淋巴细胞（CTL）表位，可直接诱导细胞毒作用，促进细胞内病毒的清除，因此在细胞介导的保护性免疫中也起着重要作用。

3. S基因片段及核衣壳蛋白（NP）　汉坦病毒的S基因片段全长为1.6～2.0kb，其3′端近1/3长的序列是非编码区，不同型别汉坦病毒S片段的差异主要在此非编码区，其功能尚不清楚。所有汉坦病毒S片段的编码区长度基本接近，为1.3kb，含有一个长的可读框，编码NP。汉坦病毒S基因片段的变异程度介于M基因片段与L基因片段之间，不同型别的汉坦病毒S片段序列的同源性为50%～80%。

NP具有极强的免疫原性，其刺激产生的特异性抗体出现得早，滴度高，维持时间长。在汉坦病毒NP上存在多个CTL表位，因此其在刺激细胞免疫应答中也起着重要作用。

（三）分类与宿主分布

目前已分类的正汉坦病毒属有40多个不同的型别，在我国流行的引发肾综合征出血热的主要包括汉城病毒（Seoul virus），主要宿主为褐家鼠，呈世界性分布；汉滩病毒（Hantaan virus），主要宿主为黑线姬鼠，主要分布在欧亚大陆；以及近年来在宿主动物中发现的普马拉病毒（Puumala virus），主要分布于北欧地区，主要宿主为棕背䶄；欧洲地区流行的重要汉坦病毒还有多布拉伐-贝尔格来德病毒（Dobrava-Belgrade virus），主要宿主为黄喉姬鼠，分布在塞尔维亚和黑山等地区。在美洲地区，主要有引发肺综合征出血热的汉坦病毒分布流行。近年来，全球多个地区报告了多种尚未发现明显致病力的汉坦病毒。

拓展阅读
11-2
汉坦病毒主要型别

（四）培养特性

汉坦病毒可感染多种传代细胞、原代细胞及二倍体细胞。实验室常用非洲绿猴肾细胞E6（Vero E6）、人肺癌传代细胞系（A549）等分离和培养该病毒。汉坦病毒在体外培养细胞内增殖较为缓慢，病毒滴度一般在接种病毒后7～14天才达高峰。病毒感染细胞后无明显的致细胞病变作用（CPE），因此通常需采用免疫学方法来检测证实病毒在细胞内的增殖情况。

汉坦病毒的易感动物有多种，如黑线姬鼠、长爪沙鼠、小白鼠及大白鼠等，但除了小白鼠乳鼠感染后可发病致死，其余均呈自限性隐性感染而无明显症状。缺乏合适的动物模型是目前制约汉坦病毒及其所致疾病相关研究最重要的瓶颈之一。

（五）抵抗力

汉坦病毒对一般有机溶剂和消毒剂敏感，氯仿、丙酮、β-丙内酯、乙醚、酸（pH＜3.0）、苯酚、甲醛等均可将其灭活；对温度、放射线、紫外线等敏感，60℃ 30min、钴 60（^{60}Co）照射（＞10^5rad）及紫外线照射（照射距离 50cm、时间 30min）也可将其灭活。

二、致病性与免疫性

（一）致病性

1. 传播 汉坦病毒的主要宿主动物和传染源均为啮齿动物，在啮齿动物中又主要是鼠科中的姬鼠属（*Apodemus*）、家鼠属（*Rattus*）和仓鼠科中的鼾属（*Clethrionomys*）、白足鼠属（*Peromyscus*）等。汉坦病毒有着较严格的宿主特异性，因此，不同型别汉坦病毒的分布主要是由其宿主动物的分布不同所决定的。

汉坦病毒具有多途径传播的特征，目前认为其可能的传播途径有 3 类 5 种，即动物源性传播（包括经呼吸道、消化道和伤口途径）、虫媒（螨媒）传播和垂直（胎盘）传播。其中动物源性传播是主要途径。虽然能从 HFRS 患者的血液和（或）尿液中分离到汉坦病毒，但尚未见在人-人之间水平传播的报道，而在 HPS 中已经证明存在有人-人之间的水平传播。

2. 所致疾病 人类对汉坦病毒普遍易感，但多呈隐性感染，仅少数人发病；感染后发病与否与感染病毒的型别及机体的免疫状况等有关。汉坦病毒在临床上主要引起两种类型的急性传染病，一种是以发热、出血、急性肾功能损害和免疫功能紊乱为突出表现的 HFRS，其典型的临床表现为发热、出血和急性肾功能损害。在发病初期，患者眼结膜、咽部、软腭等处充血，软腭、腋下、前胸等处有出血点，常伴有“三痛”（头痛、眼眶痛、腰痛）和“三红”（面、颈、上胸部潮红）；几天后病情加重，可表现为多脏器出血及肾衰竭。HFRS 多见于青壮年，男性患者多于女性患者。另一种是以肺浸润及肺间质水肿，迅速发展为呼吸窘迫、衰竭为特征的 HPS，HPS 一般没有严重的出血现象，表现为急骤发病，发病初期有畏寒、发热、肌肉疼痛、头痛等非特异性症状，2～3 天后迅速出现咳嗽、气促和呼吸窘迫，继而发生呼吸衰竭，病死率高达 30%以上。

3. 致病机制 汉坦病毒的致病机制尚未完全明了，目前认为可能与病毒的直接损伤作用和免疫病理损伤有关。

（1）病毒的直接损伤作用 汉坦病毒具有泛嗜性，可感染体内多种组织细胞，如血管内皮细胞、淋巴细胞、单核/巨噬细胞、肾小球系膜细胞和脑胶质细胞等，但主要的靶细胞是血管内皮细胞，病毒在血管内皮细胞内增殖，引起细胞肿胀、细胞间隙形成和通透性增加；体外培养的人胚肾小球系膜细胞和人血管内皮细胞被汉坦病毒感染后，其胞质可出现空泡样变；感染的单核细胞可携带病毒向其他组织扩散。在 HFRS 患者的肾和 HPS 患者的肺组织中，可发现病毒的抗原和病毒颗粒。

汉坦病毒可增强内皮细胞对血管内皮生长因子（vascular endothelial growth factor，VEGF）的反应性。VEGF 可与内皮细胞上的 VEGF 受体（VEGFR2）相结合引起下游激酶 Src 的激活，磷酸化内皮细胞黏附连接中的钙黏蛋白（cadherin），破坏黏附连接的完整性，影响内皮细胞的通透性。

血小板数量减少和功能损害是 HFRS 和 HPS 最常见的病理表现之一。αⅡbβ3 是血小板上分布最丰富的 β3 整合素受体。汉坦病毒对 β3 整合素功能的调节不仅影响血管内皮细胞的功能，还可以影响血小板的功能，导致血小板的减少。

（2）免疫病理损伤　汉坦病毒诱导的机体免疫应答具有双重作用，既参与机体对病毒的清除，又可介导对机体的免疫损伤，参与病毒的致病过程。①Ⅲ型超敏反应：在 HFRS 的发病早期，患者血清中即出现高滴度的特异性抗体，迅速形成循环免疫复合物，沉积到小血管、毛细血管、肾小球、肾小管基底膜等处，激活补体，释放血管活性物质、炎性因子等导致血管扩张，通透性增加，引起低血压、休克和肾功能损伤，提示Ⅲ型超敏反应可能参与 HFRS 的致病过程。②Ⅰ型超敏反应：HFRS 早期患者血清中 IgE 和组胺水平升高，毛细血管周围有肥大细胞浸润和脱颗粒，这可引起毛细血管扩张、通透性增加，致使皮肤、黏膜充血、水肿，提示Ⅰ型超敏反应参与了 HFRS 的发病。③细胞免疫应答：HFRS 和 HPS 患者急性期外周血特异性 $CD8^+$ T 淋巴细胞、NK 细胞活性增强，抑制性 T 淋巴细胞功能低下，CTL 功能相对增高，提示细胞免疫可能在汉坦病毒的致病过程中起重要作用。

4. 流行病学特征　汉坦病毒的自然疫源地遍布五大洲的近 80 多个国家和地区，其中 HFRS 的疫源地至少在 62 个国家中存在（主要分布于亚洲和欧洲大陆），55 个国家有 HFRS 病例报告；HPS 的疫源地和疫区主要分布于美洲大陆。中国是目前世界上 HFRS 疫情最严重的国家之一，流行范围广（除新疆外，其余各省、自治区、直辖市均有病例报告），发病人数多，病死率较高。迄今为止，我国尚无 HPS 的病例报道，在动物体内也未分离或检出引起 HPS 的汉坦病毒。

HFRS 的发生和流行具有明显的地区性和季节性，这种地区性和季节性与宿主动物（主要是鼠类）的分布和活动密切相关。在我国，汉坦病毒的主要宿主动物和 HFRS 的感染源是黑线姬鼠（*Apodemus agrarius*）和褐家鼠（*Rattus norvegicus*），主要存在着姬鼠型疫区、家鼠型疫区和混合型疫区。姬鼠型疫区的 HFRS 流行高峰主要在 11～12 月（6～7 月还有一小高峰），家鼠型疫区的流行高峰在 3～5 月，而混合型疫区在冬、春季均可出现流行高峰。

（二）免疫性

汉坦病毒感染可诱发机体强烈的免疫应答。HFRS 患者病后可获得对同型病毒稳定而持久的免疫力，再次发病者极为罕见；但隐性感染产生的免疫力多不能持久。

机体抗汉坦病毒感染的适应性体液免疫应答出现得很早，且应答强烈。HFRS 患者在发病 1～2 天即可检测出 IgM 抗体，第 7～10 天达高峰；第 2～3 天可检测出 IgG 抗体，第 14～20 天达高峰。HFRS 患者病后可获得对同型病毒的持久免疫力，IgG 抗体在体内可持续存在 30 余年。机体抗汉坦病毒感染的适应性细胞免疫应答主要包括 $CD8^+$细胞毒性 T 细胞（CTL）和 $CD4^+$ T 细胞免疫应答。$CD4^+$ T 细胞可分泌细胞因子调节 CTL 介导的抗病毒免疫应答和机体的免疫功能，CTL 可通过穿孔素途径和死亡受体途径直接杀伤病毒感染细胞。

三、微生物学检查

（一）病毒的分离与鉴定

取患者急性期血液（或死者脏器组织）或感染动物肺、肾等组织接种于 Vero E6 细胞，培养 7～14 天，由于病毒在细胞内生长并不引起明显的病变，因此可用免疫荧光染色法或夹心 ELISA 法检查细胞内是否有病毒抗原。也可取检材通过脑内接种小白鼠乳鼠，逐日观察动物有无发病或死亡，并定期取动物脑、肺等组织，用上述方法检查是否有病毒抗原。细胞或动物分离培养阴性者应继续盲传，连续三代阴性者方能肯定为阴性。

（二）病毒核酸检测

用 RT-PCR 可检测标本中的汉坦病毒核酸片段，并可对病毒进行型别鉴定；原位杂交技术可检测组织细胞内的汉坦病毒核酸成分，这些方法已被广泛用于汉坦病毒的研究和检测。实验具体操作可见本书配套实验教材《医学病毒学实验》。

（三）血清学检查

1. 检测特异性 IgM 抗体 特异性 IgM 抗体在发病后 1～2 天即可检出，早期阳性率可达 95%以上，具有早期诊断价值。检测方法有间接免疫荧光法和 ELISA 法，后者又可分为 IgM 捕捉法和间接法，其中以 IgM 捕捉法的敏感性和特异性为最好。实验具体操作可见本书配套实验教材《医学病毒学实验》。

2. 检测特异性 IgG 抗体 发病后特异性 IgG 抗体维持时间很长，需检测双份血清（间隔至少一周），第二份血清抗体的滴度升高 4 倍或以上方可确诊。常用的检测方法为间接免疫荧光法和间接 ELISA 法。

3. 检测血凝抑制抗体 采用血凝抑制试验检测患者血清中的特异性血凝抑制抗体，在辅助诊断和流行病学调查中也较常用。

四、防治原则

（一）预防

1. 灭鼠防鼠 控制宿主动物密度。HFRS 是一种以啮齿动物传播为主的自然疫源性疾病，灭鼠防鼠是防治 HFRS 的成功经验与主要措施。

2. 疫苗接种

（1）*HFRS 疫苗* 疫苗是预防传染病的有效措施之一。我国已研制出 6 类灭活 HFRS 疫苗，单价灭活疫苗有 3 类，分别是乳鼠脑纯化汉滩型疫苗、沙鼠肾和地鼠肾汉城型灭活疫苗；双价灭活疫苗也有 3 类，分别是 Vero 细胞、沙鼠肾和地鼠肾细胞培养的汉滩病毒与汉城病毒等量混合双价灭活疫苗。这些灭活疫苗对预防 HFRS 有较好的效果。

（2）HPS 疫苗　HPS 主要流行于美国、加拿大、巴西、阿根廷等美洲国家，目前尚没有美国 FDA 批准的 HPS 疫苗。

（二）治疗

对于 HFRS 的早期患者，一般均采用卧床休息，以及以“液体疗法”（输液调节水与电解质平衡）为主的综合对症治疗措施，利巴韦林治疗具有一定的疗效。

第二节　克里米亚-刚果出血热病毒

中文名：克里米亚-刚果出血热病毒

英文名：Crimean-Congo hemorrhagic fever virus，CCHFV

病毒定义：克里米亚-刚果出血热病毒是一种负单链 RNA 病毒，含有 L、M、S 三个节段，分别编码病毒的 RNA 依赖的 RNA 聚合酶、包膜糖蛋白和核衣壳蛋白，感染人体可引起以发热、出血、高病死率为主要特征的克里米亚-刚果出血热（Crimean-Congo hemorrhagic fever，CCHF），在中国又称新疆出血热，该病是一种人兽共患病。

拓展阅读 11-3

克里米亚-刚果出血热病毒的发现

分类：克里米亚-刚果出血热病毒属于布尼亚病毒目（*Bunyavirales*）内罗病毒科（*Nairoviridae*）正内罗病毒属（*Orthonairovirus*）成员。

一、生物学性状

（一）形态与结构

CCHFV 的形态、结构、培养特性和抵抗力等与汉坦病毒相似，但其抗原性、传播方式、致病性及部分储存宿主却不相同。病毒颗粒呈球形，直径为 90～120nm，有包膜，表面有刺突。基因组为负单链 RNA，大小为 17.1～22.8kb，含有 L、M、S 三个节段，分别编码病毒的 RNA 依赖的 RNA 聚合酶、包膜糖蛋白和核衣壳蛋白。

（二）分离培养

分离培养病毒常用 Vero E6 或恒河猴肾细胞 LLC-MK2 细胞，病毒在细胞内增殖并形成空斑。乳鼠对该病毒敏感，1～2 日龄乳鼠脑内接种病毒后，5～6 天开始发病死亡。新生地鼠和大鼠也能作为实验动物，感染病毒后可发病死亡。

（三）抵抗力

CCHFV 对乙醚、氯仿、去氧胆酸等脂溶剂和去污剂敏感，能被低浓度的甲醛灭活，紫外线照射 3min、56℃加热 30min 均能使其感染性完全丧失，75%的乙醇也可将之灭活。

二、致病性与免疫性

（一）致病性

1. 传播 CCHFV 的主要储存宿主是啮齿动物，牛、羊、马、骆驼等家畜及野兔、刺猬和狐狸等。硬蜱特别是亚洲璃眼蜱（*Hyalomma asiaticum*）是该病毒的传播媒介，也因该病毒在蜱体内可经卵传代而成为储存宿主。

CCHF 的传播途径包括虫媒传播、动物源性传播和人-人传播。虫媒传播是主要的传播途径，通过带毒硬蜱叮咬而感染；动物源性传播主要指与带毒动物直接接触或与带毒动物的血液、排泄物接触传播；人-人传播主要是通过接触患者的血液、呼吸道分泌物、排泄物和气溶胶而引起感染，并可造成医院内暴发流行。

2. 致病作用 CCHF 的潜伏期为 5～7 天。急骤起病，以高热、出血为主要临床特征。初期表现为高热、剧烈头痛和肌痛等全身中毒症状，病程 3～5 天后开始发生大面积出血现象，皮肤、黏膜、胃肠道和泌尿/生殖道广泛出血，严重者因大出血、休克、广泛弥散性血管内凝血（DIC）而死亡，死亡率为 20%～70%。

CCHFV 的致病机制尚不清楚，目前认为可能与病毒的直接损害作用有关，免疫病理损伤可能也参与病毒的致病过程。

3. 流行病学特征 CCHF 是一种自然疫源性疾病，流行范围广，主要分布在俄罗斯南部、欧洲东部及南部、非洲大部及亚洲部分地区的生态学完全不同的 30 多个国家和地区。我国新疆、青海、云南、四川、内蒙古和海南等省份的人群和动物也有特异性抗体阳性的报道。人群对该病毒普遍易感，但以青壮年发病率较高。发病有明显的季节性，4～5 月为发病的高峰期，6 月以后病例较少，这与蜱在自然界的消长情况及牧区活动的繁忙季节相一致。

（二）免疫性

发病后一周左右血清中出现中和抗体，两周左右达高峰，并可持续多年。病后免疫力持久。

三、微生物学检查

（一）病毒的分离培养和鉴定

采取急性期患者的血清、血液、尸检样本或动物、蜱的样本经脑内接种小白鼠乳鼠分离病毒，4～10 天后小鼠发病死亡，脑组织存在高滴度病毒。也可用敏感细胞分离培养病毒。

（二）病毒核酸检测

采用核酸杂交技术、RT-PCR 技术检测标本中病毒的核酸片段，是快速、敏感、特异的诊断方法，目前已得到较广泛的应用。

（三）血清学检查

常用间接免疫荧光试验、酶联免疫吸附试验（ELISA）、反向被动血凝抑制试验等检测特异性 IgG 和 IgM，IgM 检测可用于早期快速诊断。

四、防治原则

目前对克里米亚-刚果出血热没有可供使用的疫苗，也没有特效的治疗方法，加强个人防护、避免与传染源和传播媒介接触、控制和消灭传播媒介及啮齿动物是主要的预防手段。对患者应进行严格隔离；医护人员必须进行严密的防护以防止人-人传播。

第三节　埃博拉病毒

中文名：埃博拉病毒

英文名：Ebola virus，EBOV

病毒定义：埃博拉病毒为有包膜的、基因组不分节段的负单链 RNA 病毒，1976 年被首次分离。埃博拉病毒以首发病例所在地（扎伊尔北部的埃博拉河流域）而得名，可引起埃博拉病毒病（Ebola virus disease），临床上以高热、全身疼痛及广泛性出血、多器官功能障碍和休克为主要特征，是人类历史上最致命的病毒性疾病之一，具有极高的传染性和致死率（50%～90%），主要流行于非洲。

拓展阅读 11-4
西非埃博拉疫情及中国的“援非抗埃”

分类：埃博拉病毒属于丝状病毒科（*Filoviridae*）正埃博拉病毒属（*Orthoebolavirus*）。

拓展阅读 11-5
埃博拉病毒的发现

埃博拉病毒具有高度的传染性和致死率，涉及该病毒的有关操作必须在生物安全四级实验室（biosafety level 4 laboratory，BSL-4）中进行，故被认为是对人类危害程度最大的“生物安全第四级病毒”之一和潜在的生物战剂。目前对于埃博拉病毒的认识，很多是基于反向遗传学和体外重组表达系统而获得的。

一、生物学性状

（一）形态与结构

埃博拉病毒颗粒为多形性的细长丝状（图 11-3），长短不一，最长可达 14μm，直径约 80nm。衣壳螺旋对称，有包膜，包膜表面有长约 7nm 的糖蛋白刺突。

（二）基因组及编码蛋白质

埃博拉病毒的基因组为不分节段的负单链 RNA，长约 19kb，由 7 个可读框组成，依次为 5′-L-VP24-VP30-GP-VP40-VP35-NP-3′，基因之间有重叠。每一种病毒蛋白由一种单独的

mRNA 所编码，3′端和 5′端都有较长的非编码区，调节病毒基因转录、复制和新病毒颗粒包装。图 11-3 所示基因组所编译的蛋白质中，核蛋白（nucleoprotein，NP）是主要的衣壳蛋白，VP30 为次要的衣壳蛋白，二者包裹病毒 RNA 基因组形成核衣壳；基质蛋白由 VP40 和 VP24（小基质蛋白）组成，与病毒的成熟释放有关；糖蛋白（glycoprotein，GP）是跨膜的蛋白质，具有与细胞的病毒受体结合及膜融合作用，与病毒的入侵过程有关；L 是病毒的 RdRp，与 VP35 组成聚合酶复合物，对病毒基因组复制起重要作用。此外，VP24 和 VP30 具有拮抗宿主天然免疫作用。

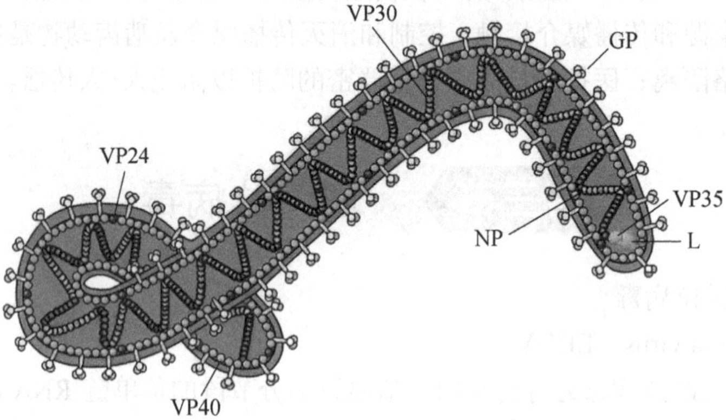

图 11-3　埃博拉病毒形态及结构示意图

根据埃博拉病毒基因组和抗原的不同，可将其分为 6 个型别：①扎伊尔型（Zaire ebolavirus，EBOV），对人的致病性最强，曾多次引起暴发流行；②苏丹型（Sudan ebolavirus，SUDV），对人的致病性次于扎伊尔型，也曾多次引起暴发流行；③本迪布焦型（Bundibugyo ebolavirus，BDBV），对人的致病性更次，曾引起过两次暴发流行；④塔伊森林型（Tai Forest ebolavirus，TAFV），也称科特迪瓦型，对黑猩猩的致病性强，对人的致病性较弱；⑤莱斯顿型（Reston ebolavirus，RESTV），至今尚无引起人类疾病的相关报道；⑥邦巴利型（Bombali ebolavirus，BOMV），是从蝙蝠中分离到的，致病性不详。

（三）培养特性

埃博拉病毒可在多种不同类型的培养细胞中生长，最常用的培养细胞为 Vero 细胞、MA-104、SW-13 及人脐静脉内皮细胞等。病毒在细胞质内增殖，以出芽方式释放。病毒接种后 7 天可出现典型的细胞病变，并出现嗜酸性包涵体。

埃博拉病毒可感染猴、乳鼠、田鼠和豚鼠，引起动物死亡。在恒河猴和非洲绿猴的实验性感染中，潜伏期为 4～16 天，病毒在肝、脾、淋巴结和肺中高度增殖，会引起器官严重坏死性损伤，以肝最为严重，并伴有间质性出血，以胃肠道出血最为明显。

（四）抵抗力

埃博拉病毒在常温和液体中较为稳定，能够耐受反复的冻融，对化学药品敏感，乙醚、次氯酸钠、福尔马林、苯酚、β-丙内酯、去氧胆酸钠等均可完全灭活病毒；钴 60 和 γ 射线照射、60℃加热 60min 和 100℃加热 5min 也均可将病毒灭活。

二、致病性与免疫性

(一)致病性

1. 传播 目前对埃博拉病毒的自然储存宿主还不十分清楚，狐蝠科的果蝠被认为是最有可能的自然宿主，但其在自然界的循环方式尚不清楚。目前认为人类和大猩猩、黑猩猩、猕猴等非人灵长类是埃博拉病毒的终末宿主和最重要的传染源。

埃博拉病毒可经感染的人和非人灵长类传播，也可经携带病毒的果蝠叮咬传播。传播途径主要有：①密切接触，是埃博拉病毒最主要的传播途径。接触患者的血液、体液、排泄物或死亡患者的尸体是产生感染病例最重要的原因。②注射传播，使用受到污染、未经消毒的注射器和针头可造成埃博拉病毒病的传播。③空气传播，实验研究证实，猕猴中埃博拉病毒病的传播可由气溶胶引起，但该途径在人类埃博拉病毒病传播中的作用尚有待证实。④性接触传播和母乳传播，有证据表明在埃博拉病毒感染的男性患者的精液及女性患者的阴道拭子和母乳中检出了埃博拉病毒 RNA，尽管没有这些体液直接传播埃博拉病毒病的证据，但提示存在埃博拉经性接触传播和母乳传播的风险。

2. 致病机制 埃博拉病毒病是一种具有高度传染性的疾病，人群普遍易感。埃博拉病毒感染机体的特点是免疫抑制和全身炎症反应引起的血管、免疫系统损伤和凝血功能障碍，导致多器官功能衰竭和休克。病毒通过皮肤黏膜侵入宿主，主要在肝内增殖，也可在血管内皮细胞、单核/巨噬细胞及肾上腺皮质细胞等处增殖，导致血管内皮细胞损伤、组织细胞溶解、器官坏死和严重的病毒血症。单核/巨噬细胞释放 TNF-α 等炎症介质及血管内皮损伤是导致毛细血管通透性增加、皮疹、出血和休克的主要原因。

埃博拉病毒病的潜伏期为 2～21 天，一般为 5～12 天。临床特征是突发起病，开始表现为发热、头疼、肌痛、乏力等非特异症状，随后病情迅速进展，呈进行性加重并出现呕吐、腹痛、腹泻等。发病 4～5 天后，可发生出血现象，表现为呕血、黑便、瘀斑、黏膜出血及静脉穿刺处流血不止。病后 7～16 天常因休克、多器官功能障碍、弥散性血管内凝血和肝肾衰竭而死亡，病死率为 50%～90%。

(二)免疫性

患者发病 3～10 天后出现特异性 IgM、IgG 抗体，IgM 抗体可维持 3 个月，IgG 抗体可维持更长的时间，但也有的重症患者至死也未能检出抗体。特别需要指出的是，即使在疾病的恢复期也难以检出具有中和活性的抗体。

三、微生物学检查

埃博拉病毒的传染性极强，因此，及时、准确地检出埃博拉病毒，对控制埃博拉病毒病的流行和临床治疗具有重要意义。标本的采集和处理及病毒的分离培养必须在生物安全四级实验室内进行。

（一）标本的采集及处理

埃博拉病毒的传染性极强，临床标本采集及处理应由经过生物安全防护培训的专业人员负责，标本的处理等后续操作必须在生物安全四级实验室[BSL-4（用于细胞实验）/ABSL-4（主要用于动物实验）]内进行。

（二）病毒的分离培养

采取适宜的标本进行细胞培养或动物接种以分离病毒。患者急性期标本（特别是血清标本）的病毒分离阳性率很高，恢复期标本也有较高的阳性率。

（三）病毒抗原与核酸检测

1. 病毒抗原检测　由于埃博拉病毒病在病程中有持续的高滴度病毒血症，可采用 ELISA 等方法检测血清中的病毒抗原。

2. 病毒核酸检测　可采用 RT-PCR 等方法进行检测，一般在发病后一周内的患者血清中均可检测到病毒核酸。

（四）血清学检查

1. 特异性 IgM 抗体检测　多采用 ELISA（IgM 捕捉法）进行检测。患者血清中特异性 IgM 抗体最早可于发病后 3 天左右出现，持续约 3 个月，是近期感染的标志。

2. 特异性 IgG 抗体检测　可采用 ELISA、免疫荧光等方法进行检测。患者血清中特异性 IgG 抗体最早可于发病后 7 天左右出现，会在体内存留很长时间。

四、防治原则

（一）疫苗

2017 年，我国批准了埃博拉病毒病腺病毒载体疫苗。2019 年，埃博拉病毒病疫苗——默沙东公司生产的水疱性口炎病毒（VSV）载体疫苗获美国 FDA 批准上市。该疫苗适用于年满 18 岁及以上成人（孕妇和哺乳妇女除外）。2020 年 6 月底，强生公司的埃博拉病毒病双组分疫苗获得欧洲药品管理局（European Medicines Agency，EMA）批准上市，用于年龄 ≥1 岁人群的主动免疫，两剂注射，间隔 8 周，可用于暴露前预防。

（二）治疗

2020 年底，美国 FDA 批准两种单克隆抗体（Inmazeb 和 Ebanga）用于治疗成人和儿童的扎伊尔型埃博拉病毒感染，接受这两种抗体治疗的患者存活率显著提高。目前尚没有疗效确切的小分子抗病毒药物。

（三）其他综合防控措施

主要包括：发现可疑患者应立即隔离，严格消毒患者接触过的物品及其分泌物、排泄物和血液等，尸体应立即深埋或火化；建立屏障治疗和常规护理，使用高效层流装置防止气溶胶感染及避免肠道外感染等；加强医护人员的防护，加强院内感染的控制；此外，应加强对进口灵长类动物的检疫。

第四节 大别班达病毒

中文名：大别班达病毒

英文名：Dabie bandavirus，DBV

病毒定义：大别班达病毒是引起发热伴血小板减少综合征（severe fever with thrombocytopenia syndrome，SFTS）的病原体，2009 年在我国首次发现，也称为发热伴血小板减少综合征病毒（severe fever with thrombocytopenia syndrome virus，SFTSV），主要在我国华北、华东等地区流行。

拓展阅读 11-6

大别班达病毒的发现

分类：大别班达病毒为布尼亚病毒目（*Bunyavirales*）白蛉纤细病毒科（*Phenuiviridae*）、班达病毒属（*Bandavirus*）成员。

一、生物学性状

（一）形态与结构

病毒颗粒呈球形（图 11-4），直径为 80～100nm，核衣壳外面有脂双层包膜，厚度为 5～7nm，包膜表面有长 5～10nm 的糖蛋白刺突。

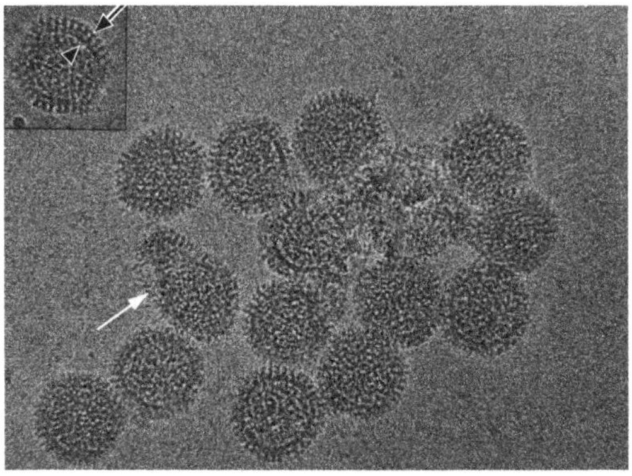

图 11-4 大别班达病毒冷冻电镜图（宋敬东等，2024）

病毒颗粒呈球形，具有多形性，刺突清晰，长箭头示梭形病毒颗粒；插图箭头示刺突，三角示包膜

（二）基因组及编码蛋白质

DBV 为负单链 RNA 病毒，基因组由小（S）、中（M）、大（L）三个 RNA 片段组成。

S 片段全长 1744bp，是一个双义 RNA，即正向编码核蛋白（NP）和反向编码非结构蛋白（NS）。NP 在病毒颗粒中含量丰富且保守，与病毒 RNA 组装形成核糖核蛋白复合体（ribonucleoprotein complex，RNP），可防止病毒 RNA 被宿主免疫系统攻击和外源核酸酶降解。在复制、转录过程中，RNP 可作为模板合成 mRNA 和病毒 RNA（vRNA）。NS 与病毒的免疫逃逸高度相关。M 片段全长 3378bp，编码膜蛋白前体（GP），形成 Gn 和 Gc 两个膜蛋白；Gn 可结合宿主细胞表面的非肌肉肌球蛋白重链，与病毒的早期感染有密切关联。Gn、Gc 及 NP 为 DBV 的主要抗原，中和抗原表位分布在 Gn 和 Gc。L 片段全长 6368bp，编码依赖于 RNA 的 RNA 聚合酶（RdRp）。DBV 三个片段的 5′端和 3′端的 UTR 序列短，核苷酸序列大部分互补，形成“锅柄状”结构。

（三）培养特性

人感染 DBV 后可出现病毒血症，从早期患者血清中可分离到病毒，一般需要在敏感细胞上盲传 2～3 代方能分离到病毒，每代需要盲传 12～15 天，病毒接种 7 天后用实时荧光定量 PCR 可检测到病毒核酸，10 天可检测到病毒蛋白。非洲绿猴肾细胞系（Vero、Vero E6）及犬巨噬细胞 DH82 对病毒敏感。病毒在无支原体污染的 Vero 细胞中培养两周后一般不引起可见的细胞病变。病毒感染细胞质内可出现明显的致密包涵体，并可见亚细胞结构改变，如细胞器肿大等。

（四）抵抗力

DBV 的理化特性和灭活条件仍需进一步研究，但是现存布尼亚病毒目病毒一般抵抗力弱，不耐酸，易被热、乙醚、去氧胆酸钠和常用消毒剂处理及紫外线照射等灭活。同类病毒在乙醚中 4℃ 24h、65℃加热 30min 或煮沸（100℃）2min 以上可完全灭活病毒，75%乙醇 5min 可使病毒失去活力，含 10%有效氯的氯消毒剂 5min 可以灭活病毒。初步实验验证，用β-丙内酯 4℃ 24h 或甲醛 4℃ 7 天可完全灭活病毒。

二、致病性与免疫性

（一）致病性

1. 传播　发热伴血小板减少综合征（SFTS）是一种新发传染病，目前认为主要通过蜱叮咬传播，部分病例发病前有明确的蜱叮咬史。蜱是多种疾病的重要传播媒介，目前已在长角血蜱中分离到大别班达病毒（DBV），蜱可寄存在羊、牛、马、犬、兔及鼠等动物的体表，在流行地区的牛、羊、犬等家畜中发现了 DBV 血清学感染的证据，但啮齿动物中至今未检测到抗 DBV 抗体。同时，研究也证实密切接触 SFTS 患者的血液及分泌物、排泄物可引起人-人之间的传播，尤其是当血液中病毒载量很高时。

2. 致病作用　DBV 感染引起 SFTS，人群对本病普遍易感，从事野外作业和户外活动的人群感染风险较高。本病潜伏期为 5～14 天。起病急，以发热为主要临床表现，体温多在 38℃ 以上，伴乏力、食欲缺乏、恶心、呕吐，部分病例有头痛、肌肉酸痛、腹泻等。发热持续 5～11 天后可逐渐自愈。绝大多数患者预后良好。但少数病例病情危重，出现意识障碍、皮肤瘀斑、消化道出血、肺出血等症状，可因休克、呼吸衰竭、弥散性血管内凝血等多脏器功能衰竭死亡。病死率约为 10%，个别地区可达 30%。

（二）免疫性

在对 SFTS 患者急性期和恢复期血清进行检测时发现两份血清均呈现 DBV IgM 抗体阳性。其中有 3%～4%的患者急性期 IgM 抗体检测阴性，但恢复期转为阳性。且 IgM 抗体持续时间可达一年以上。

三、微生物学检查

（一）病毒的分离培养

采集早期 SFTS 患者急性期血清标本，接种 Vero、Vero E6 等细胞或其他敏感细胞，盲传 3 代，实验周期为 10～15 天。因细胞病变不明显，通常采用 ELISA、免疫荧光或核酸检测等方法确定是否分离到病毒。一般第二代在 7 天左右培养上清中用 PCR 法可检测到病毒核酸，10 天左右用免疫荧光技术在感染细胞内可检测到病毒蛋白。第三代在 10～12 天可在感染细胞内检测到较强的病毒蛋白免疫荧光反应。

（二）病毒核酸检测

以 DBV S、M、L 基因片段的高度保守区为靶区域，设计特异性引物及荧光探针，通过一步法实时荧光定量 RT-PCR 对血清或血浆样本中 DBV 核酸进行定性和定量检测，一般在发病 2 周内的 SFTS 患者血清中可检测到病毒核酸。

（三）血清学检查

主要采用 IgM 捕捉法检测血清或血浆样本中的 IgM 抗体，或采用间接 ELISA 方法检测 IgG 抗体。DBV IgM 抗体阳性，IgG 抗体阳转或恢复期滴度较急性期有 4 倍以上增高者，可确认为新近感染。

DBV 中和抗体检测主要有两种中和试验方法，即空斑减少中和试验和微量中和试验。目前主要采用微量中和试验来检测，即将患者恢复期血清倍比稀释后与固定浓度病毒混合孵育后加入 96 板中的 Vero 细胞或其他敏感细胞，感染 12～15 天后用免疫荧光或 ELISA 方法检测。有研究表明，几乎所有实验室诊断确认的 SFTS 患者恢复期血清中和抗体均为阳性。

四、防治原则

目前针对该病没有特效药物，也没有有效的疫苗可供预防，对患者主要采取对症支持治疗和使用利巴韦林（病毒唑）等进行广谱抗病毒治疗。目前的数据也显示，SFTS 患者的预后与发病时血液中的病毒 RNA 载量及患者的免疫状况有关。所以早期及时、准确的实验室检测将有助于 DBV 临床快速诊断、防护、针对性治疗及控制病情的传播。

减少暴露的机会或切断传播途径是关键，国家卫生健康委员会发布的防治指南中主要有以下几点：①消杀控制家养动物身上的蜱对预防人感染 DBV 具有重要意义。②加强个人防护，减少暴露于蜱的机会。例如，野外作业时将衣袖或裤管口扎紧。③医护人员及其家属接触患者时应具备通用防护措施；对被患者污染的环境和物品进行消毒处理。④应加强流行区基层防治人员的培训工作，提高早发现、早报告、早诊断、早治疗、早预防的能力，同时对群众加强教育，控制疾病的暴发流行。

小　结

出血热病毒是一类由节肢动物或啮齿动物传播的病毒，主要引起高热、出血和低血压休克，具有较高的死亡率，严重危害人类健康。节肢动物或啮齿动物为这些病毒的自然宿主，病毒通过这些宿主传播给人类，因此，病毒性出血热是一种自然疫源性疾病。出血热病毒主要包括汉坦病毒、克里米亚-刚果出血热病毒、埃博拉病毒和大别班达病毒等。

汉坦病毒的基因组为分节段的单负链 RNA，有包膜，可引起肾综合征出血热（HFRS）和汉坦病毒肺综合征（HPS）。预防措施包括灭鼠和疫苗接种，治疗方案主要为对症治疗和利巴韦林抗病毒治疗。克里米亚-刚果出血热病毒的基因组为单负链 RNA，病死率可达 20%～70%，无疫苗和特效治疗方法。埃博拉病毒是有包膜的单负链 RNA 病毒，致死率高达 50%～90%，可用单克隆抗体治疗，疫苗用于暴露前预防。大别班达病毒可引起发热伴血小板减少综合征（SFTS），少数病例可死亡。

复习思考题

1. 汉坦病毒、克里米亚-刚果出血热病毒、埃博拉病毒和大别班达病毒的生物学性状有哪些异同点？

2. 肾综合征出血热的流行特点是什么？

3. 简述埃博拉病毒感染的防治原则。

（吴兴安）

第十二章 虫媒病毒

本章要点

1. 虫媒病毒主要通过吸血节肢动物叮咬而传播，蚊和蜱是主要传播媒介。
2. 多数虫媒病毒为 RNA 病毒，分属于不同的病毒科，其中以黄病毒科成员最为常见。
3. 临床表现常包括发热、皮疹、头痛、关节痛等症状，部分病毒可引起脑炎。
4. 流行具有地方性和季节性，临床诊断多依据症状和流行病学情况，病原学诊断主要通过快速诊断技术检测抗体、抗原或病毒核酸。
5. 普遍缺乏特异性治疗手段，部分可通过接种疫苗预防，媒介防控是重要的预防措施。

虫媒病毒（arbovirus）是指通过吸血节肢动物叮咬而传播的病毒，包括来自不同病毒科或属的多种病毒。已知能够传播虫媒病毒的节肢动物有 500 多种，其中蚊和蜱是最重要的传播媒介。虫媒病毒能在节肢动物体内增殖，并可经卵传代，因此节肢动物既是病毒的传播媒介，又是储存宿主。带毒的节肢动物媒介通过叮咬自然界的脊椎动物而维持病毒在自然界的循环，若叮咬人类则可能引起人类感染及病毒在人群中的传播。

虫媒病毒在全球分布广泛，种类繁多，其中 100 余种可引起人畜发病。在全球流行的虫媒病毒主要有黄热病毒、登革病毒、乙型脑炎病毒、圣路易脑炎病毒、西方马脑炎病毒、东方马脑炎病毒、森林脑炎病毒、寨卡病毒、基孔肯亚病毒和西尼罗病毒等，其中乙型脑炎病毒、登革病毒、森林脑炎病毒在我国有流行，基孔肯亚病毒感染有输入病例报道。

第一节 登革病毒

中文名：登革病毒

英文名：dengue virus，DENV

病毒定义：登革病毒为+ssRNA 病毒，属于黄病毒科，是登革热、登革出血热或登革休克综合征的病原体。人感染登革病毒后通常出现自限性的发热疾病，典型症状包括肌肉和关节疼痛、皮疹、疲乏和淋巴结肿大，称为登革热（dengue fever），少数病例可发生休克或出血热，称为登革出血热（dengue hemorrhagic fever，DHF）或登革休克综合征（dengue shock syndrome，DSS）。

分类：登革病毒属于黄病毒科（*Flaviviridae*）正黄病毒属（*Orthoflavivirus*）登革正黄病毒种（*Orthoflavivirus denguei*）。

拓展阅读 12-1
登革病毒流行趋势

登革病毒起源于非洲，后传到美洲和亚洲。20 世纪之前，登革热主要在美洲和亚洲部分地区流行。1944～1945 年，美国、日本等国学者陆续发现了不同血清型的登革病毒。第二次世界大战之后，登革热在全球迅速蔓延。20 世纪 50～60 年代，菲律宾和泰国等地开始出现 DHF/DSS 病例。登革热现已成为全球受威胁人口最多的传染病之一。

一、生物学性状

（一）形态与结构

1. 形态　在电镜下（图 12-1），成熟的登革病毒颗粒呈正二十面体对称结构，直径为 48～50nm，不同血清型略有差异。

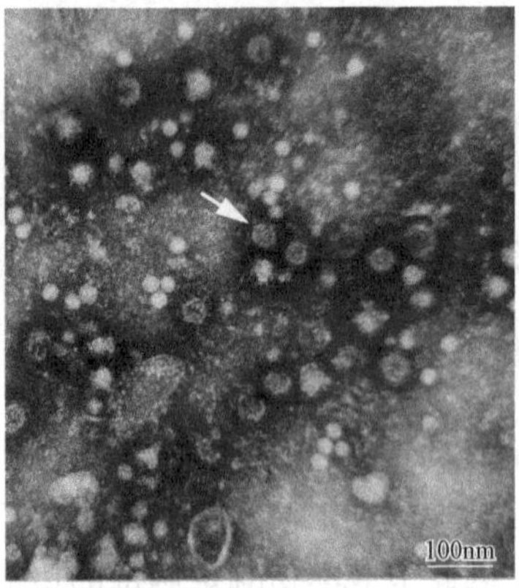

图 12-1　登革病毒电镜图（负染）（宋敬东等，2024）
箭头示登革病毒

2. 结构　登革病毒有包膜。每个病毒颗粒表面有 180 个包膜蛋白（envelop protein，E）和膜蛋白（membrane protein，M）分子，分别通过各自的跨膜区固定于包膜的脂双层内。E 蛋白胞外区可分为Ⅰ、Ⅱ和Ⅲ三个结构域，其中 67 位和 153 位的两个天冬酰胺残基是糖基化位点，也是 DC-SIGN（dendritic cell-specific ICAM-3-grabbing non-integrin）受体分子的识别位点。在中性 pH 环境中，E 蛋白组成 90 个平行排列的二聚体，覆盖在病毒表面，负责结合细胞表面的受体，此时病毒颗粒表面光滑，直径为 50nm。在酸性 pH 环境中，病毒颗粒表面的 E 蛋白发生构象变化，形成 60 个突起的三聚体，同时伸出位于结构域Ⅱ顶端的融合环（fusion loop），促进病毒包膜与细胞膜之间发生膜融合。

包膜内为病毒的核衣壳，直径约为 24nm，由衣壳蛋白（capsid protein，C）包裹病毒基因组 RNA 所形成。

（二）基因组及编码蛋白质

1. 基因组　登革病毒的基因组为+ssRNA，长度约为 10.7kb。5′和 3′端各有一段非翻译区（untranslated region，UTR），参与病毒复制和翻译的调节。5′UTR 长约 100 个核苷酸，3′UTR 长 400～600 个核苷酸。编码区基因排列顺序为：5′-C-preM-E-NS1-NS2a-NS2b-NS3-NS4a-NS4b-NS5-3′（图 12-2）。

2. 编码蛋白质 登革病毒的结构蛋白包括 C 蛋白、E 蛋白和前膜蛋白（pre-membrane, preM），非结构蛋白包括 NS1、NS2a、NS2b、NS3、NS4a、NS4b 和 NS5，主要功能见表 12-1。

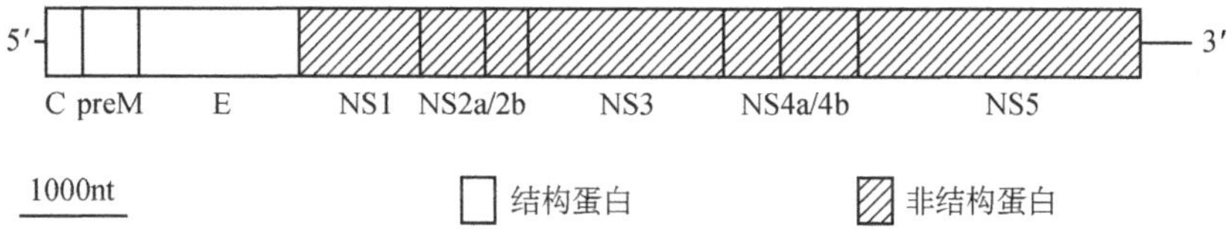

图 12-2 登革病毒编码区基因示意图

表 12-1 登革病毒的结构蛋白及非结构蛋白

类型	名称	跨膜区	主要功能
结构蛋白	C	无	与 RNA 基因组共同构成核衣壳
	preM/M	有	preM 在内质网帮助 E 蛋白正确折叠，之后在高尔基体被宿主弗林蛋白酶切割为可溶性的 pre 片段和 M 蛋白
	E	有	决定病毒致病性及免疫原性
非结构蛋白	NS1	无	可分泌至细胞外，具有诊断价值
	NS2a/2b	有	可能参与病毒复制过程中宿主细胞膜结构的改变
	NS3	无	具有蛋白酶活性，将病毒初始翻译产物切割为多个蛋白质
	NS4a/4b	有	可能参与病毒复制过程中宿主细胞膜结构的改变
	NS5	无	具有依赖于 RNA 的 RNA 聚合酶活性，是病毒基因组 RNA 复制的关键酶 促进人 I 型干扰素受体下游的 STAT2 降解，抑制宿主的抗病毒反应

（三）分型与变异

按照抗原性不同，可将登革病毒分为 4 种血清型（DENV1～DENV4）。一般认为不同血清型之间没有交叉保护，因此感染过一种血清型后对其他血清型仍然易感，感染第二种血清型还可能增加罹患 DHF/DSS 的风险。

（四）复制周期

登革病毒经蚊子叮咬进入人体后，首先感染皮肤树突状细胞或朗格汉斯细胞，然后扩散到血液，在毛细血管内皮细胞和单核/巨噬细胞中增殖，再经血流播散至淋巴结、肝、脾等单核巨噬细胞系统，引起全身性的病理反应。

登革病毒可感染人体多种细胞，包括树突状细胞、单核/巨噬细胞、血管内皮细胞、肝细胞和神经细胞等，其中单核/巨噬细胞是登革病毒的主要靶细胞。登革病毒经受体介导的内吞作用进入靶细胞。病毒受体尚未阐明，细胞表面的硫酸肝素、DC-SIGN 等分子可促进病毒的黏附和进入。

登革病毒初始翻译产物为一条完整的前体多蛋白，长度近 3400 个氨基酸残基，之后在宿主信号肽酶和病毒的 NS3 蛋白酶等共同切割下，形成各个结构蛋白和非结构蛋白。

蚊子叮咬感染者后，登革病毒随血餐进入蚊子中肠，经 8～10 天潜伏期后扩散至唾液腺及神经系统等部位，并在下次叮咬时感染新的宿主。

（五）体外培养与动物模型

1. 体外培养 病毒扩增常用白纹伊蚊 C6/36 细胞。病毒毒力鉴定可用仓鼠肾细胞 BHK-21、恒河猴肾细胞 LLC-MK2 及 Vero 细胞，上述细胞感染后均可产生蚀斑。

2. 动物模型 乳鼠对登革病毒最易感，可用乳鼠脑内接种法分离培养登革病毒。非人灵长类动物对登革病毒易感，并可诱导特异性免疫应答，可以作为疫苗研究的动物模型。

（六）抵抗力

登革病毒对酸、乙醚和氯仿等脂溶剂敏感，对化学消毒剂也较敏感，多种消毒剂可使之灭活。对热敏感，56℃ 30min 可被灭活，但在 4℃条件下其感染性可保持数周之久。病毒在 pH7～9 时最为稳定，在-70℃或冷冻干燥状态下可长期存活。

二、致病性与免疫性

（一）传播方式和传染源

埃及伊蚊和白纹伊蚊是登革病毒的主要传播媒介。自然界的灵长类动物对登革病毒易感，是丛林型登革热的主要传染源。蚊子通过叮咬带毒动物而形成自然界中的原始循环，人类若进入疫源地，可被带毒蚊子叮咬而感染。在城市和乡村，患者和隐性感染者是主要传染源，他们体内的病毒可通过蚊子叮咬而传播，形成人-蚊-人循环。登革热的流行有明显季节性，多见于 5～11 月，但因地域不同而略有差别。

（二）临床表现

人群对登革病毒普遍易感，感染后可表现为隐性感染、登革热和 DHF/DSS 等不同临床类型。隐性感染约占感染者的 80%。

登革热的潜伏期一般为 3～15 天，多数为 5～8 天。典型的登革热病程为 7～10 天，以发热、疼痛和皮疹为主要临床特征。起病急，常为突起发热，体温高达 39～40℃，可伴有头痛、肌肉痛、骨痛、关节痛等。皮疹多在 4～6 天出现，表现为充血性皮疹或出血性皮疹（出血点），常维持 3～5 天。25%～50%病例可有不同程度的鼻腔、牙龈、消化道、皮肤或子宫出血。患者还常有白细胞减少及血小板减少等表现。多数登革热患者可自愈，但少数婴幼儿、老人或有基础疾病的患者会发展为重症登革热，可出现中毒性肝炎、心肌炎、输液过量、电解质及酸碱失衡、二重感染、急性血管内溶血等并发症。

DHF/DSS 早期临床表现与典型登革热类似，但在发病 3～5 天时病情会突然加重并发生严重的出血现象，患者可在 1～2 天内因出血性休克或中枢性呼吸衰竭而死亡。主要病理改变为全身血管通透性增高、血浆渗漏而导致广泛的出血和休克。DSS/DHF 的发病机制至今尚未完全清楚，目前存在抗体依赖的增强作用（antibody-dependent enhancement，ADE）假说、免疫病理反应假说及病毒毒力变异假说等，其中 ADE 假说获得了较多流行病学和实验室研究结果的支持。该假说认为，当感染过某种血清型登革病毒的患者再次感染异种血清型登革病毒时，体内已有的非中和或亚中和浓度的 IgG 抗体可与病毒结合，形成病毒-抗体复合物，并通过单核/巨噬细胞表面的 Fc 受体，促进病毒感染这些细胞。ADE 作用的结果不仅促进了病毒的感染和增殖，也增加了体内生物活性物质的释放，从而加重血管内皮细胞损伤、血管通透性增加、出血和休克等病理过程。

（三）免疫性

人感染登革病毒后可获得对同种血清型的免疫力，但对其余血清型仍旧易感。

三、微生物学检查

诊断需要结合临床表现和详细病史，包括发病季节、是否接触过节肢动物媒介、旅行史和地理位置等信息。病毒分离培养、核酸检测及血清型检测等实验室检查是确诊的关键。

登革病毒血症出现在发病第 1～5 天，采集此期间患者血清，应用逆转录聚合酶链反应（RT-PCR）技术检测病毒核酸，可帮助登革病毒的快速诊断及分型；用 C6/36 细胞培养法、乳鼠脑内接种法、伊蚊胸腔接种法可分离、培养登革病毒。

登革病毒 NS1 抗原可分泌至外周血，在发病 1～9 天内可在血清中检出，因此用 ELISA 检测患者血清中 NS1 抗原可对登革热进行早期快速诊断。

特异性 IgM 抗体在感染后 3～5 天出现。IgG 抗体在感染后 9～10 天出现。用 ELISA 或免疫层析法检测血清中特异性 IgM 抗体是最常用的登革热早期快速诊断技术。用 ELISA 或免疫层析法检测血清中特异性 IgG 抗体也被广泛用于登革热诊断。登革病毒抗体与其他黄病毒的交叉反应会干扰血清型特异性诊断，此时可采用更具特异性的血凝抑制中和试验。

登革热患者还常伴有白细胞减少及血小板减少。

四、防治原则

防蚊、灭蚊是预防登革热的主要手段。Qdenga 和 Dengvaxia 是目前获批的两种登革热四价减毒活疫苗，可用于 6 岁或 9 岁以上人群的预防。

目前尚无特效的抗病毒治疗药物，主要采取支持及对症治疗措施。治疗原则是早发现、早诊断、早治疗、早防蚊隔离。

第二节　乙型脑炎病毒

中文名：乙型脑炎病毒，简称乙脑病毒

英文名：encephalitis B virus

病毒定义：乙型脑炎病毒简称乙脑病毒，为+ssRNA 病毒，属于黄病毒科，是引起流行性乙型脑炎（乙脑）的病原体。乙脑主要侵犯中枢神经系统，患者临床表现轻重不一，严重者死亡率高，幸存者常留下神经系统后遗症。

分类：乙型脑炎病毒属于黄病毒科（*Flaviviridae*）正黄病毒属（*Orthoflavivirus*）日本正黄病毒种（*Orthoflavivirus japonicum*）。

拓展阅读 12-2 乙脑病毒流行现状

乙脑于 19 世纪 70 年代首先出现于日本。1935 年，日本学者从脑炎死者体内分离得到该病毒，故国际上又称之为日本脑炎病毒（Japanese encephalitis virus，JEV）。乙脑病毒在东亚、东南亚和南亚国家长期流行。我国多数省份均有病例报道，20 世纪全国每年报告病例高达 17.5 万例。1989 年，我国成功研制出乙脑减毒活疫苗 SA-14-14-2，有效遏制了乙脑在我国的流行。

一、生物学性状

（一）形态与结构

乙脑病毒具有与登革病毒类似的形态及结构。成熟病毒颗粒在冷冻电镜下直径为 51nm，略大于登革病毒。

（二）基因组及编码蛋白质

乙脑病毒的基因组长约 11kb，略长于登革病毒。其基因组结构及所编码蛋白质均与登革病毒类似。

（三）分型与变异

乙脑病毒分为 5 个基因型，各基因型的分布有一定的区域性。我国流行的基因型主要为Ⅰ型和Ⅲ型。

（四）复制周期

乙脑病毒经带毒蚊子叮咬进入人体后，先在皮肤毛细血管内皮细胞和局部淋巴结等处增殖，随后经淋巴管进入血流，引起第一次病毒血症。病毒随血流播散到肝、脾等处的单核/巨噬细胞中，继续大量增殖，再次入血，引起第二次病毒血症，感染者出现发热、寒战、全身不适等前驱症状。绝大多数感染者病情不再继续发展，成为顿挫性感染（abortive infection）。在少数感染者体内，病毒可突破血脑屏障侵犯中枢神经系统，在神经细胞内增殖，引起脑炎。

乙脑病毒感染细胞的受体尚不明确。

（五）体外培养与动物模型

1. 体外培养 乙脑病毒可在 C6/36 细胞、Vero 细胞及 BHK21 细胞等多种细胞中增殖并引起细胞病变，其中 C6/36 细胞因易感性较高而被广泛用于乙脑病毒的分离培养。乙脑病毒在培养细胞和鼠脑内连续传代可使毒力下降，我国自主研制的 SA-14-14-2 减毒活疫苗株即由此而来。

2. 动物模型 小鼠和金黄地鼠对乙脑病毒易感，鼠龄越小易感性越高，腹腔接种病毒 3～5 天后发病，表现出兴奋性增高、肢体痉挛、尾强直等症状，甚至死亡。

（六）抵抗力

与登革病毒类似。

二、致病性与免疫性

（一）传播方式和传染源

乙脑病毒通过蚊虫叮咬传播，在我国的主要传播媒介是三带喙库蚊。鸟类是乙脑病毒的主要动物宿主，病毒通过蚊虫叮咬在鸟类间传播。猪也可以感染乙脑病毒，感染后病毒血症持续时间较长，因此是乙脑的主要传染源。人感染乙脑病毒后病毒血症时间短、滴度低，所以感染者不是主要传染源。

（二）临床表现

人群对乙脑病毒普遍易感，但感染后多表现为隐性感染及顿挫性感染。儿童中隐性感染与显性感染的比例高于 500∶1，并随年龄增长而下降。

乙脑的临床表现包括突然发热、头痛和胃肠道症状。脑膜刺激征在 24h 内出现，并在随后两天出现易怒、意识障碍、癫痫发作（尤其是儿童）、肌肉僵硬、帕金森病、共济失调、粗震颤、不自主运动、颅神经损伤、轻瘫、深部肌腱反射过度活跃及病理性反射等症状和体征。严重者可出现体重减轻和脱水。在轻症病例，发热在第一周后消退，神经症状在发病后第二周末消失。在重症病例，病情可进一步发展为昏迷、中枢性呼吸衰竭或脑疝，病死率为 10%～30%。约 25%的患者会经历较长的康复过程，并留下永久性后遗症，表现为痴呆、失语、瘫痪等。后遗症与疾病急性期的严重程度有关，幼儿最易受影响。患者在急性期常有心肺并发症。预后不良与持续高热、频繁或长时间癫痫发作、脑脊液蛋白质含量高、巴宾斯基征和早期呼吸抑制有关。孕妇在妊娠早期感染乙脑病毒可出现死胎和流产。

（三）免疫性

乙脑病毒感染后免疫力稳定而持久，隐性感染也可获得牢固的免疫力。乙脑病毒 E 蛋白与其他黄病毒成员如圣路易脑炎病毒和西尼罗病毒有交叉抗原性。

三、微生物学检查

诊断需要结合临床表现和详细病史，包括是否接触节肢动物媒介、年龄、季节、旅行和地理位置等信息。实验室检查是确诊的关键。

分离培养病毒可采集发病初期患者的脑脊液或尸检脑组织悬液，用细胞培养法或乳鼠脑内接种法分离培养。C6/36 细胞、BHK-21 细胞或 Vero 细胞均可支持病毒传代。

检测病毒核酸可采集患者的脑脊液或血清，用RT-PCR技术检测乙脑病毒特异性核酸片段。由于乙脑患者病毒血症的持续时间短，病毒分离及核酸检测结果常为阴性，诊断时需注意。

用ELISA检测患者血清或脑脊液中特异性IgM抗体阳性率可达90%以上，是乙脑早期快速诊断的重要方法。用ELISA或中和试验检测乙脑病毒特异性IgG抗体通常需检测急性期和恢复期双份血清，当恢复期血清抗体效价比急性期升高4倍或4倍以上时具有诊断价值。中和试验的特异性及敏感性均较高，但操作复杂，故不用于临床诊断，一般仅用于流行病学调查或新分离病毒的鉴定。

四、防治原则

预防乙型脑炎的关键措施包括疫苗接种、防蚊灭蚊和动物宿主管理。

乙脑疫苗有灭活疫苗和减毒活疫苗两类。我国使用的乙脑疫苗是自主研制的减毒活疫苗 SA-14-14-2。该疫苗具有很好的安全性和免疫保护效果，完成全程免疫后可获得持久的免疫力，已纳入儿童计划免疫内容。

猪是乙脑病毒的主要传染源和中间宿主。在我国农村地区，人和猪接触较多，因此必须做好猪的管理工作，有条件时可给幼猪接种疫苗，减少幼猪感染乙脑病毒的机会，从而降低人群乙脑的发病率。

目前对乙型脑炎尚无特效的治疗方法，临床以支持治疗为主。

第三节 森林脑炎病毒

中文名：森林脑炎病毒

拓展阅读 12-3
森林脑炎病毒流行现状

英文名：forest encephalitis virus

病毒定义：森林脑炎病毒为+ssRNA病毒，属于黄病毒科，是引起森林脑炎的病原体，主要由蜱传播，因此又称蜱传脑炎病毒（tick-borne encephalitis virus，TBEV）。

分类：森林脑炎病毒属于黄病毒科（*Flaviviridae*）正黄病毒属（*Orthoflavivirus*）脑炎正黄病毒种（*Orthoflavivirus encephalitidis*）。

一、生物学性状

（一）形态与结构

与登革病毒类似。成熟病毒颗粒在冷冻电镜下直径为50nm。

（二）基因组及编码蛋白质

基因组长约10.9kb。其基因组的结构及编码蛋白质与登革病毒类似。

（三）分型与变异

病毒亚型以地理起源命名，包括欧洲亚型（TBEV-Eu）、西伯利亚亚型（TBEV-Sib）和远东亚型（TBEV-FE）。不同亚型毒力的差异较大，但抗原性较为一致。我国流行的主要为远东亚型。

（四）复制周期

病毒进入人体后，首先在感染部位的树突状细胞中复制，然后随细胞迁移至引流淋巴结。在外周器官复制的病毒若侵入中枢神经系统可感染神经元等靶细胞，引起脑炎等症状。

（五）体外培养与动物模型

1. 体外培养　病毒能在人胚肾细胞、鼠胚细胞、猪肾细胞、羊胚细胞、HeLa 细胞及 BHK-21 细胞中繁殖，也能通过卵黄囊接种或绒毛尿囊膜接种在鸡胚中繁殖。

2. 动物模型　小鼠对森林脑炎病毒易感，可通过皮下或皮内途径感染而建立动物模型。

（六）抵抗力

与登革病毒类似。

二、致病性与免疫性

（一）传播方式和传染源

蜱是森林脑炎病毒的传播媒介。欧洲亚型主要由蓖籽硬蜱传播，西伯利亚亚型和远东亚型主要由全沟硬蜱传播。病毒不仅能在蜱体内增殖、越冬，还能经卵传代，因此蜱既是传播媒介又是储存宿主。在野外，病毒通过蜱叮咬野生动物和鸟类而在自然界循环。家畜感染后可经乳汁排出病毒，食用未经消毒的患病动物奶制品也可引起感染。

（二）临床表现

人感染后多数为隐性感染，少数感染者经 7～14 天的潜伏期后突然发病，出现高热、头痛、呕吐、颈项强直、昏睡等症状。重症患者可出现发音困难、吞咽困难、呼吸及循环衰竭等延髓麻痹症状，死亡率可高达 30%。

（三）免疫性

感染后可获得持久的免疫力。

三、微生物学检查

森林脑炎患者病毒血症的持续时间短，脑炎症状出现后血中病毒含量已很低，故病毒分离的阳性率较低。

血清学检查可用 ELISA、血凝抑制试验、中和试验及补体结合试验等检测血清或脑脊液中的 IgM 和 IgG 抗体，若恢复期血清 IgG 抗体水平较急性期呈 4 倍以上升高则有诊断价值。中和试验由于操作较困难，一般只作流行病调查用。

应用 RT-PCR 检测患者早期血清或脑脊液中的病毒 RNA，敏感性和特异性均较高。

四、防治原则

疫苗接种是控制森林脑炎的重要措施。加强防鼠、灭鼠、灭蜱工作；进入林区时做好个人防护，穿“五紧”防护服，将袖口、领口、裤脚等处扎紧，防止蜱叮咬；不食用未经消毒的奶制品，这些都是预防森林脑炎的有效措施。

目前尚无对森林脑炎特异性的治疗方法。在感染早期，大剂量丙种球蛋白或免疫血清可能有一定的疗效。

第四节 寨卡病毒

中文名：寨卡病毒

英文名：Zika virus，ZIKV

病毒定义：寨卡病毒为+ssRNA 病毒，属于黄病毒科，是引起寨卡病毒病的病原体。寨卡病毒最早发现于 1947 年，是由在非洲乌干达寨卡森林中寻找未知虫媒病毒的研究人员从发热的哨兵猴体内分离获得的，并按发现地命名为寨卡病毒。

分类：寨卡病毒属于黄病毒科（*Flaviviridae*）正黄病毒属（*Orthoflavivirus*）寨卡正黄病毒种（*Orthoflavivirus zikaense*）。

拓展阅读 12-4
寨卡病毒流行现状

在寨卡病毒首次发现后的 60 年间，全球报道的感染者只有十余人。2007 年，寨卡病毒在西太平洋雅浦岛（Yap Island）引发疫情，然后扩散到南太平洋岛国，并于 2015～2016 年在拉丁美洲多国暴发流行。在这次流行中，寨卡病毒显示出性接触传播及引起新生儿小头畸形和成人吉兰-巴雷综合征（Guillain-Barre syndrome，GBS）的能力，因此被世界卫生组织宣布为“国际关注突发公共卫生事件”。

一、生物学性状

（一）形态与结构

与登革病毒类似。成熟病毒颗粒在冷冻电镜下直径为 50nm。

（二）基因组及编码蛋白质

寨卡病毒的基因组长约 10.8kb。其基因组结构及所编码蛋白质与登革病毒类似。

（三）分型与变异

寨卡病毒有亚洲系和非洲系两个基因型，亚洲系按出现顺序及流行地区又分为东南亚进化枝、太平洋进化枝和美洲进化枝。2007 年以后的数次流行均由亚洲系引起。

（四）复制周期

寨卡病毒主要通过被感染的蚊虫叮咬而传播。当被感染的蚊虫叮咬人体后，病毒随蚊子唾液进入皮肤组织，首先感染表皮角质细胞、皮肤成纤维细胞和皮肤内的树突状细胞。感染后的树突状细胞可以携带病毒进入局部淋巴结，病毒在此复制后释放入血，引起病毒血症并感染多个外周器官。

神经组织是寨卡病毒重要的靶器官。在孕妇中，病毒可以感染胎盘内的巨噬细胞，即霍夫鲍尔细胞（Hofbauer's cell），借此通过胎盘屏障进入胎儿血液循环，然后感染胎儿神经前体细胞并诱导凋亡，导致神经组织发育障碍，引起新生儿小头畸形。在成人，病毒可以感染外周神经细胞，导致神经细胞脱髓鞘病变，引起吉兰-巴雷综合征。

雄性生殖系统是寨卡病毒的另一个重要靶器官。睾丸间质内的巨噬细胞、睾丸支持细胞（Sertoli cell）和曲精小管内的生精细胞等均易感。病毒在睾丸内的复制使得病毒可以在精液中长期存在并通过性接触传播。此外，病毒还可以感染肾，尿液中可以检出病毒 RNA。个别患者可见肝损伤。

病毒的受体尚不明确，Axl 和 DC-SIGN 等分子或能促进寨卡病毒感染。

（五）体外培养与动物模型

1. 体外培养 昆虫细胞系 C6/36 和哺乳动物细胞系 Vero 可以支持病毒复制，并表现出细胞病变效应。

2. 动物模型 灵长类动物可以感染寨卡病毒，表现出与人类似的症状。啮齿动物感染后症状不明显。动物实验常用 Ⅰ 型干扰素受体敲除小鼠，Ⅰ 型、Ⅱ 型干扰素受体双敲除小鼠，或者人 *STAT2* 基因敲入（hSTAT2 knock-in）小鼠模拟病毒感染。乳鼠腹腔和颅内注射也可以引起神经系统症状。

（六）抵抗力

与登革病毒类似。

二、致病性与免疫性

（一）传播方式和传染源

寨卡病毒主要通过蚊虫叮咬传播，埃及伊蚊和白纹伊蚊是主要的传播媒介。灵长类和多种哺乳动物均可为其自然宿主。在流行地区，急性期患者是主要传染源。与其他蚊媒黄病毒不同的是，寨卡病毒还可以通过垂直传播从孕妇传给胎儿，引起胎儿发生小头畸形。此外，寨卡病毒可以通过雄性生殖系统进入精液，并通过性接触在人与人之间传播。

（二）临床表现

寨卡病毒感染者多无明显症状，属于隐性感染。约20%感染者在经过3～11天的潜伏期后，可以表现出皮肤斑丘疹、发热、关节痛或关节炎、肌肉痛和头痛、非化脓性结膜炎等症状。部分患者有眼眶痛、浮肿及呕吐。个别感染者可以出现睾丸炎、肝炎等症状。急性期症状通常在1～2周内缓解。

吉兰-巴雷综合征的发生率约为0.02%，临床表现为进行性对称性麻痹、四肢软瘫和不同程度的感觉障碍，病死率为3%～10%。20%患者活动障碍会持续半年以上。其他神经系统症状还包括脑膜脑炎和脊髓炎。

孕妇感染后的临床表现与普通人群相似。孕早期感染寨卡病毒很可能会影响胎儿发育，引起先天性寨卡综合征。在有临床症状的感染孕妇中，新生儿小头畸形发生率为1%，29%的胎儿可出现发育异常，包括颅内钙化、脑室扩张、眼损伤、脑干发育不全、宫内生长受限和死胎。在由感染孕妇所生的新生儿中，1/10～1/7在出生后会逐渐表现出不同程度的认知、视听及运动等神经发育异常。

（三）免疫性

寨卡病毒感染后，机体可以产生保护性抗体。长期保护效果尚不清楚。寨卡病毒和其他黄病毒之间存在一定的交叉反应。登革病毒的抗体可能会促进寨卡病毒的感染。

三、微生物学检查

诊断需要结合临床表现和详细病史，包括是否接触节肢动物媒介、年龄、季节、旅行和地理位置等信息。病毒分离培养、核酸检测及血清型检测等实验室检查是确诊的关键。

寨卡病毒血症出现在发病后数天，抗体出现后，血清中病毒载量将开始下降。病毒在尿液中存在的时间可以更长，从发病后7～14天均可检出，而且滴度更高。急性期患者的血液或尿液均可用于病毒分离，寨卡病毒可在C6/36细胞及Vero细胞中增殖并产生病变。利用RT-PCR法检测血液、尿液或唾液中的病毒核酸是确诊的重要依据。用全血代替血清可提高核酸检测的阳性率。

寨卡病毒IgM抗体在发病后4～7天开始出现，持续约12周。IgG抗体在IgM抗体之后出现，持续时间可达数年。寨卡病毒NS1的抗体具有较高的特异性，IgM抗体可用于早期诊断。病毒特异性中和抗体可用病毒空斑减少中和试验检测，恢复期血清中和抗体阳转或者滴度较急性期升高4倍以上。

寨卡病毒与其他黄病毒如登革病毒、西尼罗病毒和黄热病毒存在交叉免疫反应。最近或者过去感染过其他黄病毒，甚至接种某种黄病毒疫苗，都可能引起假阳性结果。

四、防治原则

多种寨卡病毒疫苗已进入临床试验。灭蚊、避免蚊虫叮咬、保护孕妇和胎儿是主要的防控手段。

目前尚无特效药物，治疗以支持和对症治疗为主。在排除登革病毒感染之前，避免滥用非甾体抗炎药，否则会增加登革出血热的风险。

第五节 西尼罗病毒

中文名：西尼罗病毒

英文名：West Nile virus，WNV

病毒定义：西尼罗病毒为+ssRNA病毒，属于黄病毒科，是西尼罗热及西尼罗病毒性脑炎的病原体，1937年被首次发现于乌干达西尼罗地区，现已成为全球性虫媒传播病毒性脑炎最重要的病原体。

拓展阅读 12-5

西尼罗病毒流行趋势

分类：西尼罗病毒属于黄病毒科（*Flaviviridae*）正黄病毒属（*Orthoflavivirus*）尼罗正黄病毒种（*Orthoflavivirus nilense*）。

一、生物学性状

（一）形态与结构

与登革病毒类似。成熟病毒颗粒直径约为50nm。

（二）基因组及编码蛋白质

西尼罗病毒的基因组长约11kb。其基因组结构及编码蛋白质与登革病毒类似。

（三）分型与变异

西尼罗病毒有两种基因型，其中基因型1的致病性强，基因型2无明显的致病性。

（四）复制周期

西尼罗病毒经蚊虫叮咬进入人体后先在皮肤角质细胞内复制，然后迁移至局部淋巴结增殖并释放入血，随血流播散至肾、脾等其他内脏器官。病毒侵入神经组织的机制尚不清楚。感染者的年龄、免疫状态及病毒本身的一些因子决定着病毒是否侵入脑组织。病毒也可以通过轴突运输从外周扩散到脊髓，感染前角运动神经元，引起脊髓灰质炎样的急性弛缓性麻痹。

（五）体外培养与动物模型

1. 体外培养 可在多种类型的原代细胞和禽类、哺乳类、两栖类及昆虫类来源的细胞内增殖。小鼠、仓鼠、兔和非人灵长类动物均可感染。

2. 动物模型 啮齿动物感染后神经系统症状进展得快，死亡率高，是常用的动物模型。

（六）抵抗力

与登革病毒类似。

二、致病性与免疫性

（一）传播方式和传染源

西尼罗病毒经蚊虫叮咬传播。库蚊、伊蚊、按蚊等是主要的传播媒介。鸟类是西尼罗病毒的储存宿主。马、犬、猫等哺乳动物也可感染。近年来发现西尼罗病毒可经器官移植和母婴垂直传播引起感染。西尼罗热发生有明显的季节性，病例主要出现于每年 7～12 月，多集中在 8～9 月。

（二）临床表现

人类对西尼罗病毒普遍易感。多数感染者表现为隐性感染，少数人出现西尼罗热。西尼罗热的潜伏期为 3～12 天，临床症状包括发热、头痛、肌肉疼痛、恶心、呕吐、皮疹、淋巴结肿大等，持续 3～6 天后会自行缓解。极少数感染者会出现西尼罗病毒脑炎或脑膜脑炎等神经系统疾病，多见于老年人及儿童，临床起病急骤、持续高热，可伴有头晕、剧烈头痛、恶心、喷射样呕吐、昏迷及抽搐等，查体可有脑膜刺激征阳性、巴氏征及布氏征阳性，最终可由脑疝导致呼吸衰竭而死亡。

（三）免疫性

西尼罗病毒只有一种血清型，感染后可获得持久免疫力。

三、微生物学检查

病毒血症持续时间较短，多数西尼罗热患者可在发病第一天分离出病毒。西尼罗病毒可在多种细胞系中生长。小鼠和豚鼠对病毒脑内接种高度敏感。

利用 ELISA 检测急性期和恢复期患者血清中病毒特异性抗体有助于诊断。需注意少数患者感染 1 年后血清中仍存在病毒特异性 IgM。利用 RT-PCR 可在血液或脑脊液中检测病毒 RNA。中和试验有助于区分其他黄病毒的交叉反应抗体。

西尼罗热需与其他感染性疾病进行鉴别诊断，尤其是要排除流行性乙型脑炎及其他病毒性脑炎。

四、防治原则

尚无人用的西尼罗热疫苗。全面、综合的媒介控制仍是预防控制的主要措施。加强国境检疫，预防疫情输入对预防西尼罗病毒也很重要。

治疗以对症支持治疗为主。轻症患者多呈自限性，但脑炎需及时治疗。

第六节 黄热病毒

中文名：黄热病毒

英文名：yellow fever virus，YFV

病毒定义：黄热病毒为+ssRNA 病毒，是第一种被发现的人类病毒，感染人后可以引起以发热、黄疸、出血和多器官衰竭为特征的黄热病，后者在历史上曾是严重危害人类健康的传染病。

拓展阅读 12-6

黄热病的历史及现状

分类：黄热病毒属于黄病毒科（*Flaviviridae*）正黄病毒属（*Orthoflavivirus*）黄正黄病毒种（*Orthoflavivirus flavi*）。

一、生物学性状

（一）形态与结构

黄热病毒的形态（图 12-3）与登革病毒类似。

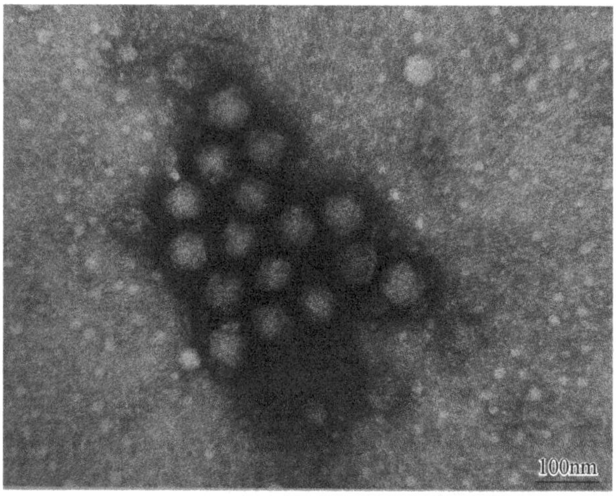

图 12-3 **黄热病毒电镜图（负染）（宋敬东等，2024）**

病毒颗粒呈球形，包膜上可见刺突，但不明显

（二）基因组及编码蛋白质

黄热病毒的基因组及编码蛋白质与登革病毒类似。其基因组长约 10.9kb。

（三）分型与变异

黄热病毒只有 1 种血清型，但可分为 7 种基因型，包括 2 种西非基因型、1 种中/南非基因型、2 种东非基因型及 2 种南美基因型。

（四）复制周期

黄热病毒随蚊虫叮咬进入人体皮肤，首先经淋巴管进入局部淋巴结并扩增，然后进入肝、肾等重要脏器并造成损伤。病毒在肝细胞内复制而导致肝损伤。大量血红素释放入血，引起黄疸等症状。病毒还可以在肾小管上皮细胞内复制，导致肾功能损伤甚至衰竭。肝损伤造成的凝血因子合成减少、弥散性血管内凝血及血小板数量减少三者共同作用，使得出血成为黄热病的重要特征。

（五）体外培养与动物模型

恒河猴和猕猴对黄热病毒易感，感染后可表现出与人相似的黄疸等内脏损伤症状。

（六）抵抗力

与登革病毒类似。

二、致病性与免疫性

（一）传播方式和传染源

黄热病是人兽共患传染病。其在自然界的野生灵长类动物之间通过蚊虫叮咬而传播，传播媒介包括美洲的嗜血蚊属和非洲的伊蚊属等。人类进入自然界时可经由带毒蚊虫叮咬而感染黄热病毒（丛林黄热病）。在人类居住地周围繁殖的埃及伊蚊则可介导病毒在人群间的传播（城市黄热病）。黄热病毒可通过在蚊虫内的垂直传播而度过旱季。含有病毒的蚊卵可等到外界环境适宜时再孵化出带毒的蚊虫。

（二）临床表现

人感染黄热病毒后出现不同程度的临床症状，部分为隐性感染或仅有轻度发热，部分则表现为严重的内脏损伤。本病的潜伏期为 3～6 天，起病急，临床表现为发热、寒战、头痛、肌肉痛。急性期患者有病毒血症，是重要的传染源。多数患者发热 3 天后逐渐进入恢复期，约 15%的患者则发生恶化，发热等症状加重并伴有呕吐、上腹痛和黄疸。随着病程进展，患者可发展为以严重肝炎、肾衰竭、出血、休克和多器官衰竭为特征的出血热疾病。严重患者病死率为 20%～50%。

除典型的黄热病之外，极少数黄热病疫苗株接种者会表现出罕见的黄热病疫苗相关嗜内脏性疾病（yellow fever vaccine-associated viscerotropic disease，YEL-AVD）和黄热病疫苗相关嗜神经性疾病（yellow fever vaccine-associated neurotropic disease，YEL-AND）。YEL-AVD 的临床表现与黄热病类似，严重时可导致多器官系统衰竭。YEL-AND 表现为疫苗接种后发生的脑炎，患者可有高热、头痛和嗜睡等症状。

（三）免疫性

感染后可获得长期免疫力。

三、微生物学检查

黄热病病毒血症的持续时间较长，从发病前 5 天起，感染者的血液中已可检出病毒，在发病 20 天后仍然可以检测到。在重症患者的血液甚至可以存在更长时间。病毒也存在于感染者的尿液、唾液或精液等其他体液中，在发热初期采集的血液和死后获得的肝组织样本可用于病毒分离。

黄热病毒分离培养须在 BSL-3 实验室进行操作。

黄热病毒特异性 IgM 抗体通常在发病后几天内产生，在血清中存在时间可长达 3 个月。特异性 IgG 抗体在 IgM 反应后的几天内产生，然后在体内存在长达数年时间。血清学诊断标准为 IgM 抗体阳性，或者恢复期样品中 IgG 抗体效价增加超过 4 倍。血清学诊断必须考虑黄热病毒与其他黄病毒（如登革病毒、西尼罗病毒或寨卡病毒）的交叉反应性。

可通过 RT-PCR 在血清、尿液等多种样品中检测病毒核酸。在诊断黄热病毒自然感染病例时，应避免选择专门针对黄热病毒疫苗株而设计的检测方法。

四、防治原则

目前使用的黄热病疫苗为减毒活疫苗 17D，95%接种者在一周内产生保护性免疫，保护效果长达 10 年甚至终身免疫。所有赴疫区旅游或者工作的人群均须接种疫苗。

治疗以支持治疗为主，尚无特异性治疗方法。

小　结

虫媒病毒是指通过吸血节肢动物叮咬而传播的病毒。我国流行的虫媒病毒主要有乙型脑炎病毒、登革病毒、森林脑炎病毒和基孔肯亚病毒。登革病毒可引起登革热、登革出血热和登革休克综合征，有 4 种血清型，无交叉保护，主要由埃及伊蚊和白纹伊蚊传播。登革热的诊断需结合临床表现和实验室检查，目前有 Qdenga 和 Dengvaxia 两种疫苗获批预防。治疗主要为支持及对症治疗。乙型脑炎病毒可引起流行性乙型脑炎，分为 5 个基因型，中国主要流行Ⅰ型和Ⅲ型，三带喙库蚊是主要的传播媒介，猪是重要的中间宿主，接种减毒活疫苗可以有效预防。森林脑炎病毒由蜱叮咬传播，在我国东北和西北的原始森林中有流行。寨卡病毒通常经蚊虫叮咬传播，埃及伊蚊和白纹伊蚊是主要的传播媒介，也可以经性接触传播，还可以经由胎盘垂直传播给胎儿，引起小头畸形等发育异常。西尼罗病毒是引起西尼罗热和西尼罗脑炎的病原体，有两种基因型，1 型的致病性强，库蚊、伊蚊、按蚊等是主要的传播媒介。黄热病毒可引起黄热病，病毒首先在局部淋巴结扩增，随后可导致肝和肾损伤，重症患者病死率高，接种减毒活疫苗17D可以有效预防。

复习思考题

1. 在我国流行的虫媒病毒主要有哪些？
2. 以登革病毒为例，简述虫媒病毒各结构蛋白及非结构蛋白的功能。
3. 登革病毒引起的疾病有哪些？
4. 乙型脑炎病毒在我国的主要传播媒介和中间宿主是什么？
5. 寨卡病毒的传播途径有哪些？

（王培刚）

第十三章　逆转录病毒

本章要点

1. 逆转录病毒具有双倍体 RNA 基因组，通过逆转录将 RNA 转为 DNA，并整合进宿主细胞染色体。
2. 人类免疫缺陷病毒（HIV）是艾滋病（AIDS）的病原体，基因组变异频繁，尚无有效疫苗。临床阶段包括急性期、无症状期和 AIDS 期。标准治疗方法是高效抗逆转录病毒治疗（HAART）。
3. 人类嗜 T 细胞病毒（HTLV）是首个被发现的人类逆转录病毒，HTLV-1 可能引起脊髓病（HAM）和热带痉挛性下肢截瘫（TSP）。HTLV-2 的致病机制尚不明确。
4. 人类内源逆转录病毒（HERV）在人类基因组进化、胚胎发育和抗病毒免疫等方面发挥着重要作用。通常由表观遗传因素调控并保持沉默，异常激活或表达可能导致细胞功能异常并引发疾病。

中文名：逆转录病毒

英文名：retrovirus

病毒定义：逆转录病毒是一大类含有逆转录酶（reverse transcriptase，RT）的 RNA 病毒，其基因组特征为两条完全相同的正单链 RNA（+ssRNA）。逆转录病毒属于逆转录病毒科，包括正逆转录病毒亚科和泡沫逆转录病毒亚科，广泛存在于各种脊椎动物中。正逆转录病毒中的许多成员是 RNA 肿瘤病毒，能够引发白血病、淋巴瘤和肉瘤等各类肿瘤。对人类造成主要疾病的逆转录病毒包括人类免疫缺陷病毒（human immunodeficiency virus，HIV）和人类嗜 T 细胞病毒（human T-cell lymphotropic virus，HTLV）。泡沫病毒的致病性尚不明确。

分类：逆转录病毒科（*Reoviridae*）的正逆转录病毒亚科（*Orthoretrovirinae*）和泡沫逆转录病毒亚科（*Spumaretrovirinae*）涵盖了 11 个属（genus）（表 13-1）。具体的分类信息可参见国际病毒分类委员会（International Committee on Taxonomy of Viruses，ICTV）的报告（https://ictv.global/report）。

表13-1　逆转录病毒的分类

病毒亚科	属	代表病毒
正逆转录病毒亚科	α逆转录病毒属（*Alpharetrovirus*）	劳斯肉瘤病毒（Rous sarcoma virus，RSV）
	β逆转录病毒属（*Betaretrovirus*）	鼠乳腺瘤病毒（murine mammary tumor virus，MMTV）
	γ逆转录病毒属（*Gammaretrovirus*）	鼠白血病病毒（murine leukemia virus，MLV）、莫洛尼鼠肉瘤病毒（Moloney murine sarcoma virus，Mo-MSV）
	δ逆转录病毒属（*Deltaretrovirus*）	人类嗜T细胞病毒（human T-cell lymphotropic virus，HTLV）、牛白血病病毒（bovine leukemia virus，BLV）
	ε逆转录病毒属（*Epsilonretrovirus*）	大眼狮鲈真皮肉瘤病毒（Walleye dermal sarcoma virus，WDSW）
	慢（发）病毒属（*Lentivirus*）	人类免疫缺陷病毒（human immunodeficiency virus，HIV）、猴免疫缺陷病毒（simian immunodeficiency virus，SIV）、马传染性贫血病毒（equine infectious anemia virus，EIAV）
泡沫逆转录病毒亚科	牛泡沫病毒属（*Bovispumavirus*）	印度野牛泡沫病毒（bovine foamy virus *Bos taurus*，BFVbta）
	猫泡沫病毒属（*Felispumavirus*）	猫泡沫病毒（feline foamy virus *Felis catus*，FFVfca）
	马泡沫病毒属（*Equispumavirus*）	马泡沫病毒（equine foamy virus *Equus caballus*，EFVeca）
	猴泡沫病毒属（*Simiispumavirus*）	人泡沫病毒（human foamy virus）
	原猴亚目猴泡沫病毒属（*Prosimiispumavirus*）	粗尾婴猴泡沫病毒（simian foamy virus *Otolemur crassicaudatus*，SFVocr）

此外，人类及其他脊椎动物基因组中整合了逆转录病毒的基因，这被称为“内源逆转录病毒”（endogenous retrovirus，ERV），近年来的研究显示，ERV在人类基因组的进化、胚胎发育等方面发挥着重要作用，它们的异常表达与神经精神疾病、自身免疫病和恶性肿瘤等多种疾病的发生有关。

第一节　逆转录病毒概述

一、形态与结构

病毒体呈球形，有包膜，直径为80～120nm，其包膜表面有糖蛋白刺突；病毒的核衣壳为二十面体立体对称，核心内含有两条相同的+ssRNA（图13-1），长度为5～11kb，这两条

RNA 在 5′端通过部分碱基互补配对，形成一个线性的二倍体结构。

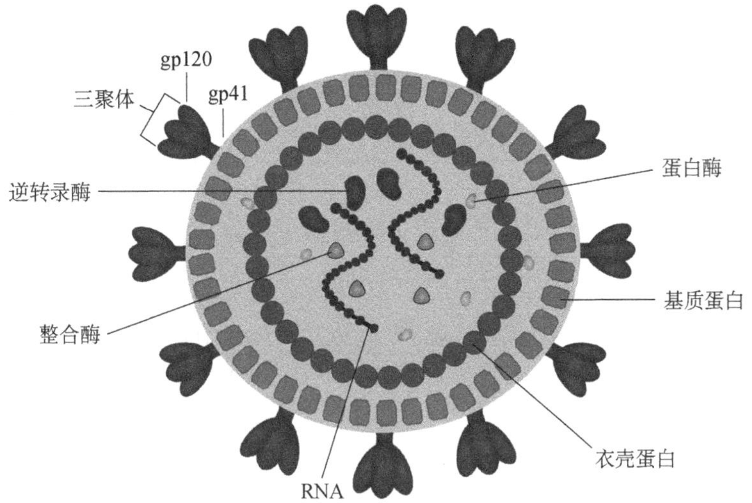

图 13-1　逆转录病毒的形态与结构

α、β、γ 逆转录病毒属的基因组较为简单，主要为结构基因；而 δ 和 ε 逆转录病毒属、慢（发）病毒属和泡沫病毒属除了结构基因，还具有数量不等的辅助基因，这些基因编码非结构蛋白，调节病毒的基因转录和表达。

（一）结构基因

结构基因包括 *gag*、*pro*、*pol* 和 *env* 基因。所有逆转录病毒的基因排列顺序一致，即 5'-*gag-pro-pol-env*-3'。

（二）辅助基因

某些逆转录病毒在 *env* 基因下游有辅助基因，如反式激活调节基因 *tax* 或 *tat*。这些基因编码的非结构蛋白可以影响其他基因的转录或翻译。

（三）癌基因

部分逆转录病毒携带癌基因（oncogene），可导致细胞转化。

二、复制周期

（一）复制

病毒吸附并穿入宿主细胞后，利用逆转录酶将其 RNA 逆转录为 DNA，形成 RNA:DNA 中间体，并最终生成双链 DNA。逆转录酶缺乏 3′→5′ 外切酶活性，不具备校正功能，导致合成的 DNA 错误率相对较高。在逆转录过程中，病毒 RNA 的 U5 和 U3 末端会与 DNA 分子的另一端交换连接，形成长末端重复序列（long terminal repeat，LTR），完整的 LTR 仅在前病毒（provirus）DNA 中出现（图 13-2）。

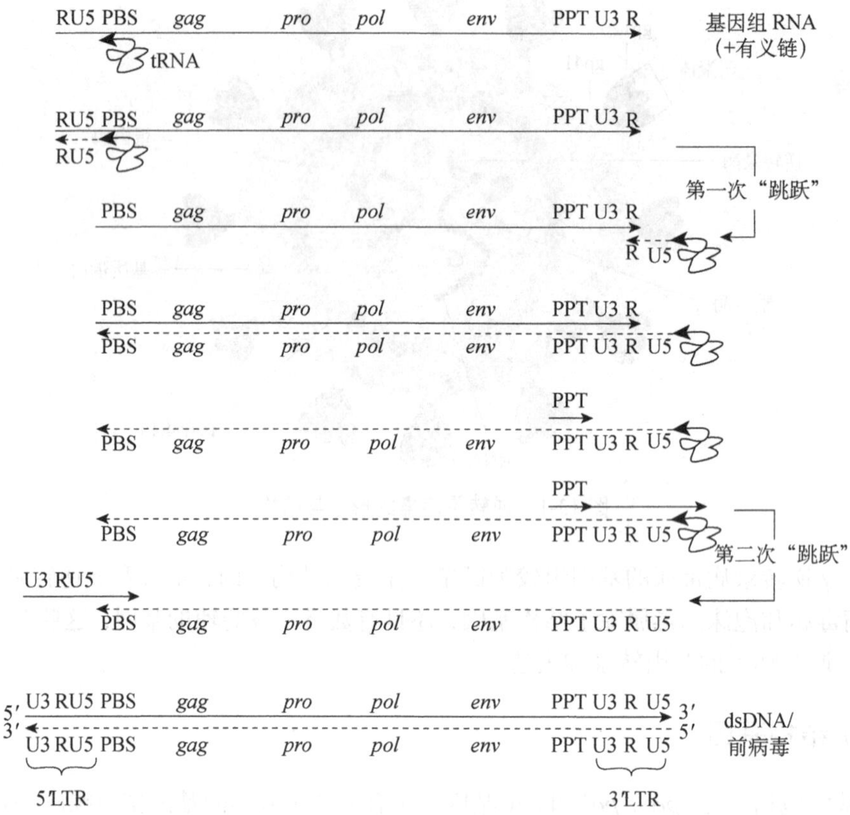

图 13-2　逆转录病毒的逆转录与整合

env. 包膜蛋白基因；*pro*. 蛋白酶基因；*gag*. 结构蛋白基因；
pol. 逆转录酶和整合酶基因；PPT. 聚嘌呤区（作为正链 DNA 合成的引物）；PBS. 引物结合位点
（逆转录酶利用与 PBS 互补的细胞 tRNA 引物启动负链 DNA 合成）

（二）整合

新合成的病毒 DNA 进入细胞核，整合到宿主细胞染色体，形成前病毒。前病毒的整合位置可能有所不同，整合的方向由两个 LTR 的末端特定序列精确控制，以维持结构的稳定性。完整的 LTR 出现在前病毒 DNA 中，确保了前病毒结构的稳定性。

（三）装配与释放

前病毒的表达受到细胞基因组的调控，可能部分表达或完全被抑制。前病毒基因能否被激活，主要取决于整合位置及是否存在合适的细胞转录因子。子代病毒基因组由前病毒转录而来，LTR 的 U3 序列中包含启动子和增强子，有助于实现病毒表达的组织特异性。经过加帽和加 poly(A)的完整全长转录本将作为病毒基因组装配到子代病毒中。另外一些转录本剪切为 mRNA，用于翻译前体多蛋白。这些前体多蛋白经过病毒蛋白酶的切割和修饰后，形成成熟的病毒蛋白。子代病毒颗粒在装配完成后，通过出芽的方式从感染细胞中释放，同时病毒颗粒内形成成熟的 Gag 和 Pol 蛋白，最终形成有感染性子代病毒，从而开始下一轮感染周期。

（四）宿主范围和传播方式

逆转录病毒能感染多种脊椎动物，但多数病毒的自然感染通常局限于单一物种，只有少数病毒能够进行跨物种感染。来自同一种属宿主的逆转录病毒，其核心蛋白具有组特异性的抗原决定簇。根据宿主范围不同，逆转录病毒可分为三类：亲嗜性病毒（ecotropic virus）（只能感染其自然宿主动物来源的细胞）、兼嗜性病毒（amphotropic virus）（能识别广泛分布的受体，具有广泛宿主范围）、异嗜性病毒（xenotropic virus）（只能在非自然感染宿主动物来源的细胞中复制）。许多内源逆转录病毒属于异嗜性病毒，以前病毒的形式存在。例如，猪内源逆转录病毒（porcine endogenous retrovirus，PERV）有感染人体细胞的潜力，导致新的传染性疾病发生。逆转录病毒可以通过水平和垂直两种方式进行传播。

三、感染与致癌

在逆转录病毒中，仅慢（发）病毒属具有裂解细胞的能力，而其余的逆转录病毒均为非杀细胞性。这些非杀细胞性的致病逆转录病毒主要引发肿瘤。

感染人的逆转录病毒（如 HIV 和 HTLV）不含癌基因，但有些逆转录病毒基因组中含有癌基因，如劳斯肉瘤病毒含 *src*，莫洛尼鼠肉瘤病毒（Mo-MSV）含 *mos*，Abelson 鼠科白血病病毒（Ab-MLV）含 *abl*。病毒癌基因来源于宿主细胞，细胞的这段基因称为原癌基因（proto-oncogene）。含有癌基因的逆转录病毒均有高度致癌性，在体内只要经过很短的潜伏期就能引起肿瘤，在体外也能迅速引起细胞转化，其致瘤机制是病毒癌基因被激活和高水平表达，而细胞的原癌基因通常处于精确控制状态，仅低水平表达。不携带癌基因的逆转录病毒相对而言致癌能力较低。在体外条件下，这类病毒通常不会导致培养细胞的转化，但在体内，它们可能转化血液干细胞。这些病毒的致癌过程通常需要较长的潜伏期。其致癌机制通常涉及病毒的某个启动子或增强子插入到细胞原癌基因附近，导致该原癌基因的过量表达。

第二节 人类免疫缺陷病毒

中文名：人类免疫缺陷病毒

英文名：human immunodeficiency virus，HIV

病毒定义：人类免疫缺陷病毒为 RNA 逆转录病毒，是引起获得性免疫缺陷综合征（acquired immunodeficiency syndrome，AIDS），即艾滋病的病原体。

AIDS 最初于 1981 年被报道。1983 年，法国巴斯德研究所的蒙塔尼耶（Luc Montagnier）和巴尔-西诺西（Françoise Barré-Sinoussi）成功分离出 HIV-1。这一突破性的发现使他们在 2008 年荣获了诺贝尔生理学或医学奖。根据世界卫生组织（WHO）2022 年的数据，全球约有 3900 万人感染 HIV，当年新增感染者约为 130 万人，已有超过 3500 万人死于 AIDS。尽

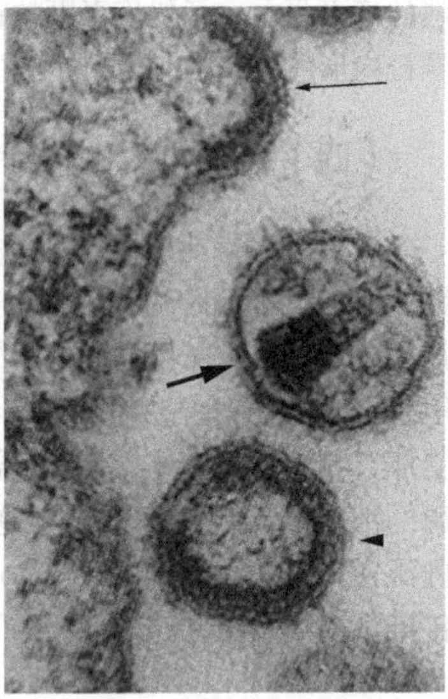

图 13-3　HIV 电镜图

（宋敬东等，2024）

图片所示为超薄切片上成熟（粗箭头示）、不成熟（三角示）及正在出芽（细箭头示）的 HIV 形态

管至今尚未开发出有效的 AIDS 疫苗，但抗逆转录病毒治疗（antiretroviral therapy，ART）已被证实可以有效抑制 HIV 的复制，从而阻止 AIDS 的进展，使其成为一种可控制的慢性疾病，是预防和治疗领域的一大成就。

分类：人类免疫缺陷病毒属于逆转录病毒科（*Retroviridae*）正逆转录病毒亚科（*Orthoretrovirinae*）慢（发）病毒属（*Lentivirus*）成员。

一、生物学性状

（一）形态结构

病毒颗粒呈球形，直径为 100～120nm，有包膜，其表面有由 gp120 和 gp41 三聚体组成的糖蛋白刺突。病毒包膜内包含一个由 p17 蛋白构成的内膜。成熟的病毒颗粒（图 13-3，图 13-4）内部是一个致密的圆柱状核心，包含两条相同的+ssRNA、逆转录酶、整合酶、蛋白酶。核心外被一层 p24 蛋白构成的衣壳所包裹，核心和 p24 蛋白衣壳共同形成了一个半锥体的核衣壳结构。

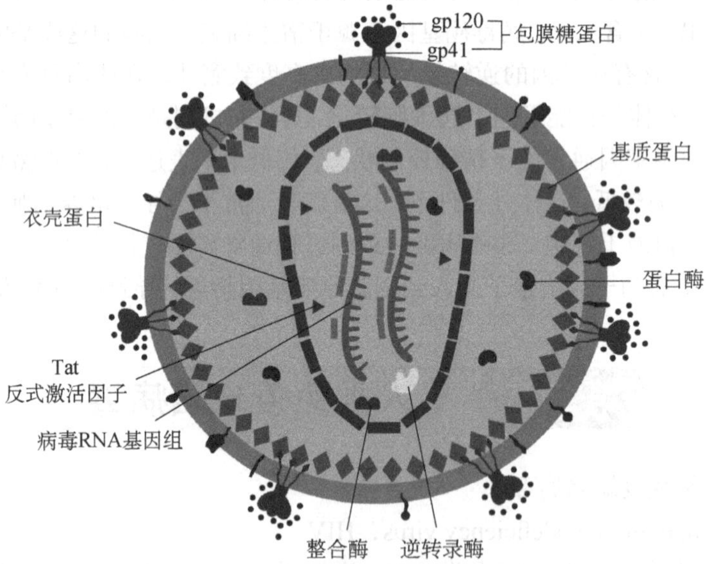

图 13-4　HIV 结构示意图

（二）基因组及编码蛋白质

1. 基因组

HIV-1 的基因组 RNA 全长约 9.75kb，HIV-2 的基因组 RNA 全长约 10.36kb。其基因组

包含 *gag*、*pro*、*pol* 和 *env* 四个主要结构基因，以及 *tat*、*nef*、*vif*、*rev*、*vpr*、*vpu* 六个辅助基因（图 13-5）。这些辅助基因对病毒的复制和调控至关重要。*gag*、*pro*、*pol*、*env*、*vpr*、*vpu*、*vif* 等基因的 mRNA 表达需要 REV 蛋白的帮助，被归类为晚期基因，而 *tat*、*rev*、*nef* 等基因编码的蛋白质表达不依赖于 REV 蛋白，属于早期基因。HIV 前病毒 DNA 两端存在 LTR，包括约 450nt 的 U3 区和 100nt 的 R 区及约 80nt 的 U5 区。值得注意的是，HIV-2 与 HIV-1 在基因组组成上有所不同，HIV-2 没有 *vpu* 基因，而是含有 *vpx* 基因。

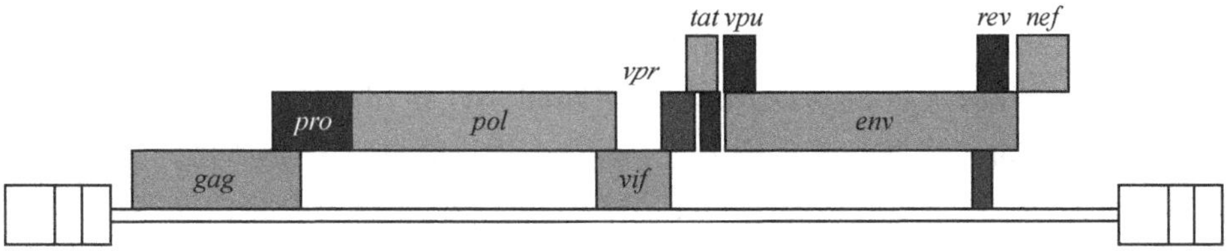

图 13-5　HIV-1 前病毒基因组结构示意图

LTR. 长末端重复序列；*gag*. 结构蛋白基因；*pro*. 蛋白酶基因；*pol*. 逆转录酶和整合酶基因；*env*. 包膜蛋白基因；*rev*. 病毒基因表达的调节因子基因；*vif*. 病毒感染因子基因；*tat*. 转录激活因子基因；*vpu*. 病毒蛋白 U 基因；*vpr*. 病毒蛋白 R 基因；*nef*. 负调控因子基因

2. 基因及其编码蛋白质

（1）*gag* 基因　编码前体多蛋白 p55（分子质量约为 55kDa，也称 GAG 蛋白），由全长 mRNA 翻译而来。该前体多蛋白合成后与细胞膜结合，招募两个基因组 RNA 分子和其他蛋白质，形成芽生现象。随后，p55 被病毒编码的蛋白酶切割，生成衣壳蛋白（capsid protein，CA）p24、内膜基质蛋白（matrix protein，M）p17 及 p15。p15 进一步被蛋白酶水解切割，形成核衣壳蛋白（nucleocapsid protein，N）（7～11kDa）和 p6。

（2）*pro* 基因　编码蛋白酶 p11（PR）。属于天冬酰胺蛋白酶，以二聚体形式存在，负责切割 GAG 和 GAG-PRO-POL 多聚蛋白，对 HIV 复制过程至关重要。

（3）*pol* 基因　编码逆转录酶（RT，p66/p51）和整合酶（INT，p32）。逆转录酶以异二聚体（完整 p66 和缺少 C 端的水解产物 p51）的形式发挥功能，具有聚合酶活性但缺乏校正功能，导致转录过程中错配率高。整合酶 p32 具有多种酶活性，包括 DNA 外切酶、双链内切酶、连接酶等，协助将 HIV 前病毒 DNA 插入到感染细胞的基因组中。

（4）*env* 基因　编码病毒包膜糖蛋白，其编码的 160kDa 糖蛋白（gp160）在内质网中合成，并在高尔基体中进行糖基化后，宿主细胞的蛋白酶将其切割成跨膜糖蛋白（TM）gp41 和表面糖蛋白（SU）gp120。gp41 介导病毒包膜与感染细胞膜的融合；gp120 与靶细胞表面受体结合，决定病毒的亲嗜性；同时携带中和抗原表位，诱导机体产生中和抗体。gp120 有 5 个变异区，均位于表面，其中 V3 是重要的中和抗原决定簇。包膜糖蛋白的高度变异使疫苗研制面临重大挑战。

（5）辅助基因　HIV 的 6 个辅助基因控制病毒基因表达，并在致病中起到重要作用。这些基因的表达产物对 HIV 蛋白表达的正、负调节及维持 HIV 在细胞中复制的平衡有着重要意义。

1）*tat* 基因：编码 TAT 蛋白（p14），其是 RNA 结合蛋白，作为复制早期的反式激活转录因子，能与 LTR 结合后促进病毒其他基因转录，并增强病毒 mRNA 翻译。

2）*rev* 基因：编码 REV 蛋白（p19），其也是 RNA 结合蛋白，有助于病毒完整转录物从胞核运输到胞质，并增加结构蛋白的翻译，促使 HIV 从早期基因表达转向晚期基因表达，对病毒结构基因的表达和 HIV 复制至关重要。缺乏 REV 蛋白时，虽然前病毒可进行转录，但晚期基因无法表达，导致无法产生子代病毒颗粒。

3）*nef*、*vpr*、*vpu* 和 *vif* 基因：其编码的产物在体外实验中并非病毒复制所必需，但在体内对病毒的毒力具有显著影响。*nef* 基因编码的 Nef 蛋白可通过降解宿主限制性因子 SERINC5 以提高病毒感染性；诱导趋化因子表达，促进静息 T 细胞活化，并下调 CD4 和 MHC Ⅰ类分子表达，使感染细胞逃逸 CTL 杀伤。*vif* 基因产物 VIF 蛋白能够抑制宿主细胞内抑制病毒复制的蛋白质的表达并促进其降解，从而增强 HIV 的感染性。*vpr* 基因编码的 VPR 蛋白有助于病毒前整合复合体进入细胞核，并能将细胞阻滞在 G_2 期，为 HIV 的复制创造有利条件。*vpu* 基因产物 Vpu 蛋白负责降解 CD4 分子，促进 HIV 的释放，从而加速感染更多的宿主细胞。

（三）病毒复制

1. 受体（receptor）

（1）主要受体　HIV 通过与宿主细胞的 CD4 分子结合进行吸附。该分子主要表达在 T 淋巴细胞上，也在单核/巨噬细胞及其他类型细胞上有表达。

（2）辅助受体　除 CD4 外，HIV-1 还需要辅助受体（如 CXCR4 和 CCR5）协助才能进入细胞。根据所依赖的辅助受体不同，HIV 可分为胸腺细胞嗜性（T-tropic）（或称 X4 嗜性）、单核细胞/巨噬细胞嗜性（M-tropic）（或称 R5 嗜性），以及可使用两种受体的双嗜性（或称 R5/X4 嗜性）。X4 嗜性病毒利用 CXCR4 作为辅助受体/共受体侵入细胞，R5 嗜性病毒利用 CCR5 作为辅助受体/共受体。HIV-1 感染早期阶段占优势和易传播的是利用 CCR5 作为辅助受体/共受体的 HIV-1。马拉维若为一种小分子化合物，能特异地与 CCR5 结合，抑制 CCR5 的变构及与病毒 gp120 的结合，从而抑制 R5 型病毒与 CCR5 的结合，阻断病毒的进入。

拓展阅读
13-1
CCR5 基因的变异

2. HIV 的感染过程

（1）吸附与穿入　当 HIV 侵入靶细胞时，病毒的包膜糖蛋白 gp120 首先与靶细胞的 CD4 及辅助受体结合，导致包膜构象发生改变，从而暴露 gp41 疏水性 N 端融合肽并插入靶细胞膜中，触发病毒包膜与细胞膜融合，HIV 以锥形病毒核的形态进入靶细胞，病毒基因组、衣壳蛋白和基质蛋白以火箭升空逐级分离的模式动态解离。

（2）逆转录与整合　病毒逆转录酶以病毒 RNA 为模板，以宿主 tRNA 为引物，进行逆转录，生成互补的负链 DNA，形成 RNA:DNA 中间体。随后，RNA 酶 H 降解亲代 RNA，以负链 DNA 为模板产生正链 DNA，形成双链 DNA。该双链 DNA 与整合酶、核衣壳蛋白 N 蛋白、Vpr 及磷酸化的 M 蛋白等形成整合前复合物，并穿过核膜的核孔进入细胞核。在病毒整合酶的作用下，病毒 DNA 整合入细胞染色体中，形成前病毒。

（3）病毒生物合成、成熟与释放　当存在激活前病毒的因素时，前病毒被激活，开始转录病毒 RNA。最初产生的病毒蛋白 Tat 进入细胞核，并与 LTR 中的 Tar 作用，进一步促进病毒 RNA 的产生。在细胞 RNA 聚合酶的催化下，HIV 转录出全长的病毒 RNA。这些 RNA 通过 REV 应答元件（REV-responsive element，RRE）与 REV 蛋白结合，被转运出核。一部分 RNA 作为子代病毒的基因组 RNA，另一部分作为翻译病毒蛋白的转录本。Gag 蛋白、逆转录酶（P66/P51）、蛋白酶和整合酶翻译出来后，与子代病毒 RNA 一起组装成病毒核心颗粒，而 Env 蛋白在宿主的蛋白酶作用下被切割成 gp120 和 gp41，并被转运到细胞膜集结。在 M 蛋白 的引导下，病毒核心颗粒在 gp120 和 gp41 集结的细胞膜部位出芽，形成成熟的病毒颗粒（图 13-6）。

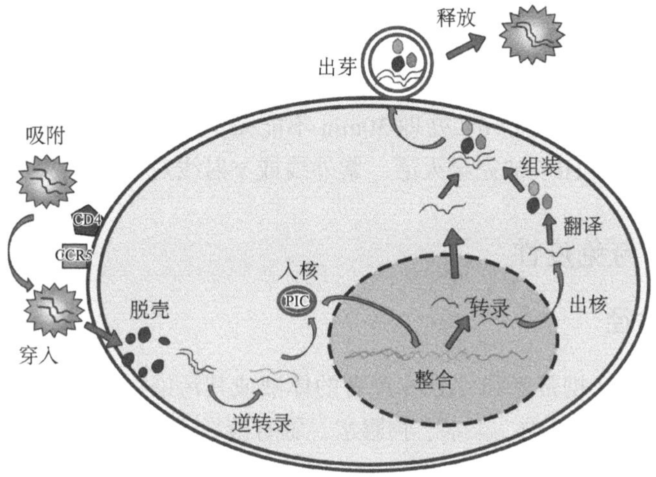

图 13-6　HIV 在细胞中的复制周期

HIV 病毒吸附、穿入、逆转录、整合等阶段均为抗病毒药物的潜在靶点。

（四）基因型及准种

1. 分型　HIV 可根据基因序列及与其他灵长类动物慢（发）病毒的进化关系，分为 HIV-1 和 HIV-2 两种类型，两者的核酸序列差异超过 40%。HIV-1 是全球流行的主要类型，HIV-2 主要流行于西非及一些其他地区，呈地域性分布。

2. 变异与准种　HIV-1 因高频复制、逆转录酶的高错配率及缺乏校正功能而高度变异。同一感染者体内可能存在大量基因变异的 HIV 毒株，称为准种（quasispecies）。这些变异毒株导致相应蛋白的抗原性改变，引起免疫逃逸，尤其是 *env* 和 *nef* 基因的变异最为常见，*env* 基因的变异率约为 0.1%。

3. 基因型　全球流行的 HIV-1 根据 *env* 基因序列差异，分为 M（main）、O（outlier）、N（non-M，non-O）和 P（pending the identification of further human cases）4 个组，涵盖 12 个亚型。M 组包括 9 个亚型（A～K，除了 E 和 I），O、N 和 P 组各有 1 个亚型；HIV-2 有 8 个亚型（A～H）。全球流行的主要是 M 组 HIV-1，不同地区亚型分布各异，美国、欧洲、澳大利亚主要是 B 亚型，亚洲主要是 C、E、B 亚型。在中国，已发现的 HIV-1 亚型包括 A、B（欧美 B）、B′（泰国 B）、C、D、E、F 和 G，以及不同流行重组型，如 AE 重组型。

（五）细胞培养与动物模型

1. 细胞培养 HIV 只能感染表面有 CD4 分子的细胞。通常使用共培养方法在实验室中分离病毒。

2. 动物模型 目前缺乏能准确模拟人类 AIDS 的动物模型。HIV 仅能感染黑猩猩，感染后产生病毒血症和抗体反应，不出现免疫缺陷。某些猴免疫缺陷病毒（SIV）毒株感染亚洲猕猴后可产生类似 AIDS 的症状，被用于 HIV 感染的研究。

（六）对外界环境的抵抗力

HIV 在外界环境中的生存能力较弱，对常用消毒剂如 0.5%次氯酸钠、10%漂白粉（次氯酸钙）、70%乙醇、35%异丙醇、0.3%H_2O_2、0.5%多聚甲醛、5%来苏儿（甲酚皂溶液）等敏感，在室温下，这些消毒剂 10min 即可完全灭活 HIV。此外，HIV 对高温敏感，100℃ 处理 20min 可完全灭活 HIV，但 56℃处理 30min 不能完全灭活血清中的 HIV。冻干血制品需要 68℃处理 72h 以确保 HIV 被完全灭活。紫外线或 γ 射线对 HIV 的灭活效果不佳。

二、致病性与免疫性

（一）传播途径

1. 传染源 HIV 携带者和 AIDS 患者的体液或其污染物是主要传染源，包括血液、精液、前列腺液、阴道分泌物、羊水、胸腹水、脑脊液、唾液、乳汁等，其中血液和精液含量最高。

2. 传播途径

（1）性接触传播 包括同性、异性和双性性接触，是主要的传播方式。在 HIV 感染高发地区（如非洲、东南亚），异性性接触传播约占性接触传播的 70%。性伴侣数量的增加和其他性接触传播感染（如梅毒、淋病、生殖器疱疹）能显著增加性接触传播 HIV 的风险。

（2）血液及血制品传播 包括共用针具静脉吸毒、输入含有 HIV 的血液或血液制品（如凝血因子Ⅷ）、介入性医疗操作、器官或骨髓移植、人工授精、文身等。

（3）垂直传播 母体至胎儿的垂直传播可以通过胎盘、产道或哺乳进行。

拓展阅读 13-2
AIDS 母婴传播

至今没有发现昆虫叮咬或日常接触（如握手、拥抱、礼节性亲吻、共餐等）能够传播 HIV 的证据。

（二）致病机制

HIV 主要侵犯 $CD4^+$ T 细胞、单核/巨噬细胞及树突状细胞（DC），导致 $CD4^+$ T 细胞数量持续减少，巨噬细胞活化障碍，CTL 及 NK 细胞功能下降，T 细胞辅助 B 细胞功能减弱或丧失，最终导致人体免疫功能缺陷，促进各种机会性感染和肿瘤的发生，进展为 AIDS。

1. $CD4^+$ T细胞损伤 ①gp120 诱导感染细胞与周围非感染细胞融合，形成多核巨细胞，引发细胞死亡。②感染细胞膜上的 HIV 糖蛋白抗原与特异性抗体结合后，触发抗体依赖细胞介导的细胞毒作用（ADCC），导致 $CD4^+$ T 细胞死亡；或者激活 CTL 对感染细胞的直接杀伤作用。③病毒复制后期，病毒从胞膜出芽释放，胞膜通透性增加，导致细胞死亡。④染色体外病毒 DNA 干扰正常生物合成。⑤HIV 感染诱导 $CD4^+$ T 细胞凋亡。⑥gp41 与细胞膜 MHC Ⅱ 类分子有同源性，可能诱导自身免疫反应。

2. 单核/巨噬细胞损伤 单核/巨噬细胞是 HIV 的靶细胞之一，病毒能在这些细胞中存活和增殖。在 AIDS 晚期，神经系统病变主要由单核/巨噬细胞引起。

3. 淋巴器官损伤 淋巴器官是 HIV 感染和播散的核心场所。到疾病晚期，淋巴结结构可能遭受严重破坏，难以恢复。

4. 病毒潜伏储存库（latent viral reservoir） 部分感染 HIV 的 $CD4^+$T 细胞可以转变为静止记忆细胞。在这些细胞内，没有或只有极低的病毒基因表达，病毒长期潜伏于这些细胞内，构成了持续稳定的 HIV 潜伏储存库。这些细胞衰减缓慢，半衰期约为 43 个月，清除体内的 HIV 记忆细胞库可能需要长达 70 年。单核/巨噬细胞也是 HIV 的重要潜伏储存库。

（三）HIV 感染临床表现与分期

HIV 主要攻击表达 CD4 分子的细胞，导致免疫缺陷、机会性感染和肿瘤的发生。在未经治疗的情况下，HIV 感染者通常在 8 ～10 年内进展至 AIDS 阶段。进入 AIDS 阶段后，未接受治疗的患者多数在两年内死亡（图 13-7）。对于新生儿来说，由于免疫系统尚未成熟，对 HIV 特别敏感。围生期感染 HIV 的儿童，若未经治疗，通常在两岁左右出现症状，并可能在两年内死亡。HIV 感染的临床表现可分为以下三个阶段，持续时间因人而异。

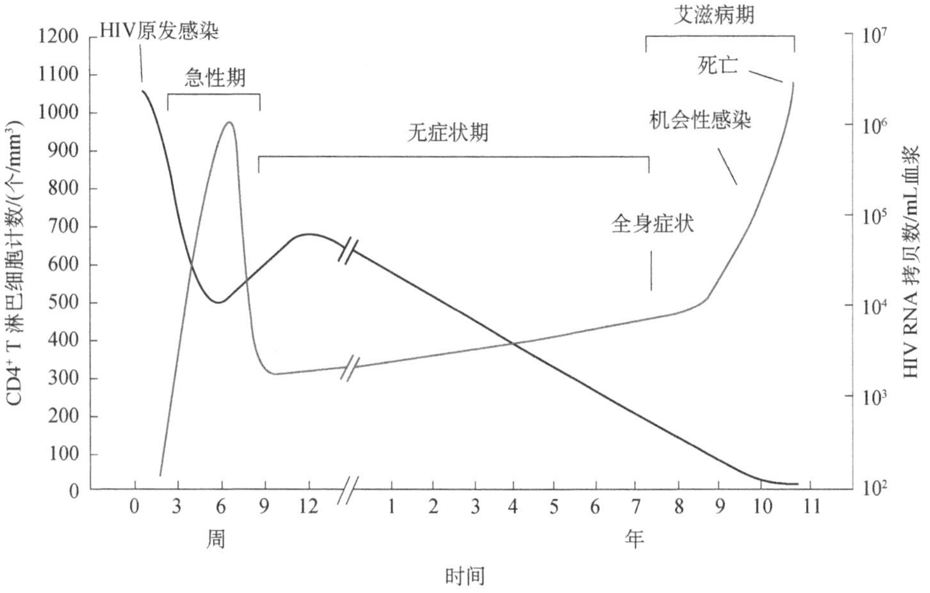

图 13-7 HIV 感染的典型过程

1. 急性期（原发感染，primary infection） 感染 HIV 后 1～3 个月。病毒通过黏膜感染进入血流（4～11 天），引起全身性病毒血症。感染数周后，病毒载量达到峰值，$CD4^+$ T 细胞数暂时减少。至 12 周左右，机体抗病毒免疫响应导致病毒载量下降，$CD4^+$T 细胞数部分恢复，但免疫系统无法完全清除病毒。2～4 周内，可能出现发热、疲劳、头痛、咽痛、关节痛、肌痛、盗汗、恶心、呕吐、腹泻、体重减轻、单核细胞增多症等非特异性症状，约 70%的患者出现皮疹及全身性淋巴结肿大。无菌性脑膜炎为常见的神经系统表现。大多数患者的临床症状轻微，通常在 1～3 周内缓解。若症状持续超过 8～12 周，并伴有 $CD4^+T$ 细胞数显著减少和高病毒载量，可能预示疾病进展迅速。

2. 无症状期（asymptomatic phase） 原发感染后进入无症状期，持续时间通常为 5～15 年，平均约 10 年。少数患者（<1%）在 1～2 年内进展至 AIDS 期。此阶段的持续时间受病毒数量、型别、感染途径、免疫状况、营养及生活习惯等多种因素的影响。患者一般无明显症状，但可能出现发热、慢性腹泻、无痛性全身淋巴结肿大等。HIV 在靶细胞中持续复制，外周血病毒载量较低，$CD4^+$ T 细胞数量以每年 50～90 个细胞/μL 的速度逐渐减少。

3. AIDS 期 HIV 感染的最终阶段，病毒载量显著升高，$CD4^+$与 $CD8^+$ T 细胞比例倒置，$CD4^+$ T 细胞数量明显减少（通常<200 个/μL）。病毒毒株由嗜巨噬细胞毒株转变为嗜 T 细胞毒株，表现为严重免疫抑制、机会性感染和恶性肿瘤。未经治疗的患者通常在临床症状出现后 2 年内死亡。

（1）AIDS 相关症状　持续超过 1 个月的发热、盗汗、腹泻及体重减轻超过 10%。可能出现舌上白色斑块（口腔念珠菌感染）、胃肠道损伤等症状。40%～90%的 AIDS 患者会出现中枢神经系统疾病，包括 AIDS 脑病、亚急性脑炎、空泡性脊髓病、AIDS 痴呆综合征等，其中 25%～65%的患者出现 AIDS 痴呆综合征，严重痴呆患者通常在 6 个月内死亡。某些患者会出现持续性全身淋巴结肿大。

（2）机会性感染　AIDS 患者死亡的主要原因。$CD4^+$T 细胞数高于 500 个细胞/μL 时，机会性感染和恶性肿瘤较少见；当 $CD4^+$ T 细胞数降至 200 个细胞/μL 以下时，危及生命的并发症风险显著增加。未治疗的 AIDS 患者中，常见机会性感染包括原虫（刚地弓形虫等）、真菌（白假丝酵母菌等）、细菌（鸟-胞内分枝杆菌复合群、结核分枝杆菌等）、病毒（巨细胞病毒、人疱疹病毒-8 型等）引起的感染。当 $CD4^+$T 细胞数低于 50 个细胞/μL 时，重症机会性感染的风险增加。

（3）恶性肿瘤　与 AIDS 相关的恶性肿瘤包括卡波西肉瘤、非霍奇金淋巴瘤、伯基特淋巴瘤（Burkitt lymphoma）、肛门癌、宫颈癌等。这些肿瘤的发生风险在 AIDS 患者中远高于一般人群，尤其是卡波西肉瘤和伯基特淋巴瘤，在未治疗的 AIDS 患者中分别高出 20 000 倍和 1000 倍。这些恶性肿瘤很多与病毒感染有关，如伯基特淋巴瘤大多与 EBV 阳性相关；卡波西肉瘤由疱疹病毒 8 型（HHV-8）感染引起。抗逆转录病毒治疗（ART）的广泛应用改变了机会性感染谱和恶性肿瘤的发生率，如卡波西肉瘤的发生显著减少，但对非霍奇金淋巴瘤的发病率影响较小。

（4）非 AIDS 相关并发症　包括心血管疾病、非 AIDS 相关恶性肿瘤等，其风险随着感染时间的增长而增加。

（四）HIV 感染的免疫应答

人体通过固有免疫和适应性免疫反应对抗 HIV 感染，但无法彻底清除病毒，导致感染者终生携带病毒。

1. 体液免疫　感染 HIV 1～3 个月后，机体可检出 HIV 抗体（图 13-8），其中大部分为非中和抗体，也有针对 gp120 的中和抗体，5%～25%的 HIV-1 感染者产生广谱中和抗体。然而，这些中和抗体水平较低，效力有限，主要中和血清中的病毒，对细胞内整合的前病毒无效。HIV 包膜的变异或高度糖基化导致抗原表位隐蔽，限制中和抗体的长期有效性。HIV 感染者的体液免疫系统呈现高度激活状态，表现包括多克隆高蛋白血症、骨髓浆细胞增多症、循环血中 B 淋巴细胞的活性分子高表达，同时出现自身反应性抗体和自身免疫症状。但 B 细胞对抗原刺激的反应性降低，导致疫苗接种效果不佳。

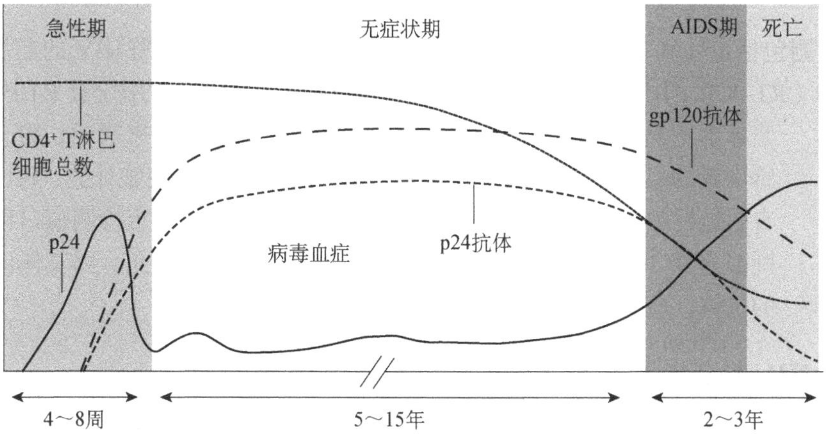

图 13-8　HIV 感染过程中 HIV 抗原和相关抗体的变化

2. 细胞免疫　感染细胞内的病毒主要通过细胞免疫反应清除，包括 CTL 和 NK 细胞，以及 ADCC。特异性 CTL 识别 Env、Pol、Gag 和 Nef 等 HIV 蛋白，主要由 MHC 限制的 $CD3^-CD8^+$ T 淋巴细胞介导。CTL 通过释放穿孔素（perforin）破坏细胞膜和阻止 HIV 入侵靶细胞的机制清除 HIV。然而，HIV 通过变异和下调细胞 MHC 表达等机制逃避 CTL 的杀伤作用。

三、微生物学检查

根据《全国艾滋病检测技术规范（2020 年修订版）》，HIV 感染的诊断可通过检测血液中的抗原、抗体、病毒核酸（DNA 或 RNA）及病毒分离鉴定来完成。监测病情进展、药物治疗效果及预后预测则依赖于 $CD4^+$ T 细胞计数和病毒载量（viral load）测定。HIV 耐药性监测对于指导 ART 方案的选择至关重要。

（一）HIV 抗体检测

HIV 感染后，血清抗体阳转平均时间为 3～4 周，大多数感染者在 6～12 周内可检出抗体，6 个月后所有感染者均呈抗体阳性。检测包括筛查试验和补充试验。①筛查试验：通常采用酶联免疫吸附试验（ELISA）、化学发光或免疫荧光试验、快速试验（如斑点 ELISA 和免疫胶体金）等。②补充试验，即抗体确证试验：包括免疫印迹法（Western blot）、条带/线性免疫试验等，其中免疫印迹法最为常用，检出抗 p24、抗 gp41 或抗 gp120（或抗 gp160）

的任何两条带即可确诊。随着感染进展，抗体应答模式会变化。抗包膜糖蛋白（gp41、gp120、gp160）的抗体持续存在，而抗 Gag 蛋白（p17、p24、p55）的抗体在后期降低，尤其是抗 p24 抗体水平的降低通常预示着临床症状的出现。

艾滋病检测存在窗口期，是指从 HIV 感染开始到患者血清中的 HIV 抗体抗原或核酸等标志物能被检测出之前的时期。窗口期的长短与不同的检测方法相关。如疑似处于窗口期，建议进一步进行核酸检测或 2～4 周后再次进行抗体检测。

（二）HIV 核酸检测

核酸检测包括定性和定量实验。核酸杂交和 PCR 法均可用于检测 HIV 的前病毒 DNA。逆转录 PCR（RT-PCR）用于检测血液标本中的病毒 RNA。目前，常用定量 RT-PCR 检测血浆标本中病毒载量（viral load），以对数值（log）/mL 来表示，用于监测 HIV 感染者的病情发展及评估药物疗效。相较于 $CD4^+$ T 细胞计数，病毒载量能更有效地反映抗病毒治疗的效果。核酸检测能进一步缩短检测窗口期，常用于疑似急性 HIV 感染者的诊断。对于 18 月龄以下婴幼儿，因其体内存在母体的抗体，应采用核酸检测以获得准确的诊断结果。

实验 13-1

HIV 抗体的确证试验

（三）HIV 耐药检测

由于 HIV 基因突变频繁，易产生耐药性，耐药检测对于制定或调整 ART 方案至关重要。方法包括基因型和表型检测。基因型检测是确定 HIV 逆转录酶、蛋白酶基因上的编码突变，并通过已有数据库预测病毒株对药物的耐药性。表型检测是将病毒接种于含有不同浓度抗逆转录病毒药物的细胞培养液中，以检测病毒对细胞的感染情况。基因型检测因快速便捷，在临床上更为常用。通常在启动 ART 前、治疗后病毒载量下降不理想或需要改变治疗方案时，进行基因型检测。

（四）HIV 病毒分离

病毒分离耗时长（需 4～6 周）且昂贵，因此不用于 HIV 感染的临床诊断，主要用于研究。一般采用共培养法，即通过使用有丝分裂原[如植物血细胞凝集素（PHA）]激活健康人患者的外周血 T 细胞，然后与患者外周血单核细胞混合培养。若在 2～4 周后出现 CPE 现象，尤其是多核细胞的出现，表明病毒增殖。再通过逆转录酶活性检测、间接免疫荧光法检测 p24、RT-PCR 测定 HIV 核酸、电镜检测 HIV 颗粒等方法进一步确认。

四、防治原则

（一）HIV 的治疗

1. 治疗 HIV 的药物　目前，治疗 HIV 的药物超过 30 种，分为四大类，针对 HIV 复制周期的 4 个关键环节发挥作用。

（1）*抑制逆转录酶*　包括核苷类逆转录酶抑制剂（nucleotide reverse transcriptase

inhibitor，NRTI），如叠氮胸苷[azidothymidine，AZT，即齐多夫定（zidovudine)]、2′,3′-去羟肌苷（ddI，didanosine，即地达诺新）、2′,3′-双脱氧胞苷（ddC）、拉米夫啶（lamivudine）、司他夫定（stavudine）等。此外，还有非核苷类逆转录酶抑制剂（nonnucleoside reverse transcriptase inhibitor，NNRTI），如奈韦拉平（nevirapine）、地拉韦定（delavirdine）和依非韦仑（efavirenz）等。这些药物通过干扰病毒核酸的合成，从而抑制病毒的增殖。

（2）抑制蛋白酶　蛋白酶抑制剂如沙奎那韦（saquinavir）、利托那韦（ritonavir）、茚地那韦（indinavir）和奈非那韦（nelfinavir）等，阻止 HIV 前体多蛋白裂解为成熟蛋白，从而影响病毒的成熟和组装。

（3）抑制病毒进入细胞　包括膜融合抑制剂（fusion inhibitor），如基于 HIV-1 多肽 T-20 研发的恩夫韦肽（enfuvirtide），能与 gp41 蛋白结合，阻断 HIV 包膜与细胞膜融合。HIV 受体抑制剂，如马拉韦若（maraviroc），通过抑制辅助受体 CCR5 发挥作用。

（4）抑制整合酶　整合酶抑制剂（integrase strand transfer inhibitor ，INSTI），如雷特格韦（raltegravir），作用于 HIV 的整合酶，抑制病毒基因组整合到细胞染色体上。

2. 高效抗逆转录病毒治疗　由于 HIV 基因的高变异性，其逆转录酶和蛋白酶易变异，单独使用抗逆转录病毒药物极易产生耐药病毒株。因此，在临床上采用多种药物联合治疗方法，即高效抗逆转录病毒治疗（highly active anti-retroviral therapy，HAART），俗称“鸡尾酒疗法”。通常结合两种逆转录酶抑制剂和一种蛋白酶抑制剂的三联治疗方案，可将病毒载量降至低于可检测水平，帮助恢复机体的免疫系统。有效的 HAART 可以显著延长 HIV 感染者的寿命，达到 30 年以上，使他们能够维持健康的生活。但 HAART 无法根除 HIV 感染，HIV 可在静止状态的记忆 $CD4^+$T 细胞和单核/巨噬细胞中持续潜伏。一旦停止 HAART，病毒载量可能会迅速反弹。对于成年人和青少年，一旦确诊 HIV 感染，无论 $CD4^+$T 细胞计数的高低，都应立即开始治疗。

3. 功能性治愈策略　目前已有 6 例 AIDS 患者被报道为功能性治愈（functional cure）。此外，还有一小部分被称为“精英控制者”的特殊个体，他们无须任何治疗即能控制体内的 HIV 病毒，且不会发展为 AIDS。

拓展阅读 13-3 功能性治愈

拓展阅读 13-4 被宣布治愈的 AIDS 患者

拓展阅读 13-5 自愈的精英控制者

（二）HIV 的一般预防措施

目前尚无有效的预防性疫苗，但通过控制 HIV 的传播环节，可以显著降低感染的机会。预防 HIV 感染的策略侧重于保持健康的生活习惯，并将感染风险降至最低。主要措施如下。

1. 管理传染源　AIDS 被《中华人民共和国传染病防治法》列为乙类传染病。当诊断出 HIV 感染者时，相关人员应向当地疾病预防控制中心报告，建立全球及地区性 HIV 感染监测网络，对高危人群进行 HIV 筛查。

2. 切断传播途径　①使用安全套可以有效降低 HIV 风险，国际上倡导安全性行为的 ABC 原则，即守戒（abstinence）、忠诚于伴侣（be faithful）与使用避孕套（condom）。②避免共用可能被血液污染的个人用品，如牙刷、剃刀等。③采集的血液应进行 HIV 抗体检测，确保输血和血液制品安全。感染者或高危人群应避免捐献血液、血浆、器官或精子。④建议

拓展阅读
13-6
暴露前预防和暴露后预防

妇女在怀孕前进行 HIV 抗体检查，阳性者应避免怀孕；怀孕后应积极接受抗病毒治疗以实现母婴阻断，同时应避免母乳喂养。⑤加强医院感染控制管理，预防医院内交叉感染和职业暴露。⑥实施广泛的 AIDS 预防教育和宣传，为相关人群提供 HIV 相关检测和咨询服务。⑦在知情同意和高依从性的前提下，对高风险人群提供抗病毒药物进行暴露前预防（pre-exposure prophylaxis，PrEP）和暴露后预防（post-exposure prophylaxis，PEP）。

（三）疫苗

至今尚无临床上有效的 HIV 疫苗。尽管多种基于 HIV 表面糖蛋白的基因重组候选疫苗正在被研发和测试，但至今无一能达到临床上的有效标准。HIV 疫苗研发面临 HIV 的多样性和高度变异性、缺乏合适的动物模型、机体的免疫应答无法完全消除病毒等多个挑战，存在 HIV 潜伏储存库也大大增加了研发难度。

第三节 人类嗜 T 细胞病毒

中文名：人类嗜 T 细胞病毒

英文名：human T-cell lymphotropic virus，HTLV

病毒定义：人类嗜 T 细胞病毒是首个被发现的人类逆转录病毒。1980 年，美国和日本学者报道从 T 细胞白血病患者的淋巴结和外周血淋巴细胞中分离出一种新型病毒，并证明其与 T 细胞白血病有关。该病毒被命名为人类嗜 T 细胞病毒或人类 T 细胞白血病病毒（human T cell leukemia virus）。1982 年，加洛（Gallo）等从一例毛细胞白血病患者的外周血中分离出另一种嗜 T 细胞病毒，命名为 HTLV-2 型。最初发现的病毒随后被命名为 HTLV-1 型。这两型病毒的基因组同源性约为 65%。

分类：人类嗜 T 细胞病毒属于逆转录病毒科（*Retroviridae*）正逆转录病毒亚科（*Orthoretrovirinae*）δ 逆转录病毒属（*Deltaretrovirus*）成员。

一、生物学性状

（一）形态与结构

HTLV 颗粒呈球形，直径约为 100nm，有包膜，病毒中心含有一个高密度的圆形类核结构，为病毒核衣壳，呈二十面体立体对称形态。病毒核心主要由 RNA 和逆转录酶组成，并且被蛋白质外壳（衣壳）包裹。病毒包膜内有基质蛋白（p19）构成的内膜，包膜表面有糖蛋白刺突（gp46 和 gp21），这些糖蛋白能与靶细胞表面的 CD4 分子结合，与病毒的感染和侵入靶细胞过程密切相关。

（二）基因及其编码蛋白质

病毒基因组为两条相同的正单链 RNA，全长约 9.0kb。两端为 LTR，基因组中间从 5′端至 3′端依次排列 *gag*、*pro*、*pol* 和 *env* 四个结构基因及两个辅助基因（*tax* 和 *rex*），基因组中不包含癌基因序列（图 13-9）。

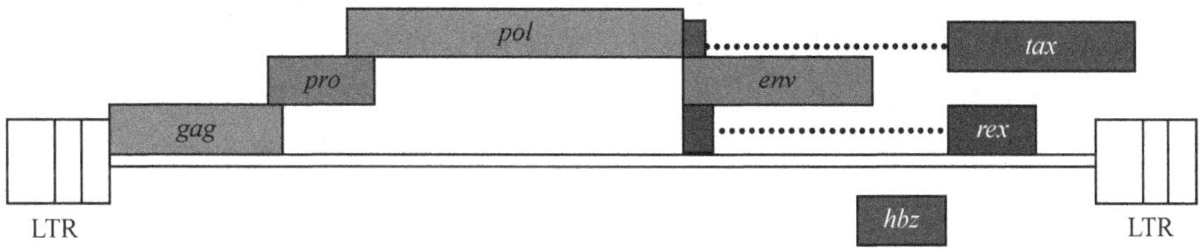

图 13-9　HTLV-1 前病毒基因组结构示意图

LTR. 长末端重复序列；*gag*. 结构蛋白基因；*pro*. 蛋白酶基因；*pol*. 逆转录酶和整合酶基因；*env*. 包膜蛋白基因；*tax*. 编码反式激活蛋白 p40 的基因；*rex*. 编码磷酸化蛋白 p27 的基因；*hbz*. HTLV-1 bZIP 因子

1. *gag* 基因　编码的前体多蛋白会被蛋白酶切割形成基质蛋白 p19、衣壳蛋白 p24 和核衣壳蛋白 p15。这些蛋白质均具有抗原性，在感染者血清中可检测到相应抗体。

2. *pro* 基因　编码蛋白水解酶。

3. *pol* 基因　编码逆转录酶、RNase H 和整合酶。

4. *env* 基因　编码的前体多蛋白被酶解成 gp46 和 gp21。其中 gp46 广泛分布于感染细胞表面，可在感染者血清中检测到抗 gp46 抗体；gp21 则是一种跨膜蛋白。

5. *tax* 基因　编码的 Tax 蛋白（p40）是一种反式激活因子，存在于感染细胞核内，能激活 LTR 并反式激活 HTLV 前病毒 DNA 的转录，能诱导细胞 NF-κB 表达，刺激 IL-2 受体、IL-2 及原癌基因等的表达。

6. *rex* 基因　编码的 p27 是一种磷酸化蛋白，同样分布于感染细胞核内，主要功能是决定哪些 mRNA 从细胞核运输到细胞质中，并促进病毒 mRNA 的胞核转运，从而推动病毒蛋白的合成和病毒的复制过程。

（三）病毒复制

HTLV 的复制过程和其他逆转录病毒相似，病毒通过与宿主细胞表面的葡萄糖转运蛋白 1（glucose transporter 1，GLUT-1）受体结合，吸附于宿主细胞，病毒进入细胞后，其基因组 RNA 被逆转录为 DNA，并整合到宿主细胞的 DNA 中，形成前病毒，随后病毒基因组和病毒蛋白被转录和翻译，子代病毒通过出芽过程从宿主细胞表面释放，完成复制周期。

二、致病性与免疫性

HTLV-1 与 HTLV-2 主要感染 $CD4^+$ T 淋巴细胞。HTLV-1 是成人 T 细胞白血病（adult T-cell leukemia，ATL）的病原体。HTLV-1 主要通过输血、注射和性接触等方式进行水平传播，也可通过胎盘、产道和哺乳等途径进行垂直传播。HTLV-2 可能与毛细胞白血病和慢性 $CD4^+$ T 细胞淋巴瘤的发生有关。患者和 HTLV 感染者是主要的传染源。

HTLV-1 的流行具有显著的地域性差异，在日本九州地区、非洲某些地区和加勒比海一些岛屿，人群的血清阳性率较高，而其他地区的阳性率极低，呈现散发性感染。在中国，仅在福建省沿海某些县市发现了少数 HTLV-1 感染病例，这些感染者大多有赴日本的旅行史。

HTLV-1 感染的潜伏期长，大多数感染者无明显临床症状，约有 5%的感染者会发展为急性或慢性 ALT，多发生在 40 岁以上的成人。急性 ATL 的主要表现包括白细胞增多，异形淋巴细胞出现，淋巴结及肝脾肿大，皮肤红斑、皮疹和神经系统损伤等症状；患者血中乳酸脱氢酶、血钙和胆红素水平也可能升高，预后通常不佳。慢性 ATL 除了类似急性 ATL 的症状，少数病例也会出现淋巴结及肝脾肿大，但血钙、胆红素水平通常不高。此外，HTLV-1 还可能导致 HTLV-1 相关脊髓病（HTLV-1 associated myelopathy，HAM）及热带痉挛性下肢截瘫（tropical spastic paraparesis，TSP），两者在临床表现上相似，统称为 HAM/TSP。这些病症多见于女性，主要症状包括慢性进行性步行障碍和排尿困难，有时伴有感觉障碍。

HTLV 引起白血病的具体机制尚未完全明了。不同于含有病毒癌基因（v-onc）的急性 RNA 肿瘤病毒，如劳斯肉瘤病毒，HTLV 并不含有病毒癌基因。HTLV 所致 T 细胞白血病过程复杂：Tax 蛋白通过激活 NF-κB 进而激活 IL-2 受体基因，导致 IL-2 的过量表达，促使 $CD4^+$T 细胞大量增殖；Tax 蛋白还能反式激活病毒转录，促进病毒抗原和细胞生长因子基因的表达，激活细胞原癌基因，从而促进细胞转化和增殖；HTLV 前病毒 DNA 的整合可能导致细胞转化，随着这些细胞的持续增殖及基因突变，可能最终演变为白血病细胞。

HTLV-1 感染后，机体血清中可出现抗 p24、p21 和 gp46 抗体等抗 HTLV-1 抗体，抗体的出现导致病毒抗原表达量减少，从而影响细胞免疫清除感染的靶细胞。

三、微生物学检查

（一）病毒分离与鉴定

从患者新鲜外周血分离的淋巴细胞，经 PHA 激活并加入含 IL-2 的营养液培养 3～6 周，检测细胞培养液上清的逆转录酶活性，使用电子显微镜观察细胞中的 C 型病毒颗粒，并利用抗 HTLV 的免疫血清或单克隆抗体进行病毒鉴定。

（二）特异性抗体检测

检测 HTLV 特异性抗体是实验室诊断 HTLV 感染的主要方法。由于 HTLV-1 和 HTLV-2 在血清学上存在强烈的交叉反应，常规血清学方法难以区分二者。

1. ELISA 法 使用 HTLV-1 病毒裂解物或裂解物加重组 Env p21 蛋白作为抗原，与患者血清反应，再加酶标抗体，底物显色检测 HTLV-1/2 抗体。采用型特异性合成肽抗原可以区分 HTLV-1 和 HTLV-2 感染。

2. 间接免疫荧光法 将 HTLV-1/2 感染的 T 细胞株作为靶细胞抗原制备细胞涂片，加入患者血清反应，再加入荧光素标记的抗人 IgG，通过荧光显微镜观察荧光阳性细胞，判断患者血清中是否存在 HTLV-1/2 的特异性抗体。

3. 蛋白质印迹法 HTLV-1、HTLV-2 和 HIV 之间存在交叉反应，因此 ELISA 初筛后，通常用蛋白质印迹法测定患者血清中病毒结构蛋白的特异性抗体来进行确认。

（三）细胞中 HTLV 前病毒 DNA 检测

PCR 法可以检测外周血单个核细胞或培养细胞中前病毒 DNA，用于诊断 HTLV 的型别，此方法的灵敏度极高，能够提高无症状 HTLV 感染者的检出率。

四、防治原则

目前，尚无针对 HTLV 感染的特效防治措施，但可以采用 IFN-α 和逆转录酶抑制剂等药物进行治疗。ATL 对治疗的反应通常较差，其 5 年生存率不足 5%。

第四节 人内源逆转录病毒

中文名：人内源逆转录病毒

英文名：human endogenous retrovirus，HERV

病毒定义：逆转录病毒可分为外源逆转录病毒和内源逆转录病毒（endogenous retrovirus，ERV）两类。ERV 以前病毒 DNA 的形式在脊椎动物的基因组中广泛存在。人基因组中的 ERV 元件，称为人内源逆转录病毒。人类基因组计划测序表明，人类基因组中约有 98 000 个 HERV 元件，约占人类基因组核酸序列的 8%。HERV 一般不会形成病毒颗粒，仅作为人类基因组 DNA 通过生殖细胞从亲代传给子代。

分类：目前分类存在争议，其分类方法的最终确定有可能重建对逆转录病毒科谱系和起源的认识。

一、人内源逆转录病毒简述

1982 年，有研究者报道在人类基因组中也存在 ERV 序列，并将其称为人内源逆转录病毒。

（一）HERV 的命名

HERV 的命名基于其引物结合位点（primer binding site，PBS）与 tRNA 的 3′端匹配的氨基酸字母缩写。例如，PBS 与色氨酸转运 tRNA 匹配的 HERV 命名为 HERV-W。

通过对 *pol* 和 *env* 的系统发育树进行分析，HERV 被分成至少 50 个组（或家族）。根据传统外源逆转录病毒的分类方式，HERV 分为三大类：①Ⅰ类（class Ⅰ），γ 逆转录病毒相似元件，包括 HERV-T、HERV-I、HERV-H、HERV-W、ERV-9 和 HERV-R 等。②Ⅱ类（class Ⅱ），β 逆转录病毒相似元件，也称为 HERV-K 超家族，代表成员有 HML-1、HML-2、HML-3、HML-4、HML-5、HML-6、HML-8 和 HML-10 等。③Ⅲ类（class Ⅲ），泡沫病毒相似元件，主要成员有 HERV-L、HERV-S 和 HERV-U 等。此外，还有一些未完全分类的家族。

（二）基因组结构

由于长期进化过程中累积的基因突变和缺失，大多数ERV基因组不完整，不能复制出具有感染性的完整逆转录病毒，然而，一些ERV的基因仍保留有完整的可读框，能够编码功能性蛋白，如Env蛋白。在特定条件下，甚至可以激活产生类病毒颗粒。

完整的HERV前病毒基因组结构与外源逆转录病毒相似，包含*gag*（编码基质和核衣壳蛋白）、*pro*（编码病毒蛋白酶）、*pol*（编码逆转录酶和整合酶）和*env*（编码包膜蛋白）4个编码域，两端是包含有启动子和增强子元件的LTR。

HERV-K被视为最晚整合的一类HERV，HERV-K113和HERV-K115仅在部分人群中存在，具有全长、完整的前病毒，可能距今不到20万年，甚至晚于人类与黑猩猩的进化。

二、HERV正常生理功能

HERV曾经被视为人体内无用的“垃圾DNA”。然而，近期的研究揭示了HERV在胚胎发育、神经元发育及机体固有免疫等正常生理功能中发挥着重要作用。例如，HERV编码的合胞素蛋白（syncytin-1和syncytin-2）在滋养层形成和保护胎儿不受母体免疫排斥中发挥关键作用；在胚胎干细胞中，ERV可介导抗RNA病毒作用；HERV的LTR被宿主细胞用来调控基因表达，丰富了宿主细胞的调控网络。

三、HERV与疾病

一般情况下，受DNA甲基化等表观遗传学因素的影响，HERV通常保持沉默，然而，环境因素（如紫外线、吸烟、药物等）、机体内部炎症、病原体感染（如HSV-1、VZV、HHV-6、HHV-8、CMV、HTLV-1、HIV-1、SARS-CoV-2、IAV、DENV-2、EBV、HBV及弓形虫等）及表观遗传学改变等可以导致HERV的激活。

研究表明，HERV的异常表达可能与多种人类疾病有关，包括精神障碍或精神病（如精神分裂症）、多发性硬化（MS）、肌萎缩性侧索硬化（ALS）、自身免疫病和某些恶性肿瘤。但HERV与疾病的关系及其致病机制，尚需进一步深入研究。

四、应用研究

HERV的激活可能可促进癌基因的表达，这一现象被称为onco-exaptation（有人称之为“癌变中的拓展适应现象”）。HERV的LTR能替代启动子或增强子，进而激活癌基因的表达。针对HERV的表观遗传疗法和靶向HERV的免疫治疗为肿瘤治疗开辟了新的途径，并展现出巨大的市场潜力。

欧洲科学家已经开发了针对HERV-W家族[也被称为多发性硬化相关逆转录病毒（multiple sclerosis associated retrovirus，MSRV）]的包膜蛋白（envelope protein，Env）的鼠源性单克隆抗体GNbAC1，这种抗体具有高亲和力和选择性，能够特异性抑制HERV-W Env引起的炎症反应，并影响少突胶质细胞前体细胞分化。目前，GNbAC1已经进入治疗多发性硬化（MS）和1型糖尿病的二期临床试验。

此外，美国国立卫生研究院（NIH）正在进行的一项研究中，靶向HERV-E的T细胞抗原受体（T cell receptor，TCR）疗法被用于治疗对血管生成抑制剂和检查点抑制剂治疗无效的转移性透明细胞肾细胞癌（ccRCC），该研究目前已进入一期临床试验（NCT03354390）。

RNA可进一步被激活产生Ⅰ型或Ⅲ型干扰素，因此，有学者将HERV作为提高肿瘤免疫疗法敏感度的一个新靶点，针对HERV的新型表观遗传疗法正逐渐成为治疗肿瘤等疾病的一种新兴手段。

小　结

逆转录病毒具有以下共同特征：病毒呈球形，有包膜，表面有糖蛋白刺突；包含两条相同的单正链RNA，这两条RNA在5′端部分碱基互补配对形成双体结构；基因组结构类似，包含*gag*、*pro*、*pol*和*env*四个结构基因及多个调节基因；复制过程存在逆转录和整合阶段。

HIV属于慢（发）病毒属，包括HIV-1和HIV-2，是艾滋病（AIDS）的病原体。传播途径包括性接触、受污染的血液或血制品及母婴传播。感染后，体内$CD4^+$ T细胞逐渐减少，未治疗者可在约10年后进入临床疾病阶段，常因机会性感染和神经系统综合征等致死。与AIDS相关的恶性肿瘤包括卡波西肉瘤、伯基特淋巴瘤、肛门癌、子宫颈癌和非霍奇金淋巴瘤等。治疗主要采用抗逆转录病毒药物组合，但存在副作用和可能的耐药性。

HTLV-1和HTLV-2是引起人类肿瘤的逆转录病毒，通过血液、性接触及母婴垂直传播，可引起成人T细胞白血病。

人类基因组中约有8%的序列是人内源逆转录病毒（HERV）序列，HERV在正常情况下具有重要的生物学功能，如在形成胚胎的滋养层和协助胎儿抵抗母体免疫排斥中发挥作用。同时，它们也可能与多种人类疾病相关，被视为潜在的致病因子。

复习思考题

1. 简述逆转录病毒的基本生物学特点。
2. 简述HIV感染临床表现与分期。
3. 简述HIV的暴露前预防与暴露后预防。
4. 简述HTLV的致病机制。
5. 简述内源逆转录病毒的特点及其正常生理功能。

（朱　帆）

第十四章　狂犬病病毒

本章要点

1. 狂犬病病毒的形态与结构、复制转录过程及遗传与变异是研究狂犬病的基础。
2. 狂犬病病毒的致病性与免疫性及微生物学检查方法对狂犬病的治疗与防控至关重要。
3. 目前增强动物狂犬病的免疫预防，是预防狂犬病的主要措施。人被患病动物咬伤后，应尽快注射狂犬病疫苗。

微课视频
14-1
狂犬病病毒

中文名：狂犬病病毒

英文名：rabies virus，RABV

病毒定义：狂犬病病毒为–ssRNA 病毒，引起的狂犬病属于人兽共患病，是一种急性致死性中枢神经系统病毒病。

分类：狂犬病病毒属于弹状病毒科（*Rhabdoviridae*）狂犬病病毒属（*Lyssavirus*）。该属包括狂犬病病毒种（RABV）、澳大利亚蝙蝠狂犬病病毒种（ABLV）、博克罗蝙蝠狂犬病病毒种（BBLV）、1 型欧洲蝙蝠狂犬病病毒种（EBLV-1）、2 型欧洲蝙蝠狂犬病病毒种（EBLV-2）等 17 个种。其中，RABV 的流行范围最广泛，世界上绝大多数狂犬病病例都由此类病毒引起。狂犬病病毒主要感染哺乳动物，对人类等哺乳动物具有潜在的致命风险。

一、生物学性状

（一）形态与结构

狂犬病病毒颗粒外形呈子弹形状（图 14-1），大小约 75nm×180nm；有包膜，表面分布长约 10nm 的糖蛋白刺突；内部病毒核蛋白（N）包裹病毒负链 RNA 基因组，磷蛋白（P）和大转录酶蛋白（L）结合形成完整的病毒 RNA 聚合酶复合物，一同构成核糖核蛋白（ribonucleoprotein，RNP）复合物。

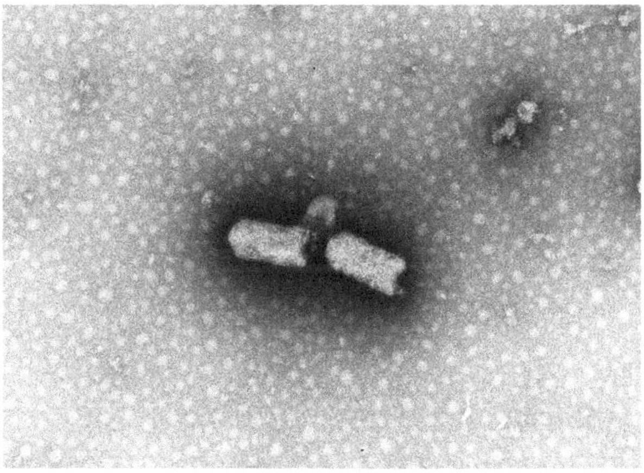

图 14-1　狂犬病病毒电镜观察图

狂犬病病毒的负链 RNA 基因组有 5 个基因，依次为 3′-*N*-*P*-*M*-*G*-*L*-5′。基因间由长短不同的、不编码氨基酸的基因间区（intergenic region，IGR）分隔，每个基因均有独立的 3′端转录起始信号及 5′端转录终止信号（图 14-2）。狂犬病病毒基因的转录以负链基因组 RNA 为模板，以 3′至 5′方向转录形成 mRNA，编码核蛋白（nucleoprotein，N）、磷蛋白（phosphoprotein，P）、基质蛋白（matrix protein，M）、糖蛋白（glycoprotein，G）及大转录酶蛋白（large transcriptase protein，L）。

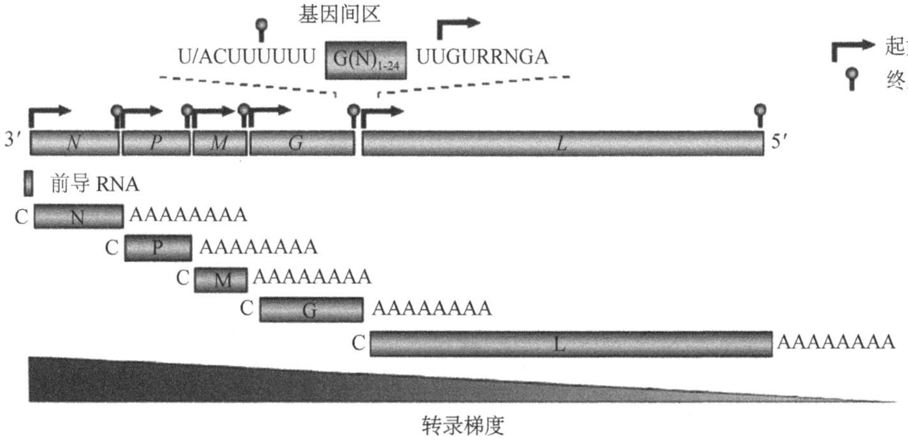

图 14-2　狂犬病病毒基因组结构（Kip，2018）

1. 核蛋白（N）　核蛋白与病毒基因组 RNA 紧密相连并使其衣壳化，是形成病毒核糖核蛋白（RNP）复合物的主要成分之一。*N* 基因是最为保守和高效表达的狂犬病病毒基因，因此被广泛应用于狂犬病的诊断与检测中。核蛋白的免疫原性强，是诱导机体体液免疫的主要成分，但不能刺激机体产生中和抗体。

2. 磷蛋白（P）　磷蛋白与核蛋白结合后形成完整的病毒 RNA 聚合酶复合物，调控病毒的转录与复制。

3. 大转录酶蛋白（L）　大转录酶蛋白为最大的狂犬病病毒蛋白，在病毒基因的转录与复制过程中发挥关键的催化作用。

4. 基质蛋白（M） 基质蛋白为最小的狂犬病病毒结构蛋白，连接病毒核衣壳和包膜，并与病毒的出芽和 mRNA 转录密切相关。

5. 糖蛋白（G） 构成病毒包膜表面刺突的糖蛋白，作为主要的表面抗原可刺激机体产生中和抗体和细胞免疫应答；介导狂犬病病毒与细胞受体结合；是病毒的主要保护性抗原，与病毒的致病性及免疫性密切相关。

（二）病毒复制

1. 狂犬病病毒的复制周期 可分为三个阶段：第一阶段是病毒与细胞受体结合。狂犬病病毒糖蛋白可与广泛分布于肌细胞和神经细胞膜的烟碱型乙酰胆碱受体（nicotinic acetylcholine receptor，nAChR）等结合，吸附在易感细胞膜上，经内吞方式进入受染细胞，随后与内体膜发生融合，并将病毒基因组释放到细胞质中，此过程也被称作脱壳（图 14-3）。尽管狂犬病病毒可经血液播散到中枢神经系统，但典型的野生型狂犬病病毒最有可能首先侵入神经肌肉交界处的运动神经元末梢。狂犬病病毒颗粒通过受染末梢神经元轴索逆行至中枢神经系统，一旦与神经元接触，标志着第二感染阶段开始，即通过转录、复制及蛋白质合成获得病毒的组成成分。狂犬病病毒复制周期的最后阶段主要是完成病毒颗粒的组装，并运输到芽生位置，再向胞外释放成熟的病毒颗粒，同时启动新一轮感染。

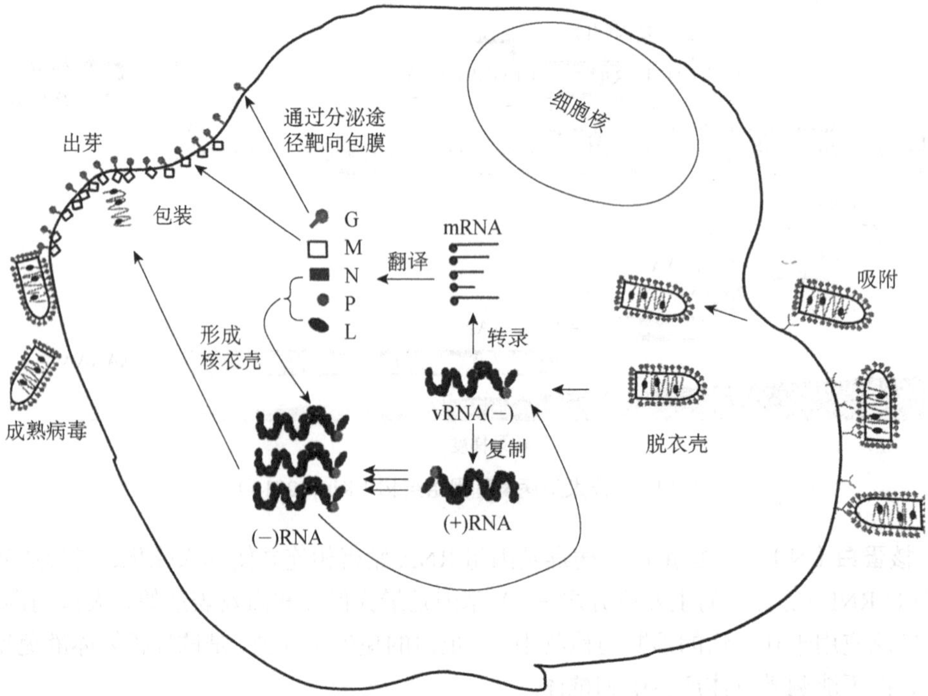

图 14-3 狂犬病病毒复制过程（李明远和徐志凯，2015）

2. 病毒的转录与复制 狂犬病病毒转录的 mRNA 必须再复制成负链 RNA 才能完成

病毒的增殖（图 14-3）。目前对聚合酶复合物如何进入到病毒 RNA 合成过程尚不清楚，一般认为聚合酶复合物需要识别狂犬病病毒基因组 3′端的启动子序列，并以“终止-启动”机制向 5′方向转录，产生 6 个连续的转录本：首先产生前导 RNA 转录本及其后面 5 个连续的 mRNA，分别编码 N、P、M、G 和 L 蛋白。前导 RNA 不存在 5′帽结构及 3′多聚腺苷酸尾巴结构，病毒 RNA 聚合酶复合物可对转录形成的 5 种病毒 mRNA 在 5′端加帽及 3′端添加多聚腺苷酸尾。目前认为，聚合酶复合物在遇到终止信号后即从 RNA 模板解离，随即启动下一个转录信号，直至聚合酶复合物抵达 *L* 基因，由此依据病毒基因顺序形成递减的 mRNA 浓度梯度，即前导 RNA>*N* mRNA>*P* mRNA>*M* mRNA>*G* mRNA>*L* mRNA。

狂犬病病毒复制时需要持续提供新生的 N 蛋白，以便包裹新合成的病毒基因组 RNA 形成核衣壳。核衣壳内两个相邻的 N 蛋白与 P 蛋白相互作用，促进 P-L 聚合酶复合物的形成。P-L 聚合酶复合物参与病毒的转录与复制，形成与病毒全基因组互补的 RNA 链。互补 RNA 经 N 蛋白包裹与 P-L 聚合酶复合物结合，并作为模板合成子代病毒负链 RNA。狂犬病基因组复制呈非对称性，通常复制产生的病毒基因组数比反向基因组多 50 倍。

（三）培养特性

狂犬病病毒可在原代细胞、传代细胞和二倍体细胞株（如鸡胚、地鼠肾细胞、人二倍体成纤维细胞）中增殖，在非洲绿猴肾细胞（Vero 细胞）中生长良好。病毒的复制周期短且子代病毒产量大，目前已应用于灭活疫苗的生产。狂犬病病毒在易感动物或人的中枢神经细胞，主要是大脑海马回的锥体细胞中增殖时，可在胞质内形成一个或多个圆形或椭圆形、直径 20～30nm 的嗜酸性包涵体，称为内氏小体（Negri body），也称内基小体（图 14-4）。在死亡的动物或人脑组织标本中检测到内氏小体的存在，可作为狂犬病的辅助诊断。

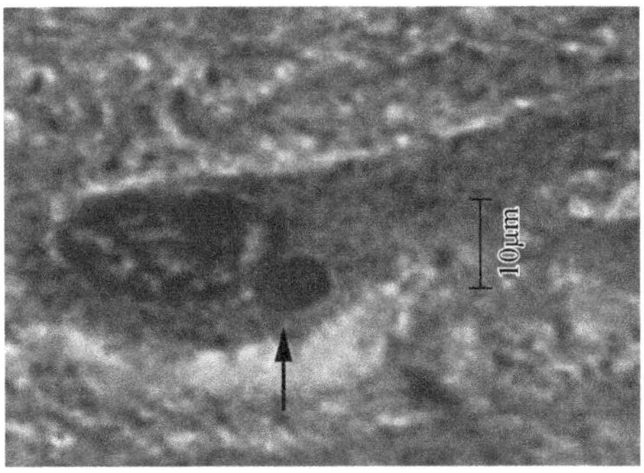

图 14-4　狂犬病病毒内氏小体（箭头所示）
（彭宜红和郭德银，2024）

（四）遗传与变异

从自然感染动物体内分离到的狂犬病病毒称为野生型毒株（wild virus）或街毒株（street virus），特点是发病潜伏期长，毒力强，脑外途径接种后易侵入脑组织和唾液腺。野生型毒株在家兔脑内连续传代后，对家兔致病的潜伏期随传代次数的增加而缩短，这种毒力变异的病毒株称为固定毒株（fixed virus），对人或犬的致病性明显减弱，由脑外途径接种犬时不能侵入脑神经组织引起狂犬病。1885 年，法国科学家巴斯德第一次以疫苗接种方式，用兔脑制备的减毒狂犬病疫苗成功救治了一例被狂犬所伤的儿童，从此开辟了人类免疫预防的新纪元。

（五）抵抗力

病毒对热、紫外线、日光和干燥环境比较敏感。对热敏感性强，60°C 加热 30s 或 100°C

加热 2s 即可杀灭病毒。对室温（25°C）以下温度有一定的抵抗力，室温可存活 1～2 周，4°C 静置 5～6 周会丧失感染性。易被强酸、强碱、甲醛、碘酒、10%氯仿、20%乙醚、肥皂水、氧化剂及离子型和非离子型去污剂灭活。病毒在 4°C 冷冻干燥条件下可保持活性数月；在 −20°C 50%甘油磷酸盐缓冲液中可保存至少 5 年。

二、致病性与免疫性

（一）致病性

狂犬病潜伏期长短不一，短则一周，少数超过半年，平均为 2～3 个月。狂犬病的临床表现主要有两种类型：80%为狂躁型，20%为麻痹型。狂躁型主要表现为恐水症，症状为在饮水或听到流水声时，恐惧、激动并伴有呼吸肌及咽喉痉挛等，幻觉与兴奋为常见的临床症状。麻痹型的主要特点是身体虚弱及弛缓性麻痹，常因临床症状不明显而误诊。症状发生后，狂犬病患者的生存时间一般不超过 7 天。

狂犬病病毒 G 蛋白可与广泛分布于肌细胞和神经细胞膜的烟碱型乙酰胆碱受体（nicotinic acetylcholine receptor，nAChR）、神经细胞黏附分子（NCAM）、神经营养因子 p75 受体（p75NTR）等分子结合，从而决定了狂犬病病毒的嗜神经性。人被患狂犬病的动物如犬咬伤后，狂犬病病毒通过皮下伤口进入人体。肌细胞是狂犬病病毒的靶细胞，病毒首先在横纹肌细胞及结缔组织内复制，选择性地在神经-肌肉接头处与 nAChR 结合，通过神经肌肉接头进入外周神经组织的运动神经元末梢。一旦进入神经细胞，狂犬病病毒就不易被免疫系统干预，可通过神经膜细胞内膜沿神经元轴索逆向扩散到中枢神经系统，在神经细胞内增殖并引起中枢神经系统损伤，随后又沿传出神经扩散到唾液腺及其他组织，包括泪腺、视网膜、角膜、鼻黏膜、舌味蕾、皮脂腺、毛囊、心肌、骨骼肌、肺、肝和肾上腺等。迷走神经核、舌咽神经核和舌下神经核受损时，可发生呼吸肌、吞咽肌痉挛；迷走神经节、交感神经节和心脏神经节受损时，可发生心血管系统功能紊乱或猝死。

（二）免疫性

狂犬病病毒的包膜糖蛋白及核蛋白均含有保护性抗原和 T 细胞免疫表位，可以诱导机体产生中和抗体（仅糖蛋白有此作用）、$CD4^+$辅助性 T 细胞和 $CD8^+$ T 细胞。中和抗体具有治疗性作用，可中和游离状态的病毒，阻断病毒进入神经细胞，但对已进入神经细胞内的病毒难以发挥作用，同时也可能引发免疫病理反应而加重病情。细胞免疫在机体抗狂犬病病毒保护性免疫中具有重要作用。

三、微生物学检查

狂犬病的临床诊断过程主要包括：询问流行病学史，患者有无被犬、猫及蝙蝠等动物咬伤、抓伤的病史；观察患者是否有典型的临床症状。必要时结合临床样本的实验室检查结果进行诊断。

（一）病毒的分离与鉴定

小鼠脑组织对狂犬病病毒的敏感性强，因此常用小鼠进行病毒的分离与培养。将待检的临床标本如脑组织、脑脊液、唾液和眼角膜组织等通过颅内注射接种小鼠，感染数天后分离脑组织进行进一步鉴定。该方法一般不用于临床辅助诊断。

（二）血清学诊断

常采用中和试验检测抗狂犬病病毒的中和抗体滴度，如快速荧光灶抑制试验及荧光抗体病毒中和试验。对于没有接种狂犬病疫苗的个体，如果在血清或脑脊液中检测出高滴度的中和抗体，可间接说明已被狂犬病病毒感染。也可采用 ELISA（竞争法和间接法）等方法检测抗体。

（三）快速诊断

1. 直接免疫荧光法检测 用荧光素标记的单克隆抗体直接检测脑脊液、脑组织和唾液等标本中的狂犬病病毒抗原。

2. 巢式 RT-PCR 用其检测病毒 RNA，也可用其进行狂犬病病毒感染的早期诊断。

四、防治原则

我国养犬数量增加而免疫接种率低是狂犬病发生的主要原因，因此加强动物的免疫预防是预防狂犬病的主要措施。人被可疑动物咬伤后，进行规范的狂犬病暴露后预防（post-exposure prophylaxis，PEP）处置可几乎 100%预防发病，包括尽早进行伤口局部处理、尽早进行狂犬病疫苗接种、必要时尽早使用狂犬病被动免疫制剂等。

（一）及时处理伤口

1）对伤口进行暴露风险分级评估，以明确严重性与紧迫性。

2）所有伤口应尽早实施局部处理措施，旨在降低病毒侵入体内的潜在风险。包括立即用肥皂水（或其他弱碱性清洁剂、专业冲洗液）和一定压力的流动清水交替彻底冲洗，用稀释碘伏或其他具有病毒灭活效果的皮肤黏膜消毒剂（如季铵盐类消毒剂等）涂擦伤口。

3）如伤口碎烂组织较多，应首先予以清创，避免缝合与包扎。

（二）主动免疫

人被患病动物咬伤后应尽快注射狂犬病疫苗。我国目前应用的主要是细胞生产的灭活疫苗。自 2010 年美国推荐使用新的疾病控制与预防中心（CDC）制定的疗法，即使用四剂肌肉注射取代原五剂注射疗法：在暴露后第 0、3、7 和 14 天分别进行肌肉注射，取消第 28 天注射，注射部位为成人三角肌或儿童大腿内外侧，避免臀部肌肉注射。对于有接触狂犬病病毒危险的人

拓展阅读 14-1
狂犬病疫苗的研究进展

员，如兽医、动物管理员和野外工作者等，也应接种疫苗进行暴露前预防。

（三）被动免疫

对于高风险暴露者，应根据具体情况考虑用人或马狂犬病免疫球蛋白（rabies immunoglobulin，RIG）接种伤口，使其渗透到伤口及其周围组织，以增强免疫防护效果。

（四）监测与随访

接种疫苗后，患者应接受定期的健康监测与随访，以确保疫苗的有效性，并及时发现并处理任何异常症状或体征。

（五）隔离动物

对于咬过人的犬、猫等动物需及时捕获，圈养观察至少 10 天，由兽医检查确认没有问题后再放养。

实际工作可参考《狂犬病暴露预防处置工作规范（2023 年版）》的具体规定，针对狂犬病暴露不同风险等级，进行相应的规范处置。

小　结

狂犬病病毒（RABV）属于弹状病毒科狂犬病病毒属，是单股负链 RNA 病毒，颗粒呈子弹形状，有包膜和糖蛋白刺突。其复制周期包括与细胞受体结合、侵入神经细胞、转录、复制及蛋白质合成，最后病毒颗粒组装并释放。RABV 在易感动物或人的中枢神经细胞中增殖，形成内氏小体，可用于辅助诊断。病毒对热、紫外线敏感。

RABV 主要通过被感染动物的咬伤或者抓伤传播给人类。感染后出现严重的神经症状，临床表现为狂躁型和麻痹型，狂躁型主要表现为恐水症，麻痹型表现为弛缓性麻痹。狂犬病一旦发病通常致命，但在感染后立即接种疫苗和注射抗狂犬病病毒免疫球蛋白，可以有效避免疾病的发展。因此，及时地预防接种对于降低狂犬病传播和预防感染至关重要。

复习思考题

1. 什么是狂犬病病毒？它的结构和复制周期是怎样的？
2. 狂犬病病毒是如何传播的？有哪些传播途径和风险因素？
3. 请谈谈当前狂犬病病毒研究领域的进展和未来的挑战，以及如何加强国际合作来控制狂犬病病毒的传播。

（王国庆）

第十五章 疱疹病毒

本章要点

1. 单纯疱疹病毒（HSV）有 HSV-1 和 HSV-2 两种血清型，属于疱疹病毒科 α 疱疹病毒亚科。其感染特点包括宿主范围广、复制周期短和致细胞病变能力强，并潜伏于感觉神经节。HSV-1 主要通过直接或间接接触传播，引起龈口炎、唇疱疹和疱疹性脑炎等；HSV-2 主要经性接触传播，引起生殖器疱疹，也经胎盘或产道垂直传播，引起流产、早产、死胎或先天性畸形。
2. 水痘-带状疱疹病毒（VZV）的初次感染常发生在儿童时期，引起水痘，病愈后病毒潜伏在脊髓后根神经节或脑神经的感觉神经节。当机体免疫力下降时，潜伏病毒被激活，引起带状疱疹。
3. 人巨细胞病毒（HCMV）因感染可引起细胞肿大并有巨大的核内包涵体而得名。HCMV 多呈隐性或潜伏感染，当机体免疫功能低下时，如怀孕、器官移植和 AIDS 等情况下，病毒被激活转为显性感染。HCMV 是最常见的引起先天性感染的病原体之一，经垂直传播，可导致流产、死胎或先天性畸形。
4. EB 病毒（EBV）属于 γ 疱疹病毒亚科，由爱泼斯坦（Epstein）和巴尔（Barr）从非洲儿童恶性淋巴瘤——伯基特淋巴瘤（Burkitt lymphoma）中发现，是传染性单核细胞增多症等疾病的病原体，也是重要的肿瘤病毒，与伯基特淋巴瘤、鼻咽癌等恶性肿瘤的发生密切相关。

疱疹病毒（herpesvirus）是指一类中等大小、生物学特性相似、具有包膜的双链 DNA 病毒，属于疱疹病毒目（*Herpesvirales*）正疱疹病毒科（*Orthoherpesviridae*）。迄今已发现 100 多种不同的疱疹病毒，根据基因组、复制周期、宿主范围、受染细胞病变效应和潜伏感染等特征分为 α、β、γ 三个亚科，可以感染人类和多种动物，其中与人感染相关的疱疹病毒称为人疱疹病毒（human herpes virus，HHV），目前已发现 9 种，分别是 α 疱疹病毒亚科的单纯疱疹病毒 1 型（herpes simplex virus type 1，HSV-1）、单纯疱疹病毒 2 型（herpes simplex virus type 2，HSV-2）和水痘-带状疱疹病毒（varicella-zoster virus，VZV）；β 疱疹病毒亚科的人巨细胞病毒（human cytomegalovirus，HCMV）、人疱疹病毒 6A 型（human herpes virus 6A，

HHV-6A）、人疱疹病毒 6B 型（human herpes virus 6B，HHV-6B）和人疱疹病毒 7 型（human herpes virus 7，HHV-7）；以及 γ 疱疹病毒亚科的 EB 病毒（Epstein-Barr virus，EBV）和人疱疹病毒 8 型（human herpes virus 8，HHV-8）。除此之外，猴疱疹病毒 B（simian herpes B virus）偶可感染人，并引发神经系统症状或致死性脑脊髓炎，病死率高达 80%。人疱疹病毒的主要生物学特性及所致疾病如表 所示。

表 15-1　人疱疹病毒的主要生物学特性及所致疾病

正式命名	常用名	亚科	易感细胞	病毒复制与细胞病变	潜伏部位	传播途径	所致疾病
人疱疹病毒 1 型（HHV-1）	单纯疱疹病毒 1 型（HSV-1）	α	上皮细胞、成纤维细胞	迅速，溶细胞性感染	三叉神经节、颈上神经节	接触传播、胎盘传播	龈口炎、唇疱疹、角膜结膜炎、脑炎等
人疱疹病毒 2 型（HHV-2）	单纯疱疹病毒 2 型（HSV-2）				骶神经节	性传播、产道传播	生殖器疱疹、新生儿疱疹
人疱疹病毒 3 型（HHV-3）	水痘-带状疱疹病毒（VZV）				脊髓后根神经节、颅神经感觉神经节	飞沫传播、接触传播	水痘、带状疱疹
人疱疹病毒 5 型（HHV-5）	人巨细胞病毒（HCMV）	β	白细胞、上皮细胞、成纤维细胞	缓慢，巨大细胞病变	髓系前体细胞、分泌性腺体、肾、白细胞等	接触传播、性接触传播、医源性传播、垂直传播	巨细胞包涵体病、巨细胞病毒单核细胞增多症、间质性肺炎、肝炎、脑炎
人疱疹病毒 6A 型（HHV-6A）	人疱疹病毒 6A 型（HHV-6A）		淋巴细胞	周期长，气球样病变	淋巴组织、唾液腺	唾液传播、血液传播、医源性传播	未明确
人疱疹病毒 6B 型（HHV-6B）	人疱疹病毒 6B 型（HHV-6B）						婴幼儿急疹
人疱疹病毒 7 型（HHV-7）	人疱疹病毒 7 型（HHV-7）		$CD4^+$ T 细胞		唾液腺	唾液传播	未明确
人疱疹病毒 4 型（HHV-4）	EB 病毒（EBV）	γ	B 细胞	周期长，少见细胞病变，具有细胞转化能力	B 细胞、淋巴组织	唾液传播、性接触传播	传染性单核细胞增多症、伯基特淋巴瘤、鼻咽癌
人疱疹病毒 8 型（HHV-8）	卡波西肉瘤相关疱疹病毒（KSHV）		B 细胞、内皮细胞		B 细胞、内皮细胞等	性接触传播、唾液传播、血液传播、医源性传播	卡波西肉瘤、原发性渗出性淋巴瘤、多中心卡斯特曼（Castleman）病

疱疹病毒科成员具有如下共同特征。

1. 生物学性状 ①球形（图 15-1），直径为 150～200nm。具有二十面立体对称的核衣壳和含有病毒糖蛋白的包膜。核衣壳外围有一层均质被膜（tegument）（图 15-2）。②基因组为线性 dsDNA，长 120～240kb，多数由长独特序列（unique long，UL）和短独特序列（unique short，US）共价连接组成，基因组中间与两端分别有重复序列，可重组形成异构体。③病毒基因组编码的功能蛋白如 DNA 多聚酶、蛋白激酶、胸苷激酶、转录因子、解旋酶等，具有调控病毒复制、核酸代谢、DNA 合成和基因表达等作用，也可作为抗病毒药物作用的靶点。④机体抗疱疹病毒感染主要依赖细胞免疫。

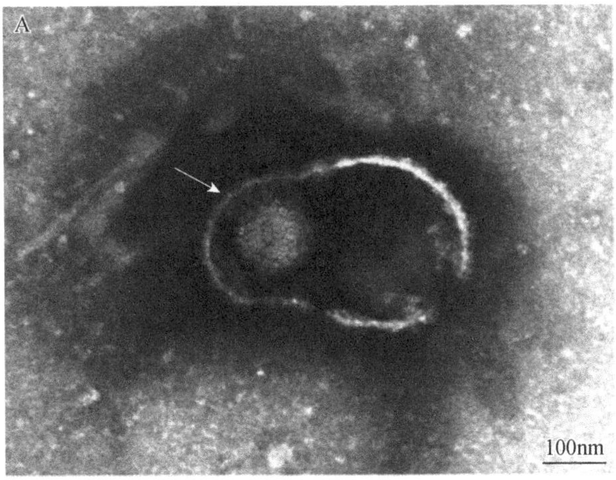

图 15-1 人单纯疱疹病毒电镜图（负染）（宋敬东等，2024）
箭头示刺突

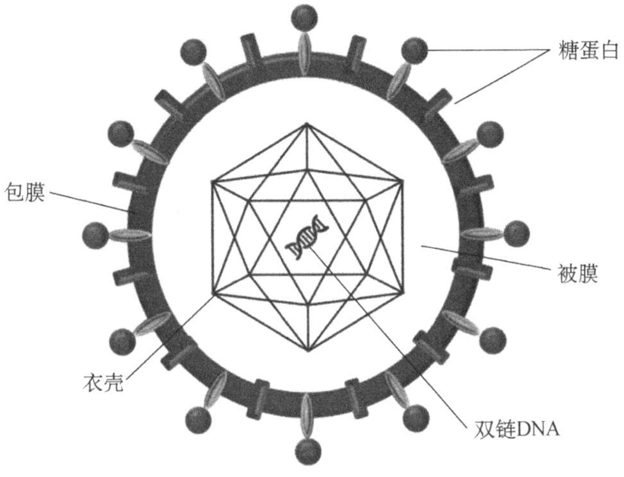

图 15-2 疱疹病毒的形态与结构（彭宜红和郭德银，2024）

2. 病毒复制 病毒与细胞受体结合后，其包膜与细胞膜发生融合，核衣壳与核膜相连，病毒基因组被释放至核内，从而启动病毒基因转录和蛋白质合成过程，按即刻早期蛋白（α 蛋白）、早期蛋白（β 蛋白）和晚期蛋白（γ 蛋白）级联表达。①即刻早期蛋白（immediate early protein），为 DNA 结合蛋白，可促进早期蛋白和晚期蛋白的合成，同时抑制细胞 DNA

修复酶，维持病毒基因组线性化；②早期蛋白（early protein），主要为转录因子和聚合酶等，能够调控病毒 DNA 复制、转录和蛋白质合成；③晚期蛋白（late protein），主要为结构蛋白，病毒基因组复制后产生，并对即刻早期蛋白和早期蛋白起反馈抑制作用。在潜伏感染期，病毒基因组受到细胞 DNA 修复酶的作用，呈环状结构并潜伏于细胞内，此时仅产生潜伏相关转录体（latency-associated transcript，LAT），并不进行蛋白质翻译。在增殖性感染期，即刻早期蛋白使病毒基因组线性化，进而进行 DNA 复制和转录，最终产生具有感染性的病毒颗粒。DNA 复制和病毒颗粒装配过程均发生在细胞核内，核衣壳从核膜以出芽方式获取包膜，最后通过胞吐或细胞溶解方式释放病毒。此外，子代病毒也可通过细胞间桥或细胞融合方式直接在细胞之间扩散，感染细胞与邻近未感染细胞融合，形成多核巨细胞。

3. 感染类型 病毒感染机体后可表现为多种形式，包括原发感染、潜伏感染、复发感染、整合感染和先天性感染。潜伏感染是疱疹病毒最重要的感染特征。原发感染后，病毒可潜伏于机体的组织细胞，当机体免疫力低下或受到内外因素的刺激时，潜伏病毒会再激活（reactivation）并大量增殖，引起复发感染。除此之外，部分疱疹病毒的基因组可整合到宿主细胞染色体中，诱导细胞转化与肿瘤形成，如 EBV 与鼻咽癌。部分疱疹病毒（如 HCMV、HSV）可通过血胎屏障感染胎儿引起先天性感染，或者通过产道或母乳传播引起围生期感染。

第一节 单纯疱疹病毒

中文名：单纯疱疹病毒

英文名：herpes simplex virus，HSV

拓展阅读 15-1

溶瘤单纯疱疹病毒的研究进展

病毒定义：单纯疱疹病毒为中等偏大的 dsDNA 病毒，分为 HSV-1（即 HHV-1）和 HSV-2（即 HHV-2）两种血清型。HSV 具有广泛的宿主范围，可感染人和多种动物，包括家兔、豚鼠和小鼠等。在人群中 HSV 感染普遍，可引发多种疾病，如龈口炎、唇疱疹、角膜结膜炎、脑炎、生殖道感染和新生儿感染等。HSV 可在神经元建立潜伏感染，常复发。

分类：单纯疱疹病毒属于正疱疹病毒科（*Orthoherpesviridae*）α 疱疹病毒亚科（*Alphaherpesvirinae*）单纯疱疹病毒属（*Simplexvirus*）。

一、生物学性状

（一）基因组结构

HSV 的基因组长约 152kb，由长独特片段（UL）和短独特片段（US）以不同方向相连，构成 4 种异构体。HSV 基因组编码至少 90 种转录本及 70 多种蛋白质，其中病毒编码的酶类可作为潜在的抗病毒药物靶标。

（二）糖蛋白

HSV 编码至少 11 种以单体或复合体形式存在的包膜糖蛋白，包括 gB、gC、gD、gE、

gG、gH、gI、gJ、gL、gK 和 gM，参与病毒复制和致病过程。gB 具有黏附和融合功能；gD 是免疫原性最强的中和抗原；gC、gE 和 gI 具有免疫逃逸功能，其中 gC 是补体 C3b 的受体，gE/gI 复合物是 IgG Fc 的受体，可以阻止抗体的抗病毒作用；gG 是型特异性糖蛋白，分为 gG-1 和 gG-2，是区分 HSV-1 和 HSV-2 血清型的依据。

（三）分型

HSV-1 和 HSV-2 的核酸序列同源性约为 50%，具有型特异性抗原，可通过 gG 型特异性单抗结合试验和病毒 DNA 限制性内切酶谱分析等区分。

（四）培养特性

分离培养常用人胚肺成纤维细胞、人胚肾细胞等。HSV 具有较短的增殖周期，感染后表现为溶细胞性感染，多数在感染 48h 内可观察到细胞肿胀、变圆、核内嗜酸性包涵体等 CPE 特征。小鼠、豚鼠和家兔等常被用作 HSV 的动物模型。

二、致病性与免疫性

（一）致病性

HSV 在人群中广泛感染，主要表现为隐性感染（80%～90%），少数表现为显性感染。病毒通过破损皮肤或黏膜进入人体，并引起以水疱为典型特征的皮肤损伤。水疱基底部可观察到典型的多核巨细胞，浆液中充满感染性病毒颗粒和细胞碎片。HSV 具有在多种细胞中迅速增殖的能力，如人胚肺成纤维细胞、人胚肾细胞和地鼠肾细胞等。病毒常在感染 48h 内导致细胞病变效应，出现嗜酸性核内包涵体和细胞融合。

HSV-1 和 HSV-2 在传播途径和所致疾病方面存在差异。HSV-1 主要经密切接触传播，导致腰部以上皮肤和黏膜（如口腔、眼结膜、唇）及神经系统感染；HSV-2 主要通过性接触传播，引发腰部以下（如生殖器）感染。HSV-1 和 HSV-2 的感染途径及其分布可交叉重叠，两者均可经胎盘或产道垂直传播。

（二）感染类型

1. 原发感染 原发感染（primary infection）以局部皮肤黏膜的水疱性皮疹为主要表现，潜伏期为 2～12 天（平均 3～5 天），病程一般为 2～3 周。HSV-1 的原发感染仅 10%～15%表现为显性感染，少有全身感染。感染部位以腰部以上为主，如疱疹性龈口炎。因无法限制病毒复制，免疫缺陷患者（如移植、血液病或艾滋病患者等）易出现严重疱疹病毒感染，以呼吸道、食管、肠道黏膜等部位最为常见，易累及神经系统导致病毒性脑炎。HSV-2 原发感染多发生于性生活后，主要表现为腰部以下及生殖器感染，以生殖器疱疹（genital herpes）最为常见。

2. 潜伏感染 HSV 原发感染后，机体特异性免疫会清除大部分 HSV 继而使症状消失。少量残存的病毒通过感觉神经轴突经轴索上行至感觉神经节，潜伏于神经细胞并持续终生。在潜伏感染（latent infection）时，HSV 处于非复制状态，故对抗病毒药物不敏感。HSV-1

和 HSV-2 的潜伏部位不同。三叉神经节和颈上神经节是 HSV-1 的主要潜伏部位，骶神经节是 HSV-2 的主要潜伏部位。

3. 复发性感染 当机体受到非特异性因素（如发热、寒冷、日晒、月经期、情绪紧张或其他病原体感染等）刺激或细胞免疫被短暂抑制时，潜伏状态的 HSV 被激活，随后由感觉神经纤维轴索下行，到达末梢支配的上皮细胞继续复制，导致同一部位出现复发性局部疱疹。在机体的免疫应答作用下，复发性感染表现为病程短、病损轻和感染局限的特点。复发性感染期仍有病毒排出，具有传染性。“潜伏-复发-潜伏”过程可反复出现，频率因人而异。

4. 先天性感染 包括宫内、产道及产后接触感染，其中 75%为产道感染。孕妇原发感染或潜伏病毒激活时，HSV-1 和 HSV-2 均可经胎盘或经宫颈逆行感染胎儿，诱发流产、早产、死胎或先天性畸形等。

（三）所致疾病

1. HSV-1 感染所致的主要疾病

1）疱疹性龈口炎：多数由儿童时期的原发感染引发，主要症状包括发热和口腔内水疱性损伤。

2）唇疱疹：多由复发性感染引起，表现为口唇及鼻腔黏膜皮肤交界处的成群水疱。

3）疱疹性角膜结膜炎：主要以角膜溃疡为特征，通常伴随结膜上皮细胞损伤，严重复发可能导致角膜瘢痕和失明。

4）疱疹性脑炎：由原发感染或复发性感染引发，易出现神经系统后遗症，病死率高。

2. HSV-2 感染所致的主要疾病

1）生殖器疱疹：为性传播疾病（sexually transmitted diseases，STD），症状为男女生殖道（如阴茎、宫颈、外阴、阴道和会阴部等）水疱性溃疡性病变，伴有剧痛、发热和腹股沟淋巴结肿大。原发感染病程约持续 3 周，复发性感染症状较轻。

2）新生儿疱疹：可经宫内、产道和产后接触感染，以经产道感染为主。患有急性期生殖器疱疹的孕妇自然分娩时，新生儿通过产道接触感染，导致皮肤、眼和口等暴露部位发生局部疱疹。重症患儿表现为疱疹性脑炎或全身播散性感染，预后不良，病死率高达 80%，幸存者往往伴有永久性神经损伤。

（四）免疫性

在抗 HSV 原发感染和复发性感染中由干扰素、NK 细胞、迟发型超敏反应和 CTL 发挥主要作用。抗 HSV 中和抗体可阻断游离病毒感染，但不能阻止潜伏病毒的激活，因此与病毒复发频率无关。此外，病毒糖蛋白 gC 和 gE/gI 复合物可分别与补体 C3b 和 IgG Fc 段结合，抑制体液免疫。

三、微生物学检查

（一）病毒的分离与鉴定

取水疱液、唾液、角膜拭子、阴道拭子或脑脊液等标本，经常规处理后接种于易感细胞（如人胚肾细胞）进行培养。感染2～3天后根据是否出现细胞病变，如细胞肿胀、变圆、折光性增强和多核巨细胞等进行初步判定。进一步鉴定可采用中和试验或DNA酶切电泳等方法。

（二）细胞学诊断

刮取疱疹病损组织的基底部材料（如宫颈黏膜、皮肤、口腔、角膜等），涂片后通过免疫荧光或免疫酶技术检查HSV特异性抗原，也可经瑞特-吉姆萨（Wright-Giemsa）染色后镜检观察是否有细胞核内包涵体及多核巨细胞。

（三）核酸检测

HSV核酸检测可采用PCR或原位杂交技术。脑脊液标本的HSV核酸检测是诊断疱疹性脑炎的标准方法。

实验15-1
单纯疱疹病毒的实时荧光定量PCR检测

（四）血清学检查

HSV抗体检测通常采用ELISA和间接免疫荧光法。特异性IgM抗体阳性是近期感染的指标，特异性IgG抗体检测常用于流行病学调查。

四、防治原则

目前HSV糖蛋白亚单位疫苗仍处于研制阶段。应避免与活动期HSV感染者接触，尤其是新生儿和湿疹患者。在外阴及肛门皮肤黏膜受损时，应避免接触被污染的浴巾或共用马桶圈等设施，提倡安全性生活。抗病毒药阿昔洛韦（acyclovir，ACV）和更昔洛韦（ganciclovir，GCV）等仅对治疗生殖器疱疹、疱疹性脑炎及复发性疱疹病毒感染和疱疹性角膜炎等具有良好的效果，无法清除潜伏状态的病毒或预防复发性感染。

拓展阅读15-2
单纯疱疹病毒疫苗的研究进展

第二节 水痘-带状疱疹病毒

中文名：水痘-带状疱疹病毒

英文名：varicella-zoster virus，VZV

病毒定义：水痘-带状疱疹病毒也称为人疱疹病毒3型（human herpes virus 3，HHV-3），为中等偏大的dsDNA病毒，儿童时期发生原发感染会引起水痘（varicella），病愈后病毒仍潜伏在体内，再激活后导致带状疱疹（herpes zoster）。

分类：VZV属于正疱疹病毒科（*Orthoherpesviridae*）α疱疹病毒亚科（*Alphaherpesvirinae*）水痘病毒属（*Varicellovirus*）。

一、生物学性状

VZV仅有一个血清型，主要具有以下生物学特性：①长120～130kb的基因组编码约70

种蛋白质；②可在人或猴成纤维细胞或人上皮细胞中复制增殖，形成嗜酸性包涵体和多核巨细胞；③编码的胸苷激酶对抗病毒药物敏感；④脊髓后根神经节或颅神经的感觉神经节是其主要潜伏部位；⑤原发感染主要通过呼吸道传播，经病毒血症播散至皮肤，引发以水疱为特征的皮肤损伤。

二、致病性与免疫性

VZV 的唯一宿主是人类，无动物储存宿主，主要靶组织为皮肤。VZV 的传染性强，经飞沫或直接接触传播。高滴度病毒颗粒存在于水痘患者急性期水疱内容物、上呼吸道分泌物或带状疱疹患者水疱内容物中。带状疱疹患者也可成为儿童水痘的传染源。儿童普遍易感，发病率高达 90%。

（一）感染类型

1. 原发感染　主要表现为水痘。经飞沫传播或接触传播感染，病毒进入机体后在局部淋巴结增殖，进入血流和淋巴系统，到达肝和脾后大量复制。11～13 天后病毒再次进入血流，引发第二次病毒血症且播散至全身皮肤。潜伏 2～3 周后，皮肤出现广泛斑丘疹、水疱疹、脓疱疹。皮疹以躯干较多，呈向心性分布。数天后结痂，无继发感染者脱痂不留瘢痕。

儿童水痘一般症状较轻，具有自限性。但儿童在细胞免疫缺陷或长期使用免疫抑制剂时感染，可表现为重症水痘，常并发肺炎、脑炎等疾病，有致命风险。成人患水痘，一般症状较重，其中 20%～30%可并发病毒性肺炎，病死率高。妊娠期感染且水痘症状严重的孕妇存在胎盘传播的可能，有导致胎儿畸形、流产或死胎的风险；新生儿水痘往往呈播散性，病死率高。

2. 复发性感染　常表现为带状疱疹。原发感染后，病毒可潜伏于脊髓后根神经节或颅神经的感觉神经节中。水痘患者成年后，有 10%～20%在免疫力低下或某些非特异性因素刺激下，体内潜伏的病毒被激活，由感觉神经轴索下行，播散至所支配的皮肤细胞内增殖引发疱疹。疱疹沿感觉神经支配的皮肤分布，常呈带状，多见于身体单侧胸部、腹部或头颈部，剧烈疼痛。对于罹患肿瘤、器官移植、接受激素治疗及 HIV 感染人群，合并带状疱疹可出现严重并发症。

（二）免疫性

在限制疾病发展和感染恢复中主要依靠细胞免疫。特异性抗体可阻止病毒经血流播散，但无法清除潜伏于神经节中的病毒，无法预防带状疱疹发生。VZV 编码产物可通过下调 MHC Ⅰ、Ⅱ 类分子等实现免疫逃逸。

三、微生物学检查

根据水痘和带状疱疹的临床表现通常可以做出诊断，无需进行病毒的分离培养。在必要情况下可采集疱疹基底部、皮肤刮取物、水疱液、活检组织等标本，进行如下检测：①运用

HE 染色（苏木精-伊红染色）技术观察核内嗜酸性包涵体和多核巨细胞等；②采用直接免疫荧光法检测病毒抗原；③使用 ELISA、间接免疫荧光和微量中和试验等检测特异性 IgM 抗体；④用原位杂交或 PCR 检测组织或体液中的病毒核酸。

四、防治原则

对于 1 岁以上健康易感儿童，可通过接种 VZV 减毒活疫苗进行特异性预防。若接触到传染源，在 72～96h 内接种水痘-带状疱疹免疫球蛋白（varicella-zoster immunoglobulin，VZ Ig）有一定的预防感染或减轻临床症状的效果，对免疫抑制患者尤为重要，但不能治疗和预防带状疱疹。带状疱疹减毒活疫苗和重组蛋白疫苗接种可降低带状疱疹发生的机会或减轻严重程度，适用于患有慢性疾病和 60 岁以上的老年人。

免疫抑制患儿的水痘、成人水痘和带状疱疹可用阿糖腺苷、阿昔洛韦和干扰素等抗病毒药物治疗，正常儿童水痘患者一般无需抗病毒治疗。

第三节 人巨细胞病毒

中文名：人巨细胞病毒

英文名：human cytomegalovirus，HCMV

病毒定义：人巨细胞病毒也被称为人疱疹病毒 5 型（human herpes virus 5，HHV-5），为中等偏大的 dsDNA 病毒。HCMV 感染细胞可引起细胞变大、肿胀、折光性增强，呈现“巨大细胞”状态，并因此而得名。人群中 HCMV 的感染率高，其中免疫力低下的个体易发生严重感染，导致严重的终末器官疾病，包括 HCMV 肺炎和溃疡性结肠炎等。此外，HCMV 是导致先天性畸形最常见的病原体之一。

分类：HCMV 属于正疱疹病毒科（*Orthoherpesviridae*）β 疱疹病毒亚科（*Betaherpesvirinae*）巨细胞病毒属（*Cytomegalovirus*）。

一、生物学性状

1. 形态与结构 病毒直径为 180～250nm（图 15-3），基因组长约 240kb，可编码至少 200 种蛋白质。病毒包膜糖蛋白发挥 Fc 受体的功能。目前，HCMV 仅有一个血清型，可根据不同病毒株的抗原性差异，进一步分为 3～4 个血清亚型。

2. 培养特性 HCMV 具有严格的种属特异性，人是其唯一宿主。HCMV 在体内可感染多种细胞，包括成纤维细胞、内皮细胞、上皮细胞及神经细胞等。HCMV 在体外仅能在人成纤维细胞中增殖，其增殖速度缓慢，通常需要 2～6 周才能引发细胞肿胀、变圆、核增大和形成巨大细胞等细胞病变。此外，还可在已感染细胞的核周区域形成形似一轮“晕”的大型嗜酸性包涵体（图 15-4）。HCMV 扩散主要通过细胞间桥或细胞融合方式，因此仅有少量病毒以游离形式存在于培养物中。HCMV 对脂溶剂敏感，可通过 56℃加热 30min、酸处理和紫外线照射等方式灭活。目前尚无 HCMV 感染动物模型。

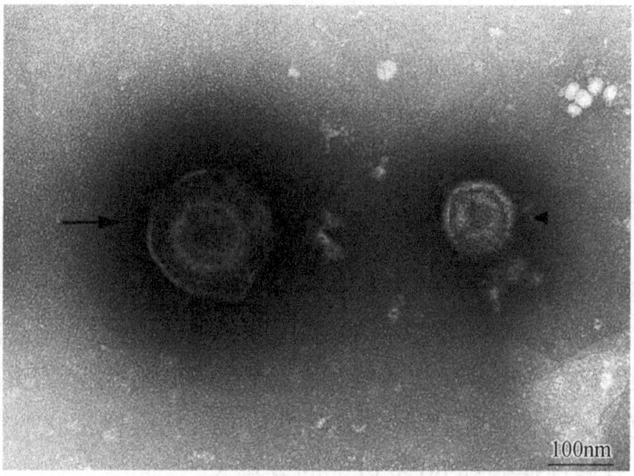

图 15-3　人巨细胞病毒电镜图（负染）（宋敬东等，2024）

箭头示完整病毒颗粒，包膜、皮质、核衣壳清晰可见；三角示病毒核衣壳

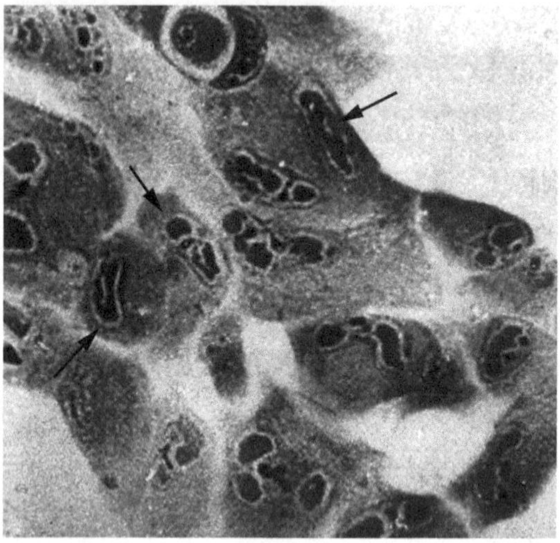

图 15-4　人巨细胞病毒感染人胚成纤维细胞（400×）（郭晓奎和彭宜红，2024）

箭头所指为核内包涵体

二、致病性与免疫性

HCMV 普遍感染，我国成人 HCMV 抗体阳性率高达 60%～90%。原发感染常见于 2 岁以下婴幼儿，大多表现为隐性感染，只有少数人会出现临床症状。当机体免疫功能低下时，病毒感染可累及多个器官和系统导致严重疾病。唾液腺、乳腺、肾、外周血单核细胞和淋巴细胞是 HCMV 潜伏的主要部位。

患者和隐性感染者均是 HCMV 的传染源，多数人感染后长期带毒。感染者的唾液、乳汁、尿液、泪液、精液、宫颈及阴道分泌物中会持续或间歇地排出病毒。HCMV 的传播方式包括：①接触传播，通过口-口或手-口等途径接触带有病毒的分泌物或物品；②性接触传播；③医源性传播，如输血和器官移植等；④母婴传播，经胎盘传给胎儿引起先天性感染，或通过产道或哺乳传给新生儿造成围生期感染。

（一）感染类型

1. 先天性感染（congenital infection） 原发感染或潜伏病毒再激活发生在孕期 3 个月内时，HCMV 可经胎盘或通过宫颈上行，造成胎儿原发感染，引起死胎、流产或先天性疾病。先天性感染的发生率为 0.5%～2.5%，其中 5%～10%的新生儿会出现肝脾肿大、黄疸、血小板减少性紫癜、溶血性贫血及神经系统损伤等临床症状，即巨细胞包涵体病（cytomegalic inclusion disease，CID）。少数患儿会出现先天性畸形，表现为小头畸形和智力低下等。约 10%亚临床感染患儿在出生后数月至数年出现智力低下和先天性耳聋等症状。

2. 围生期感染（perinatal infection） HCMV 可经产道或母乳感染新生儿。由于母源抗体存在，通常不会出现明显的临床症状。少数患儿出现短暂的间质性肺炎、肝脾轻度肿大、黄疸等症状，大多预后良好。

3. 原发感染 成人和儿童均可感染，以隐性感染为主，仅少数出现巨细胞病毒单核细胞增多症，伴有疲劳、肌痛、发热、肝功能异常和单核细胞增多等轻微症状，偶发并发症。HCMV 原发感染后通常可终生潜伏。病毒在某些因素诱导下再激活可引起复发性感染。

4. 免疫功能低下者感染 对于免疫功能低下人群，如器官移植、艾滋病、白血病、淋巴瘤或长期使用免疫抑制剂者等，原发感染或复发性感染均可引发如 HCMV 肺炎、肝炎、脑膜炎等严重疾病。HCMV 是艾滋病患者机会性感染最常见的病原体之一，往往引发视网膜炎。

（二）免疫性

机体感染 HCMV 会产生特异性的 IgG、IgM 和 IgA 抗体，但无法阻止潜伏病毒再激活。母源抗体虽对胎盘传播和围生期感染无完全阻断作用，但可减轻新生儿感染症状。在限制病毒播散和潜伏病毒再激活中，NK 细胞和细胞免疫发挥关键作用，因此细胞免疫缺陷人群具有高 HCMV 感染风险。

三、微生物学检查

（一）病毒的分离与鉴定

采集中段晨尿、血液、咽部和宫颈分泌物等标本，将其接种于人胚肺成纤维细胞进行培养。4～6 周后可观察细胞是否出现病变。

（二）细胞学诊断

收集标本如咽喉洗液和尿液等，离心取沉淀制备涂片。通过吉姆萨染色在镜下观察是否存在特征性巨大细胞及嗜酸性包涵体。该方法简便，可作为辅助诊断，但阳性率不高。

（三）抗原检测

病毒早期抗原（如 pp65 蛋白）可于短期培养 2～4 天后通过免疫荧光或酶联免疫技术检测。

（四）核酸检测

通过 RT-PCR 法检测病毒 mRNA，或运用实时荧光定量 PCR 检测病毒 DNA 拷贝数。

（五）血清学检查

HCMV 近期感染的辅助诊断，通常采用 ELISA 检测 HCMV IgM 抗体。IgM 抗体不能通过胎盘传给胎儿，因此若在新生儿血清中检测到 HCMV IgM 抗体，表明存在 HCMV 宫内感染。HCMV IgG 抗体检测常用于流行病学调查时统计人群感染率。

四、防治原则

目前尚无安全有效的 HCMV 疫苗。HCMV 严重感染可用高效价抗 HCMV 免疫球蛋白及更昔洛韦等抗病毒药物联合治疗。

第四节 EB 病毒

中文名：EB 病毒

英文名：Epstein-Barr virus，EBV

病毒定义：EB 病毒又名人疱疹病毒 4 型（human herpes virus 4，HHV-4），是 1964 年由爱泼斯坦（Epstein）和巴尔（Barr）等从非洲儿童恶性淋巴瘤（又称伯基特淋巴瘤）细胞培养物中首次分离的。EBV 是引起传染性单核细胞增多症的病原体，且与伯基特淋巴瘤、鼻咽癌等恶性肿瘤的发生密切相关，是一种重要的致瘤病毒。

分类：EBV 属于正疱疹病毒科（*Orthoherpesviridae*）γ 疱疹病毒亚科（*Gammaherpesvirinae*）淋巴隐伏病毒属（*Lymphocryptovirus*）。

一、生物学性状

1. 形态与结构 球形，有包膜病毒，直径约 180nm（图 15-5）。基因组为线性 dsDNA，长约 172kb，编码 100 多种病毒蛋白。EBV 基因组在潜伏时以环状附加体（episome）状态游离于细胞核内，在增殖性感染时则转换成线性状态。

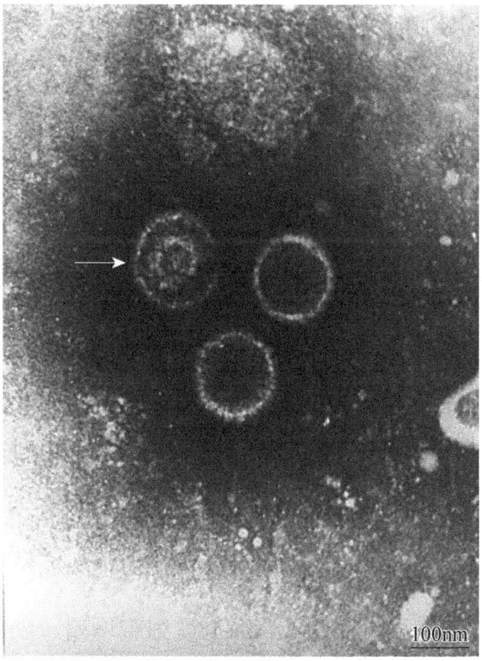

图 15-5 EB 病毒电镜图（宋敬东等，2024）
箭头示有核心样结构的核衣壳

2. 病毒复制 B 淋巴细胞是 EBV 的主要靶细胞。首先，病毒通过包膜糖蛋白 gp350/gp220 结合 B 淋巴细胞表面 C3d 补体受体分子（CD21 或 CR2），进而在 gH、gL 和 gB 作用下，病毒包膜与细胞膜融合。病毒进入细胞后以潜伏状态存在，仅有少量病毒蛋白表达。在某些特定条件下，潜伏的病毒再激活转为增殖性感染状态，进入复制周期。

3. 培养特性 EBV 体内感染口咽部、腮腺和宫颈上皮细胞。目前尚无在体外培养 EBV 的方法。通过 EBV 体外感染可建立永生化的 B 淋巴细胞系，其中仅少量细胞产生病毒颗粒。

4. 病毒抗原 在不同感染状态下 EBV 表达不同的抗原，相应抗体具有临床诊断价值。

（1）增殖性感染期表达抗原 ①早期抗原（early antigen，EA）：非结构蛋白，具有 DNA 聚合酶活性，可作为 EBV 进入增殖周期的标志。EA 包括 EA-R（restricted）和 EA-D（diffuse）两种。EA-R 仅表达在细胞质，EA-D 在细胞质和细胞核中均有表达。感染早期即有 EA 抗体产生，伯基特淋巴瘤患者可检测到抗 EA-R 抗体，鼻咽癌患者则会产生抗 EA-D 抗体。②晚期抗原：结构蛋白，包括膜抗原（membrane antigen，MA）和衣壳抗原（viral capsid antigen，VCA），病毒进入增殖周期时大量表达。gp350/gp220 为 MA，位于病毒包膜及感染细胞表面，可诱导中和抗体。VCA 在细胞质和细胞核内表达。VCA IgM 具有出现早和消失快的特点；VCA IgG 则出现得晚，维持时间长。

（2）潜伏感染期表达抗原 ①EBV 核抗原（EB nuclear antigen，EBNA）：表达在细胞核内，具有 DNA 结合功能。目前 EBNA 共有 6 种，其中仅 EBNA-1 可在任何感染状态下表达，具有稳定病毒环状附加体防止病毒基因组在感染过程中丢失的作用；此外，EBNA-1 还可削弱细胞处理与提呈抗原的功能，进而躲避 CTL 的杀伤。EBNA-2 参与细胞永生化过程。②潜伏膜蛋白（latent membrane protein，LMP）：表达在感染细胞膜上，包括 LMP-1、LMP-2 和 LMP-3。LMP-1 为致癌蛋白，可抑制细胞凋亡和促进 B 淋巴细胞转化，对鼻咽癌等上皮细胞源性肿瘤形成至关重要。LMP-2 具有抑制潜伏病毒再激活的作用。

二、致病性与免疫性

人群中 EBV 普遍感染，我国 3 岁左右儿童 90%以上呈 EBV 抗体阳性。原发感染时一般没有明显症状，仅少数人会表现咽炎和上呼吸道感染症状，传染性单核细胞增多症的发生率约为 50%。患者和无症状感染者均是 EBV 的传染源，唾液传播是主要的传播途径，也可通过性接触传播。病毒会在体内潜伏并伴随终生。

（一）致病机制

感染机体后，EBV 首先进入口咽部或腮腺上皮细胞增殖，随后释放感染局部淋巴组织的 B 淋巴细胞，进而进入血流造成全身性感染。免疫功能正常时，大部分病毒可被清除，少量病毒在 B 淋巴细胞（约 $1/10^6$ B 淋巴细胞）中持续潜伏。EBV 能够刺激多克隆 B 淋巴细胞产生异嗜性抗体，为 B 淋巴细胞有丝分裂原。病毒感染的 B 淋巴细胞还可激活 T 淋巴细胞增殖，形成以细胞毒性 T 细胞和 NK 细胞为主的非典型淋巴细胞，可杀伤被病毒感染的细胞。

EBV 基因编码的 BCRF-1 是 IL-10 类似物，具有削弱 Th1 细胞、抑制 IFN-γ 释放和 T 细胞抗病毒免疫应答的功能，并刺激 B 淋巴细胞的生长。BCRF-1 与其他协同因子共同引起 B 淋巴细胞的连续增殖，最终诱导淋巴瘤发生。

（二）所致疾病

1. 传染性单核细胞增多症（infectious mononucleosis）　青春期初次感染大量 EBV 时常发，是一种急性全身淋巴细胞增生性疾病。发热、咽炎、颈淋巴结炎、肝脾肿大、外周血单核细胞和异形淋巴细胞增多是其典型的临床症状。此病具有自限性，通常持续数周，预后较好。在急性期患者口腔黏膜的上皮细胞中存在大量病毒，可通过唾液排出，并持续约 6 个月。严重免疫缺陷的儿童、艾滋病患者及器官移植者感染后病死率较高。

2. 伯基特淋巴瘤　一种低分化的单克隆 B 淋巴细胞瘤，常见于中非、新几内亚、南美洲等温热带地区 5～8 岁儿童，常发在颜面、腭部。在伯基特淋巴瘤发生前，EBV 抗体即呈阳性，大多具有高于正常人的抗体效价。90%以上肿瘤组织中可检测出 EBV 基因组。

3. 鼻咽癌（nasopharyngeal carcinoma，NPC）　主要在东南亚、北非和北美洲北部地区流行。我国广东、广西、福建、湖南、江西等东南沿海地区是鼻咽癌高发区，40 岁以上人群常见。EBV 感染与鼻咽癌发生密切相关，主要依据如下：①EBV 的核酸和抗原可在所有鼻咽癌组织中检出；②鼻咽癌患者血清中有高于正常人的 EBV 抗体效价，且有时 EBV 抗体会在鼻咽癌发生之前出现；③治疗好转后 EBV 抗体效价下降。然而，EBV 不是导致鼻咽癌发生的唯一因素。

4. 淋巴组织增生性疾病 EBV 感染免疫缺陷患者或移植患者往往常导致如恶性单克隆 B 淋巴细胞瘤等淋巴组织增生性疾病。艾滋病患者感染易并发 EBV 相关淋巴瘤、舌毛状白斑症。霍奇金淋巴瘤患者 EBV DNA 的检出率约为 50%。

（三）免疫性

EBV 原发感染诱导机体产生特异性中和抗体和细胞免疫应答。VCA 抗体、MA 抗体和 EA 抗体首先出现，继而 EBNA 抗体产生。中和抗体能够有效预防 EBV 外源性再感染，但对细胞内潜伏的病毒无效。细胞免疫在限制原发感染和疾病进展中起着关键作用。

三、微生物学检查

（一）病毒的分离与鉴定

采集标本，包括唾液、咽漱液、外周血和肿瘤组织等，将其接种于新鲜的 B 淋巴细胞或脐血淋巴细胞中进行培养。6～8 周后，EBV 抗原可采用免疫荧光法检测。EBV 分离培养过程相对困难，通常使用血清学方法进行辅助诊断。

（二）血清学检查

1. 异嗜性抗体（heterophile antibody）检测 用于传染性单核细胞增多症辅助诊断的主要方法。该抗体由 EBV 非特异性活化 B 淋巴细胞产生，可非特异凝集绵羊红细胞，在发病 3～4 周内效价达高峰，并在恢复期逐渐下降直至消失。当抗体效价超过 1∶224 时具有诊断意义。

2. EBV 抗体检测 有助于诊断 EBV 感染，通过免疫荧光法或免疫酶法检测。VCA IgM 提示 EBV 原发感染；VCA IgG 或 EBNA IgG 存在表示既往感染；EA IgA 和 VCA IgA 效价持续升高，可辅助诊断鼻咽癌。

（三）核酸及抗原检测

EBV 抗原可通过免疫荧光法检测，EBV DNA 可运用原位核酸杂交法或 PCR 法检测。

四、防治原则

95%的传染性单核细胞增多症患者可恢复，并发脾破裂少见，应避免在急性期剧烈运动。目前 EBV 疫苗仍处于研究阶段，EBV 包膜糖蛋白 gp350/220 是亚单位疫苗设计的候选抗原之一。

第五节 新型人疱疹病毒

中文名：新型人疱疹病毒

英文名：novel human herpesvirus

病毒定义：新型人疱疹病毒包括人疱疹病毒 6 型（human herpes virus 6，HHV-6）、人疱疹病毒 7 型（human herpes virus 7，HHV-7）和人疱疹病毒 8 型（human herpes virus 8，HHV-8）。

分类：HHV-6 和 HHV-7 均属于正疱疹病毒科（*Orthoherpesviridae*）β 疱疹病毒亚科（*Betaherpesvirinae*）玫瑰疹病毒属（*Roseolovirus*）；HHV-8 属于正疱疹病毒科（*Orthoherpesviridae*）γ 疱疹病毒亚科（*Gammaherpesvirinae*）嗜淋巴细胞病毒属（*Rhadinovirus*）。

一、人疱疹病毒 6 型

人疱疹病毒 6 型最早是 1986 年从淋巴细胞增生性疾病和艾滋病患者外周血淋巴细胞中分离的。HHV-6 与 HCMV 结构相似，基因组长 160～170kb。HHV-6 可根据抗原性分为两个病毒种，即 HHV-6A 和 HHV-6B。CD46 分子是 HHV-6A 的受体，CD134 分子是 HHV-6B 的受体。除了主要靶细胞 $CD4^+$ T 淋巴细胞，HHV-6A 和 HHV-6B 也可感染 B 淋巴细胞、神经胶质细胞、成纤维细胞和单核/巨噬细胞等。

人群中 HHV-6 感染普遍，1 岁以上人群的血清抗体阳性率高达 60%～90%。HHV-6 可在唾液腺等组织器官长期潜伏，持续终生。唾液传播是 HHV-6 主要的传播方式，输血、器官移植也可传播。潜伏于免疫功能低下人群的 HHV-6 再激活会导致急性感染。

HHV-6A 原发感染通常不引起临床症状，在中枢神经系统感染、AIDS 及淋巴增生性疾病患者中的检出率较高。HHV-6B 原发感染常见于 6 个月至 2 岁的婴幼儿，以隐性感染为主，偶发婴幼儿急疹（exanthem subitum）。病毒潜伏 4～7 天后，患儿出现高热和上呼吸道症状，热退后颈部和躯干出现淡红色斑丘疹。通常预后良好，脑炎、肺炎、肝炎、热性惊厥等并发症少见。

病毒分离周期为 10～30 天，可采集患儿唾液或外周血单核细胞进行。快速诊断包括采用间接免疫荧光法检测 IgM，或运用 PCR 法检测唾液、血液或脑脊液中的 HHV-6 DNA。

目前缺乏有效的 HHV-6 疫苗。

二、人疱疹病毒 7 型

人疱疹病毒 7 型是在 1990 年首次分离的。HHV-7 与 HHV-6 结构相似，且基因组有 50%～60%的同源性。$CD4^+$ T 淋巴细胞是 HHV-7 的亲嗜细胞。流行病学数据显示，HHV-7 在人群中感染普遍，成人的抗体阳性率超过 90%，其中 2～4 岁儿童约为 50%。外周血单核细胞和唾液腺是 HHV-7 的主要潜伏部位，通过唾液途径传播。

尚待证实 HHV-7 原发感染与疾病的关系，与婴幼儿急疹、神经损伤和器官移植并发症可能有关。HHV-7 与 HHV-6 具有相似的分离培养方式，可通过 PCR 等分子生物学方法快速诊断。目前缺乏有效的预防和治疗方法。

三、人疱疹病毒 8 型

人疱疹病毒 8 型，又名为卡波西肉瘤相关疱疹病毒（Kaposi’s sarcoma-associated herpes virus，KSHV），是 1994 年由张远（Yuan Chang）等从艾滋病患者的卡波西肉瘤（Kaposi’s sarcoma，KS）活检组织中首次分离的。基因组长约 165kb，在感染细胞中以附加体形式存在。HHV-8 基因组不仅编码病毒结构蛋白和代谢相关蛋白质，也编码与细胞因子及其受体同源的病毒产物，如病毒 cyclin D、IL-6、Bcl-2、G 偶联蛋白受体、干扰素调节因子等，在 HHV-8 相关肿瘤发生过程中起着重要的调控作用。

HHV-8 的传播途径尚未完全明了，可能经性接触传播，唾液、器官移植或输血传播也可能是其传播途径。健康成人 HHV-8 抗体阳性率为 1%～4%，持续感染且不断向外排毒，但大多没有明显症状。B 淋巴细胞是 HHV-8 的主要潜伏部位。当宿主呈免疫抑制状态时，病毒将进入皮肤真皮层血管或淋巴管内皮细胞。对于免疫缺陷患者，HHV-8 感染常表现为显性感染，尤其是 HIV 感染者，体内的 HIV 病毒可诱导细胞因子产生，使潜伏 HHV-8 再激活。

HHV-8 引发的 KS 是一种艾滋病晚期患者最常并发的恶性血管肿瘤，此外原发性渗出性淋巴瘤和多中心卡斯特曼（Castleman）病也与 HHV-8 感染密切相关。皮肤是 KS 主要的侵犯部位，可播散累及全身组织器官，如内脏器官、口腔和生殖系统等。如治疗不及时，患者的存活期往往不足两年。KS 分为经典型、地方型、医源型及艾滋病相关型，病理学特征和发病人群具有差异。不同类型 KS 均有很高的 HHV-8 DNA 检出率。

采用定量 PCR 法检测病毒核酸可快速诊断 HHV-8，血清学方法检测可采用免疫荧光、ELISA、免疫印迹等方法。更昔洛韦和西多福韦（cidofovir）等抗疱疹病毒药物在预防 KS 发生方面具有效果，但对已发生的肿瘤无法发挥作用。目前尚未有特异性预防和治疗措施。

小　结

疱疹病毒是一类中等大小、有包膜的双链 DNA 病毒，目前已发现 100 多种，分为 α、β、γ 三个亚科。疱疹病毒能感染人和多种动物，与人类感染相关的有 9 种：α 疱疹病毒亚科有单纯疱疹病毒（HSV）1 型、HSV-2 型和水痘-带状疱疹病毒（VZV）；β 疱疹病毒亚科包括人巨细胞病毒（HCMV），人疱疹病毒 6A 型、6B 型和 7 型；γ 疱疹病毒亚科有 EB 病毒（EBV）和人疱疹病毒 8 型（HHV-8）。

HSV 感染普遍，可引发唇疱疹、生殖器疱疹、新生儿疱疹等疾病。病毒潜伏于特定神经节。中和抗体可阻断病毒感染，但不影响潜伏病毒。HSV-1 主要影响腰部以上部位，HSV-2 主要影响腰部以下部位，两者均可经性接触和垂直传播。儿童对于 VZV 普遍易感，原发感染表现为水痘，病愈后病毒潜伏在体内，可再激活导致带状疱疹，沿神经分布，伴有剧痛。预防措施包括接种减毒活疫苗。抗病毒药物如阿昔洛韦对治疗有效，但对潜伏的 HSV 和 VZV 无效。

HCMV 的感染率高，多无症状。病毒可潜伏于唾液腺、乳腺、肾等器官。先天性感染可导致死胎、流产或先天性畸形。免疫功能低下者感染可引发严重疾病，如 HCMV 肺炎、肝炎、脑膜炎等。抗体无法阻止病毒再激活，NK 细胞和细胞免疫在限制病毒播散中起着关键作用。目前无有效疫苗，严重感染可用免疫球蛋白和更昔洛韦等治疗。

EBV 基因组常以环状附加体形式存在于细胞核内，感染普遍，儿童期多无症状，成人可发展为传染性单核细胞增多症，与伯基特淋巴瘤、鼻咽癌等恶性肿瘤相关。HHV-8 与卡波西肉瘤相关，可能通过性接触、唾液传播。目前没有特异性预防和治疗措施。

复习思考题

1. 请简述人疱疹病毒 9 个成员的主要感染部位和所引起的疾病症状。
2. 请概括疱疹病毒成员的共同特点和区别。
3. 分析疱疹病毒潜伏与复发的机制，并讨论其对疾病治疗和预防策略的影响。

（卢　春）

第十六章　人乳头瘤病毒

本章要点

1. 人乳头瘤病毒（HPV）的基因组及编码蛋白质是病毒复制转录的基础，也是型特异性疫苗研制的根本。
2. HPV 的高危型与致癌危险性密切相关。
3. 接种 HPV 疫苗可预防宫颈癌等恶性肿瘤的发生。

中文名：人乳头瘤病毒

英文名：human papillomavirus，HPV

拓展阅读 16-1 HPV 与诺贝尔奖

病毒定义：乳头瘤病毒（papillomavirus）为一组无包膜的双链 DNA 病毒，属于乳头瘤病毒科（*Papillomaviridae*）。乳头瘤病毒感染具有种属及组织特异性，感染人类的乳头瘤病毒称为人乳头瘤病毒。人乳头瘤病毒主要侵犯人的皮肤和黏膜上皮组织，诱发各种良性和恶性病变，引发皮肤疣、尖锐湿疣、宫颈癌等。

分类：ICTV 根据病毒 L1 可读框的序列同源性，将乳头瘤病毒科分为第一乳头瘤病毒亚科（*Firstpapillomavirinae*）和第二乳头瘤病毒亚科（*Secondpapillomavirinae*），共 53 个属和 133 个种，HPV 主要分布在第一乳头瘤病毒亚科的 α、β、γ、μ 和 η 五个属中。

一、生物学性状

（一）HPV的形态与结构

HPV 为球形无包膜的双链 DNA 病毒，直径为 52 ~ 60nm（图 16-1A）。病毒衣壳是由 72 个壳粒构成的二十面体结构，包含主要衣壳蛋白（L1）和次要衣壳蛋白（L2）。5 个 L1 蛋白聚合形成五聚体（壳粒），72 个壳粒组装成病毒外壳，外壳中含有五邻体和六邻体的排列结构（图 16-1B）。L2 蛋白含量较少，羧基端与病毒基因组作用，参与病毒基因组的包装。基因工程表达的 L1 和 L1+L2 蛋白具有自我组装的特性，在真核细胞内可组装成病毒样颗粒（virus-like particle，VLP）。VLP 不含病毒核酸，空间构象和抗原性与天然 HPV 颗粒相似，能诱发机体产生中和抗体，可制备成型特异性的疫苗。1991 年，周建等首先发现体外表达的 HPV L1/L2 蛋白可自组装成 VLP，单独表达 L1 也可组装成 VLP。

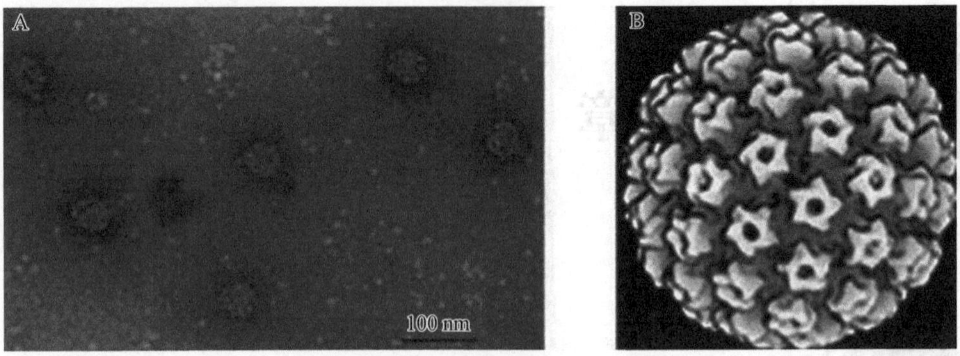

图 16-1　人乳头瘤病毒（戚中田，2022）

A. HPV 电镜图；B. HPV 衣壳结构示意图

（二）基因组结构及功能

HPV 的基因组为单拷贝闭环双链 DNA，基因组长度为 7.8～8.0kb，G+C 的含量为 40%～50%，分为编码区和非编码区。编码区包括早期区（early region）和晚期区（late region），表达的蛋白质分别称为早期蛋白（E）和晚期蛋白（L）（图 16-2）。HPV 编码的蛋白质及主要功能见表 16-1。非编码区又称上游调控区（upstream regulatory region，URR），包含 HPV 复制的调控元件，调控早期、晚期基因蛋白质的表达，对决定 HPV 宿主特异性范围具有重要意义。

表 16-1　HPV 编码蛋白质及主要功能

HPV 编码蛋白质	大小/kDa	功能特性
		早期蛋白
E1	68～76	编码 ATP 酶依赖的解旋酶，与病毒复制起点结合后参与病毒基因组复制
E2	40～58	调控病毒基因转录，招募 E1 到病毒复制起点后促进病毒 DNA 复制，并在宿主细胞分裂过程中将病毒基因组转移到子代细胞中
E4	10～17	在病毒生命周期晚期表达，参与病毒扩增、合成与释放
E5	10	参与生长因子信号通路的调节。抑制 MHC 的表达，与免疫逃逸密切相关。与 E6 和 E7 协同驱动细胞的恶性转化
E6	16～19	与 E7 蛋白协同作用，降解 p53 蛋白，激活端粒酶，促进细胞增殖及转化，抑制细胞凋亡，与宫颈癌的发生关系密切
E7	10～14	与 E6 蛋白协同作用，靶向多个细胞周期调节通路蛋白，促进细胞增殖、转化，干扰抑癌蛋白 pRB、P107、P130 等的功能，调节细胞凋亡，与宫颈癌的发生关系密切
E8	未知	仅在少数型别中存在，类似 E5 性质

续表

HPV 编码蛋白质	大小/kDa	功能特性
晚期蛋白		
L1	54～58	主要衣壳蛋白（占 80%）。L1 蛋白组装成五聚体壳粒，形成二十面体病毒粒子，自组装成 VLP，含优势抗原表位、型特异性表位和中和表位，是免疫细胞的主要攻击位点，也是预防性疫苗的重要靶抗原
L2	63～78	稳定衣壳结构，能与 DNA 结合，与 E2 相互作用，促进病毒入侵和释放，含交叉反应表位和中和表位

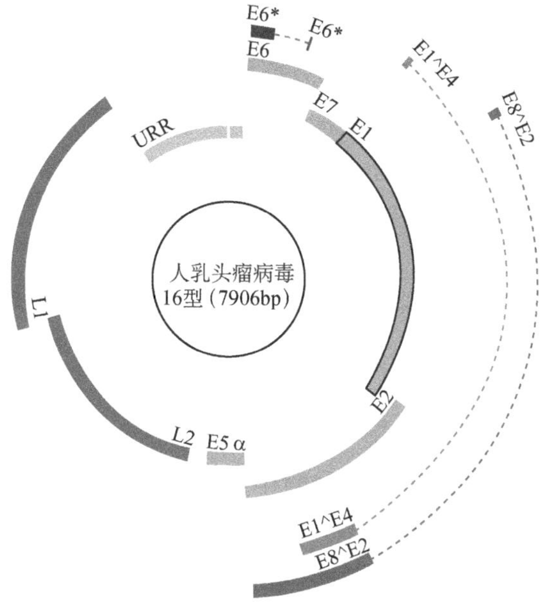

图 16-2　HPV 基因组图谱

HPV 的双链 DNA 结构，外框表示蛋白质编码可读框。虚线表示内含子序列。“^”表示所代表的两个小片段融合在一起形成一个蛋白质

（三）HPV 分型

HPV 根据 *L1* 基因的同源性目前已鉴定出 200 多型，同型 HPV *L1* 基因的序列同源性≥90%。根据 HPV 致癌危险性的高低，可将 HPV 分为低危型（low-risk type）和高危型（high-risk type）两大类。

拓展阅读 16-2
HPV 分型思维导图

1. 低危型　包括 HPV6、11、40、42、43、44、54、72、81 型等，主要引起肛门、皮肤及外生殖器的外生性疣和低度宫颈上皮内瘤变（cervical intraepithelial neoplasia，CIN）。部分 HPV 型别在皮肤中共生，一般不致病。

2. 高危型　包括 HPV16、18、31、33、35、39、45、51、52、53、56、58、59、66、68、73 和 82 型等。99.7%的宫颈癌中存在 HPV，其中 70%存在 HPV16 和 HPV18 型。另外，与皮肤基底细胞癌、鳞状细胞癌、阴茎癌、阴唇/阴道癌、肛门肛管癌、头颈部肿瘤和食管

癌等发生相关。

（四）HPV的复制周期

HPV 对皮肤和黏膜上皮细胞有高度亲嗜性，可以通过微小的创口感染鳞状上皮的基底层细胞或宫颈移行区细胞。

1. 吸附及穿入 HPV 通过硫酸乙酰肝素蛋白多糖（heparan sulfate proteoglycan，HSPG）吸附于基底层细胞后，病毒被内吞入胞。

2. 脱壳 病毒在内体（endosome）完成脱壳，在 L2 蛋白协助下，基因组从内体中释放。

3. 生物合成 HPV 的复制阶段强烈依赖于上皮细胞的分化状态，在皮肤基底层细胞可以检测到 HPV 早期基因，而晚期基因仅在分化的角质细胞中检测到。①早期蛋白表达及基因组复制：病毒基因组入核后，首先表达早期蛋白 E1 及 E2，二者形成的复合物可启动病毒基因组的复制；E2 还可调控病毒基因表达。随后，表达病毒 E5、E6 及 E7 蛋白。②晚期蛋白表达：随着感染细胞向表层迁移及细胞分化，病毒晚期启动子被激活，大量表达衣壳蛋白 L1 及 L2。

4. 组装、成熟与释放 L1 及 L2 包装病毒基因组形成子代病毒；E4 蛋白可诱导骨架蛋白降解，促进病毒的释放。

（五）体外培养

HPV 迄今难以在体外常规的组织细胞中培养，也缺乏动物模型。器官筏式培养（organotypic raft culture）虽可扩增 HPV，但该方法需制备诱导分化的人上皮组织，目前尚难以满足抗病毒药物筛选及细胞水平的分子生物学研究。

（六）抵抗力

HPV 不耐热，高于 50℃ 30min 即可灭活，对脂溶剂、酸和 X 射线有一定的抵抗力。

二、致病性与免疫性

（一）流行环节

1. 传染源 HPV 患者和潜伏感染者。

2. 传播途径 主要通过自体或异体传播。病毒颗粒从乳头状瘤病变的表面释放出来，通过微小创伤可能会导致自体其他部位或不同个体内增殖的基底层细胞或宫颈移行区细胞感染。

1）直接接触传播：包括自体和异体的直接接触传播。前者是因为自身接种而传播至自体的其他部位；后者是异体间的直接接触传播，如性传播，可导致性传播疾病（STD）。

2）间接接触传播：HPV 存在共用物品等方式传播，但少见。

3）垂直传播：母亲感染的 HPV 在分娩时经过产道导致新生儿感染。

4）医源性传播：通过诊疗造成 HPV 的自体或异体传播。

3. 易感人群　人群对 HPV 普遍易感。

（二）致病性

1. HPV的感染过程　HPV 具有严格的宿主、组织和细胞特异性，仅感染人类的皮肤和黏膜细胞。皮肤和黏膜的损伤有助于 HPV 的感染。HPV 首先感染基底层细胞或宫颈移行区细胞，病毒进入感染细胞核内复制增殖，不产生病毒血症。病毒基因组随着新生细胞的分化而依次推进到达表皮的棘细胞层和颗粒细胞层。病毒的 E 蛋白在棘细胞层细胞表达，L 蛋白在颗粒细胞层细胞表达，然后装配出完整的病毒颗粒，随着角质细胞的脱落而释放出来，感染邻近的细胞。HPV 的 DNA 还可整合到宿主细胞 DNA 中，致使感染细胞的所有子代细胞处于持续感染状态。

病毒复制能诱导上皮增殖，表皮变厚，上皮细胞增生是 HPV 感染的良性皮肤病理组织学的主要特征，伴有棘层增生变厚和不同程度的表皮角化。在棘层和颗粒层上方出现挖空细胞（koilocyte），上皮增殖形成乳头状瘤，也称为疣（wart）。

病毒 DNA 的一段游离基因常能插入宿主染色体的任意位置，导致细胞转化。

微课视频
16-1

HPV的致病性

2. HPV感染所致疾病　HPV 感染所致损害与感染的病毒型别及感染的部位有关。

（1）低危型 HPV 感染　主要侵犯皮肤和黏膜。其中皮肤型可引起皮肤疣，属于局部、自限性或一过性损害，病毒仅停留于局部皮肤中，不产生病毒血症，包括寻常疣（verruca vulgaris）、扁平疣（flat wart）、跖疣（plantar wart）和丝状疣（filiform wart）等。寻常疣主要为手、足局部角化层细胞感染，多见于青少年。扁平疣多见于儿童面、手背与前臂等处。跖疣多发生于足底和足趾等处。

HPV侵犯泌尿/生殖道的皮肤黏膜可致生殖器的尖锐湿疣（condyloma acuminatum），主要由 HPV6 和 11 型感染引起，经性接触传播，女性感染部位主要是阴道、阴唇和子宫颈，男性多见于外生殖器和肛周。镜下特征是乳头状瘤样增生，基层增厚，表皮生发层挖空细胞形成和不同程度的间质炎症细胞浸润。

HPV 还可致口腔黏膜表面的疣状损害、复发性呼吸道乳头状瘤等。

（2）高危型 HPV 感染　可引起皮肤肿瘤和黏膜肿瘤。皮肤肿瘤包括基底细胞癌、鳞状细胞癌等上皮肿瘤。黏膜肿瘤包括宫颈癌、阴茎癌、阴唇/阴道癌、肛门肛管癌、扁桃体癌、口腔癌、喉癌、鼻腔内癌和食管癌等。其中，宫颈癌中高危型 HPV 的检出率约达 99.7%，其中 HPV 16 及 18 型是全球范围内的优势高危型，其次是 HPV31、33、35、39、45、51、52、56、58、59、68 型，也是引发宫颈癌的高危型病毒。2021 年全球 HPV 和相关疾病报告显示，宫颈癌中最常见的高危型 HPV 为 HPV16、18、45、33 和 58 型，所占比例依次为 55.2%、14.2%、5.0%、4.2%和 3.9%，其中 HPV16 和 18 型占比约为 70%。我国宫颈癌最常见的高危型为 HPV16、18、58、52 和 33 型，所占比例依次为 59.5%、9.6%、8.2%、6.5%和 3.5%，HPV16 和 18 型占比与全球类似，但是 52 和 58 型在我国宫颈癌中的检出率明显高于全球其他地区。HPV感染与多种类型的宫颈疾病有关，尤其是高危型 HPV感染是引发宫颈病变的重要原因（图 16-3），其中高度 CIN 是宫颈癌前病变。宫颈鳞状上皮被 HPV 感染的重要形态学标志是挖空细胞的形成，这种变化与病毒 E4 蛋白表达和由此引起的胞质内角蛋白基质破坏有关。

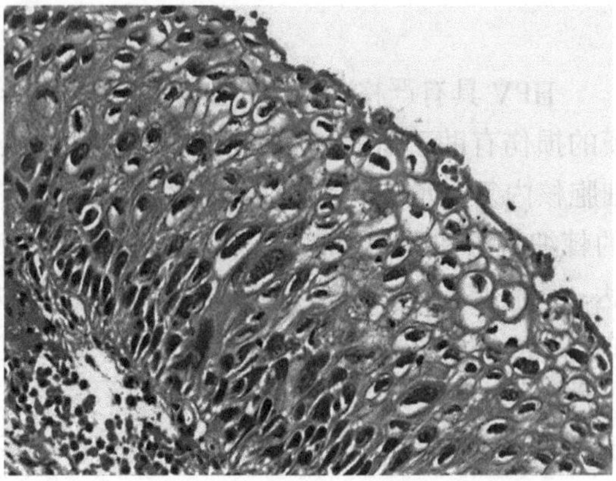

图 16-3　人乳头瘤病毒阳性的宫颈病变组织（HE 染色，400×）（陈永林提供）

可见挖空细胞，细胞大小不一致，多数细胞胞质空淡、挖空，核大小不一，部分核大深染，核膜厚，轻度异型，可见核分裂象；部分核皱缩，呈葡萄干样

另外，HPV 16 型也是口咽部、泌尿/生殖道及肛周感染相关肿瘤的优势高危型。

3. HPV 的致瘤机制　从 HPV 感染到浸润癌发展缓慢，需要几年到几十年的时间。多种因素参与了宫颈癌的进展，持续感染高危型 HPV 是这一过程的必要组成部分。HPV 感染的致瘤机制复杂。HPV 感染导致的细胞染色体突变、杂合子型的丢失、原癌基因和端粒酶活性增高等，被认为是 HPV 诱发宫颈癌变的关键始动因素。HPV 编码的 E6 和 E7 为转化蛋白，与肿瘤抑制基因 p53 和视网膜母细胞瘤基因 pRb 产物结合，导致 p53 和 pRB 蛋白降解，改变细胞周期和 DNA 修复。随着感染的持续，病毒基因整合于宿主染色体，常伴有宿主基因的局部扩增、删减等，导致感染细胞基因突变。同时，HPV 可抑制细胞凋亡，调节细胞周期关键检查点促进细胞增殖。以上因素的作用最终导致细胞永生化和恶性转化。

机体的免疫状况与 HPV 的致癌作用密切相关。研究显示，免疫抑制患者的子宫颈疣和癌症发病率增加。所有与 HPV 相关的癌症在艾滋病患者中发生的频率更高。

（三）免疫性

HPV 致病变的行为受到免疫因素的影响。HPV 感染后可刺激机体产生体液免疫和细胞免疫应答，细胞免疫在清除 HPV 感染相关病变中可能起主要作用。皮肤疣可自行消退；乳头状瘤退化后，组织周围有大量的单核细胞和淋巴细胞浸润。大多数 HPV 感染在 2～3 年内被清除并检测不到。HPV 感染康复者的血清抗体阳转率较低，常不能预防同型别病毒的再次感染。

三、微生物学检查

HPV 在体外尚不能培养，也缺乏动物模型。利用器官筏式培养虽可扩增 HPV，但技术复杂、成本高、病毒产量低，尚未推广应用。

HPV 微生物学检查主要依据组织细胞学、免疫学和分子生物学技术等。典型疣的临床诊断容易，一般不需要进行微生物学检查。2021 年，WHO 发布的《预防宫颈癌：WHO 宫颈癌前病变筛查和治疗指南（第二版）》推荐以 HPV DNA 检测作为宫颈癌筛查的首选方法。

核酸检测既可对 HPV 感染进行确诊，又能对其进行分型。检测方法可分为非扩增法和扩增法，HPV 核酸检测常用方法见表 16-2。这些方法可对 HPV 全基因组或 L1 DNA、E6/E7 DNA 或 mRNA 等片段进行有效检测。

表 16-2　人乳头瘤病毒核酸检测常用方法

方法名称	检查靶点
非扩增法	
杂交捕获法	全基因组
扩增法	
荧光 PCR 法（PCR-荧光探针法）	L1 DNA
PCR-毛细管电泳法	E6/E7 DNA
PCR-微流控芯片法	L1 DNA
荧光 PCR-熔解曲线法	L1 DNA
PCR-反向点杂交法	L1 DNA
PCR-流式荧光杂交法	L1 DNA
恒温扩增法	E6/E7 mRNA

目前，我国 HPV 核酸检测常用技术多以核酸扩增法及其衍生技术为主，包括恒温扩增法、荧光 PCR 法、PCR-毛细管电泳法、PCR-微流控芯片法、荧光 PCR-熔解曲线法、PCR-反向点杂交/流式荧光杂交法等，可检测 HPV16、18、31、33、35、39、45、51、52、56、58、59 和 68 等 13 种基因型。

另外，采用重组表达的 HPV 抗原检测血清中的 HPV 抗体可用于流行病学调查。用阴道或宫颈疣组织涂片，巴氏染色后观察，见到挖空细胞和角化不良细胞同时存在，对尖锐湿疣的诊断有参考价值。宫颈活检组织 HE 染色后镜检见上皮的棘层变厚，在棘层和颗粒层上方可见挖空细胞，对诊断 HPV 感染有参考价值。

四、防治原则

1. 预防措施　HPV 感染相关病变需综合防控。开展健康教育，减少或避免高危性接触，避免不洁性行为。开展宫颈癌筛查。

拓展阅读 16-3
HPV 疫苗

接种 HPV 预防性疫苗。目前上市的 HPV 疫苗均为 L1 VLP 多价疫苗，已经有 6 种，包括 3 种二价疫苗（HPV16/18）、2 种四价疫苗（HPV6/11/16/18）及 1 种九价疫苗（HPV6/11/16/18/31/33/45/52/58）。上述疫苗的 VLP 构成型别均涵盖 HPV16/18 两种优势高危型，尽早特别是低龄（9～14 岁）接种任意一种 HPV 疫苗均会显著获益。

2. 治疗 目前尚无对HPV感染及其病变有效的治疗药物。临床上对皮肤疣及尖锐湿疣的治疗可以采用局部用药和物理治疗，如激光、冷冻、电灼或手术切除等。对HPV长期感染导致的宫颈癌等恶性肿瘤，遵循相应恶性肿瘤的治疗措施。上述治疗不能预防HPV的再次感染。HPV治疗性疫苗尚在研发中。

小 结

人乳头瘤病毒（HPV）是一种球形、无包膜、双链DNA病毒（7.8～8.0kb），编码早期蛋白（E）和晚期蛋白（L），其中E6和E7蛋白与病毒的致癌作用关系密切。病毒衣壳包括主要衣壳蛋白（L1）和次要衣壳蛋白（L2）。基因工程表达的晚期蛋白可组装成病毒样颗粒。HPV感染普遍，主要通过性接触和垂直传播，分为低危型和高危型两类。低危型侵犯皮肤可引起寻常疣、扁平疣、跖疣和丝状疣等；侵犯泌尿/生殖道皮肤黏膜可引发尖锐湿疣，主要由6和11型感染引起。高危型可致皮肤和黏膜肿瘤，高危型HPV的持续感染与宫颈癌发生密切相关，几乎所有的宫颈癌组织中都可检出高危型HPV，以16及18型为主。细胞免疫在清除HPV感染中起主要作用。核酸检测可确诊HPV的感染并分型。尽早接种多价HPV疫苗，尤其在低龄阶段，可预防HPV感染。目前尚无对HPV感染及其病变有效的治疗药物。

复习思考题

1. 试述HPV的主要早期蛋白和晚期蛋白的功能。
2. 试述HPV的致病性。
3. 如何开展HPV感染的检查、预防和治疗？

（韩 俭）

第十七章 痘 病 毒

本章要点

1. 引起人类疾病的痘病毒主要为正痘病毒属（*Orthopoxvirus*）和副痘病毒属（*Parapoxvirus*）成员。
2. 痘病毒主要通过直接接触或呼吸道传播，感染的临床特征性表现是皮肤痘疱样皮疹，但少数情况下会引起严重的甚至致死性的全身感染，如天花病毒。
3. 人传染性软疣病毒仅感染人表皮组织，引起表皮传染性软疣。
4. 猴痘病毒（monkeypox virus）是猴痘的病原体，其自然宿主是猴和猿类，也可以感染人类，是一种人兽共患性病毒。猴痘为自限性疾病。

中文名：痘病毒

英文名：poxvirus

病毒定义：痘病毒是体积最大、结构最复杂的 DNA 病毒。其中正痘病毒属（*Orthopoxvirus*）的天花病毒（variola virus，又称 smallpox virus）只感染人，曾引起数次大流行，是对人类健康威胁最严重的痘病毒。我国早在公元 10 世纪就有使用人痘接种术预防天花的记录。1796 年，英国医生詹纳（Edward Jenner）发明了牛痘病毒（cowpox virus）疫苗，首次验证了接种牛痘可以预防天花的假说。牛痘病毒疫苗因具有更高的安全性被推广用于预防天花，也被称为天花疫苗。1980 年，世界卫生组织宣布天花已在全世界范围内彻底根除。

分类：痘病毒属于痘病毒科（*Poxviridae*），可进一步细分为脊椎动物痘病毒亚科（*Chordopoxvirinae*）和昆虫痘病毒亚科（*Entomopoxvirinae*）。脊椎动物痘病毒亚科由 9 个属组成，大多数会导致人类疾病的痘病毒为正痘病毒属（*Orthopoxvirus*）和副痘病毒属（*Parapoxvirus*）成员，少数归属于亚塔痘病毒属（*Yatapoxvirus*）和软疣痘病毒属（*Molluscipoxvirus*）。其中正痘病毒属包括天花病毒、牛痘病毒、痘苗病毒和猴痘病毒（monkeypox virus，MPXV）。目前软疣痘病毒属中仅传染性软疣病毒（molluscum contagiosum virus）以人为唯一宿主。牛痘病毒和猴痘病毒可自然感染人和其他动物。

天花被根除后，天花疫苗接种也随之在人群中停用。目前正痘病毒中对人类威胁最大的是猴痘病毒。猴痘病毒与天花病毒同属，首次于 1958 年从丹麦实验室的食蟹猴皮肤疱疹中被分离，并因此得名。首例人感染猴痘病例出现在 1970 年，随后主要流行于西非或中非地区。自 2022 年 5 月开始，人感染猴痘病例不断在猴痘病毒非流行地区（如欧洲、北美等）及猴痘病毒流行地区出现。WHO 于同年 7 月 23 日和 2024 年 8 月 14 日分别宣布猴痘疫情构成“国际关注的突发公共卫生事件”。2022 年 11 月，WHO 建议将“猴痘”的英文名由“monkeypox”修改为“mpox”。

一、生物学性状

（一）形态与结构

痘病毒的形态大致相同，大小为（300～400）nm × 230nm，在光学显微镜下勉强可见，呈卵圆形或砖形（图 17-1）。病毒体核心含有线性 dsDNA，呈哑铃状；核心外由一层内膜包绕；内膜与病毒包膜之间存在两个功能未知的侧体（lateral body，LB）（图 17-2）。

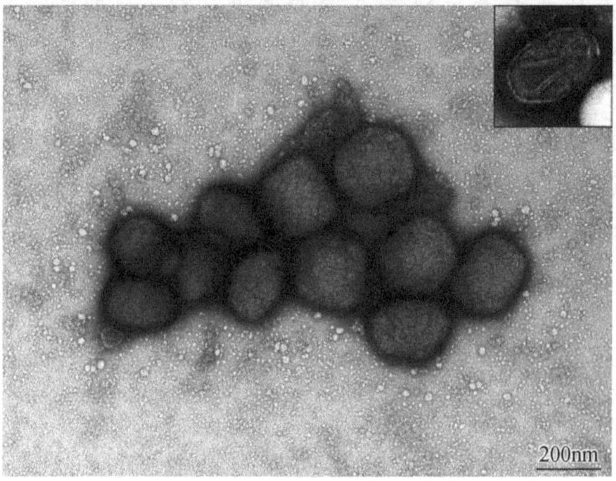

图 17-1　猴痘病毒电镜图（宋敬东等，2024）

病毒颗粒呈砖形，插图示哑铃形核心及侧体的病毒颗粒

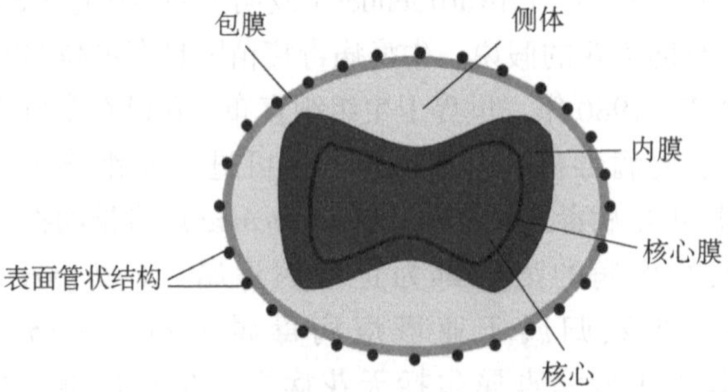

图 17-2　痘病毒结构模式图

（二）病毒复制

与其他 DNA 病毒不同的是，痘病毒在宿主细胞质内复制，其复制过程复杂且尚未

完全明晰。以痘苗病毒为例，与细胞受体结合后，病毒进入细胞质并脱去衣壳，释放病毒核心。早期基因开始编码非结构蛋白，随后基因组启动复制，直至晚期基因表达并编码结构蛋白。结构蛋白与复制的基因组组装形成第一种病毒粒子，即细胞内成熟病毒（intracellular mature virus，IMV）。IMV 含有一层包膜，主要通过裂解细胞释放。细胞内的 IMV 可进一步被双层膜包裹，形成第二种病毒粒子。附着在细胞膜表面的第二种病毒粒子称为细胞相关包膜病毒（cell-associated enveloped virus，CEV），从细胞表面释放的第二种病毒粒子称为胞外囊膜病毒（extracellular enveloped virus，EEV）。IMV 和 EEV 的膜内存在不同的病毒蛋白，因此在结构、抗原性和功能上均不相同。目前关于 IMV 和 EEV 膜形成的机制仍有争议。

（三）抗原分型

脊椎动物痘病毒的核蛋白抗原是相同的，同属病毒间有血清学交叉，不同属病毒之间反应有限。因此，免疫接种痘苗病毒无法预防其他属病毒的感染。基因组 DNA 限制性内切酶的酶切分析和序列比对是鉴别痘病毒最准确的方法。

（四）培养特性

痘病毒可在人羊膜传代细胞、HeLa 和 Vero 等细胞中感染增殖，并引起明显的细胞病变。痘病毒接种鸡胚绒毛尿囊膜可形成痘斑，这一特征可用于鉴别副痘病毒和巨细胞病毒。

（五）抵抗力

痘病毒对干燥和低温不敏感，在土壤、痂皮和衣被可存活数月到 1 年半，在低温下甚至可存活数年。痘病毒对热、多种消毒剂（如乙醇、次氯酸钠、过氧化氢）和紫外线敏感。

二、致病性与免疫性

直接接触或呼吸道传播是痘病毒的主要传播方式。痘病毒感染以皮肤痘疱样皮疹为特征性临床表现，在大多数情况下损害较温和，少数可引起严重的全身感染。

（一）天花病毒

天花病毒的传播方式为接触和飞沫传播，感染导致的烈性传染病天花曾危害人类数千年，临床表现为高热和离心性皮疹，逐步发展为斑丘疹或脓疱疹，最终形成脓疱结痂并脱落，留下明显的凹陷性瘢痕。对于未接种免疫的人群感染天花病毒，30%患者在 15～20 天内死亡。

（二）传染性软疣病毒

传染性软疣病毒主要经直接接触传播，也可经性接触传播。感染仅限于人表皮组织，除掌跖外可发生在任何接触部位，其病变典型特征是感染局部表皮细胞增生形成软疣结节，儿童和青年多发。目前尚无有效的预防与治疗方法。

（三）牛痘病毒

牛痘病毒感染牛可导致牛痘，为一种良性疾病，仅侵犯母牛乳房。挤乳工人接触带毒动物可能发生感染，多表现为轻度皮肤痘疱，通常不引起严重的全身感染。牛痘病毒与天花病毒有交叉免疫反应，被用作预防天花的疫苗。

（四）猴痘病毒

猴痘病毒可感染多种哺乳动物，非洲啮齿动物是其主要宿主。猴痘病毒感染人主要通过：①密切接触感染动物，与感染动物或其血液、体液、皮损和黏膜直接或间接接触；②人际传播，通过呼吸道飞沫和污染的物品接触传播，也可通过性接触传播。

拓展阅读 17-1
猴痘抗病毒药物及疫苗研究现状

感染猴痘病毒导致的猴痘，具有与天花相似的临床表现，但症状较轻，为自限性疾病。感染后病毒潜伏 5～21 天，前驱症状表现为发热、寒战、头痛、肌痛、疲劳等，大部分患者会有明显的浅表淋巴结肿大。1～3 天后出现皮疹，由面部扩散至四肢，大部分持续 2～4 周，通常预后良好。对于儿童与免疫功能低下人群如 HIV 感染者，则易引起严重症状。目前，猴痘病毒感染尚无特异性治疗方法，对症支持治疗是主要策略。由于天花疫苗与猴痘病毒有交叉免疫反应，故天花疫苗接种可在一定程度上免疫保护猴痘患者，使其减轻病症。

小结

实验 17-1
间接 ELISA 检测抗猴痘病毒 A27L 蛋白的抗体

在 DNA 病毒中，痘病毒科的成员体积最大、结构最复杂。其中天花病毒危害最大，曾多次引发全球大流行。痘病毒具有特殊的形态结构，其复制过程在宿主细胞质内进行，形成细胞内成熟病毒（IMV）和胞外囊膜病毒（EEV）。痘病毒通过直接接触或呼吸道传播，引起特征性的皮疹。牛痘病毒与天花病毒有交叉免疫反应，被用作天花疫苗。1980 年，WHO 宣布全球已根除天花。目前，仅传染性软疣病毒以人为唯一宿主，而牛痘病毒和猴痘病毒等可感染人和其他动物。猴痘病毒与天花病毒有交叉免疫反应，在儿童和免疫力低下人群中可导致严重症状，以对症支持治疗为主。

复习思考题

1. 请简述正痘病毒属成员的生物学性状和致病性。
2. 请结合当前的科学研究，讨论猴痘病毒在基础研究和应用开发方面的最新进展。

（卢　春）

第十八章　细 小 病 毒

本章要点

1. 细小病毒是一类无包膜的线状 ssDNA 病毒，其中 B19V 和 HBoV 能够感染并引起人类疾病。
2. B19V 感染与人类的传染性红斑、贫血、一过性再生障碍危象及先天感染造成的自发性流产等有关。HBoV 主要引起婴幼儿急性呼吸道感染，同时与儿童急性腹泻存在一定的相关性。

细小病毒（parvovirus）是目前已知的最小的一类 DNA 病毒，直径为 23～28nm，无包膜。基因组为线状单链 DNA（ssDNA），全长 4～6kb。由于基因组的编码能力有限，病毒复制依赖于宿主细胞或辅助病毒。细小病毒科（*Parvoviridae*）包含 3 个亚科：浓核病毒亚科（*Densovirinae*）、细小病毒亚科（*Parvovirinae*）和哈马细小病毒亚科（*Hamaparvovirinae*）。细小病毒亚科包括红细小病毒属（*Erythroparvovirus*）、依赖病毒属（*Dependoparvovirus*）、博卡病毒属（*Bocaparvovirus*）等 8 个属。腺相关病毒（adeno-associated virus，AAV）是首个发现的细小病毒，属于依赖病毒属，尚未发现其对人致病。目前已知能够感染并引起人类疾病的细小病毒主要是细小病毒 B19 和人博卡病毒。

第一节　细小病毒 B19

中文名：细小病毒 B19

英文名：parvovirus B19，B19V

病毒定义：B19V 是一种细小的无包膜 ssDNA 病毒，由澳大利亚学者科萨尔（Cossart）等于 1975 年在乙肝病毒表面抗原的筛查研究中首次发现，与人类的传染性红斑、贫血、一过性再生障碍危象及先天感染造成的自发性流产等有关。

拓展阅读 18-1
细小病毒 B19 的发现

分类：B19V 属于细小病毒科（*Parvoviridae*）细小病毒亚科（*Parvovirinae*）红细小病毒

属（*Erythroparvovirus*）灵长类红细小病毒 1（*Erythroparvovirus primate 1*）。

一、生物学性状

（一）形态与结构

B19V 颗粒呈圆形，直径约 25nm（图 18-1），无包膜，衣壳为二十面体立体对称结构，核心为线状 ssDNA。

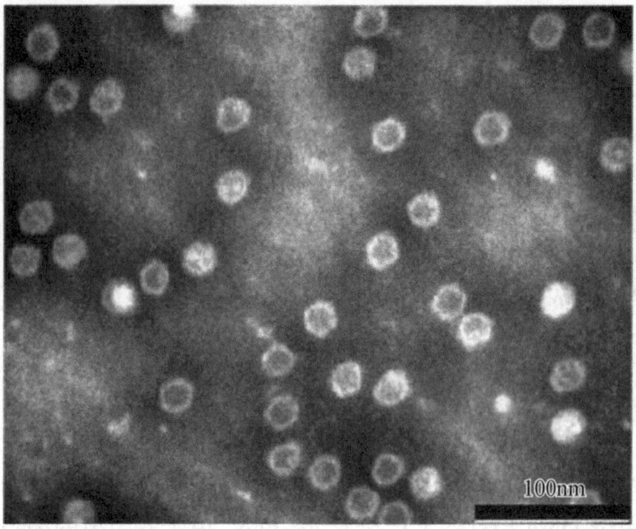

图 18-1　B19V 电镜图（Heegaard and Brown，2002）

（二）基因组及编码蛋白质

拓展阅读 18–2

细小病毒 B19 基因组编码的蛋白质及其功能

B19V 的基因组全长约 5.6kb，两端具有完全相同的末端重复序列（inverted terminal repeat，ITR），其不完整回文序列折叠形成发夹结构（图 18-2）。基因组包含 3 个 ORF，编码 2 种结构蛋白（VP1、VP2）和 3 种非结构蛋白（NS1、7.5kDa 蛋白、11kDa 蛋白）。*VP1* 和 *VP2* 基因为重叠基因，共用 3′端序列，所编码蛋白质具有共同的羧基端。VP1 氨基端具有 227 个氨基酸组成的保守基序，称为 VP1 独特区（VP1 unique，VP1u）。VP1 和 VP2 共同组成病毒的衣壳，其中 VP2 是主要结构蛋白，占衣壳蛋白的 96%。

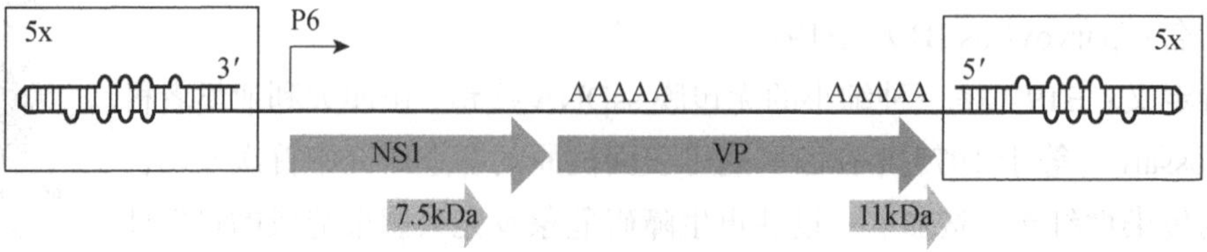

图 18-2　B19V 基因组结构模式图

5x 表示两个末端重复序列折叠形成的发夹结构

（三）复制周期

B19V 对人红细胞具有高度亲嗜性，主要侵犯骨髓和胎儿肝的红系前体细胞（erythroid progenitor cell，EPC）。病毒主要受体为红细胞糖苷脂（globoside），又称 P 抗原。P 抗原表达于红系前体细胞、成熟红细胞、内皮细胞、胎盘和胎儿肝细胞等。B19V 感染还需要辅助受体，目前认为整合素 α5β1 是潜在的辅助受体。病毒增殖过程如下：首先病毒通过衣壳蛋白与宿主细胞 P 抗原结合而吸附，VP1 发生构象改变，暴露 VP1u。VP1u 与辅助受体结合，使病毒被内吞，并以某种方式逃离溶酶体途径进入细胞核。在细胞核内，病毒脱去衣壳，释放基因组 ssDNA，在细胞 DNA 聚合酶作用下，基因组以滚环形式进行复制，产生复制形式的 dsDNA，继而转录出前体 mRNA，再经过剪切加工产生各种病毒 mRNA 并输出到细胞质，翻译出病毒蛋白。VP1 和 VP2 组装成三聚体形成衣壳。衣壳被运回细胞核，通过链置换（strand displacement）将 ssDNA 包装进衣壳内，组装成成熟的病毒颗粒，通过细胞裂解释放出来。

拓展阅读
18–3

细小病毒 B19
基因组复制的
启动与调控

（四）培养特性

B19V 或其感染性克隆可在 $CD36^+$ EPC 中复制增殖。低氧条件（1% O_2）可显著增加 B19V 对该细胞的感染性。巨核母细胞系细胞（如 UT7/Epo-S1）、红系白血病细胞系（如 JK-1）均是其允许细胞。

（五）抵抗力

B19V 对外界理化因素的抵抗力较强，在 pH3～9 可稳定存活。耐热，56℃加热 60min 仍可存活。对福尔马林、β-丙内酯和氧化剂敏感。

二、致病性与免疫性

（一）致病性

B19V 初次感染多发生于儿童时期，主要通过呼吸道和密切接触传播，也可通过血制品、输血或造血干细胞移植传播。2 ~ 7 岁儿童携带者为主要传染源。人群普遍易感，感染率达 60%～70%甚至以上，以冬春季常见。孕妇感染后可通过胎盘传给胎儿，导致严重贫血、流产或死胎等。免疫系统功能正常人群感染 B19V 后常无明显症状，部分急性感染者可出现流涕、咽炎、肌痛等流感样症状。儿童感染 B19V 后，可出现传染性红斑（erythema infectiosum），典型特征为面颊部的水肿性蝶形红斑，四肢皮肤也可出现边界清楚的对称性花边状或网状斑丘疹。成人感染后可引发关节炎、心肌炎、肾小球肾炎等；若发生于慢性溶血性贫血患者，可因红系前体细胞大量破坏和网状细胞减少而促发严重的再生障碍性贫血危象。在免疫系统功能低下患者，特别是细胞免疫功能紊乱患者或 HIV 感染者、白血病患者或者移植受者，B19V 可呈持续性感染，患者可出现持续性贫血或纯红细胞再生障碍（pure red cell aplasia）。

病毒感染的致病机制尚不完全清楚，可能与病毒直接损害红系前体细胞有关。B19V 感染诱导 DNA 损伤应答（DNA damage response，DDR）和细胞周期阻滞在 S 期晚期，是促进病毒复制的两个关键因素。病毒感染也可使细胞周期阻滞在 G_2 期，引起广泛的红系前体细胞死亡，从而导致贫血。

（二）免疫性

B19V 感染可引起强烈的体液免疫应答。IgM 抗体在感染后 8～12 天产生，并持续存在 3～6 个月，是清除病毒血症的主要抗体。IgG 抗体在 IgM 后几天产生，并可持续数年甚至终生。IgA 抗体也可检测到，起黏膜免疫作用。B19V 感染诱导的特异性细胞免疫应答，包括 $CD4^+$和 $CD8^+$ T 细胞反应，在控制急性 B19V 感染中发挥重要作用。

三、微生物学检查

常用的方法包括血清学和分子检测。血清学检测以 ELISA 法检测 IgG 和 IgM 抗体运用最广泛。PCR 技术是检测病毒核酸的敏感方法，其中巢式 PCR 法和荧光定量 PCR 法是目前最常用的核酸检测方法，可用于 B19V 分型和血液中病毒的大规模筛查。原位杂交的敏感性与特异性较高，可精确定位病毒在细胞中的感染部位。

四、防治原则

B19V 疫苗仍处于研制阶段。对 B19V 持续感染患者，应采用抗病毒药物治疗。

第二节 人博卡病毒

中文名：人博卡病毒

英文名：human bocavirus，HBoV

病毒定义：HBoV 是一类主要感染人类的细小的无包膜 ssDNA 病毒，由瑞典学者阿兰德（Allander）于 2005 年首次从儿童呼吸道感染标本中分离出来，之后相继在粪便、血清等标本中被检出。HBoV 可引起婴幼儿急性呼吸道感染，同时与儿童急性腹泻存在一定的相关性。

分类：HBoV 属于细小病毒科细小病毒亚科博卡病毒属（*Bocaparvovirus*）灵长类博卡病毒 1（*Bocaparvovirus primate 1*）。

拓展阅读 18-4

人博卡病毒基因组编码的蛋白质及功能

一、生物学性状

HBoV 颗粒呈圆形，直径为 20～25nm，无包膜，衣壳呈二十面体立体对称，基因组为线状 ssDNA，全长约 5.5kb，两端含有 ITR，其中的回文序列形成复杂的发夹结构。基因组包含 3 个 ORF，编码 3 种结构蛋白（VP1、VP2、

VP3）和 5 种非结构蛋白（NS1、NS2、NS3、NS4 和 NP1）。*VP1*、*VP2* 和 *VP3* 基因为重叠基因，共用 3′端序列，所编码蛋白质具有共同的羧基端；VP1 氨基端的独有区序列称为 VP1 独特区（VP1u）。

HBoV 有 4 种基因型：HBoV1、HBoV2（2a 和 2b）、HBoV3 和 HBoV4。HBoV1 主要在急性呼吸道感染儿童中被检测到，而 HBoV2、HBoV3 和 HBoV4 主要在腹泻患儿粪便标本中被检出。

二、致病性与免疫性

HBoV 感染主要分布在 6 个月至 2 岁婴幼儿中，在患有呼吸道疾病的住院儿童中检出率最高，以 HBoV1 基因型为主。HBoV1 可单独感染或与其他呼吸道病毒如呼吸道合胞病毒、鼻病毒等混合感染，导致鼻炎、咽喉炎、毛细支气管炎、肺炎和哮喘恶化等呼吸道疾病。临床表现以发热、咳嗽、流涕、喘息为首发症状，重症感染时出现呼吸困难。其致病机制尚不明确，可能是病毒本身的致病作用所致，也可能是免疫病理作用引起的。HBoV1 在培养的人气道上皮细胞中复制，可引起气道上皮损伤，致使纤毛丧失，紧密连接屏障破裂。在 HBoV1 感染者支气管肺泡灌洗液中，CCL-17、TNF-α 、TNF-β 和 TIMP-1 等因子表达上调。

三、微生物学检查

采集感染者呼吸道分泌物、支气管肺泡灌洗液、粪便和血清等标本，用 PCR 技术检测病毒基因片段。NP1 和 NS1 比 VP1、VP2 更保守，常作为基于 PCR 扩增的病毒检测靶标。用重组 VP2 或 VLP 作抗原，采用 ELISA 法检测 IgG 和 IgM 抗体，具有较高的诊断特异性。

四、防治原则

目前尚无疫苗。治疗以抗病毒和对症治疗为主。

小　结

细小病毒 B19（B19V）和人博卡病毒（HBoV）均属于细小病毒科，是一类细小、无包膜、线状 ssDNA 病毒，具有二十面体立体对称结构。B19V 基因组编码 2 种结构蛋白（VP1、VP2）和 3 种非结构蛋白（NS1、7.5kDa 蛋白、11kDa 蛋白），主要侵犯红系前体细胞。儿童感染可导致传染性红斑，成人感染可能引发关节炎等。在免疫系统功能低下患者中可导致持续性感染，引起纯红细胞再生障碍。体液免疫产生的抗体和特异性细胞免疫应答均发挥重要作用。HBoV 的基因组编码 3 种结构蛋白（VP1、VP2、VP3）和 5 种非结构蛋白（NS1、NS2、

NS3、NS4 和 NP1）。HBoV 主要引起婴幼儿急性呼吸道感染，重症感染可能导致呼吸困难，并与儿童急性腹泻有关。两者的诊断主要依靠血清学和分子检测，尚无疫苗，治疗以抗病毒和对症治疗为主。

复习思考题

1. 简述细小病毒 B19 和人博卡病毒的基因组结构及其编码蛋白质的功能。
2. 试述细小病毒 B19 的增殖过程，并探讨如何研制抗病毒药物。
3. 试述细小病毒 B19 和人博卡病毒的致病特点，并分析其疫苗的研究策略。

（陈利玉）

第十九章 朊　粒

本章要点

1. 朊粒是一种不含核酸的蛋白质感染因子，由细胞中的正常朊蛋白经过构象改变转化而成，具有传染性和致病性，是传染性海绵状脑病的病原体。
2. 传染性海绵状脑病，又称朊粒病，是一种慢发性、进行性、致死性的神经退行性疾病，分为散发性、家族性和获得性三种类型。
3. 朊粒病的最可靠诊断标准是样本中检测到 PrP^{Sc}，目前尚无防治朊粒病的特异性方法。

中文名：朊粒

英文名：proteinaceous infectious particle，prion

定义：朊粒是一种不含核酸的蛋白质感染因子，由细胞中的正常朊蛋白经过构象改变转化而成，具有传染性和致病性，是传染性海绵状脑病（transmissible spongiform encephalopathy，TSE）即朊粒病（prion disease）的病原体。

分类：朊粒因不含核酸成分而未被纳入到病毒学分类范畴。

美国学者盖杜谢克（D. C. Gajdusek）首次发现库鲁病是由一种“非常规病毒”引起的，并因此获得 1976 年诺贝尔生理学或医学奖。美国学者普鲁西纳（S. B. Prusiner）首次提出朊粒的概念，证明朊粒是羊瘙痒病的病因，并因此获得 1997 年诺贝尔生理学或医学奖。

拓展阅读 19-1 朊粒与诺贝尔奖

一、生物学性状

（一）组成与结构

朊粒是由正常朊蛋白变构而成的一种不含核酸的蛋白质感染因子，即细胞构象异常的朊蛋白（prion protein，PrP）。人类朊蛋白（PrP）是一种含有 253 个氨基酸残基的糖基化膜蛋白，包含 N 端信号肽序列、5 个八肽重复序列区、疏水中间区和 C 端糖基化磷脂酰肌醇锚定区。编码 PrP 的基因 *PRNP* 广泛存在于人类和多种哺乳动物的染色体中，人类

PRNP 基因位于第 20 号染色体的短臂上。朊蛋白在核糖体合成后被转运到粗面内质网和高尔基体进行翻译后加工，所产生的成熟蛋白质被转运至细胞膜，通过糖基化磷脂酰肌醇锚定在细胞膜上。正常的朊蛋白称为细胞朊蛋白（cellular prion protein，PrP^C），无致病性和传染性，在多种器官和组织中表达，在中枢和外周神经系统中高表达，其生理功能尚不完全清楚，可能与神经发育、突触可塑性和髓鞘维持等过程有关。PrP^C 的分子构象以 α 螺旋为主（图 19-1A），可被蛋白酶 K 彻底水解，也可溶于去污剂。

在特定条件下，PrP 发生错误折叠，导致构象改变，形成致病性同源异构体，即朊粒，如引起羊瘙痒病的 PrP 异构体称为羊瘙痒病朊蛋白（scrapie prion protein，PrP^{Sc}），后来 PrP^{Sc} 也被用来泛指异常折叠的朊蛋白。朊蛋白错误折叠的诱因包括外源性朊粒的侵入，*PRNP* 基因的突变，以及 PrP 的自发性异常折叠。虽然来源于 PrP^C，但 PrP^{Sc} 的性质与前者相差较大（表 19-1）。PrP^{Sc} 分子构象以 β 折叠为主（图 19-1B）。蛋白酶 K 处理后，PrP^{Sc} 不能被彻底水解，而是产生抗性多肽片段。PrP^{Sc} 一般以不溶性聚集物的形式存在，在电子显微镜下呈纤维状（fibril）（直径为 10～20nm，长度可达数微米），在某些人和动物的病变脑组织中形成淀粉状物质，故朊粒聚集物被称为淀粉样纤维（amyloid fibril）（图 19-1C）。冷冻电镜成像结果显示，朊粒淀粉样纤维由 PrP^{Sc} 单体层层堆积而成，每个 PrP^{Sc} 分子组成纤维的一层（即横断面），层与层之间有小角度错位，导致形成的淀粉样纤维一般呈螺旋形扭曲。

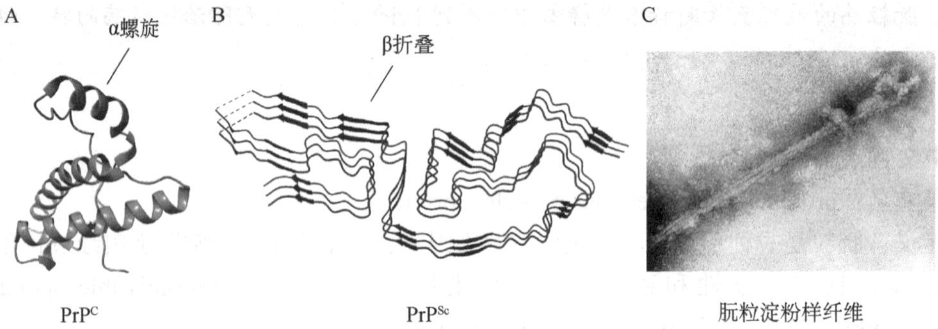

图 19-1　PrP^C 和 PrP^{Sc} 的结构与形态

A. 由核磁共振方法解出的小鼠 PrP^C 单体分子结构；B. 由冷冻电镜方法解出的仓鼠 PrP^{Sc} 分子结构，显示的是淀粉样纤维中 3 个邻近 PrP^{Sc} 分子的复合物结构；C. 仓鼠朊粒淀粉样纤维的电镜负染图片。图 A、B 根据蛋白质数据库（Protein Data Bank）数据（序号分别为 4H88 和 7LNA）重新绘制，图 C 引自宋敬东等，2024

表 19-1　PrP^C 与 PrP^{Sc} 的主要区别

性状	PrP^C	PrP^{Sc}
主要存在形式	单体	多聚体
分子构象	以 α 螺旋为主	以 β 折叠为主
对蛋白酶 K 的作用	敏感	抗性
在去污剂中的溶解性	可溶	不可溶
致病性与传染性	无	有

（二）形成机制

PrP^{Sc}形成的具体机制尚不清楚，主要有两种理论假说（图 19-2）：①模板模型，认为正常状态下 PrP^{C} 很难转变成 PrP^{Sc}，但 PrP^{Sc} 一旦形成，可与 PrP^{C} 形成异源二聚体，并以自身为模板诱导 PrP^{C} 转化成 PrP^{Sc}，形成 PrP^{Sc} 同源二聚体。该二聚体又可解离，所产生的 PrP^{Sc} 单体可作为模板再与 PrP^{C} 结合，产生更多的 PrP^{Sc} 分子。②核聚集模型，认为一般条件下单体形式的 PrP^{C} 很难转化成 PrP^{Sc}，但适宜的条件可促使 PrP^{Sc} 单体聚集形成寡聚物充当“种子”，外源 PrP^{Sc} 也可充当种子，种子一旦形成便非常稳定，很难转变回 PrP^{C}，又可招募更多的 PrP^{C} 分子使之转变成 PrP^{Sc}，逐渐形成更大的聚合物。这些聚合物碎裂后又变成新的“种子”重复上述聚集过程。

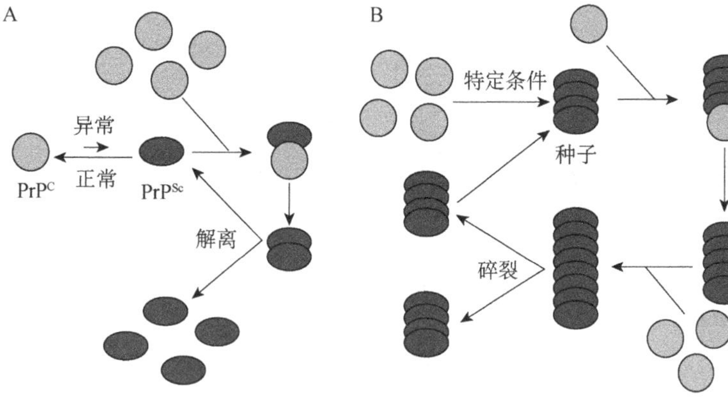

图 19-2 朊粒的形成机制假说
A. 模板模型；B. 核聚集模型

（三）培养特性

朊粒可在某些神经组织来源的细胞系中增殖，这些细胞系被用作研究朊粒感染的细胞模型，最常用的是小鼠神经母细胞瘤 Neuro-2a 细胞系。朊粒也可在小鼠、大鼠和仓鼠等动物体内复制并引起病变，这些动物可作为朊粒感染的实验动物模型。

（四）抵抗力

朊粒对理化因素具有较强的抵抗力，对尿素、甲醛、乙醇、加热、紫外线、电离辐射等均有抗性，但对氢氧化钠、次氯酸钠和一些强酸性去污剂有一定的敏感性。高压蒸汽灭菌处理 1h 有灭活效果。根据世界卫生组织的建议，对于耐热物品，将物品浸泡在 1mol/L 氢氧化钠或 2%次氯酸钠中 1h，用水清洗后用 121℃（下排气高压蒸汽灭菌器）或 134℃（预排气压力蒸汽灭菌器）加热 1h；对物品表面和热敏感物品，用 2mol/L 氢氧化钠或未稀释的次氯酸钠冲洗，静置 1h，擦干并用水冲洗。严禁将朊粒病患者的组织或器官用于器官移植。

二、致病性与免疫性

（一）朊粒病的共同特征

朊粒感染中枢神经系统后，在神经元内或细胞间形成不溶性聚集物，破坏神经组织的正常结构，并进行性加剧脑组织功能损伤。所引起的疾病统称为传染性海绵状脑病，即朊粒病，为一类慢发性、致死性的神经退行性疾病，其共同特征包括：①潜伏期长，可达数年甚至数十年；②一旦发病，病情呈亚急性、进行性发展，直至死亡；③临床表现以痴呆、共济失调、震颤等中枢神经系统症状为主；④病理学特征包括脑组织中的海绵状空泡样病变（图 19-3）、神经元缺失、淀粉样斑块和星形胶质细胞增生等。

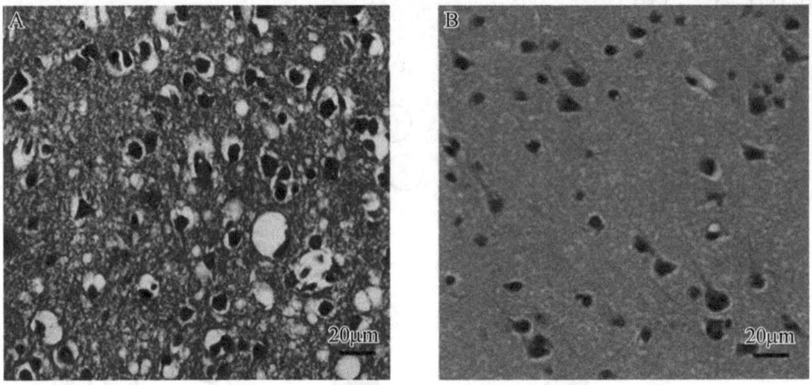

图 19-3　克-雅病的脑组织病理学改变

A. 克-雅病人脑组织（杨利峰提供）；B. 正常人脑组织（郑丹枫提供）。克-雅病人脑组织切片的苏木精-伊红染色显示组织中的海绵状空泡

因为朊粒由机体自身蛋白质转化而成，其免疫原性弱，不能诱导机体产生特异性免疫应答。

（二）主要的人类朊粒病

根据临床表现，人类朊粒病主要分为 5 种（表 19-2）。根据发病原因，人类朊粒病又可分为散发性（sporadic）、家族性（familial）或遗传性（inherited）及获得性（acquired）朊粒病。其中最常见的是散发性朊粒病，其诱因不明，可能与朊蛋白自发性异常折叠有关，主要表现为散发性克-雅病（Creutzfeldt-Jakob disease，CJD）。家族性朊粒病患者体内 *PRNP* 基因有突变，导致朊蛋白结构失稳从而变构，包括家族性克-雅病、格斯特曼综合征（Grestmann syndrome，GSS）和致死性家族性失眠症（fatal familial insomnia，FFI）。获得性朊粒病由外源性朊粒感染所致，如医源性克-雅病、变异型克-雅病和库鲁病。我国朊粒病以散发性克-雅病为主，也有少数家族性朊粒病，极少见获得性朊粒病。

1. 克-雅病（CJD）　CJD 是最常见的人类朊粒病，呈全球性分布，发病率每年（1～2）/100 万，平均发病年龄为 68 岁。典型的临床表现为迅速进展的痴呆、肌阵挛、共济失调、非自主运动、失明和昏迷等，症状出现后平均生存时间为 4～5 个月。CJD 又分为散发性、家族性和医源性三种：①散发性 CJD 约占 CJD 总病例数的 85%，病因不明；②家族性 CJD 占 CJD 病例数的 5%～15%，与 *PRNP* 基因突变有关，常见的是第 178 位密码子天冬氨酸向天冬酰胺的突变（D178N）、第 188 位苏氨酸向赖氨酸的突变（T88K）和第 200 位谷氨酸向赖氨酸的突变（E200K）等；③医源性 CJD（属于获得性朊粒病）由朊粒污染临床诊疗过程所致，可通过神经外科手术、脑膜移植、角膜移植、输血、使用人尸体脑垂体提取的生长激素和促性腺激素等方式传播。

表 19-2 主要的人类朊粒病

疾病名称	所属类型	主要临床表现
克-雅病（CJD）	散发性、家族性和获得性	早老性痴呆
变异型克-雅病（vCJD）	获得性	痴呆，常见于年轻人
格斯特曼综合征（GSS）	家族性	共济失调
致死性家族性失眠症（FFI）	家族性	失眠
库鲁病（Kuru disease）	获得性	震颤

2. 变异型克–雅病（variant CJD，vCJD） vCJD 于 1996 年由英国 CJD 监测中心首次报道，患者主要集中在英国等牛海绵状脑病高发区，我国尚未发现此病。vCJD 主要由人类进食感染了牛海绵状脑病的病牛肉引起。人对该病的易感性也与遗传因素有关，*PRNP* 基因第 129 位密码子的甲硫氨酸（M）纯合子是该病的危险因素，而该位点为 M-V 杂合子的人群不易感染该病。vCJD 平均发病年龄为 26 岁，病程早期的临床表现有精神症状、行为改变和痛感等，晚期主要表现为痴呆、运动失调和不自主运动，症状出现后平均生存时间为 13 个月。

3. 格斯特曼综合征（GSS） GSS 是一种罕见的家族性朊粒病，发病年龄为 24～66 岁，病因主要是 *PRNP* 基因第 102 位密码子脯氨酸向亮氨酸的突变（P102L），也包括第 117 位密码子丙氨酸向缬氨酸的突变（A117V）和 198 位密码子苯丙氨酸向丝氨酸的突变（F198S）。临床表现为脊髓小脑性共济失调、构音障碍和痴呆等。病程相对缓慢，症状出现后平均生存时间为 5 年。

4. 致死性家族性失眠症（FFI） FFI 是另一种罕见的家族性朊粒病。患者家族在 *PRNP* 基因第 178 位密码子有 D178N 突变，且该突变总是伴随着第 129 位密码子的 M 纯合子。临床表现主要是进行性加重的失眠，以及多种其他神经性症状，晚期出现痴呆。症状出现后平均生存时间为 18 个月。

5. 库鲁病（Kuru disease） 库鲁病曾见于大洋洲巴布亚新几内亚的 Fore 部落土著人。20 世纪 50 年代，盖杜谢克（Gajdusek）等学者发现库鲁病的传播与该部落一种原始的食尸宗教仪式有关。随着该习俗的禁止，库鲁病病例逐渐减少，当前已无库鲁病流行。库鲁病平均潜伏期为 14 年，临床表现包括震颤（Fore 部落语言中“kuru”是震颤的意思）、共济失调、吞咽困难等。症状出现后平均生存时间为 12 个月。

（三）主要的动物朊粒病

常见的动物朊粒病包括羊瘙痒病（scrapie）、牛海绵状脑病（bovine spongiform encephalopathy，BSE）和鹿慢性消耗性疾病（chronic wasting disease，CWD）。

1. 羊瘙痒病　羊瘙痒病是最先发现的动物朊粒病，发生于绵羊和山羊，病羊因瘙痒常在围栏上摩擦身体以致脱毛，因而得名。其他临床特征包括消瘦、厌食、麻痹、步态不稳、痉挛等，潜伏期为1～3年。主要通过接触土壤中病羊排泄的朊粒传播，也可由母羊通过胎盘传给羔羊，但尚未有该病能直接传染给人类的报道。

2. 牛海绵状脑病（BSE）　牛海绵状脑病俗称疯牛病（mad cow disease），是1986年首次从英国饲养的牛群中发现的，此后迅速蔓延，在欧洲一度广为流行，美国、加拿大、日本等国也有报道，我国的牛群尚未发现此病。潜伏期为4～5年，临床表现为运动失调、震颤、感觉过敏、恐惧、狂躁等，症状出现后几周至几个月内死亡。研究表明，病牛可能因食用了被羊瘙痒病致病因子污染的动物肉骨饲料而获得此病。如上所述，BSE也可跨物种传播给人类，引起人类vCJD。1988年，英国政府立法禁止用反刍动物来源的饲料喂牛，并屠杀病牛，因而显著降低了BSE和vCJD的发病率。

3. 鹿慢性消耗性疾病（CWD）　鹿慢性消耗性疾病是发生在鹿群中的一种朊粒病，主要在美国和加拿大流行，我国尚未发现该病。CWD的潜伏期为一年半至两年。最明显的临床体征是持续性的体重减少，常伴有不断加重的行为异常，如离群、倦怠、颤抖、共济失调、过多流涎等，直至死亡。目前尚无明确证据证明CWD可以感染人类。

三、微生物学检查

朊粒病可根据临床表现、脑组织神经病理学检查和分子生物学检查的结果综合诊断。病理学检查的主要方法是脑核磁共振成像和脑电图。分子生物学检查方法包括PrP^{Sc}的检测、生物标志物的检测及遗传学分析。

（一）PrP^{Sc}的检测

样本中检测到PrP^{Sc}是确诊朊粒病的最可靠标准，传统的免疫组织化学和蛋白质印迹法的灵敏度较低，而蛋白质聚集技术的灵敏度高，已被广泛应用于微量PrP^{Sc}的检测。

1. 实时振荡诱变试验（real-time quaking-induced conversion assay，RT-QuIC）　将待测脑脊液样本与重组PrP^{C}和硫磺素T（thioflavin T）混合，经过多轮振荡与静置，脑脊液中的PrP^{Sc}促使重组PrP^{C}转变成PrP^{Sc}并获得扩增和聚集，特异性结合在聚集物β折叠结构上的硫磺素T因发生分子旋转特性的改变而发出荧光，因此荧光的实时定量结果可以指示样品中PrP^{Sc}的含量（图19-4）。该方法因具有较高的灵敏度和特异性，已成为诊断朊粒病的主要方法。

2. 蛋白质错误折叠循环扩增（protein misfolding cyclic amplification，PMCA）　与RT-QuIC的原理相似，但步骤有所不同。将待测脑组织或脑脊液样本与正常人脑组织匀浆液混合，并进行多轮超声与静置。若样本中存在微量的PrP^{Sc}，其将促使混合液中的PrP^{C}转变成PrP^{Sc}并得到扩增，产物可用免疫印迹法检测出来。

3. 免疫组织化学（IHC）　将脑组织病理切片用福尔马林固定及石蜡包埋后，先用高温和甲酸处理破坏PrP^{C}，然后用PrP抗体染色和显微镜观察。

4. 蛋白质印迹（Western blot）　将脑组织制成匀浆后，先用蛋白酶K处理水解掉

PrP^{C}，再用 PrP 抗体和蛋白质印迹法检测，如果样品中存在 PrP^{Sc}，会出现具有蛋白酶抗性的蛋白质条带。

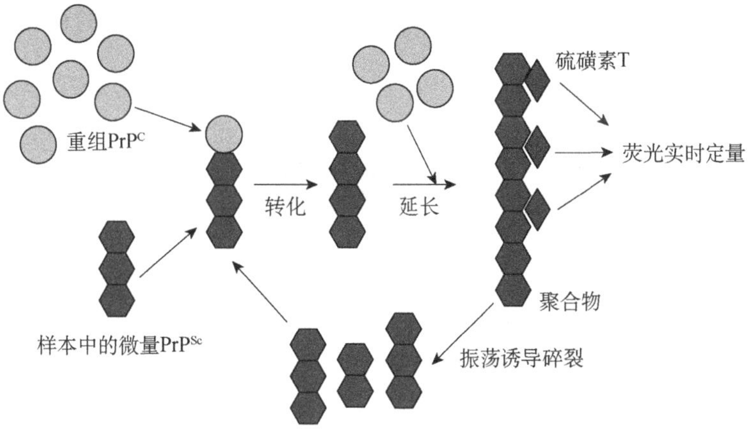

图 19-4　RT-QuIC 原理示意图

（二）生物标志物的检测

朊粒病伴随着神经损伤标志物水平的升高，诊断中常用的标志物是 14-3-3 蛋白。用 ELISA 或蛋白质印迹检测脑脊液样品中的 14-3-3 蛋白，是诊断朊粒病的重要辅助手段。但一些其他神经系统疾病也会导致 14-3-3 水平升高，因此 14-3-3 阳性不能作为确诊朊粒病的唯一标准。

（三）遗传学分析

从疑似患者组织中提取 DNA，对 *PRNP* 基因进行 PCR 扩增和测序，以确定 *PRNP* 基因是否存在突变。该方法是确诊家族性朊粒病的重要依据。

四、防治原则

目前尚无疫苗用于朊粒病的免疫预防，也无有效的治疗方法，主要是针对可能的传播途径采取预防措施。

（一）医源性朊粒病的预防

对可能被朊粒污染的手术器械等进行彻底消毒。根据世界卫生组织的建议，采用不同的程序分别对耐热物品、物品表面和热敏感物品进行彻底消毒。严禁将朊粒病患者的组织或器官用于器官移植。操作朊粒相关生物材料的医护人员和实验室人员应严格遵守生物安全操作规程。

（二）牛海绵状脑病及变异型克-雅病的预防

禁止用动物的骨肉粉作为饲料喂养牛、羊等反刍动物，以防止致病因子进入食物链。对从有牛海绵状脑病流行的国家进口活牛或牛制品进行严格的检疫，防止输入性感染。

小　结

朊粒（prion）是由正常朊蛋白变构而成的一种不含核酸的蛋白质感染因子。变构后的朊粒分子富含 β 折叠结构，在脑组织中聚集成不溶性淀粉样纤维，破坏中枢神经系统的正常结构和功能，引起传染性海绵状脑病，即朊粒病。这些病均是慢发性、致死性的神经退行性疾病，分为散发性、家族性和获得性三种。最常见的人类朊粒病是散发性克-雅病。朊粒病的主要分子诊断方法包括 PrP^{Sc} 的检测、生物标志物的检测和遗传学分析，其中实时振荡诱变试验（RT-QuIC）是主要的诊断方法。目前尚无特异性防治方法，主要的防疫手段是切断传播途径。

复习思考题

1. 什么是朊粒？主要的人类朊粒病有哪些？
2. 试比较 PrP^{C} 与 PrP^{Sc} 的异同点。
3. 人类朊粒病的临床和病理表现有何共同特征？
4. 朊粒病的主要分子生物学诊断方法有哪些？

（潘冬立）

主要参考文献

高福. 2019. 寨卡病毒与寨卡病毒病. 北京：人民卫生出版社

郭晓奎，彭宜红. 2024. 医学微生物学. 10 版. 北京：人民卫生出版社

李凡，徐志凯. 2018. 医学微生物学. 9 版. 北京：人民卫生出版社

李兰娟. 2022. 病原与感染性疾病. 2 版. 北京：人民卫生出版社

李明远，徐志凯. 2015. 医学微生物学. 3 版. 北京：人民卫生出版社

彭宜红，郭德银. 2024. 医学微生物学. 4 版. 北京：人民卫生出版社

戚中田. 2022. 医学微生物学. 4 版. 北京：科学出版社

宋敬东，王健伟，洪涛. 2024. 医学病毒图谱. 2 版. 北京：科学出版社

熊芮，高文轩，彭宜红. 2024. 国际病毒分类委员会及其在线报告现状及发展. 中国生物化学与分子生物学报，40（3）：274-289

徐志凯，郭晓奎. 2021. 医学微生物学. 2 版. 北京：人民卫生出版社

俞东征，梁国栋. 2009. 人兽共患传染病学. 北京：科学出版社

张凤民，肖纯凌，彭宜红. 2018. 医学微生物学. 4 版. 北京：北京大学医学出版社

中华预防医学会肿瘤预防与控制专业委员会. 2023. 人乳头状瘤病毒核酸检测用于宫颈癌筛查中国专家共识（2022）. 中华医学杂志，103（16）：1184-1195

Albertini A A, Wernimont A K, Muziol T, et al. 2006. Crystal structure of the rabies virus nucleoprotein-RNA complex. Science, 313(5785): 360-363

Caddy S, Papa G, Borodavka A, et at. 2021. Rotavirus research: 2014—2020. Virus Res, 304: 198499

Connolly S A, Jardetzky T S, Longnecker R. 2021. The structural basis of herpesvirus entry. Nat Rev Microbiol, 19(2): 110-121

Dolgin E. 2021. The tangled history of mRNA vaccines. Nature, 597(7876): 318-324

Fernandes Q, Inchakalody V P, Merhi M, et al. 2022. Emerging COVID-19 variants and their impact on SARS-CoV-2 diagnosis, therapeutics and vaccines. Annals of Medicine, 54(1): 524-540

Flint J S, Enquist L W, Racaniello V R, et al. 2020. Principles of Virology. 5th ed. Hoboken: Wiley

Flynn T G, Olortegui M P, Kosek M N. 2024. Viral gastroenteritis. Lancet, 403(10429): 862-876

Fredericks D N, Relman D A. 1996. Sequence-based identification of microbial pathogens: a reconsideration of Koch's postulates. Clin Microbiol Rev, 9(1): 18-33

Furuya-Kanamori L, Mills D J, Zhu Y, et al. 2023. Can a single visit rabies pre-exposure prophylaxis eliminate the need for rabies immunoglobulin in last minute travellers? J Travel Med, 30(8): taad139

Gorbalenya A E, Krupovic M, Mushegian A, et al. 2020. The new scope of virus taxonomy: partitioning the virosphere into 15 hierarchical ranks. Nat Microbiol, 5: 668-674

Hawman D W, Feldmann H. 2023. Crimean-Congo haemorrhagic fever virus. Nat Rev Microbiol, 21(7): 463-477

Heegaard E D , Brown K E. 2002. Human parvovirus B19. Clin Microbiol Rev, 15(3): 485-505

Howley P M, Knipe D M, Damania B A, et al. 2022. Fields VIROLOGY VOLUME 2: DNA Viruses. 7th ed. Waltham: Wolters Kluwer Health

Howley P M, Knipe D M, Damania B A, et al. 2023. Fields VIROLOGY VOLUME 3: RNA Viruses. 7th ed. Waltham: Wolters Kluwer Health

Howley P M, Knipe D M, Enquist L W, et al. 2024. Fields VIROLOGY VOLUME 4: Fundamentals. 7th ed. Waltham: Wolters Kluwer Health

Howley P M, Knipe D M, Whelan S. 2021. Fields VIROLOGY VOLUME 1: Emerging Viruses. 7th ed. Waltham: Wolters Kluwer Health

ICTV (The International Committee on Taxonomy of Viruses). 2024. International Committee on Taxonomy of Viruses: ICTV Official Taxonomic Resources. https://ictv.global/taxonomy/ [2024-06-18]

Jakobsson J, Vincendeau M. 2022. SnapShot: Human endogenous retroviruses. Cell, 185(2): 400, e1

Kip E. 2018. Impact of The Paracaspase MALT1 on Rabies Virus-induced Neuroinflammation and Disease. Ghent: Ghent University

Klein S, Cortese M, Winter S L, et al. 2020. SARS-CoV-2 structure and replication characterized by *in situ* cryo-electron tomography. Nature Communications, 11(1): 5885

Meier K, Thorkelsson S R, Quemin E R J, et al. 2021. Hantavirus replication cycle-an updated structural virology perspective. Viruses, 13(8): 1561

Mora C, McKenzie T, Gaw I M, et al. 2022. Over half of known human pathogenic diseases can be aggravated by climate change. Nat Clim Chang, 12(9): 869-875

Parhiz H, Smith J, Lee M, et al. 2024. mRNA-based therapeutics:looking beyond COVID-19 vaccines. Lancet, 403(10432): 1192-1204

Pinnetti C, Cimini E, Mazzotta V, et al. 2024. Mpox as AIDS-defining event with a severe and protracted course: clinical, immunological, and virological implications. Lancet Infect Dis, 24(2): e127-e135

Prusiner S B. 1982. Novel proteinaceous infectious particles cause scrapie. Science, 216(4542): 136-144

Qiu J, Söderlund-Venermo M, Young N S. 2017. Human parvoviruses. Clin Microbiol Rev, 30(1): 43-113

Riedel S, Morse S A, Mietzner T, et al. 2019. Jawetz, Melnick, & Adelberg's Medical Microbiology. 28th ed. New York: McGraw-Hill Education

Roberts K L, Smith G L. 2008. Vaccinia virus morphogenesis and dissemination. Trends Microbiol, 16(10): 472-479

Sompayrac L M. 2023. How the Immune System Works. 7th ed. New York: Wiley-Blackwell

WHO. 2021. Consolidated guidelines on HIV prevention, testing, treatment, service delivery and monitoring: recommendations for a public health approach. https://www.who.int/publications/i/item/9789240031593[2024-06-18]

附录　病毒传播途径或致病特点的分类

一、经呼吸道途径侵入机体的病毒

主要可经呼吸道途径侵入机体的病毒见附表1。

附表1　主要可经呼吸道途径侵入机体的病毒、所致疾病及危害程度分类

病毒名称	经过呼吸道感染后引发的疾病	危害程度分类*
流感病毒	流行性感冒	第三类Δ
高致病性禽流感病毒	流行性感冒	第二类
副流感病毒	细支气管炎；肺炎；普通感冒	第三类
麻疹病毒	麻疹	第三类
流行性腮腺炎病毒	流行性腮腺炎	第三类
呼吸道合胞病毒	肺炎；细支气管炎	第三类
亨德拉病毒	肺炎；脑炎	第一类
尼帕病毒	脑炎；肺炎	第一类
偏肺病毒	支气管炎；肺炎；眼结合膜炎；中耳炎	第三类
风疹病毒	风疹；先天畸形	第三类
SARS-CoV	严重急性呼吸综合征（SARS）	第二类
MERS-CoV	中东呼吸综合征（MERS）	第二类
SARS-CoV-2	2019冠状病毒病（COVID-19）	第二类
腺病毒	支气管炎；肺炎	第三类
鼻病毒	普通感冒；支气管炎和支气管肺炎	第三类
细小病毒B19	肺炎；支气管炎；再生障碍危象；流产等	第三类
汉坦病毒	肾综合征出血热	第二类

*参照中华人民共和国国家卫生健康委员会制定的《人间传染的病原微生物目录（2023）》

Δ：根据WHO建议，H2N2亚型流感病毒在开展病毒培养和动物感染实验时应提高防护等级

二、经消化道途径侵入机体的病毒

主要可经过消化道途径侵入机体的病毒见附表2。

附表2　主要可经消化道途径侵入机体的病毒、所致疾病及危害程度分类

病毒名称	经消化道感染后引发的疾病	危害程度分类*
脊髓灰质炎病毒	脊髓灰质炎	第二类
柯萨奇病毒	脑膜炎；心肌炎；疱疹性咽峡炎等	第三类
埃可病毒	脑膜炎；心肌炎；麻痹症等	第三类
新型肠道病毒A71型	手足口病	第三类
轮状病毒	婴儿和成人急性胃肠炎	第三类
诺如病毒	急性胃肠炎	第三类
肠道腺病毒	婴儿病毒性腹泻	第三类
星状病毒	婴儿腹泻；医院感染	第三类
甲型肝炎病毒	甲型肝炎	第三类
戊型肝炎病毒	戊型肝炎	第三类
蜱传脑炎病毒（森林脑炎病毒）	森林脑炎	第一类
汉坦病毒	肾综合征出血热	第二类

*参照中华人民共和国国家卫生健康委员会制定的《人间传染的病原微生物目录（2023）》

三、经伤口或输血传播的病毒

主要可经伤口或输血传播的病毒见附表3。

附表3　主要可经伤口或输血传播的病毒、所致疾病及危害程度分类

病毒名称	经伤口或输血感染后引发的疾病	危害程度分类*
人类免疫缺陷病毒（1和2型）	获得性免疫缺陷综合征	第二类
乙型肝炎病毒	乙型肝炎	第三类
丙型肝炎病毒	丙型肝炎	第三类
丁型肝炎病毒	丁型肝炎	第三类
人类嗜T细胞病毒1型	成人T细胞白血病	第三类
人巨细胞病毒	巨细胞包涵体病	第三类
细小病毒B19	传染性红斑；自发性流产；死胎	第三类

*参照中华人民共和国国家卫生健康委员会制定的《人间传染的病原微生物目录（2023）》

四、虫媒病毒

虫媒病毒是指通过吸血节肢动物叮咬易感的脊椎动物而传播的病毒。主要给人类致病的虫媒病毒见附表4。

附表4　主要的虫媒病毒、传播媒介、所致疾病及危害程度分类

病毒名称	主要传播媒介	经虫媒传播感染后引发的疾病	危害程度分类*
乙型脑炎病毒（日本脑炎病毒）	蚊	流行性乙型脑炎	第二类▽
登革病毒	蚊	登革热	第三类
克里米亚-刚果出血热病毒	蜱	克里米亚-刚果出血热	第一类
黄热病毒	蚊	黄热病	第一类
寨卡病毒	蚊	寨卡热；胎儿畸形	第三类
大别班达病毒	蜱	发热伴血小板减少综合征	第二类
基孔肯亚病毒	蚊	基孔肯亚出血热	第二类
蜱传脑炎病毒（森林脑炎病毒）	蜱	森林脑炎	第一类
汉坦病毒	革螨	肾综合征出血热；汉坦病毒肺综合征	第二类
西尼罗病毒	蚊	西尼罗热；西尼罗脑炎	第二类
东方马脑炎病毒	蚊	东方马脑炎	第一类
西方马脑炎病毒	蚊	西方马脑炎	第一类
委内瑞拉马脑炎病毒	蚊	委内瑞拉马脑炎	第一类
白蛉热病毒	白蛉	白蛉热	第三类

*参照中华人民共和国国家卫生健康委员会制定的《人间传染的病原微生物目录（2023）》
▽：在开展病毒培养和动物感染实验时的实验室防护等级为BSL-2和ABSL-2级

五、经性接触传播的病毒

可经性接触传播的病毒和所致疾病见附表5。

附表5　可经性接触传播的病毒、所致疾病及危害程度分类

病毒名称	经性接触感染后引发的疾病	危害程度分类*
人类免疫缺陷病毒（1和2型）	获得性免疫缺陷综合征	第二类
人乳头瘤病毒	尖锐湿疣；宫颈癌	第三类
单纯疱疹病毒2型	生殖器疱疹	第三类
乙型肝炎病毒	乙型肝炎	第三类
丙型肝炎病毒	丙型肝炎	第三类
传染性软疣病毒	生殖器传染性软疣	第三类

*参照中华人民共和国国家卫生健康委员会制定的《人间传染的病原微生物目录（2023）》

六、经垂直传播的病毒

主要可经垂直传播的病毒见附表 6。

附表 6　主要可经垂直传播的病毒、所致疾病及危害程度分类

病毒名称	经垂直传播后引发的疾病	危害程度分类*
风疹病毒	先天性风疹综合征（先天性心脏病；白内障；耳聋等）	第三类
人巨细胞病毒	死胎；巨细胞包涵体病	第三类
乙型肝炎病毒	乙型肝炎	第三类
丙型肝炎病毒	丙型肝炎	第三类
人类免疫缺陷病毒（1 和 2 型）	获得性免疫缺陷综合征	第二类
单纯疱疹病毒（1 和 2 型）	疱疹性脑炎；胎儿畸形；流胎；死胎；新生儿疱疹	第三类
水痘-带状疱疹病毒	胎儿畸形；流产；新生儿水痘	第三类
寨卡病毒	新生儿小头症	第三类
人乳头瘤病毒	新生儿感染	第三类
汉坦病毒	流产；死胎	第二类
细小病毒 B19	胎儿贫血；流产；死胎	第三类

*参照中华人民共和国国家卫生健康委员会制定的《人间传染的病原微生物目录（2023）》

七、动物源性病毒

主要的动物源性病毒见附表 7。

附表 7　主要的动物源性病毒、所致疾病及危害程度分类

病毒名称	所致主要疾病	危害程度分类*
流感病毒	流行性感冒	第三类△
高致病性禽流感病毒	流行性感冒	第二类
登革病毒	登革出血热	第三类
乙型脑炎病毒（日本脑炎病毒）	流行性乙型脑炎	第二类▽
蜱传脑炎病毒（森林脑炎病毒）	森林脑炎	第一类
西尼罗病毒	西尼罗热；西尼罗脑炎	第二类
汉坦病毒	肾综合征出血热；汉坦病毒肺综合征	第二类
埃博拉病毒	埃博拉出血热	第一类
克里米亚-刚果出血热病毒	克里米亚-刚果出血热	第一类
狂犬病病毒（街病毒）	狂犬病	第二类
猴痘病毒	人类猴痘	第一类
亨德拉病毒	肺炎；脑炎	第一类
尼帕病毒	脑炎；肺炎	第一类

*参照中华人民共和国国家卫生健康委员会制定的《人间传染的病原微生物目录（2023）》

△：根据 WHO 建议，H2N2 亚型流感病毒在开展病毒培养和动物感染实验时应提高防护等级。▽：在开展病毒培养和动物感染实验时的实验室防护等级为 BSL-2 和 ABSL-2 级

八、引发皮肤、黏膜感染的病毒

主要可引起皮肤、黏膜感染的病毒见附表8。

附表8　主要可引起皮肤、黏膜感染的病毒、所致疾病及危害程度分类

病毒名称	感染后所致主要疾病	危害程度分类*
人乳头瘤病毒	皮肤黏膜疣；宫颈癌	第三类
单纯疱疹病毒1型	单纯疱疹	第三类
单纯疱疹病毒2型	生殖器疱疹	第三类
水痘-带状疱疹病毒	水痘-带状疱疹	第三类
肠道病毒70型	急性出血性结膜炎	第三类
柯萨奇病毒A组24型变种	急性出血性结膜炎	第三类
传染性软疣病毒	传染性软疣	第三类

*参照中华人民共和国国家卫生健康委员会制定的《人间传染的病原微生物目录（2023）》

九、与肿瘤发生密切相关的病毒

与肿瘤发生密切相关的病毒见附表9。

附表9　与肿瘤发生密切相关的病毒、所致相关肿瘤及危害程度分类

病毒名称	所致相关肿瘤	危害程度分类*
人乳头瘤病毒	宫颈癌；阴茎癌；阴唇/阴道癌；头颈部癌；口腔癌；皮肤基底细胞癌、鳞状细胞癌等	第三类
EB病毒	伯基特淋巴瘤；鼻咽癌	第三类
疱疹病毒8型	卡波西肉瘤	第三类
人类免疫缺陷病毒（1和2型）	卡波西肉瘤；恶性淋巴瘤；生殖道恶性肿瘤	第二类
人类嗜T细胞病毒1型	成人T细胞白血病	第三类
乙型肝炎病毒	肝癌	第三类
丙型肝炎病毒	肝癌	第三类

*参照中华人民共和国国家卫生健康委员会制定的《人间传染的病原微生物目录（2023）》